“十三五”江苏省高等学校重点教材(2020-1-104)

无线传感器网络原理及应用

(第 2 版)

陈小平　陈中悦　郑君媛　朱伟芳　编著

东南大学出版社
SOUTHEAST UNIVERSITY PRESS
·南京·

内容摘要

本书根据通信工程专业的教学需要和无线传感器网络技术的最新发展及其应用编写。主要内容有无线传感器网络的基本概念，传感器网络的通信与组网技术、支撑技术，重点阐述传感器网络协议的技术标准和传感器网络的常用开发环境以及射频收发微控制器 CC253x，最后介绍具有实际工程背景的应用例子。

本书可供通信工程、电子信息工程、计算机网络、自动化等专业本科生及研究生，工程技术开发人员参考使用。

图书在版编目(CIP)数据

无线传感器网络原理及应用 / 陈小平等编著. —2 版. —南京：东南大学出版社，2023. 3

ISBN 978-7-5766-0587-7

Ⅰ. ①无… Ⅱ. ①陈… Ⅲ. ①无线电通信-传感器 Ⅳ. ① TP212

中国版本图书馆 CIP 数据核字(2022)第 254465 号

无线传感器网络原理及应用(第 2 版)

Wuxian Chuanganqi Wangluo Yuanli Ji Yingyong(Di-er Ban)

编　著 陈小平　陈中悦　郑君媛　朱伟芳

责任编辑 张　烨　**责任校对** 韩小亮　**封面设计** 王　玥　**责任印制** 周荣虎

出版发行 东南大学出版社

社　址 南京市四牌楼 2 号(邮编：210096　电话：025-83793330)

经　销 全国各地新华书店

印　刷 兴化印刷有限责任公司

开　本 787mm×1092mm　1/16

印　张 17.5

字　数 426 千字

版　次 2023 年 3 月第 2 版

印　次 2023 年 3 月第 1 次印刷

书　号 ISBN 978-7-5766-0587-7

定　价 58.00 元

本社图书若有印装质量问题，请直接与营销部联系，电话：025-83791830。

第 2 版前言

无线传感器网络是近年来国内外研究和应用的热门领域之一，无论是理论研究还是应用开发这几年都有较大的发展。本书自 2016 年出版以来得到了读者的欢迎，被一些高校采用为本科或研究生教材。2020 年获江苏省“十三五”高等学校重点教材立项。此次再版我们在本教材第 1 版的理论算法部分进行了适当的优化，以适应无线传感器网络的教学需求。近年来我们在无线传感器网络的科研工作方面也有了新的进展，有了更丰富的实际工程案例，因此对本书的应用案例进行了增删。

主要修订内容如下：

(1) 第 1 章“无线传感器网络概述”增加了无线传感器网络的最新进展。在“传感器网络的应用领域”小节引入了一些学者最新发表的研究成果，例如可穿戴设备，它作为传感器网络医学中的重要一环，可对医疗卫生服务对象实现动态跟踪、实时监测，在远程医疗和个性化医疗中具有广阔前景。在“无线传感器网络技术的未来挑战与展望”小节增加了无线传感器网络的覆盖问题和数据保存等内容。

(2) 第 2 章“传感器简介”做了一些调整，增加了比较新的航天器例子；对传感器分类顺序进行了调整；添加了光敏传感器相关内容；集成传感器部分加了对流行的 MEMS 微机电传感器的介绍，同时在最后补充介绍了智能传感器的地位和趋势。

(3) 第 3 章“无线传感器网络的组网基础”在理论算法部分进行了适当的删减和优化。

(4) 第 5 章“无线传感器网络的数据融合与安全机制”调整了数据融合方面的内容。

(5) 第 8 章“无线传感器网络应用”删除了原 8.1 节“汽车道闸控制系统”的工程案例，增加了“基于 UWB 的移动物体室内定位系统”这一工程案例，因为定位技术是无线传感器网络的一项关键技术，这样更能体现无线传感器网络较全面的应用效果。

本课程课时数为 45 学时左右，通过本课程的学习，使学生掌握无线传感器网络的基本原理，结合实验课程掌握无线传感器网络设计与开发的基本技术，为今后从事无线传感器网络相关工作及进一步学习打下良好基础。本书也可供对传感器网络技术感兴趣的工程技术人员参考。本书参考了许多文献和资料，在此对相关作者深表谢意，书中参考文献若有遗漏，或有内容涉及相关作者的知识产权，敬请谅解。

本书由陈小平承担第 4、6 章的编写及全书的统稿；陈中悦承担第 3、5 章的编写和修订；郑君媛承担第 2、8 章的编写和修订，朱伟芳承担第 1、7 章的编写和修订。3 个应用实例要特别感谢研究生肖晓晴、何赛、段毅所做的工作。感谢读者使用本书，由于编者水平有限，新版教材仍然难免还会出现一些错误，欢迎读者对本书内容提出批评和建议，我们将非常感激。

作　者

2023 年于苏州

前　言

自 20 世纪 90 年代以来，随着传感器、无线通信、计算机网络、嵌入式系统、分布式信息处理与人工智能等新兴技术的发展与融合，研制出了各种具有感知、通信与计算功能的智能微型传感器。由大量的传感器结点构成的无线传感器网络具有信号采集、实时监测、信息传输、协同处理、信息服务等功能，能感知、采集和处理网络中感知对象的各种信息。这种具有智能获取、传输和处理信息功能的无线传感器网络，正在逐步形成 IT 领域的新兴产业。无线传感器网络可以广泛应用于军事、科研、环境、交通、医疗、制造、反恐、抗灾、家居等领域。无线传感器网络是一个学科交叉综合、知识高度集成的前沿热点研究领域，正受到各方面的高度关注。美国研究机构和媒体认为它是 21 世纪世界最具有影响力的、高技术领域的四大支柱型产业之一，是改变世界的十大新兴技术之一。

无线传感器网络是通信工程及相关专业的一门重要课程，给本科生讲解无线传感器网络原理及应用具有重要的意义。本书主要介绍无线传感器网络的基本概念、组网基础、关键技术、数据融合、安全机制、协议技术标准等内容，其中第 2 章介绍了一些常用的传感器，第 7 章介绍了一款无线传感器网络射频收发微控制器 CC253x。第 8 章着重介绍了无线传感器网络的 3 个应用实例。实例 1：城市照明监控系统。该系统采用"监控中心—路端通信装置—路端单灯测控器"3 层结构。路端通信装置与路端单灯测控器组建 ZigBee 无线传感器网络，还通过 GPRS 技术与监控中心的服务器进行无线通信；监控中心的监听软件与城市照明控制系统配合使用可实现对路灯状态的监测和控制。实例 2：汽车道闸控制系统。该系统主要由主控器、无线通信模块和无线信号激励源组成。当安置在汽车内的无线通信模块（电子车牌）在汽车进入无线信号激活区内时从休眠状态转换到工作状态，发射出车牌信息，主控器中的无线通信模块接收到此信息，决定是否开放道闸。实例 3：高压输电线故障监测系统。该系统由监控中心、线上网关和故障监测结点 3 部分组成。故障监测结点和线上网关组成短距离 ZigBee 无线传感器网络，线上网关通过 GPRS 分组数据技术同监控中心服务器主机进行远程通信，所有线上装置均采用电磁互感取电方式作为能量来源。书中给出了3个实例的软硬件设计方案。

本课程课时数为45学时左右，通过本课程的学习，使学生掌握无线传感器网络的基本原理，结合实验课程掌握无线传感器网络设计与开发的基本技术，为今后从事无线传感器网络相关工作及进一步学习打下良好基础。本书也可供对传感器网络技术感兴趣的工程技术人员参考。

本书参考了许多文献和资料，在此对相关作者深表谢意，书中参考文献若有遗漏，或有内容涉及相关作者的知识产权，敬请谅解。本书由陈小平承担第1、3、4、8章的编写及全书的统稿，陈红仙承担第2、5章的编写，檀永承担第6、7章的编写。3个应用实例要特别感谢研究生何赛、董叶、段毅所做的工作。

感谢读者使用本书，欢迎读者对本书内容提出批评和建议，我们将非常感激。

作　者

2016年于苏州

目 录

1 无线传感器网络概述

1.1 引言

20 世纪 90 年代末，随着现代传感器、无线通信、现代网络、嵌入式计算机、微机电系统(Micro Electro Mechanical Systems，MEMS)、集成电路、分布式信息处理与人工智能等新兴技术的发展与融合以及新材料、新工艺的出现，传感器技术向微型化、无线化、数字化、网络化、智能化方向迅速发展，由此研制出了各种具有感知、通信与计算功能的智能微型传感器。由大量的部署在监测区域内的微型传感器结点构成的无线传感器网络，通过无线通信方式智能组网，形成一个自组织网络系统，具有信号采集、实时监测、信息传输、协同处理、信息服务等功能，能感知、采集和处理网络所覆盖区域中感知对象的各种信息，并将处理后的信息传递给用户。无线传感器网络可以使人们在任何时间、地点和环境条件下，获取大量翔实可靠的物理世界的信息，这种具有智能获取、传输和处理信息功能的网络化智能传感器和无线传感器网络，正在逐步形成 IT 领域的新兴产业。它可以广泛应用于军事、科研、环境、交通、医疗、制造、反恐、抗灾、家居等领域。无线传感器网络是一个学科交叉的综合性知识高度集成的前沿热点研究领域，正受到各方面的高度关注。美国国防部早在 2000 年时就把传感网定为五大国防建设领域之一；美国研究机构和媒体认为它是 21 世纪世界最具有影响力的、高技术领域的四大支柱型产业之一，是改变世界的十大新兴技术之一[1]。

我国现代意义的无线传感器网络及其应用研究几乎与发达国家同步启动，首次正式出现于 1999 年中国科学院知识创新工程试点领域方向研究的《信息与自动化领域研究报告》中，作为该领域提出的五个重大项目之一(当时的项目名称：重点地区灾害实时监测、预警和决策支持示范系统)。随着知识创新工程试点工作的深入，2001 年中国科学院依托上海微系统所成立微系统研究与发展中心，旨在引领中国科学院内部的相关工作。微系统研究与发展中心在无线传感器网络方向上陆续部署了若干重大研究项目和方向性项目，参加单位包括上海微系统所、声学所、微电子所、半导体所、电子所、软件所以及中国科学技术大学等 10 余个研究所和高校。经过几年的努力，初步建立了传感器网络系统的研究平台，在无线智能传感器网络通信技术、微型传感器、传感器端机、移动机站和应用系统等方面取得了很大进展。2004 年 9 月相关成果在北京进行了大规模外场演示，部分成果已在实际工程系统中使用。

无线传感器网络无论是在国家安全还是在国民经济诸方面均有着广泛的应用前景。未来，传感器网络将向天、空、海、陆、地下一体化综合传感器网络的方向发展，最终将成为现实世界和数字世界的接口，深入到人们生活的各个层面，像互联网一样改变人们的生活方式。微型、高可靠性、多功能、集成化的传感器，低功耗、高性能的专用集成电路，微型、大容量的能源，高效、高可靠性的网络协议和操作系统，面向应用、低计算量的模式识别和数据融合算法，低功耗、自适应的网络结构以及在现实环境的各种应用模式等课题是研究的重点。

无线传感器网络技术涉及计算机、半导体、网络、通信、光学、微机械、化学、生物、航天、医学、农业等众多领域。对该技术的深入研究将推动我国的信息化建设，并极大地带动相关产业和学科的发展，从而为国民经济带来新的增长点。由于无线传感器网络技术是应用性非常强的技术，国内在开展这方面的研究工作时一定要坚持需求牵引，面向具体应用，不要走到闭门研究的老路上去。2005 年中国科学院召开了信息相关研究所关于无线传感器网络技术的研讨会，共商无线传感器网络下一步的发展大计。

1.2 传感器网络的体系结构

1.2.1 传感器网络的系统架构

目前无线网络可分为两种（如图 1 - 1 所示）。一种是有基础设施网，需要固定基站，例如我们使用的手机采用的是无线蜂窝网，它需要高大的天线和大功率来支持，基站就是最重要的基础设施；另外，使用无线网卡上网的无线局域网，由于采用了接入点这种固定设备，也属于有基础设施网。另一种是无基础设施网，又称为无线 Ad Hoc 网络，其结点是分布式的，没有专门的固定基站。

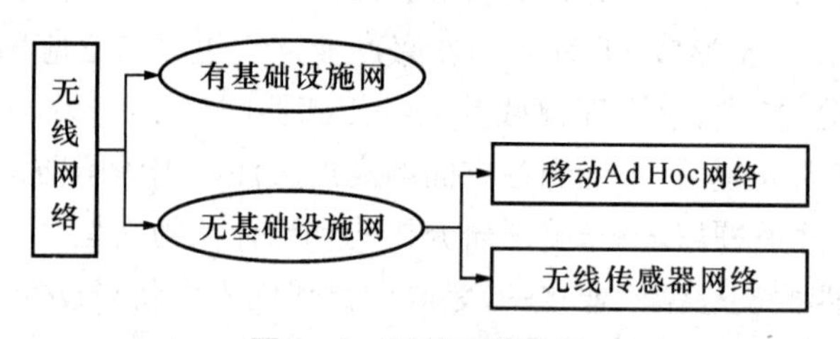

图 1 - 1 无线网络分类

无线 Ad Hoc 网络又可分为两类。一类是移动 Ad Hoc 网络，它的终端是快速移动的。一个典型的例子是美军 101 空降师装备的 Ad Hoc 网络通信设备，它保证在远程空投到一个陌生地点之后，在高度机动的装备车辆上仍然能够实现各种通信业务，而无需借助外部设施的支援。另一类就是无线传感器网络，它的结点是静止的或者移动很慢。

在移动自组织网络（Mobile Ad Hoc Network, MANET）出现之初，它指的是一种小型无线局域网，这种局域网的结点之间不需要经过基站或其他管理控制设备就可以直接实现点对点的无线通信，而且当两个通信结点之间由于功率或其他原因导致无法实现链路直接连接时，网内其他结点可以帮助中继信号，以实现网络内各结点的相互通信。由于无线结点是在随时移动的，因此这种网络的拓扑结构也是动态变化的。

无线传感器网络（Wireless Sensor Network, WSN）的标准定义是这样描述的：无线传感器网络是大量的静止或移动的传感器以自组织和多跳的方式构成的无线网络，目的是协作探测、处理和传输网络覆盖区域内感知对象的监测信息并报告给用户。

在这个定义中，传感器网络负责实现数据采集、处理和传输三种功能，而这正对应着现代信息技术的三大基础技术,即传感器技术、计算机技术和通信技术,它们分别构成了信息系统的“感官”“大脑”和“神经”三个部分。因此,无线传感器网络正是这三种技术的结合,可以构成一个独立的现代信息系统(如图1-2所示)。

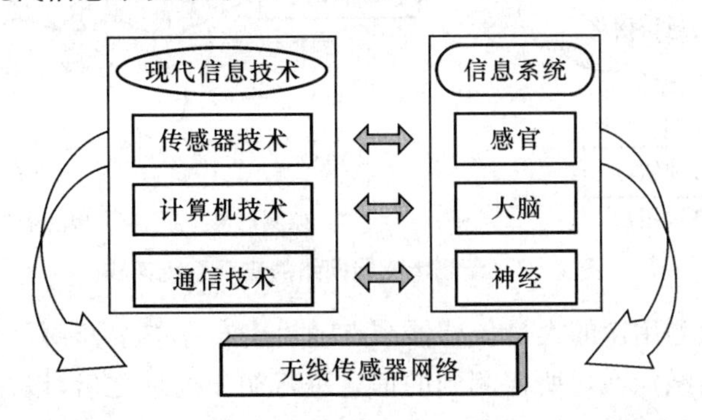

图1-2　现代信息技术与无线传感器网络之间的关系

另外,从前述定义可以看出,传感器、感知对象和用户是传感器网络的三个基本要素。无线网络是传感器之间、传感器与用户之间最常用的通信方式,用于在传感器与用户之间建立通信路径。协作式的感知、采集、处理和发布感知信息是传感器网络的基本功能。

一组功能有限的传感器结点协作地完成大的感知任务是传感器网络的重要特点。传感器网络中的部分或全部结点可以慢速移动,拓扑结构也会随着结点的移动而不断地动态变化。结点间以Ad Hoc方式进行通信,每个结点都可以充当路由器的角色,并且都具备动态搜索、定位和恢复连接的能力。

传感器结点由电源、感知部件、处理部件、通信部件和软件这几个部分构成。电源为传感器提供正常工作所必需的能源。感知部件用于感知、获取外界的信息,并将其转换为数字信号。处理部件负责协调结点各部分的工作,如对感知部件获取的信息进行必要的处理、保存,控制感知部件和电源的工作模式等。通信部件负责与其他传感器或用户的通信。软件是为传感器提供必要的软件支持,如嵌入式操作系统、嵌入式数据库系统等。

传感器网络的用户是感知信息的接收者和使用者,可以是人也可以是计算机或其他设备。例如,军队指挥官可以是传感器网络的用户,一台由飞机携带的移动计算机也可以是传感器网络的用户。一个传感器网络可以有多个用户,一个用户也可以是多个传感器网络的使用者。用户可以主动地查询或收集传感器网络的感知信息,也可以被动地接收传感器网络发布的信息。用户对感知信息进行观察、分析、挖掘、制定决策,或对感知对象采取相应的行动。

感知对象是用户感兴趣的监测目标,也是传感器网络所感知的对象,如坦克、军事人员、动物、有害气体等。感知对象一般通过表示物理现象、化学现象或其他现象的数字量来表征,如温度、湿度等。一个传感器网络可以感知网络分布区域内的多个对象,一个对象可以被多个传感器网络所感知。

从用户的角度来看,无线传感器网络的宏观系统架构如图1-3所示,通常包括传感器结点(sensor node)、汇聚结点(sink node)和管理结点(manager node)。有时汇聚结点也称为网关结点或者信宿结点。

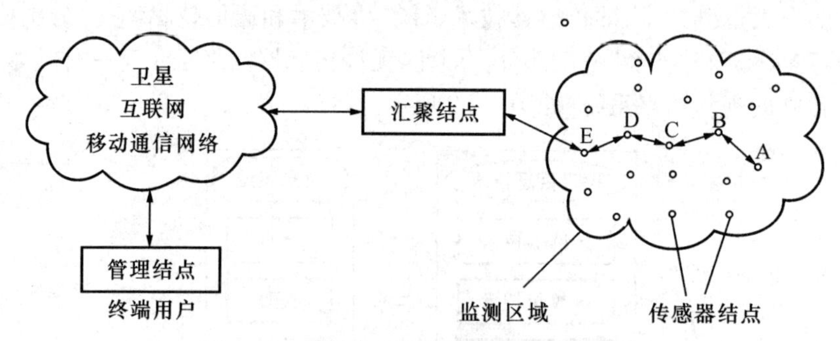

图 1-3 无线传感器网络的宏观系统架构

在图 1-3 中，探测用途的大量传感器结点随机密布在整个监测区域，通过自组织的方式构成网络。传感器结点在对所探测到的信息进行初步处理之后，以多跳中继的方式传送给汇聚结点，然后经卫星、互联网或者移动通信网络等途径，到达最终用户所在的管理结点。用户也可以通过管理结点对传感器网络进行管理和配置，发布监测任务或者收集回传的数据。

从网络功能上看，每个传感器都具有信息采集和路由的双重功能，除了进行本地信息收集和数据处理外，还要存储、管理和融合其他结点转发过来的数据，同时与其他结点协作完成一些特定任务。

如果通信环境或者其他因素发生变化，导致传感器网络的某个或部分结点失效时，先前借助它们传输数据的其他结点则自动重新选择路由，保证在网络出现故障时能够实现自动恢复。

实际上这种大量的传感器网络探测结点通常是由 6 个功能模块组成(如图 1-4 所示)，即传感模块、计算模块、通信模块、存储模块、电源模块和嵌入式软件系统。

传感模块负责探测目标的物理特征和现象，计算模块负责处理数据和系统管理，存储模块负责存放程序和数据，通信模块负责网络管理信息和探测数据两种信息的发送和接收，另外电源模块负责给结点供电，结点由嵌入式软件系统支撑，运行网络的 5 层协议。

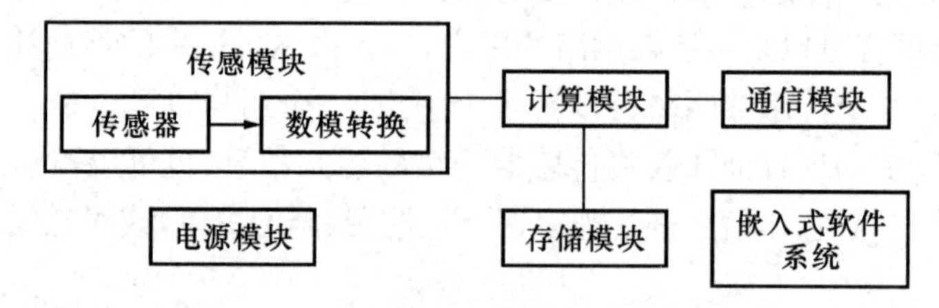

图 1-4 传感器网络结点的功能模块组成

5 层协议中的 5 层分别指物理层、数据链路层、网络层、传输层和应用层，如图 1-5 所示。物理层负责载波频率的产生、信号调制与解调，数据链路层负责媒体接入和差错控制，网络层负责路由发现与维护，传输层负责数据流的传输控制，应用层负责任务调度、数据分发等具体业务。

传感器网络的一个突出特色是采用了跨层设计技术，这一点与现有的 IP 网络不同。跨层设计包括能量分配、移动管理和应用优化。

能量分配是尽量延长网络的可用时间,移动管理主要对结点移动进行检测和注册,应用优化是根据应用需求优化调度任务。

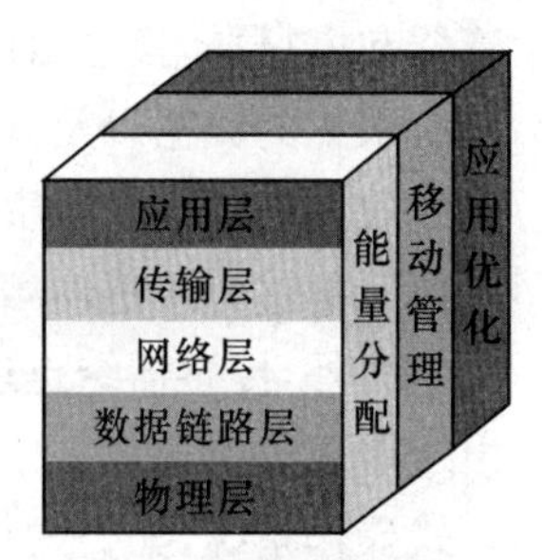

图 1-5 传感器网络的分层协议

传感器探测结点通常是一个嵌入式系统,由于受到体积、价格和电源供给等因素的限制,它的处理能力、存储能力相对较弱,通信距离也有限,通常只与自身通信范围内的邻居结点交换数据。如果要访问通信范围以外的结点,必须使用多跳路由。传感器结点的处理器完成计算与控制功能,射频部分完成无线通信传输功能,传感器探测部分的电路完成数据采集功能,通常由电池供电,封装成完整的低功耗无线传感器网络终端结点。

网关汇聚结点只需要具有处理器模块和射频模块,通过无线方式接收探测终端发送来的数据信息,再传输给有线网络的 PC 或服务器。汇聚结点通常具有较强的处理能力、存储能力和通信能力,它既可以是一个具有足够能量供给和更多内存资源与计算能力的增强型传感器结点,也可以是一个带有无线通信接口的特殊网关设备。汇聚结点连接传感器网络和外部网络,通过协议转换实现管理结点与传感器网络之间的通信,把收集到的数据转发到外部网络上,同时发布管理结点提交的任务。

各种类型的低功耗网络终端结点可以构成星型拓扑结构,或者混合型 ZigBee 拓扑结构,有的路由结点还可以采用电源供电方式。

1.2.2 传感器网络结点的结构

毫无疑问,传感器网络的终端探测结点是应用和研究的重中之重。在不同应用中,传感器网络终端结点的组成不尽相同,但一般都由前面介绍的 6 个功能模块组成。被监测物理信号的形式决定了传感器的类型。处理器通常选用嵌入式 CPU,如 TI 公司的 CC2530、ARM 公司的 CORTEX-MX 系列等。数据传输主要由低功耗、短距离的无线通信模块完成,比如 RFM 公司的 TR1000 等。因为需要进行较复杂的任务调度与管理,系统需要一个微型化操作系统。图 1-6 描述了传感器网络终端结点的结构,将它简化为传感模块、计算与存储模块、通信模块。图中实心箭头的方向表示数据在结点中的流动方向。

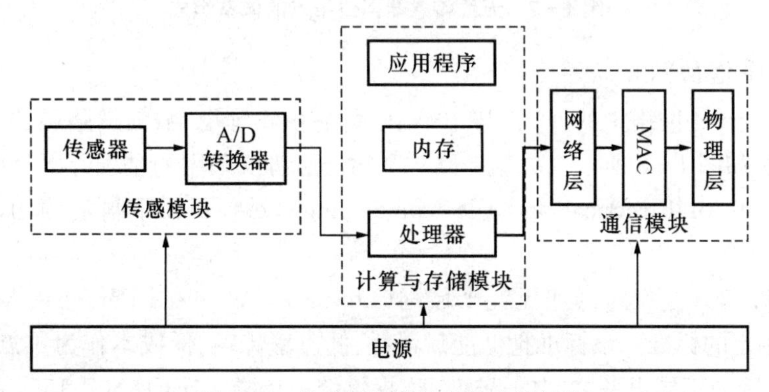

图 1-6 传感器网络终端结点的结构

具体地说,传感模块用于感知、获取监测区域内的信息并将其转换为数字信号,它由传感器和模/数转换器组成。计算与存储模块负责控制和协调结点各部分的工作,存储和处理自身采集的数据以及其他结点发来的数据,它由嵌入式系统构成,包括处理器、存储器等。无线收发通信模块负责与其他传感器结点进行通信,交换控制信息和收发采集的数据。电源单元能够为传感器结点提供正常工作所必需的能源,通常采用微型电池。

另外,传感器结点还可以包括其他辅助单元,如移动系统、定位系统和自供电系统等。由于需要进行比较复杂的任务调度与管理,处理器需要包含一个功能较为完善的微型化嵌入式操作系统,如美国加州大学伯克利分校开发的 TinyOS。

由于传感器结点采用电池供电,一旦电能耗尽,结点就失去了工作能力。为了最大限度地节约电能,在硬件设计方面,要尽量采用低功耗器件,在没有通信任务的时候,切断射频部分电源;在软件设计方面,各层通信协议都应该以节能为中心,必要时可以牺牲其他的一些网络性能指标,以获得更高的电源效率。

从无线联网的角度来看,传感器网络结点的体系由分层的网络通信协议、网络管理平台和应用支撑平台三个部分组成(如图 1-7 所示)[2]。

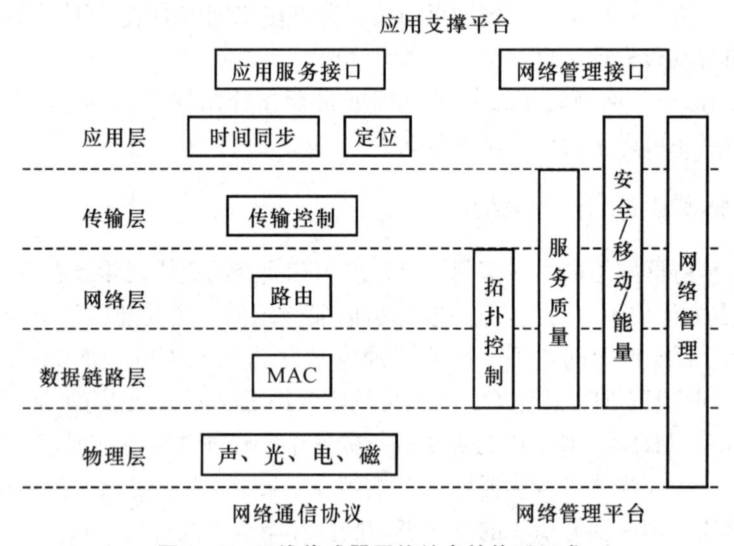

图 1-7 无线传感器网络结点的体系组成

1) 网络通信协议

类似于 Internet 网络中的 TCP/IP 协议体系,它由物理层、数据链路层、网络层、传输层和应用层组成,如图 1-8 所示。数据链路层和物理层协议采用的是国际电气电子工程师协会(The Institute of Electrical and Electronics Engineers, IEEE)制定的 IEEE 802.15.4 协议。

IEEE 802.15.4 是针对低速无线个域网(Low-Rate Wireless Personal Area Network, LR-WPAN)制定的标准。该标准把低能量消耗、低速率传输、低成本作为重点目标,旨在为个人或家庭范围内不同设备之间的低速互连提供统一标准。IEEE 802.15.4 的网络特征与无线传感器网络存在很多相似之处,所以许多研究机构把它作为无线传感器网络的无线通信平台。

(1) 物理层。传感器网络的物理层负责信号的调制和数据的收发，所采用的传输介质主要有无线电、红外线、光波等。

(2) 数据链路层。传感器网络的数据链路层负责数据成帧、帧检测、介质访问和差错控制。介质访问协议保证可靠的点对点和点对多点通信，差错控制保证源结点发出的信息可以完整无误地到达目标结点。

(3) 网络层。传感器网络的网络层负责路由发现和维护，通常大多数结点无法直接与网关通信，需要通过中间结点以多跳路由的方式将数据传送到汇聚结点。

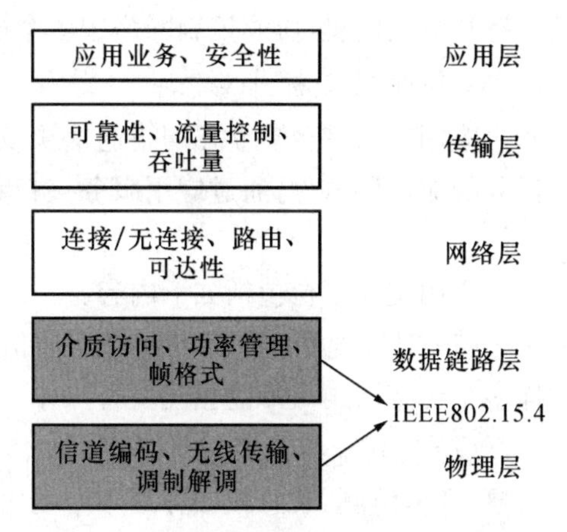

图 1-8　传感器网络通信协议的分层结构

(4) 传输层。传感器网络的传输层负责数据流的传输控制，主要通过汇聚结点采集传感器网络内的数据，并使用卫星、移动通信网络、互联网或者其他的链路与外部网络通信，是保证通信服务质量的重要部分。

2) 网络管理平台

网络管理平台主要实现对传感器结点自身的管理和用户对传感器网络的管理，包括拓扑控制、服务质量管理、能量管理、安全管理、移动管理、网络管理等。

网络管理平台主要实现如下管理内容：

(1) 拓扑控制。一些传感器结点为了节约能量会在某些时刻进入休眠状态，这导致网络的拓扑结构不断变化，因而需要通过拓扑控制技术管理各结点状态的转换，使网络保持畅通，数据能够有效传输。拓扑控制利用链路层、路由层完成拓扑生成，反过来又为它们提供基础信息支持，优化 MAC 协议和路由协议，降低能耗[3]。

(2) 服务质量管理。服务质量管理在各协议层设计队列管理、优先级机制或者带宽预留等机制，并对特定应用的数据给予特别处理，它是网络与用户之间以及网络上互相通信的用户之间关于信息传输与共享的质量约定。为了满足用户的要求，传感器网络必须能够为用户提供足够的资源，以用户可接受的性能指标工作。

(3) 能量管理。在传感器网络中电源能量是各个结点最宝贵的资源。为了使传感器网络的使用时间尽可能长，需要合理、有效地控制结点对能量的使用。每个层次中都要增加能量控制代码，并提供给操作系统进行能量分配决策。

(4) 安全管理。由于结点随机部署、网络拓扑的动态性和无线信道的不稳定性，传统的安全机制无法在传感器网络中适用，因而需要设计新型的传感器网络安全机制，采用诸如扩频通信、接入认证/鉴权、数字水印和数据加密等技术。

(5) 移动管理。在某些传感器网络的应用环境中结点可以移动，移动管理可用来监测和控制结点的移动，维护到汇聚结点的路由，还可以使传感器结点跟踪它的邻居。

(6) 网络管理。网络管理是对传感器网络上的设备和传输系统进行有效监视、控制、诊断和测试所采用的技术和方法。它要求协议各层嵌入各种信息接口，并定时收集协议运行状态和流量信息，协调控制网络中各个协议组件的运行。

3) 应用支撑平台

应用支撑平台建立在网络通信协议和网络管理技术的基础之上，包括一系列基于监测任务的应用层软件，通过应用服务接口和网络管理接口来为终端用户提供各种具体应用的支持。

应用支撑平台包括如下内容：

(1) 时钟同步。传感器网络的通信协议和应用要求各结点间的时钟必须保持同步，这样多个传感器结点才能相互配合工作。另外，结点的休眠和唤醒也要求时钟同步。

(2) 定位。结点定位是确定每个传感器结点的相对位置或绝对位置。结点定位在军事侦察、环境监测、紧急救援等应用中尤为重要。

(3) 应用服务接口。传感器网络的应用是多种多样的，针对不同的应用环境，有各种应用层的协议，如任务安排和数据分发协议、结点查询和数据分发协议等。

(4) 网络管理接口。主要是传感器管理协议，用来将数据传输到应用层。

1.2.3 传感器网络的结构

传感器网络由基站和大量的结点组成。例如，战场上布置的大量结点，结点上的传感器感知战场信息，微处理器对原始数据进行初步处理，由无线收发模块将数据发送给相邻结点。数据经传感器网络结点的逐级转发，最终发送给基站，由基站通过串口传给主机，从而实现对战场的监控。

在传感器网络中，结点任意部署在被监测区域内，这一过程是通过飞行器撒播、人工埋置和火箭弹射等方式完成的。结点以自组织形式构成网络。根据结点数目的多少，传感器网络的结构可以分为平面结构和分级结构。如果网络规模较小，一般采用平面结构；如果网络规模很大，则必须采用分级网络结构。

1) 平面结构

平面结构的传感器网络比较简单，所有结点的地位平等，所以又可以称为对等式结构。源结点和目标结点之间一般存在多条路径，网络负载由这些路径共同承担，一般情况下不存在瓶颈，网络比较健壮。图 1-9 是传感器网络的平面结构示意图。

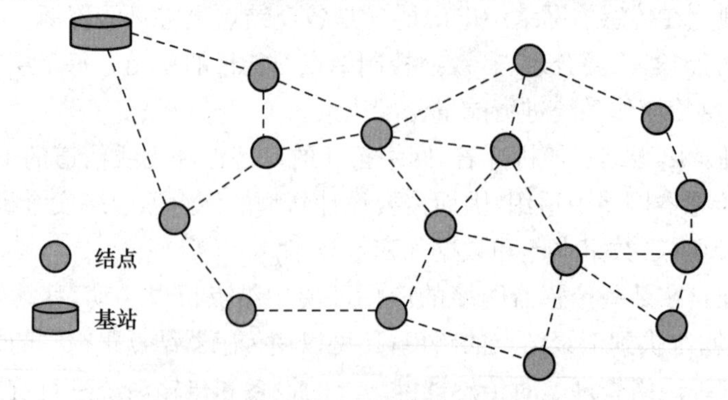

图 1-9　传感器网络的平面结构示意图

当然，在无线自组织传感器网络中，由于结点较多且密度较大，平面型传感器网络结构在结点组织、路由建立、控制与维持的报文开销上都存在问题，这些开销会占用很大的带宽，影响网络数据的传输速率，严重情况下甚至会造成整个网络的崩溃。另外，报文作为网络中交换与传输的数据单元，结点在进行报文传输时，由于所有结点都起着路由器的作用，因而某个结点如果要发送报文，那么会使得在这个结点和基站接收器之间有大量的结点参与存储转发工作，从而使整个系统在宏观上将损耗很大的能量。平面型传感器网络结构还有一个缺点就是可扩充性差，每一个结点都需要知道到达其他所有结点的路由，维护这些动态变化的路由信息需要大量的控制消息。

2）分级结构

在分级结构中，传感器网络被划分为多个簇(cluster)，每个簇由一个簇头(cluster head)和多个簇成员(cluster member)组成。这些簇头形成了高一级的网络，簇头结点负责簇间数据的转发，簇成员只负责数据的采集。这大大减少了网络中路由控制消息的数量，因此具有很好的可扩充性。

簇头可以预先指定，也可以由结点使用分簇算法自动选举产生。由于簇头可以随时选举产生，所以分级结构具有很强的抗毁性。图 1-10 是传感器网络的分级结构示意图。

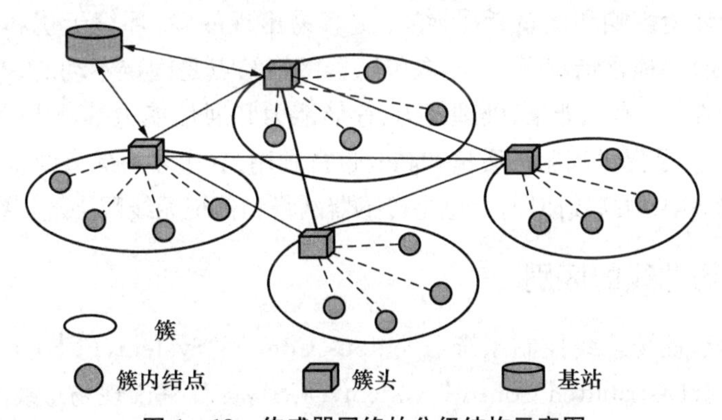

图 1-10　传感器网络的分级结构示意图

分级型网络结构存在的问题就是簇头的能量消耗问题。簇头发送和接收报文的频率要高出普通结点几倍至十几倍，它在发送、接收报文时会消耗很多的能量，而且很难进入休眠状态，因而要求可以在簇内运行簇头选择程序来更换簇头。

分级结构比平面结构复杂得多，它解决了平面结构中的网络堵塞问题，整体消耗能量较少，因而实用性更高。

无线传感器网络的部署一般通过飞行器空投或通过炮弹、火箭、导弹等进行发射来执行。当飞机到达传感器部署区域时，将携带的传感器空投，结点随机地分布在感知区域。当传感器结点落地之后，这些结点进入自检启动的唤醒状态，搜寻相邻结点的信息并建立路由表。每个结点都与周围的结点建立联系，形成一个自组织的无线传感器网络(如图 1-11 所示)，实现感知所在区域的信息并通过网络传输数据。

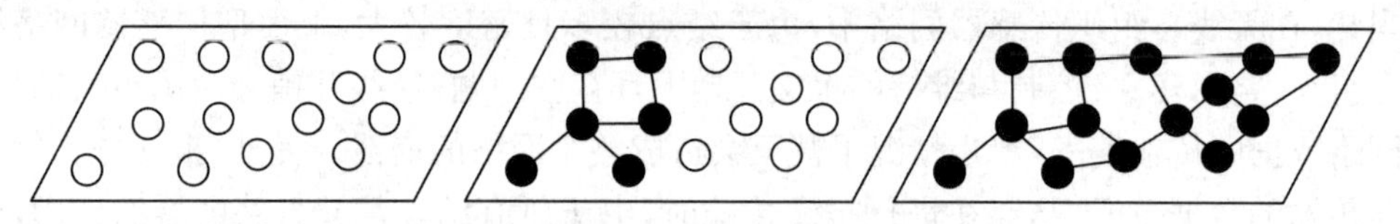

图 1-11 无线传感器自组网过程示意图

1.3 传感器网络的特征

1.3.1 与现有无线网络的区别

无线自组网（Ad Hoc Network）是一个由几十到上百个结点组成的、采用无线通信方式的、动态组网的、多跳的移动性对等网络，这种网络的用途是通过动态路由和移动管理技术传输具有服务质量要求的信息流。

传感器网络虽然与无线自组网有相似之处，但同时也存在很大的差别。传感器网络是集成了监测、控制以及无线通信的网络系统，结点数目更为庞大（上千甚至上万个），结点分布更为密集；由于环境影响和能量耗尽，结点更容易出现故障；环境干扰和结点故障易造成网络拓扑结构的变化；通常情况下，大多数传感器网络结点是固定不动的。

另外，传感器结点具有的能量、处理能力、存储能力和通信能力等都十分有限。传统无线网络的首要设计目标是提供高服务质量和高效带宽利用，其次才考虑节约能源，而传感器网络的首要设计目标是能源的高效使用，这也是传感器网络和传统无线网络最重要的区别之一。

1.3.2 与现场总线的区别

在自动化领域，现场总线控制系统（Fieldbus Control System，FCS）正在逐步取代一般的分布式控制系统（Distributed Control System，DCS），各种基于现场总线的智能传感器/执行器技术得到迅速发展。现场总线是应用在生产现场和微机化测量控制设备之间、实现双向串行多结点通信的系统，也被称为开放式、数字化、多点通信的底层控制网络。

现场总线技术将专用微处理器植入传统的测量控制仪表，使它们各自具有数字计算和通信能力，采用简单连接的双绞线等作为总线，把多个测量控制仪表连接成网络系统，并按公开、规范的通信协议，在位于现场的多个微机化测量控制设备之间和现场仪表与远程监控计算机之间实现数据传输与信息交换，形成各种适应实际需要的自动控制系统。

现场总线是 20 世纪 80 年代中期发展起来的。随着微处理器与计算机功能的不断增强和价格的降低，计算机与计算机网络系统得到迅速发展。现场总线可实现整个企业的信息集成，实施综合自动化，形成工厂底层网络，完成现场自动化设备之间的多点数字通信，实现底层现场设备之间和生产现场与外界的信息交换。

现场总线作为一种网络形式，是专门为实现在严格的实时约束条件下工作而特别设计的。目前市场上较为流行的现场总线有 CAN（控制局域网络）、LonWorks（局部操作网络）、Profibus（过程现场总线）、HART（可寻址远程传感器数据通信）和 FF（基金会现场总线）等。

由于严格的实时性要求，这些现场总线的网络构成通常是有线的。在开放式通信系统互连参考模型中，它利用的只有第一层（物理层）、第二层（链路层）和第七层（应用层），避开了多跳通信和中间结点的关联队列延迟。然而，尽管固有有限差错率不利于实时，人们仍然致力于在无线通信上实现现场总线的构想。

由于现场总线通过报告传感数据从而控制物理环境，所以从某种程度上说它与传感器网络非常相似。我们甚至可以将无线传感器网络看作无线现场总线的实例。但是两者的区别是明显的，无线传感器网络关注的焦点不是数十毫秒范围内的实时性，而是具体的业务应用，这些应用能够容许较长时间的延迟和抖动。另外基于无线传感器网络的一些自适应协议在现场总线中并不需要，如多跳、自组织的特点，而且现场总路线及其协议也不考虑节约能源问题。

1.3.3 传感器结点的限制条件

无线传感器网络可以看成是由数据获取子网、数据分布子网和控制管理中心三部分组成的。它的主要组成部分是集成了传感器、数据处理单元和通信模块的结点，各结点通过协议自组织成一个分布式网络，将采集来的数据通过优化后经无线电波传输给信息处理中心。传感器结点在实现各种网络协议和应用系统时，也存在一些限制和约束[4]。

1）电源能量有限

传感器结点体积微小，通常携带能量十分有限的电池。由于传感器结点个数多、成本要求低廉、分布区域广，而且部署区域环境复杂，有些区域甚至人员不能到达，所以传感器结点通过更换电池的方式来补充能源是不现实的。如何高效使用能量来最大化网络生存周期是传感器网络面临的首要挑战。

传感器结点消耗能量的模块包括传感器模块、处理器模块和无线通信模块。随着集成电路工艺的进步，处理器模块和传感器模块的功耗变得很低，绝大部分能量消耗在无线通信模块上。图 1－12 所示是 Deborah Estrin 在 Mobicom 2002 会议上的特邀报告（“Wireless Sensor Networks，Part Ⅳ：Sensor Network Protocols”）中所述传感器结点各部分能量消耗的情况，从图中可知传感器结点的绝大部分能量消耗在无线通信模块。传感器结点传输信息时要比执行计算时更消耗能量，传输 1 bit 信息 100 m 距离需要的能量大约相当于执行 3 000 条计算指令消耗的能量。

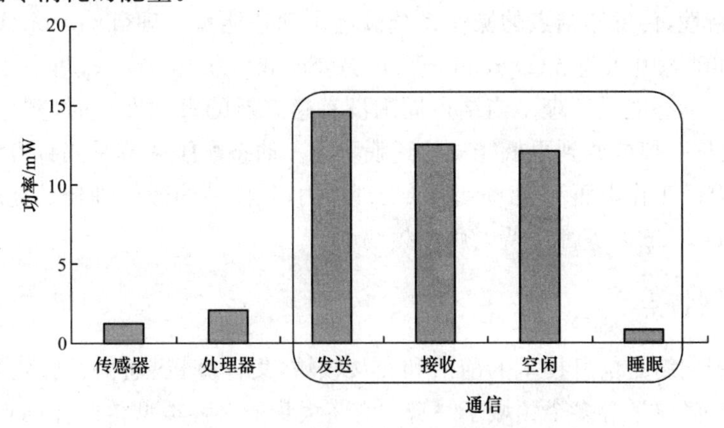

图 1－12 传感器结点能量消耗情况

无线通信模块存在发送、接收、空闲和睡眠四种状态。无线通信模块在空闲状态一直监听无线信道的使用情况，检查是否有数据发送给自己，而在睡眠状态则关闭通信模块。从图1-12中可以看到，无线通信模块在发送状态的能量消耗最大，在空闲状态和接收状态的能量消耗接近，略少于发送状态的能量消耗，在睡眠状态的能量消耗最少。如何让网络通信更有效率，减少不必要的转发和接收，不需要通信时无线通信模块尽快进入睡眠状态，是传感器网络协议设计时需要重点考虑的问题。

2）通信能力有限

无线通信的能量消耗与通信距离的关系为

$$E=kd^n \tag{1-1}$$

其中，参数 n 满足关系 $2<n<4$。n 的取值与很多因素有关，例如，传感器结点的部署贴近地面时，障碍物多，干扰大，n 的取值就大，而天线质量对信号发射质量的影响也很大。考虑到诸多因素，通常取 n 为3，即通信能耗与距离的三次方成正比。随着通信距离的增加，能耗将急剧增加。因此，在满足通信连通度的前提下应尽量减少单跳通信距离。一般而言，传感器结点的无线通信半径在100 m以内比较合适。

考虑到传感器结点受到能量限制且网络覆盖区域大，传感器网络采用多跳路由的传输机制。传感器结点的无线通信带宽有限，通常仅有每秒几百千比特的速率。由于结点能量的变化，受高山、建筑物、障碍物等地势地貌以及风雨雷电等自然环境的影响，无线通信性能可能经常变化，频繁出现通信中断。在这样的通信环境和结点通信能力有限的情况下，如何设计网络通信机制以满足传感器网络的通信需求是传感器网络设计面临的挑战之一。

3）计算和存储能力有限

传感器结点是一种微型嵌入式设备，要求它价格低功耗小，这些限制必然导致其携带的处理器能力比较弱，存储器容量比较小。为了完成各种任务，传感器结点需要完成监测数据的采集和转换、数据的管理和处理、应答汇聚结点的任务请求和结点控制等多种工作。如何利用有限的计算和存储资源完成诸多协同任务成为传感器网络设计的挑战。

随着低功耗电路和系统设计技术的提高，目前已经开发出很多超低功耗微处理器。除了降低处理器的绝对功耗以外，现代处理器还支持模块化供电和动态频率调节功能。利用这些处理器的特性，传感器结点的操作系统设计了动态能量管理（Dynamic Power Management，DPM）和动态电压调节（Dynamic Voltage Scaling，DVS）模块，可以更有效地利用结点的各种资源。动态能量管理是当结点周围没有感兴趣的事件发生时，部分模块处于空闲状态，把这些组件关掉或调到更低能耗的睡眠状态。动态电压调节是当计算负载较低时，通过降低微处理器的工作电压和频率来降低处理能力，从而节约微处理器的能耗，很多处理器如StrongARM、CC2530等都支持电压和频率调节。

1.3.4　组网特点

无线传感器网络是信息技术的前沿和交叉领域，集计算机、通信、网络、智能计算、传感器、嵌入式系统、微电子等多个领域于一身。它将大量的多种类型传感器结点组成自治的网络，实现对物理世界的动态智能协同感知。如果说移动通信连接的是人和人，传感器网络连接的则是物和物。

无线传感器网络除了具有 Ad Hoc 网络的移动性、断接性、电源能力局限性等共同特征以外，在组网方面还具有一些鲜明的自身特点。它的主要特点包括自组织性、以数据为中心、应用相关性、动态性、网络规模大和可靠性等。

1）自组织性

在传感器网络应用中，通常传感器结点放置在没有基础结构的地方。传感器结点的位置不能预先精确设定，结点之间的相邻关系预先也不知道，如通过飞机播撒大量传感器结点到面积广阔的原始森林中，或随意放置到人不可到达或危险的区域。由于传感器网络的所有结点的地位都是平等的，没有预先指定的中心，各结点通过分布式算法来相互协调，在无人值守的情况下，结点就能自动组织起一个探测网络。正因为没有中心，网络便不会因为单个结点的脱离而受到损害。

以上因素要求传感器结点具有自组织的能力，能够自动地进行配置和管理，通过拓扑控制机制和网络协议，自动形成转发监测数据的多跳无线网络系统。

在传感器网络使用过程中，部分传感器结点由于能量耗尽或环境因素而失效，也有一些结点为了弥补失效结点、增加监测精度而被补充到网络中，这样在传感器网络中的结点个数就动态地增加或减少，从而使网络的拓扑结构随之动态地变化。传感器网络的自组织性要能够适应这种网络拓扑结构的动态变化。

2）以数据为中心

目前的互联网是先有计算机终端系统，然后再互联成为网络，终端系统可以脱离网络独立存在。在互联网中网络设备是用网络中唯一的 IP 地址来标识的，资源定位和信息传输依赖于终端、路由器、服务器等网络设备的 IP 地址。如果希望访问互联网中的资源，首先要知道存放资源的服务器 IP 地址。可以说目前的互联网是一个以地址为中心的网络。

传感器网络是任务型网络，脱离传感器网络谈论传感器结点没有任何意义。传感器网络中的结点采用结点编号标识，结点编号是否需要全网唯一，这取决于网络通信协议的设计。

由于传感器结点随机部署，构成的传感器网络与结点编号之间的关系是完全动态的，表现为结点编号与结点位置没有必然联系。用户使用传感器网络查询事件时，直接将所关心的事件通告给网络，而不是通告给某个确定编号的结点。网络在获得指定事件的信息后汇报给用户。这种以数据本身作为查询或传输线索的思想更接近于自然语言交流的习惯。所以通常说传感器网络是一个以数据为中心的网络。

例如，在应用于目标跟踪的传感器网络中，跟踪目标可能出现在任何地方，对目标感兴趣的用户只关心目标出现的位置和时间，并不关心哪个结点监测到目标。事实上，在目标移动的过程中，必然是由不同的结点提供目标的位置消息。

3）应用相关性

传感器网络用来感知客观物理世界，获取物理世界的信息量。客观世界的物理量多种多样，不可穷尽。不同的传感器网络应用关心不同的物理量，因此对传感器的应用系统也有多种多样的要求。

不同的应用背景对传感器网络的要求不同,其硬件平台、软件系统和网络协议必然会有很大差别。因此传感器网络不可能像互联网那样,存在统一的通信协议平台。不同的传感器网络应用虽然存在一些共性问题,但在开发传感器网络应用系统时,人们更关心传感器网络的差异。只有让具体应用系统更贴近应用,才能符合用户的需求和兴趣点。针对每一个具体应用来研究传感器网络技术,这是传感器网络设计不同于传统网络设计的显著特征。

4) 动态性

传感器网络的拓扑结构可能因为下列因素而改变:

(1) 环境因素或电能耗尽造成的传感器结点出现故障或失效;

(2) 环境条件变化可能造成无线通信链路带宽变化,甚至时断时通;

(3) 传感器网络的传感器、感知对象和观察者这三要素都可能具有移动性;

(4) 新结点的加入。

由于传感器网络的结点是处理变化的环境,它的状态也在相应地发生变化,加之无线通信信道的不稳定性,网络拓扑因而也在不断地调整变化,而这种变化方式是无人能准确预测出来的。这就要求传感器网络系统要能够适应这种变化,具有动态的系统可重构性。

5) 网络规模大

为了获取精确信息,在监测区域通常部署大量传感器结点,传感器结点数量可能达到成千上万个,甚至更多。传感器网络的大规模性包括两方面的含义:一方面是传感器结点分布在很大的地理区域内,如在原始大森林采用传感器网络进行森林防火和环境监测,需要部署大量的传感器结点;另一方面,传感器结点部署得很密集,在一个面积不是很大的空间内,密集部署了大量的传感器结点。

传感器网络的大规模性具有如下优点:通过不同空间视角获得的信息具有更大的信噪比;通过分布式处理大量的采集信息能够提高监测的精确度,降低对单个结点传感器的精度要求;大量冗余结点的存在,使得系统具有很强的容错性能;大量结点能够增大覆盖的监测区域,减少洞穴或者盲区。

6) 可靠性

传感器网络特别适合部署在环境恶劣或人类不能到达的区域,传感器结点可能工作在露天环境中,遭受太阳的暴晒或风吹雨淋,甚至遭到无关人员或动物的破坏。传感器结点往往随机部署,如通过飞机撒播或炮弹发射到指定区域进行部署。这些都要求传感器结点非常坚固,不易损坏,适应各种恶劣环境条件。

由于监测区域环境的限制以及传感器结点数目巨大,不可能人工“照顾”每个传感器结点,网络的维护十分困难甚至不可维护。传感器网络的通信保密性和安全性也十分重要,要防止监测数据被盗取和获取伪造的监测信息。因此,传感器网络的软硬件必须具有鲁棒性和容错性。

1.4 传感器网络的应用领域

传感器网络的应用前景非常广阔，能够广泛应用于军事、环境监测和预报、健康护理、智能家居、建筑物状态监控、复杂机械监控、城市交通、空间探索、大型车间和仓库管理以及机场、大型工业园区的安全监测等领域。随着对传感器网络的深入研究和广泛应用，传感器网络将逐渐深入到人类生活的各个领域。

1.4.1 军事领域

传感器网络具有可快速部署、可自组织、强隐蔽性和高容错性的特点，因此非常适合在军事上应用。利用传感器网络能够实现对敌军兵力和装备的监控、战场的实时监视、目标的定位、战场的评估、核攻击和生物化学攻击的监测和搜索等功能。

通过飞机或炮弹直接将传感器结点播撒到敌方阵地内部，或者在公共隔离带部署传感器网络，就能够非常隐蔽而且近距离准确地收集战场信息，迅速获取有利于作战的信息。传感器网络是由大量的随机分布的结点组成的，即使一部分传感器结点被敌方破坏，剩下的结点依然能够自组织地形成网络。传感器网络可以通过分析采集到的数据，得到十分准确的目标定位，从而为火控和制导系统提供精确的制导。利用生物和化学传感器，可以准确地探测到生化武器的成分，及时提供情报信息，有利于正确防范和实施有效的反击。

传感器网络已经成为军事 C4ISRT(Command, Control, Communication, Computing, Intelligence, Surveillance, Reconnaissance and Targeting；命令，控制，通信，计算，智能，监视，侦察和定位)系统必不可少的一部分，受到军事发达国家的普遍重视，各国均投入了大量的人力和财力进行研究。美国 DARPA(Defense Advanced Research Projects Agency，国防部高级研究计划局)很早就启动了 SensIT (Sensor Information Technology，传感器信息技术)计划。该计划的目的就是将多种类型的传感器、可重编程的通用处理器和无线通信技术组合起来，建立一个廉价的无处不在的网络系统，用以监测光学、声学、震动、磁场、湿度、污染、毒性、压力、温度、加速度等物理量。

1.4.2 工业领域

建筑物的结构健康监测系统是保证重大工程结构安全的重要手段，对于保障人民群众的生命财产安全以及经济和社会的可持续发展具有重大意义。将物联网技术应用到建筑结构健康监测领域，可取代传统监测手段，使得离线的、间断性的监测变为实时的、在线的。应用物联网技术，从感知层、传输层、应用层三个方面将工业化与信息化集成，可实现自动采集数据，进行全面感知、可靠传输、智能处理。

建筑物状态监控(Structure Health Monitoring, SHM)是利用传感器网络来监控建筑物的安全状态。由于建筑物经历不断修补，可能会存在一些安全隐患。此外，虽然地壳偶尔的小震动可能不会给建筑物带来看得见的损坏，但是也许会在支柱上产生潜在的裂缝，这个裂缝可能会在下一次地震中导致建筑物倒塌。对此，用传统方法检查，往往要将大楼关闭数月。

作为 CITRIS(Center of Information Technology Research in the Interest of Society,社会利益信息技术研究中心)计划的一部分,美国加州大学伯克利分校的环境工程和计算机科学家们采用传感器网络,让大楼、桥梁和其他建筑物能够自身感觉并意识到它们本身的状况,使得安装了传感器网络的智能建筑自动告诉管理部门它们的状态信息,并且能够自动按照优先级来进行一系列自我修复工作。未来的各种摩天大楼可能就会装备这种类似红绿灯的装置,从而建筑物可自动告诉人们它当前是否安全、稳固程度如何等信息。

基于 MEMS(Micro Electro Mechanical Systems,微机电系统)技术的重大工程结构健康监测无线传感器网络目前在发达国家正处于从实验室研究走向应用推广的阶段,国内相关报道甚少。目前在国外该技术主要用于桥梁、铁路、高速公路等大型重要基础设施的结构健康监测。中美两国正在联合研究该技术,共同把结构健康监测 MEMS 微传感器技术研究作为 21 世纪初的科技战略发展计划[5]。

沈万玉等人结合淮南大剧院和河南郑州中牟国家农业公园门景标志"领头雁"等实际工程详细描述了感知层传感器的设计与安装,建立了重大建筑工程健康状态检修和故障预警系统[6],对建筑安全运营提供了实时、全面的监控与分析,满足工程监测功能需求。以淮南大剧院建筑结构健康监测为例说明感知层传感器的设计与安装。通过测算淮南大剧院钢结构不同部位的受力情况、振动情况,进行整体跨度受力分析。由于钢梁应力和自身温度具有耦合效应,因此需要采集钢梁应变、温度、振动三种参数。其中钢梁温度和振动参数通过无线采集结点内置的温度传感器和加速度传感器测量,应变参数信号通过外置的应变传感器获取,经由应变采集盒或者直接进入无线采集结点进行电桥信号的处理测量。根据实际工程需要,淮南大剧院钢屋盖需要评估受到自然风或者内部构造影响造成的振动效果,因此还需通过加速度传感器、风速和风向传感器等采集屋面振动、外部风速、外部风向等参数。

1.4.3 农业领域

美国华盛顿州 20 世纪 80 年代在全州铺设了公共农业气象系统网,其最初目的是为节水灌溉和霜冻监测提供区域蒸腾估计。近年来,该农业气象系统网在综合虫害治理方面也发挥了作用。这套系统收集的数据在 1997 年实现了网上共享。但是,这套系统的数据存储、租赁特定传输频率对数据每小时传输一次的数据传输技术已经过时。为此,华盛顿州立大学精准农业系统中心开发了两套无线传感器网络技术:一套是基于 AWN200 硬件技术的区域无线传感器网络技术,已经配备到华盛顿州的所有农业区;另一套是用于农田霜冻监测的无线传感器网络技术(SS100)。在原来农业气象系统网技术基础上设计的 AWN200 是一套具有 3 层系统拓扑结构的无线传感器网络,通过结点(slave)—复制器(repeater)—主数据站(master)的结构把原来的系统数据存储和传输功能全面更新。每个 AWN200 结点有 TCP/IP 协议,可以直接接入互联网。每个农业气象结点能够获得太阳辐射、气温、相对湿度、叶子湿度、降雨、风速、风向、土壤温度和湿度等数据。每个结点的能量供应根据电力条件而定,有交流电的用交流电,否则用太阳能和电池相结合。AWN200 硬件包括数据存储器、900 MHz 变频扩谱(Frequency Hopping, Spread Spectrum, FHSS)大范围无线电传输设备。一个主数据站与多个复制器构成一个区域的无线传输主干网。结点由复制器链接,再由主数据站组网形成整个网络并接到中心数据库，为后续处理和发布提供支撑。AWN200 的软件由硬件上的固化软件和农业气象系统网应用软件 AgWeather-Net(http://www. eather. wsu. edu)两部分组成。SS100 是一套更加廉价的数据存储、无线传输及相应软件，能够提供可移动、实时的数据获取和管理。这两套技术已经商品化。

传统结点的有效传输距离有限(0.1～1 km 级)，给大区域布设无线传感器网络带来困难。Jurdak 等人提出一种多层的可扩展的传感器统一管理与控制结构(SUMAC)用于农田无线传感器网络的建设。通过在传统结点上增加一层中程无线网状网络为分散的小范围结点簇搭建一个大范围数据获取的桥梁。SUMAC 使用统一的协议，减少互联网使用需求，使网络用户拥有完整的数据所有权。这种网络结构容易管理，安全、快捷、节电，而且便宜。

农业灌溉系统中，对农田灌溉决策最重要的两个因素是作物物候和土壤湿度。除了取土烘干称重法外，人们设计了张力计，由电阻传感器和介电传感器间接测量土壤湿度。Pardossi 等人利用无线传感器网络技术搭建土壤层传感器平台监测土壤湿度。他们考虑了缺水性灌溉、零径流灌溉、灌溉施肥(fertigation)情况下的土壤层传感器在土壤湿度测量方面的应用。

Kotamäki 等人在芬兰南部一个流域搭建了 SoilWeather WSN 用于采集农业气象、土壤湿度、水体混浊度等信息为农业和水利管理决策服务，着重研究如何有效维护网络系统，减少数据误差。经过验证，网络能够提供近实时、连续的高精度农情参数数据。他们认为面对大量连续数据需要进一步研究原始数据处理和网络维护能力，同时不同用户的数据共享也对未来大范围数据获取与应用构成挑战。

国内无线传感器网络在农业领域的应用研究也是如火如荼，在国家发展和改革委员会的支持下，中国科学技术大学、中国科学院计算技术研究所和水利部淮河水资源保护局合作设计了无线传感网络精准农业监测系统[7]，该系统在位于蚌埠市的安徽省农业科技示范园区获得初步应用。20 多个结点被均匀地布置在面积大约 1 200 m^2 的花卉大棚内，结点类型包括土壤温度传感器、土壤湿度传感器和光照传感器等。当系统运行时，每个传感器结点将附近的环境信息和自身的状态信息经过自组织多跳路由传递给基站，然后通过本地服务器上的数据获取程序将数据传输到远程服务器上。吴旭提出了一种将 ZigBee 技术运用于无线传感器网络的自动化灌溉系统[8]。该系统采用 CC2430 进行无线传感器网络结点设计，采集土壤水分、温度和光照强度信息，通过无线网络发送滴灌指令，并且通过无线传感技术将这三个因子传送至模糊控制器，从而建立起作物相应的模糊控制规则库，完成作物灌溉时间模糊控制。该系统具有经济、通信可靠、控制精度高等特点，可提高农业滴灌用水效率和自动化水平。

1.4.4 家庭与健康领域

传感器网络能够应用在家居中。在家电和家具中嵌入传感器结点，通过无线网络与 Internet 连接在一起，将会为人们提供更加舒适、方便和更具人性化的智能家居环境。利用远程监控系统，可完成对家电的远程遥控，例如可以在回家之前半小时打开空调，这样回家的时候就可以直接享受适合的室温，也可以遥控电饭锅、微波炉、电冰箱、电话机、电视机、录像机、电脑等家电，按照自己的意愿完成相应的煮饭、烧菜、查收电话留言、选择录制电视和电台节目以及下载网上资料到电脑中等工作，也可以通过图像传感设备随时监控家庭安全情况。

传感器网络在医疗系统和健康护理方面的应用包括监测人体的各种生理数据，跟踪和监控医院内医生和患者的行动，管理医院的药物等。如果在住院病人身上安装特殊用途的传感器结点，如心率和血压监测设备，医生利用传感器网络就可以随时了解被监护病人的病情，发现异常能够迅速抢救。将传感器结点按药品种类分别放置，计算机系统即可帮助辨认所开的药品，从而减少病人用错药的可能性。还可以利用传感器网络长时间地收集人体的生理数据，这些数据对了解人体活动机理和研制新药品都是非常有用的。

可穿戴设备作为传感器网络医学应用中的重要一环，可对医疗卫生服务对象实现动态跟踪、实时监测，在远程医疗和个性化医疗中具有广阔应用前景[9-10]。

可穿戴设备指可直接穿戴于身体各处的便携式设备，它整合各种可感知人体物理生化信息的传感器于一体，在医疗领域中对于疾病诊断、治疗管理以及健康监测等方面具有重要作用，可对人类生理和病理数据进行全面采集、记录、分析、调节和干预，及时发现异常变化，达到维持健康、治疗疾病的目的。

可穿戴物理传感器主要监测各种物理信号，在监测日常活动和生命体征等方面应用较为成熟，已在帕金森病治疗效果监测、运动障碍疾病长期评估等方面取得进展。监测心电信号的可穿戴设备可通过智能手表监测房颤等心律不齐情况的发生，识别早期急性心血管事件及收集长期动态数据以协助诊断等方面有所发展。

可穿戴电化学生物传感器主要通过电流分析法、伏安分析法、表皮微针等方法测量汗液、泪液、唾液或组织液等体液中的生化标志物。这类传感器在糖尿病管理方面发展较快，已研制出可连续监测葡萄糖水平的可穿戴设备，以实现精准的血糖调节。此外，可穿戴电化学生物传感器在监测尿酸和酪氨酸水平以辅助痛风等代谢性疾病的诊疗等方面也有发展。

可穿戴设备已在慢性阻塞性肺疾病、支气管哮喘、阻塞性睡眠呼吸暂停等呼吸系统疾病的诊疗中初步应用并取得了一定成效。

1.4.5 环境保护领域

1）土壤环境应用

全球对 CO_2 和养分通量的管理需要改进人们对土壤和大气的碳、氮交换机制的理解。在陆地生态系统中，植被通过光合作用捕获大气中的 CO_2，并把它们存储到根系及根区微生物中。但是，人们对于这个土壤根系过程至今没有很好地理解。使用传感器网络技术测量土壤中的各种交互作用和动态过程来提高对土壤根系呼吸作用的理解。传感器网络技术可以帮助实时了解土壤自氧和异氧呼吸的时间动态。现在，定点测量根系生长时的 CO_2 通量已经成为可能。Allen 等人使用土壤内部成像技术获取土壤中植物微根逐日生长动态，还搭建了由一系列土壤传感器组成的传感器网络用于监测 CO_2 通量、土壤纹理、土壤温度、湿度、硝酸根、氮氢化合物等的浓度。由于不能直接看到土壤下部的结构，布设土壤传感器又要求对土壤环境的扰动最小化，所以需要使用探地雷达等设备预先对土壤下部的岩石、水位、植物粗根等进行探测。今后的趋势是将这些传感器链接起来构建密集的土壤观测网络，利用无线传输技术收集土壤成像和 CO_2 通量数据。

2）空气环境应用

现在多数城市安装了空气质量监测装置，但一般架设在背景测量或已知的污染热点地段，在广大的农村地区却没有监测设施，城市中监测设施的布点数量也不多。实际上高污染地段也随时间变化，监测装置一般只能提供逐日平均空气质量状况。由于城市空气质量状况是瞬息万变的，而且城市的车辆交通是一个大污染源，它不仅影响当地的空气质量，还是噪声源，并对附近水源造成污染，最终影响气候变化。车辆交通的污染排放包括：苯(C_6H_6)、1,3 丁邻二烯、一氧化碳(CO)、铅(Pb)、二氧化氮(NO_2)、臭氧(O_3)、颗粒物 (PM_{10} 和 $PM_{2.5}$)和二氧化硫(SO_2)等。通过大量研究人们基本了解了这些污染对环境和健康的影响，但是对其时空变异格局了解较少。由于空气污染时空分布的监测受到监测站点少而且固定、布点不合理、不能线上处理等因素的限制，近些年人们不断尝试设计廉价的、无处不在的传感器网络，将它们用于大范围、实时、全面的城市环境监测。此外人们特别关注发展可移动的便携式空气质量监测与定位装置。Ma 等人设计了一种空气污染监测系统可以固定于城市街道或架设到公交车上进行移动和定点空气质量集成测量。该系统包括一种称为 MoDisNet 的分层分布式监测网络。在这个网络中，移动式监测仪器可以对原始采集数据做初步处理，然后无线发送到最近的路边定点监测结点，最后传回到数据采集中心。他们还制作了传感器用系统 GUSTO(通用传感技术及观测)。GUSTO 能同时探测多种污染气体(SO_2、NO_x、O_3、苯等)浓度，实时获取数据并将数据无线传输到附近结点。GUSTO 价廉、稳定而且精确，数据传输频率可以达到 1 次/s 的。

3）水环境应用

传统水质监测是通过采集水样，然后经实验室测定。水质监测的内容包括能够反映水的物理、化学、生物学特性的沉积物、悬浮物、叶绿素 A、溶解有机物、溶解氧以及盐分、氮、磷等养分含量等。能够通过遥感实时测量的内容包括有色溶解有机质浓度、叶绿素 A、沉积物以及水体的一系列内在光学特性。此外，水体的物理特性如温度、水深、流速、流向等也能实时定点获得。近些年逐步发展出基于无线传感器网络的水体物理性质和水质状况的监测装置。Yang 等人提出建立水中无线传感器网络开展实时测量的设计。中国太湖已经架设了类似的测量仪器。Hemond 等人设计了一种半自动实地水化学测量系统用于实时测量湖水的化学性质并实时传输到岸上的数据接收站。这种系统由安装在固定浮标上的传感器和搭载在自动水下潜水器(AUV)中的传感器联网组成。传感器包括水质探头和温度计以及能够测量甲烷等溶解代谢气体和常规气体的 NEREUS 水下质谱仪。水下数据传输通过声学调制解调器实现，水上数据通过使用 IEEE 802.11b 协议的无线网络实时传送到岸上数据接收站。

美国纽约港及上游河道和河口海域架设了多个定点无线传感器网络结点并构建了一个纽约港观测与预测系统(NYHOPS)。该系统把定点测量、模拟和常规预测模型结合起来在线实时显示纽约港周围的水情。水情信息包括：海面风速风向、水位、水温、盐度、浪高和波浪周期等。

海岸带和珊瑚礁生态系统管理需要及时获得相关的环境数据及环境变化趋势。De Freitas 等人提出澳大利亚大堡礁海域管理和决策需要使用环境传感器网络技术。为此，需要发展大堡礁生物监测点的海水水质测量、水循环格局以及洪水与海水混合水质、混浊度、光合作用有效辐射、叶绿素 A 等环境参数，并建立统一的监测标准。

一般液体深度测量仪需要把探头置于液体当中来实现测量。Kuang 等人制作了塑料光纤探头，它与传感器结点（MICA2DOT）链接实现了非接触液体水平测量并用于水位测量。这种仪器可以用于洪水水位涨落的测量。

周斌提出了一种基于 ZigBee 无线传感器网络的水质监测系统[11]，由监测结点、网关、服务器与网页客户端组成，实现对水体的水温、pH、电导率以及固体溶氧量等参数的实时采集与监测，也可以开启监控功能定时采集参数信息，经过网关将数据传送至监测中心服务器，监测中心对水质情况进行统计和分析，提供网页端供用户在线查看当前水质情况和历史水质情况。

1.4.6 其他领域

复杂机械的维护经历了“无维护”“定时维护”以及“基于情况的维护”三个阶段。采用“基于情况的维护”方式能够优化机械的使用，保持过程更加有效，并且保证制造成本仍然低廉。其维护开销分为几个部分：设备开销、安装开销和人工收集分析机械状态数据的开销。采用无线传感网络能够减少这些开销，特别是能够去掉人工开销。尤其是目前数据处理硬件技术的飞速发展和无线收发硬件的发展，新的技术已经成熟，可以使用无线技术避免昂贵的线缆连接，采用专家系统实现数据采集和分析。

传感器网络可以应用于空间探索。借助于航天器在外星体撒播一些传感器网络结点，可以对星球表面进行长时间的监测。这种方式成本很低，结点体积小，相互之间可以通信，也可以和地面站进行通信。

1.5 传感器网络的发展历史

1.5.1 计算设备的演化历史

贝尔定律指出：每 10 年会有一类新的计算设备诞生。计算设备整体上是朝着体积越来越小的方向发展，从最初的巨型机演变发展到小型机、工作站、PC 和 PDA 之后，新一代的计算设备正是传感器网络结点这类微型化设备，将来还会发展到生物芯片。

传感器网络作为一门交叉学科，涉及计算机、微电子、传感器、网络、通信和信号处理等领域。从计算机学科的角度来分析，无线传感器网络在一定程度上代表了未来计算设备的发展方向。分析计算设备的演化历史不难看出，计算设备整体上朝着体积越来越小的方向发展，而且人均占用量不断增高。无线传感器网络的出现与发展恰好顺应了这种演化趋势。

大量的微型传感器网络结点被嵌入到我们生活的物理世界，为实现人与自然界丰富多样的信息交互提供了技术条件。目前我们正处于由 PDA 向下一代计算设备过渡的时期，因而 WSN 的意义和重要性自然不言而喻，所以它受到了学术界和工业界的普遍推崇与青睐。

1.5.2 无线传感器网络的发展过程

无线传感器网络的发展也符合计算设备的演化规律。根据研究和分析，这里将无线传感器网络的发展历史分为三个阶段，下面逐一介绍并分析各阶段的技术特征。

1）第一阶段：传统的传感器系统

最早可以追溯到 20 世纪 70 年代的越战时期使用的传统的传感器系统。当年美越双方在密林覆盖的胡志明小道进行了一场血腥较量，这条道路是北越部队向南方游击队源源不断输送物资的秘密通道，美军曾经绞尽脑汁动用航空兵狂轰滥炸，但效果不大。后来美军投放了 2 万多个“热带树”传感器。

所谓“热带树”传感器实际上是由震动和声响传感器组成的系统，它由飞机投放，落地后插入泥土中，只露出伪装成树枝的无线电天线，因而被称为“热带树”。只要对方车队经过，传感器探测出目标产生的震动和声响信息，自动发送到指挥中心，美机立即展开追杀，总共炸毁或炸坏越方 4.6 万辆卡车。

这种早期使用的传感器系统的特征在于传感器结点只产生探测数据流，没有计算能力，并且相互之间不能通信。

传统的原始传感器系统通常只能捕获单一信号，传感器结点之间进行简单的点对点通信，传感器网络一般采用分级处理结构。

2）第二阶段：传感器网络结点集成化

第二阶段是 20 世纪 80 年代到 90 年代之间。

1980 年美国国防部高级研究计划局（Defense Advanced Research Projects Agency，DARPA）的分布式传感器网络（Distributed Sensor Networks，DSN）项目开启了现代传感器网络研究的先河。该项目由 TCP/IP 协议的发明人之一、时任 DARPA 信息处理技术办公室主任的 Robert Kahn 主持，起初设想建立低功耗传感器结点构成的网络，这些结点之间相互协作，但自主运行，将信息发送到需要它们的处理结点。就当时的技术水平来说，这绝对是一个雄心勃勃的计划。通过多所大学研究人员的努力，该项目还是在操作系统、信号处理、目标跟踪、结点实验平台等方面取得了较好的基础性成果。

在这个阶段，传感器网络的研究依旧主要在军事领域展开，成为网络中心战体系中的关键技术。比较著名的系统包括：美国海军研制的协同交战能力（Cooperative Engagement Capability，CEC）系统、用于反潜作战的固定式分布系统（Fixed Distributed System，FDS）、高级配置系统（Advanced Deployment System，ADS）、远程战场传感器系统（Remote Battlefield Sensor System，REMBASS）、战术远程传感器系统（Tactical Remote Sensor System，TRSS）、无人值守地面传感器网络系统。

这个阶段的技术特征在于采用了现代微型化的传感器结点，这些结点可以同时具备感知能力、计算能力和通信能力。因此在 1999 年，《商业周刊》将传感器网络列为 21 世纪最具影响的 21 项技术之一。

3）第三阶段：多跳自组网

第三阶段是从21世纪开始至今。

美国在2001年发生了震惊世界的"9·11"事件，如何找到恐怖分子头目本·拉登成了和平世界的一道难题。由于本·拉登深藏在阿富汗山区，神出鬼没，极难发现他的踪迹。人们设想如果在本·拉登经常活动的地区大量投放各种微型探测传感器，采用无线多跳自组网方式将发现的信息以类似接力赛的方式传送给远在波斯湾的美国军舰。但是这种低功率的无线多跳自组网技术在当时是不成熟的，因而向科技界提出了应用需求，由此引发了无线自组织传感器网络的研究热潮。

这个阶段的传感器网络技术特点在于网络传输自组织、结点设计低功耗。

除了应用于情报部门的反恐活动以外，无线传感器网络在其他领域更是获得了很好的应用，所以2002年美国国家重点实验室橡树岭实验室提出了"网络就是传感器"的论断。

由于无线传感器网络在国际上被认为是继互联网之后的第二网络，2003年美国《技术评论》杂志评出对人类未来生活产生深远影响的十大新兴技术，传感器网络被列为第一。

在现代意义上的无线传感器网络研究及其应用方面，我国与发达国家几乎同步启动，它已经成为我国科技领域中位居世界前列的少数方向之一。在2006年我国发布的《国家中长期科学与技术发展规划纲要》中，为信息技术确定了三个前沿方向，其中有两个就与传感器网络直接相关，这就是智能感知和自组网技术。

综观计算机网络技术的发展史，应用需求始终是推动和左右全球网络技术进步的动力与源泉。传感器网络可以为人类增加耳、鼻、眼、舌等器官的感知能力，是扩大人类感知能力的一场革命。传感器网络是近几年来国内外研究和应用得非常热闹的领域，在国民经济建设和国防军事上具有十分重要的应用价值，目前传感器网络的发展几乎呈爆炸式趋势。

1.5.3 我国传感器网络的发展情况

国际信息科学界预计，无线传感器网络领域将成为继计算机、互联网与移动通信网之后信息产业新一轮竞争中的制高点，物与物的互联业务将远远超过人与人的互联业务，无线传感器网络技术也是军事技术革命的重要方向。

我国的无线传感器网络研究及其应用启动得较早，中科院、清华大学等科研机构和中国移动、华为等企业都在从事这方面的研究与应用。在《国家中长期科学与技术发展规划》的重大专项、优先发展主题、前沿领域等部分，传感器网络研究均位列其中。

我国参与传感器网络研究的主体也非常丰富，哈尔滨工业大学、清华大学、北京邮电大学、西北工业大学、天津大学和国防科技大学等高校在国内较早开展了有关传感器网络方面的研究。特别是在我国的绝大多数院校的工科专业都已开展了有关传感器网络方面的研究和教学工作。

中国移动、华为、中兴等大型企业也加入了研究行列。中国科学院在早期就大量部署了传感器网络课题。中科院上海微系统与信息技术研究所还牵头组建了传感器网络产学研上海联盟，该研究所在上海、宁波等地进行了智能交通、公共安全保障、自然灾害预防方面的传感器网络应用示范，都取得了很好的效果。

陈火旺院士曾经指出:"高水平的计算机人才应具有较强的实践能力,教学与科研相结合是培养实践能力的有效途径。高水平人才的培养是通过被培养者的高水平学术成果来体现的,而高水平的学术成果主要来源于大量高水平的科研。高水平的科研还为教学活动提供了最先进的高新技术平台和创造性的工作环境,使学生得以接触最先进的计算机理论、技术和环境。"

因此,在大学阶段掌握一些前沿性的知识并辅以一定的实验、科研工作,可以极大地提高学生们的实践能力,同时加深学生们对基础知识和关键技术的理解和掌握,为将来适应社会发展和胜任工作打下牢靠的基础。无线传感器网络就是这样的一个具有前瞻性和实用性的技术领域,学习这门课程具有非常重要的意义。

1.6 无线传感器网络技术的未来挑战与展望

1.6.1 无线传感器网络技术的未来挑战

1) 数据采集与管理的挑战

随着无线传感器网络技术的发展,将会获得越来越多的时间序列数据。目前人们习惯的实验室数据管理模式和以空间数据为主的管理模式不适合管理大量的时空数据。为了适应无线传感器网络技术的需要必须加快对时空数据处理和管理的研究。同时还需要加强对原始数据中误差和不确定性的研究,加强数据存储、处理和传输过程中的质量检验和控制。数据保存是管道泄漏以及回流检测等问题研究的基础,但由于其分布地域广、连接复杂、难以检测等特点,使流体系统区别于一般的系统。如何在有限的存储空间内保存完整有效的数据是研究的重点。通过研究流体系统中现有的数据保存方案,发现研究工作主要侧重于数据收集和结点部署方面的改进。虽然已经取得了一些进展,但仍然存在一些问题[12]。

2) 能源供给有效性的挑战

无线传感器网络技术发展初期主要使用低耗电的温度、湿度等传感器,结点上的能源需求主要来自无线传输装置和处理器。虽然处理器和无线传输装置可以继续向微型化发展,但是无线传感器网络需要链接更多样的传感器,而许多传感器的耗电量很高。在遥远环境下有效为结点及相应传感器供给能源仍将是一个挑战。

3) 无线通信的标准问题

传感器网络的标准不统一体现在多个层面,如硬件平台不统一,操作系统不统一。目前有各种各样的无线通信协议,不同生产厂家没有统一的标准。IEEE 802.11 无线通信标准能够传送很大的数据量,但是耗电量很高。IEEE 802.15.4 无线个域网(WPAN)是为省电而设计的标准,但是要求短时间的数据传输操作,也不能传输大量数据。因此,还需要开发新的无线通信标准。

4) 无线传感器网络的覆盖问题[13]

覆盖问题是无线传感器网络的基本问题之一,它直接影响到传感器的能量消耗和网络寿命。无线传感器网络的覆盖问题通常可以定义为传感器结点对网络场进行有效监控的一种度量。多年来,无线传感网的覆盖问题是一个研究热点和难点,研究者们提出了多种覆盖协议。

无线传感器网络中的覆盖问题有多种分类方法。根据网络现场监测频率的不同,覆盖问题可以分为连续覆盖问题和扫描覆盖问题。根据监测区域的不同,连续覆盖问题可以进一步分为三种类型:区域覆盖、点覆盖和屏障覆盖。此外,根据所需的覆盖程度,覆盖问题可以分为1-覆盖问题和k-覆盖问题。

另一方面,覆盖协议也有多种分类方法。根据连通性要求,覆盖协议可分为连通性感知覆盖协议和非连通性感知覆盖协议;根据所采用的算法特点,覆盖协议可分为分布式协议和集中式协议,集中式覆盖协议可进一步分为基于EA(进化算法)的协议和基于非EA的协议。此外,覆盖协议可以根据网络的系统模型进行分类,该系统模型有四个特点:传感器位置感知(感知或不感知)、传感器移动模型(静电、移动或两者混合)、传感器部署模型(确定性或随机)和传感器感知模型。根据感知能力的不同,感知模型大致可以分为两类:确定性感知模型和概率感知模型。根据传感范围的方向,感知模型也可以分为定向感知模型和全向感知模型。覆盖协议也可以基于覆盖优化何时发生来分类,即:当覆盖优化发生在部署阶段之前时,分类为覆盖感知部署协议;当覆盖优化发生在部署阶段之后时,分类为休眠调度协议。根据网络拓扑结构,休眠调度协议可以进一步分为基于簇的休眠调度协议或平面网络的休眠调度协议。

这些协议的性能主要受限于如何根据网络已有传感器结点确定更真实的覆盖模型的挑战。比如目前所提出的休眠覆盖协议大多基于位置感知和信号强度在感知和/或通信范围内的均匀性较低的假设。此外,已有协议大多使用理想化的能量消耗模型。未来应该使用离散无线电模型来实现更准确、更真实的功耗计算,以便更好地选择传输链路。

在未来的研究方向中,比如在更真实的感知模型中解决覆盖问题,以反映无线传感器网络的各向异性特性。另外,网络连接是设计未来解决覆盖问题的方案时必须考虑的关键因素。

1.6.2 展望

目前无线传感器网络采集的数据主要是温度、湿度等标量数据,对摄像等视觉数据的采集和传输能力均有限。人们已经开始发展视觉传感器网络(VSN)技术,并将其视作无线传感器网络技术的专门领域。不难想象,视觉传感器网络技术将有广泛应用。VSN能够用于远程分布式侦察或监测。已经有智能型分布式相机结点及多结点协作数据处理技术,并能把处理好的数据传输到控制中心。这种网络技术可以与移动电话网、局域网或互联网链接,用于环境监测、医护及老年或残疾人生活辅助、虚拟现实等领域。要利用低能耗的无线传感器网络技术传输大量的视频数据,需要在相机摄像场景优化、网络结构和低能耗数据处理与传输方面加强研究。此外,尽管宫鹏和Rundel等人提出把视觉传感器和音频传感器数据有效结合以进行环境信息提取的设想,目前还很少有相关的研究报导。这方面的研究需要解决好对多结点获得的视频和音频数据同步的问题,然后利用音频-视频信息达到提高环境监测和目标跟踪精度的目的。

未来将是无线传感器网络技术大发展的时期，传感器多样化及系统结点微型化方面将会取得长足发展。在传感器技术方面，生物传感器有望成为一个主要的生长点。生物传感器是依靠生物机制对目标污染物或微有机物产生响应的传感器转换装置。在水质检测方面发展出来的监测污水中有毒污染物的生物传感器已经实现商业化。表面等离子共振反射测量技术的商品化会成为生物传感器发展的重要手段。未来无线传感器网络技术一个重要的发展方向是能够从所观测对象的时空特征中学习分布在不同结点的传感器观测到的数据间的时空关系。这样可以使用这种时空关系优化传感器的唤醒及采样测量过程，从而通过回答传感器网络上是否启动测量、何时测量、哪个结点启动测量、用什么精度测量等问题，达到在某一特定应用中节约能源的目的。有多种途径实现传感器网络对观测对象时空分布关系的学习。例如，使用参数或非参数统计方法计算不同结点传感器测量值之间的协变过程，还可以根据已测数据构建时空模型预测特定结点的观测值及置信范围来辅助传感器网络结点的开启与测量。无线传感器网络技术在环境应用中的另一个重点是如何与大量的航空和航天遥感技术实现集成应用。无线传感器网络技术至今主要处于技术研发阶段，其应用还局限在较小空间范围，还需要在校准、大范围应用方面加强试验。未来几年，需要着力研究如何利用无线传感器网络数据与遥感数据的集成和多尺度融合，辅助遥感数据反演的精度验证，最终与遥感反演数据产品一起应用到环境变化预测模型的开发、校验及同化过程中。

参考文献

[1] 朱仲英. 传感网与物联网的进展与趋势[J]. 微型电脑应用，2010，26(1)：1-4.

[2] 王殊，阎毓杰，胡富平，等. 无线传感器网络的理论及应用[M]. 北京：北京航空航天大学出版社，2007.

[3] 崔逊学，左从菊. 无线传感器网络简明教程[M]. 北京：清华大学出版社，2009.

[4] 孙利民，李建中，陈渝，等. 无线传感器网络[M]. 北京：清华大学出版社，2005.

[5] Glaser S D, Li H, Wang M L, et al. Sensor technology innovation for the advancement of structural health monitoring: A strategic program of US-China research for the next decade[J]. Smart Structures and Systems, 2007, 3(2): 221-244.

[6] 沈万玉. 重大建筑结构健康监测系统设计与实现[D]. 大连：大连理工大学，2015.

[7] 高峰. 基于无线传感器网络的设施农业环境自动监控系统研究[D]. 杭州：浙江工业大学，2009.

[8] 吴旭. 基于 ZigBee 无线传感技术的自动化滴管系统设计[J]. 河南水利与南水北调，2021，50(4)：85-86.

[9] 蒋维芃，金鑫，陈翠翠，等. 可穿戴设备在呼吸系统疾病中的应用现状与展望[J]. 中国临床医学，2021，28(6)：919-924.

[10] 谷元静，史婷奇. 可穿戴设备在医学领域中的研究进展[J]. 全科护理，2021，19(35)：4954-4958.

[11] 周斌. 基于物联网技术的水质监测系统设计与实现[J]. 智能城市，2021，7(20)：7-8.

[12] 张婕，梁俊斌，蒋婵. 广域复杂流体系统中基于无线传感网的数据保存关键技术研究进展[J]. 计算机科学，2020，47(5)：242-249.

[13] Elhabyan R, Shi W, St-Hilaire M. Coverage protocols for wireless sensor networks: Review and future directions[J]. Journal of Communications and Networks, 2019, 21(1): 45-60.

2 传感器简介

2.1 传感器概述

2.1.1 传感器的定义和作用

传感器网络的终端探头通常代表了用户的功能需求，终端传感器技术是支撑和最大化网络应用性能的基石，为网络提供了丰富多彩的业务功能。在无线网络向自组织、泛在化和异构性方向发展的过程中，终端始终是网络互通和融合的关键。网络工作环境的复杂化、应用业务需求的多元化，对终端设备的功耗、体积、业务范围、对外接口和便携性等提出了特定要求，提高终端传感器的探测功能是无线传感器网络实用化的一个重要手段，也为网络设备产业的发展带来一场新的机遇与挑战。

随着人类活动领域扩大到太空、深海和探索自然现象过程的深化，传感器和执行器已经成为基础研究与现代技术相互融合的新领域。它们汇集和包容了许多学科的技术成果，成为人类探索自然界活动和发展社会生产力最活跃的部分之一。

什么是传感器？一般来说能够把特定的被测量信息（物理量、化学量、生物量等）按一定规律转换成某种可用信号（电信号、光信号等）的器件或装置，我们把它称为传感器[1]。

传感器是生物体感官的工程模拟物；反过来，生物体的感官又可以看作天然的传感器。随着数字化和信息技术与机械装置的融合，传感器和执行器已经开始实现数据共享、控制功能和控制参数协调一体化，并通过现场总线与外部连接。随着基础自动化控制功能的重新分配，许多计算机控制功能下放到传感器和执行器中完成，如参数检测、控制、诊断和维护管理等。

传感器和执行器的发展趋势是向集成化、微型化、智能化、网络化和复合多功能化的方向发展，主要是利用纳米技术、新型压电与陶瓷材料等新原理和新材料，研发航天、深海和基因工程领域的感知系统和执行系统。

在工业领域，具有现场总线功能的传感器（变送器）和执行器在提供测量参数信息的同时，一般还能提供器件的状态信息，配合专用软件增强自诊断能力。随着利用数字化技术、信息技术改造传统产业和光机电一体化进程的加速，我国对新型高性价比的传感器和执行器的研发与应用前景将更加广阔。

在现代社会信息流中，作为信息源头，传感器的重要地位日益显现出来。传感器和执行器技术是利用各种功能材料实现信息检测和输出的应用技术，其中传感器技术与现代通信技术、计算机技术并列为现代信息产业的三大支柱，是现代测量技术、自动化技术的重要基础。

传感器的作用类似于人的感觉器官，是实现测试与控制的首要环节。例如，传感器作为“感官”和“神经”，遍布航天器的各个关键部位，是确保测得出、测得准、预测对、诊断灵，保障任务成功率的有效手段。国内外航天飞行器的各大系统中，无一例外地都大量使用各种类型的传感器。例如，美国的航天飞机使用的传感器数量超过 3 500 只。欧空局的 Ariane5 火箭上，在研制试验阶段使用传感器数量 435 只，通常一次飞行测量参数达 570 个，一次技术飞行测量参数达 1 100 个。国内航天传感器经历了由仿制到自制、由少品种到多品种、由结构型到复合型、由低准确度到高准确度的发展历程，较好地满足了我国快速发展的各重点航天仪器的测量需求，并逐步制定一系列的规范和标准，形成了各类航天特色鲜明的特种传感器产品系列，涵盖了压力、温度、液位、过载、振动、冲击、角速率、位移、流量、烧蚀、噪声、湿度、应变、风速、气体、辐射等参数的测量传感器。特别是近年来，在国家超高密度航天仪器任务的牵引下，我国下一代航天传感器技术在新型 MEMS 智能传感器技术、极限环境特种传感器技术、高性能光学传感系统技术、无线传感网络技术方面取得了众多具有国际先进水平的成果。运载火箭中的控制系统、动力系统、推进剂利用系统、附加系统、遥测系统，载人飞行器中的故障检测与诊断系统、舱内环境控制与生命保障系统、逃逸救生系统、航天员舱外活动支持系统和再入式登陆系统等，都离不开传感器对航天器各关键部位工作状态的准确检测。美国国际空间站就是依靠高灵敏传感器的火灾预警，多次成功避免了国际空间站火灾悲剧的发生。在航天器二次变轨的过程中，需要为航天器提供用于改变飞行方向的推进力，高精度压力传感器用于测量燃料罐压力，是控制点火、开启变轨飞行的关键器件，一旦传感器的测量精度超差或者失效，将直接导致变轨失败。2010 年，俄罗斯“质子-M”火箭发射 3 颗 GLONASS-M 导航卫星，因燃料水平传感器超差导致加注燃料过量，使火箭“头部”重量超标，从而导致火箭飞行末期达到速度不够，未能正确入轨，致使 3 颗导航卫星全部葬身于太平洋中。可见，传感器对于航天装备而言，地位重要，作用关键。没有高保真和性能可靠的传感器对原始信息进行准确可靠的捕获与转换，通信技术和计算机技术也就成了无源之水，一切准确的测试和控制将无法实现。

2.1.2 传感器的组成

传感器一般由敏感元件、转换元件和基本转换电路组成，如图 2-1 所示。敏感元件是传感器中能感受或响应被测量的部分；转换元件是将敏感元件感受或响应的被测量转换成适于传输或测量的信号（一般指电信号）的部分；基本转换电路可以对获得的微弱电信号进行放大、运算调制等。另外，基本转换电路工作时必须有辅助电源。

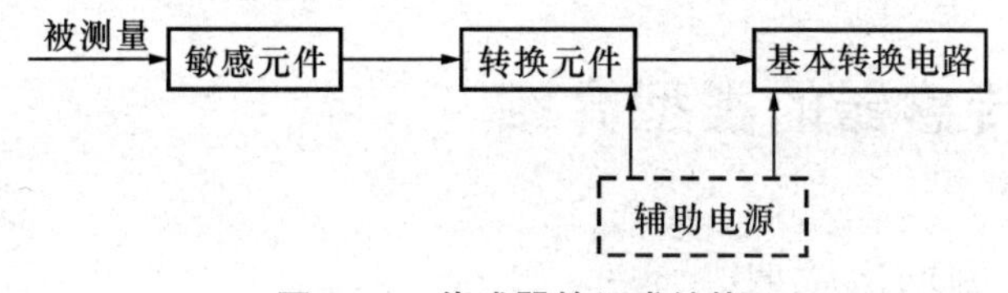

图 2-1 传感器的组成结构

随着半导体器件与集成技术在传感器中的应用，传感器的基本转换电路可安装在传感器壳体里或与敏感元件一起集成在同一芯片上，构成集成传感器，如Dallas公司生产的DS18b20型集成温度传感器。

传感器接口技术是非常实用和重要的技术。传感器将各种物理量变成电信号，经由诸如放大、滤波、干扰抑制、多路转换等信号检测和预处理电路，将电压或电流等模拟量送至A/D转换器，变成数字量，供计算机或者微处理器处理。图2-2所示为传感器采集接口的框图。

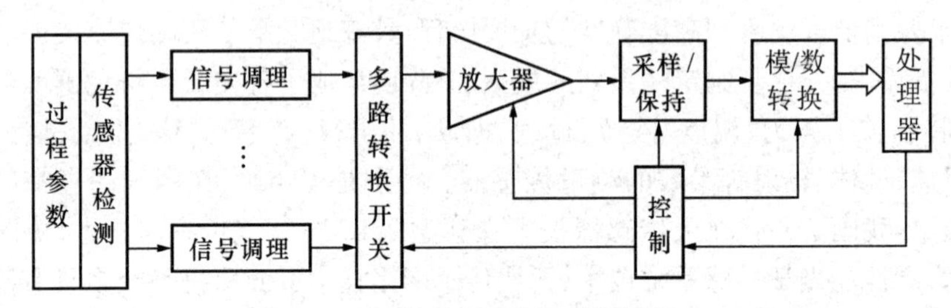

图2-2　传感器采集接口的框图

2.1.3　传感器的分类

传感器技术是一门知识密集型技术，它与很多学科有关。传感器用途纷繁、原理各异、形式多样，它的分类方法也很多。

(1) 按被测量与输出电量的转换原理划分，可分为能量控制型和能量转换型两大类。能量控制型传感器直接将被测量转换成电参量(如电阻等)，依靠外部辅助电源才能工作，并且由被测量控制外部供给能量的变化，属于这种类型的传感器包括电阻式传感器、电感式传感器、电容式传感器等。能量转换型传感器直接将被测对象(如机械量)的输入转换成电能，属于这种类型的传感器包括压电式传感器、磁电式传感器、热电偶传感器等。

(2) 按传感器测量原理，主要有物理和化学原理，可分类为电参量式传感器、磁电式传感器、磁致伸缩式传感器、压电式传感器和半导体式传感器等。

(3) 按被测量的性质不同划分为位移传感器、力传感器、温度传感器等。

(4) 按输出信号的性质可分为开关型(二值型)传感器、数字型传感器、模拟型传感器。数字型传感器能把被测的模拟量直接转换成数字量，它的特点是抗干扰能力强、稳定性强、易于与微机接口、便于信号处理和实现自动化测量。

(5) 在光机电一体化领域，按被测参数分类为尺寸与形状、位置、速度、力、振动、加速度、流量、温度、湿度、颜色、照度和视觉图像等非电量传感器。

2.2　常见传感器的类型介绍

2.2.1　能量控制型传感器

能量控制型传感器将被测非电量转换成电参量，其在工作过程中不能起换能作用，需从外部供给辅助能源使其工作，所以又称作无源传感器。电阻式、电容式、电感式传感器均属这一类型。

电阻式传感器是将被测非电量变化转换成电阻变化的一种传感器。由于它结构简单、易于制造、价格便宜、性能稳定、输出功率大，在检测系统中得到了广泛的应用。

电容式传感器是将被测量（如位移、压力等）变化转换成电容量变化的一种传感器。这种传感器具有零漂小、结构简单、动态响应快、易实现非接触测量等一系列优点。电容式传感器广泛应用于位移、振动、角度、加速度等机械量的精密测量，且逐步应用在压力、压差、液面、料面、成分含量等方面的测量。

电感式传感器建立在电磁感应基础上，利用线圈电感或互感的改变实现非电量测量，可用来测量位移、压力、振动等参数。电感式传感器的类型很多，根据转换原理不同，可分为自感式、互感式、电涡流式和压磁式等传感器。

2.2.2　能量转换型传感器

能量转换型传感器感受外界机械量变化后，输出电压、电流或电荷量。它可以直接输出或放大后输出信号，传感器本身相当于一个电压源或电流源，因而这种传感器又叫作有源传感器。压电式、磁电式和热电式传感器等均属这一类型。

压电式传感器的工作原理基于某些电介质材料的压电特性，是典型的有源传感器。它具有体积小、重量轻、工作频带宽等优点，广泛用于各种动态力、机械冲击与振动的测量。

磁电式传感器也称为电磁感应传感器，是基于电磁感应原理，将运动转换成线圈中的感应电动势的传感器。这种传感器灵敏度高，输出功率大，因而大大简化了测量电路的设计，在振动和转速测量中得到广泛的应用。

热电式传感器是利用转换元件电磁参量随温度变化的特性，对温度和与温度有关的参量进行检测的装置。其中将温度变化转换为电阻变化的称为热电阻传感器，将温度变化转换为热电势变化的称为热电偶传感器。热电阻传感器可分为金属热电阻式和半导体热电阻式两大类，前者简称为热电阻，后者简称为热敏电阻。热电式传感器最直接的应用是测量温度，其他应用包括测量管道流量、热电式继电器、气体成分分析仪、金属材质鉴别仪等。

光敏传感器是一种感应光线强弱的传感器。当感应到光强度不同时，光敏探头内的电阻值就会有变化。常见的光敏传感器有光电式传感器、色敏传感器、CCD 图像传感器和红外/热释电式光敏器件等。将光量转换为电量的器件称为光电式传感器或光电元件。光电式传感器的工作原理是：光电式传感器通常先将被测机械量的变化转换成光量的变化，再利用光电效应将光量变化转换成电量的变化。光电式传感器的核心是光电器件，光电器件的基础是光电效应。光电效应有外光电效应、内光电效应和光生伏特效应。色敏传感器是检测白色光中含固定波长范围光的一种传感器，主要有半导体色敏传感器和非晶硅色敏传感器两种类型。CCD 图像传感器是一种集成性半导体光敏传感器，它以电荷转移器件为核心，包括光电信号转换、传输和处理等部分。由于具有体积小、重量轻、结构简单和功耗小等优点，该传感器不仅在传真、文字识别、图像识别领域广泛应用，而且在现代测控技术中可以用于检测物体的有无、开关、尺寸、位置等。许多非电量能够影响和改变红外光的特性，利用红外光敏器件检测红外光的变化，就可以确定出这个待测非电量。红外光敏器件按照工作原理大体可以分为热型和量子型两类。热释电式红外传感器是近二十年才发展起来的，现已应用于军事侦察、资源探测、保安防盗、火灾报警、温度检测、自动控制等众多领域。

2.2.3 集成与智能传感器

集成传感器将敏感元件、测量电路和各种补偿元件等集成在一块芯片上，具有体积小、重量轻、功能强和性能好的特点。目前应用的集成传感器有集成温度传感器、集成压力传感器、集成霍尔传感器等。若将几种不同的敏感元件集成在一个芯片上，可以制成多功能传感器，可同时测量多种参数。

目前流行的微机电系统（Microelectromechanical Systems，MEMS）是将微电子技术与机械工程融合到一起的一种新技术，它的操作范围在微米以内。传统传感器件由于制作工艺和半导体 IC 工艺的不相容，因此不论在尺寸、性能还是成本上都不可能与通过 IC 技术制作的高密度、小体积、低成本信号处理器件相适应，所以造成整个系统批量化、集成化及其性能不能充分地发挥。所谓微型传感器不单单是传统传感器简单的物理缩小产物，它是利用标准半导体工艺将工作机制与物化效应相互兼容的材料，利用 MEMS 加工技术制造的新一代传感器件，具有成本低、体积小、集成化的特点。

智能传感器（Smart Sensor）是在集成传感器的基石上发展起来的，是一种装有微处理器的、能够进行信息处理和信息存储以及逻辑分析判断的传感器系统。智能传感器利用集成或混合集成的方式将传感器、信号处理电路和微处理器集成为一个整体。

智能传感器是 20 世纪 80 年代末由美国宇航局在宇宙飞船开发过程中开发的。宇航员的生活环境需要有检测湿度、气压、空气成分和微量气体的传感器，宇宙飞船需要有检测速度、加速度、位移、位置和姿态的传感器，要使这些大量的观测数据不丢失并降低成本，必须有能实现传感器与计算机一体化的智能传感器。

智能传感器与传统传感器相比，具有如下几个特点：

(1) 具有自动调零和自动校准功能。

(2) 具有判断和信息处理功能，可对测量值进行各种修正和误差补偿。它利用微处理器的运算能力，编制适当的处理程序，可完成线性化求平均值等数据处理工作。另外它可根据工作条件的变化，按照一定的公式自动计算出修正值，提高测量的准确度。

(3) 实现多参数综合测量。通过多路转换器和 A/D 转换器的结合，在程序控制下，任意选择不同参数的测量通道，扩大了测量和使用范围。

(4) 自动诊断故障。在微处理器的控制下，它能对仪表电路进行故障诊断，并自动显示故障部位。

(5) 具有数字通信接口，便于与计算机联机。

智能传感器系统可以由几块相互独立的模块电路和传感器装在同一壳体里，也可以把传感器、信号调理电路和微处理器集成在同一芯片上，还可以采用与制造集成电路同样的化学加工工艺，将微小的机械结构放入芯片，使它具有传感器、执行器或机械结构的功能。例如，将半导体力敏元件、电桥线路、前置放大器、A/D 转换器、微处理器、接口电路、存储器等分别分层地集成在一块硅片上，就构成了一体化集成的智能压力传感器。

智能传感器是未来十年甚至二十年传感器产业的主流形态，国家对此非常重视，2018年，工信部公布了智能传感器的相关规划，其中提到我国在2020年产业规模达到300亿的目标。传感器作为物联网的基础，未来在推动我国产业智能化进程中扮演着十分关键的角色。不止如此，在底层技术薄弱的大形势下，中国也需要振兴技术，防止传感器技术“卡脖子”情况发生。“中国制造2025”和“信息强国”的战略已经深入民心，未来仍是主旋律，传感器技术也是我国实现技术强国的重要一环。中国是全球物联网最大的应用市场，传感器产业必将受益，未来或许能诞生巨头级的传感器企业。

2.3 传感器的一般特性和选型

2.3.1 传感器的一般特性

传感器的正确选用是保证不失真测量的首要环节，因而在选用传感器之前，掌握传感器的基本特性是必要的。下面介绍传感器的性能指标参数和合理选用传感器的注意事项。

1）灵敏度

传感器的灵敏度高，意味着传感器能感应微弱的变化量，即被测量有一微小变化时，传感器就会有较大的输出。但是，在选择传感器时要注意合理性，因为一般来讲，传感器的灵敏度越高，测量范围往往越窄，稳定性会越差。

传感器的灵敏度指传感器达到稳定工作状态时，输出变化量与引起变化的输入变化量之比，即

$$k=\text{输出变化量}/\text{输入变化量}=\Delta Y/\Delta X=\mathrm{d}y/\mathrm{d}x \tag{2-1}$$

线性传感器的校准曲线的斜率就是静态灵敏度；对于非线性传感器的灵敏度，它的数值是最小二乘法求出的拟合直线的斜率。

2）响应特性

传感器的动态性能是指传感器对于随时间变化的输入量的响应特性。它是传感器的输出值能真实再现变化着的输入量的能力反映，即传感器的输出信号和输入信号随时间的变化曲线希望一致或相近。

传感器的响应特性良好，意味着传感器在所测的频率范围内满足不失真测量的条件。另外，实际传感器的响应过程总有一定的延迟，但希望延迟的时间越小越好。

一般来讲，利用光电效应、压电效应等物理特性的传感器，其响应时间短，工作频率范围宽。而结构型传感器，如电感和电容传感器等，由于受到结构特性的影响，往往由于机械系统惯性质量的限制，它们的响应时间要长些，固有频率要低些。

在动态测量中，传感器的响应特性对测量结果有直接影响，应充分考虑被测量的变化特点（如稳态、瞬态、随机）来选用传感器。

3）线性范围

任何传感器都有一定的线性范围，在线性范围内它的输出与输入呈线性关系。线性范围越宽，表明传感器的工作量程越大。

传感器工作在线性范围内是保证测量精确度的基本条件。例如，机械式传感器中的弹性元件，它的材料弹性极限是决定测力量程的基本因素。当超过弹性极限时，传感器就将产生非线性误差。

任何传感器很难保证做到绝对的线性，在某些情况下，在许可限度内，也可以在近似线性区域内使用。例如，变间隙的电容式、电感式传感器，均采用在初始间隙附近的近似线性区工作。在这种情况下选用传感器时，必须考虑被测量的变化范围，保证传感器的非线性误差在允许范围内。

传感器的静态特性是在静态标准条件下，利用一定等级的标准设备，对传感器进行往复循环测试，得到的输入与输出特性列表或曲线。人们通常希望这个特性曲线是线性的，这样会对标定和数据处理带来方便。但实际的输入与输出特性只能接近线性，对比理论直线有偏差，如图2－3所示。

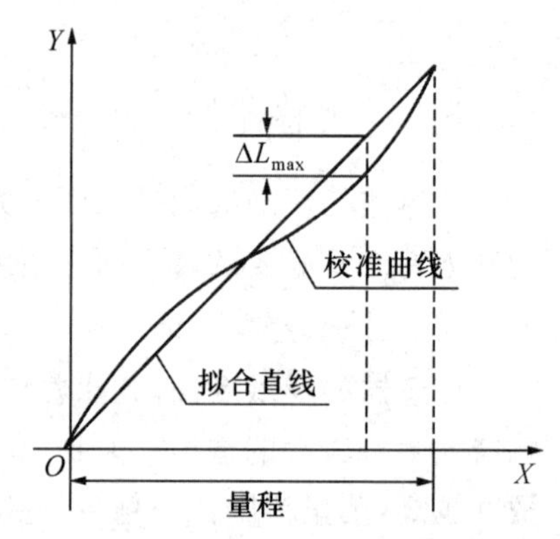

图2－3　传感器线性度示意图

所谓线性度是指传感器的实际输入和输出曲线（校准曲线）与拟合直线之间的吻合（偏离）程度。选定拟合直线的过程就是传感器的线性化过程。实际曲线与它的两个端尖连线（称为理论直线）之间的偏差称为传感器的非线性误差。取其中最大值与输出满度值之比作为评价线性度（或非线性误差）的指标，如式（2－2）所示：

$$e_L=\frac{\Delta L_{\max}}{y_{FS}}\times 100\% \tag{2-2}$$

式中，e_L 为线性度（非线性误差），$\Delta L_{\max}$ 为校准曲线与拟合直线间的最大差值，y_{FS} 为满量程输出值。

4）稳定性

稳定性表示传感器经过长期使用之后，输出特性不发生变化的性能。影响传感器稳定性的因素是时间与环境。

为了保证稳定性，在选定传感器之前，应对使用环境进行调查，以选择合适类型的传感器。例如对于电阻应变式传感器而言，湿度会影响到它的绝缘性，温度会影响零漂；光电传感器的感光表面有尘埃或水汽时，会改变感光性能，带来测量误差。

当要求传感器在比较恶劣的环境下工作时，这时传感器的选用必须优先考虑稳定性。

5）重复性

重复性是指在同一工作条件下，输入量按同一方向在全测量范围内连续变化多次所得特征曲线的不一致性，在数值上用各测量值正反行程标准偏差最大值的两倍或三倍于满量

程 y_{FS}的百分比来表示，如式(2-4)所示：

$$\delta=\frac{\sqrt{\sum_{i=1}^{n}(Y_i-\bar{Y})^2}}{n-1} \tag{2-3}$$

$$\delta_k=\pm\frac{(2\sim3)\delta}{y_{FS}}\times100\% \tag{2-4}$$

式中，δ 为标准偏差，Y_i 为测量值，$\bar{Y}$ 为测量值的算术平均值。

6）漂移

由于传感器内部因素或在外界干扰的情况下，传感器产生的输出变化称为漂移。输入状态为零时的漂移称为零点漂移(简称零漂)。传感器无输入(或某一输入值不变)时，每隔一段时间进行读数，其输出偏离零值(或原指示值)。零漂可表示如下：

$$零漂=\frac{\Delta Y_0}{y_{FS}}\times100\% \tag{2-5}$$

式中，ΔY_0 为最大零点偏差(或相应偏差)。

在其他因素不变的情况下，输出随着时间的变化产生的漂移称为时间漂移。随着温度变化产生的漂移称为温度漂移，它表示当温度变化时，传感器输出值的偏离程度。一般以温度变化 1 ℃时，输出的最大偏差与满量程的百分比来表示。

7）精度

传感器精度指测量结果的可靠程度，它以给定的准确度来表示重复某个读数的能力，其误差越小则传感器精度越高。传感器精度表示为传感器在规定条件下，允许的最大绝对误差相对传感器满量程输出的百分数，如式(2-6)所示：

$$精度=\frac{\Delta A}{y_{FS}}\times100\% \tag{2-6}$$

式中，ΔA 为测量范围内允许的最大绝对误差。

精度表示测量结果和“真值”的靠近程度，一般采用校验或标定的方法来确定，此时“真值”则靠其他更精确的仪器或工作基准来给出。相关国家标准中规定了传感器和测试仪表的精度等级，如电工仪表精度分 7 级，分别是 0.1、0.2、0.5、1.0、1.5、2.5、5 级。精度等级的确定方法是首先算出绝对误差与输出满度量程之比的百分数，然后靠近比其低的国家标准等级值即为该仪器的精度等级。

8）分辨率(力)

分辨力是指能检测出的输入量的最小变化量，即传感器能检测到的最小输入增量。在输入零点附近的分辨力称为阈值，即产生可测输出变化量时的最小输入量值。如图 2-4 所示，图 2-4(a)为非线性输出结果，图 2-4(b)为线性输出结果，其中的 X_0 均表示可以开始检测的最小输出值。数字式传感器一般用分辨率表示，分辨率是指分辨力/满量程输入值。

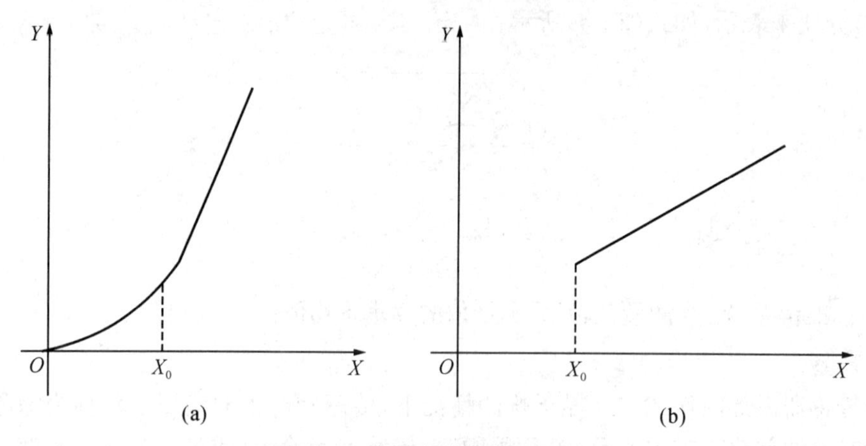

图 2-4　传感器输出的阈值示例

9）迟滞

迟滞是指在相同工作条件下作全测量范围校准时，在同一次校准中对应同一输入量的正行程和反行程间的最大偏差。它表示传感器在正（输入量增大）、反（输入量减小）行程中输入与输出特性曲线的不重合程度，数值用最大偏差（$\Delta A_{\max}$）或最大偏差的一半与满量程输出值的百分比来表示，分别表示如下：

$$\delta_H = \pm \frac{\Delta A_{\max}}{y_{FS}} \times 100\% \tag{2-7}$$

$$\delta_H = \pm \frac{\Delta A_{\max}}{2 \times y_{FS}} \times 100\% \tag{2-8}$$

2.3.2　传感器选型的原则

现代传感器在原理和结构上千差万别，如何根据具体的测量目的、测量对象和测量环境合理选用传感器，是在进行某个量的测量时首先要解决的问题。当传感器的型号确定之后，与之相配套的测量方法和设备也就可以确定了。测量结果的成败在很大程度上取决于传感器的选用是否合理。以下选型原则是通常需要重点考虑的。

1）测量对象与环境

要进行某项具体的测量工作，首先考虑采用何种原理的传感器，这需要分析多方面的因素之后才能确定。因为即使是测量同一物理量，也有多种原理的传感器可供选用，究竟哪种原理的传感器更为合适，则需要根据被测量的特点和传感器的使用条件考虑以下问题：量程的大小，被测位置对传感器体积的要求，测量方式为接触式还是非接触式，信号的输出方法，有线或非接触测量，传感器的来源，国产的还是进口的，价格能否承受，是否自行研制。

在考虑上述问题之后，就能确定选用何种类型的传感器，然后再考虑传感器的具体性能指标，即它的具体型号。

2）灵敏度

通常在传感器的线性范围内，希望传感器的灵敏度越高越好，因为灵敏度高时，与被测量变化对应的输出信号的值会比较大，这有利于信号处理。但传感器的灵敏度较高时，与被测量无关的外界噪声也容易混入，也会被放大系统放大，从而影响测量精度。因此，所选用传感器本身应具有较高的信噪比，尽量减少从外界引入干扰信号。

传感器的灵敏度是有方向性的。当被测量是单向量而且对方向性要求较高时，应选择在其他方向上灵敏度小的传感器；如果被测量是多维向量，则要求传感器的交叉灵敏度越小越好。

3）频率响应特性

传感器的频率响应特性决定了被测量的频率范围，必须在允许频率范围内保持不失真的测量条件，实际上传感器的响应时间总有一定的延迟，通常希望延迟时间越短越好。

传感器的频率响应越高，则可测的信号频率范围就越宽。由于受到结构特性的影响，机械系统的惯性较大，因而传感器的频率低，则可测信号的频率就较低。在动态测量中，应根据信号的特点，选择合适的传感器频率响应，以免产生过大的误差。

4）线性范围

传感器的线性范围是指输出与输入成线性的范围。理论上在此范围内，灵敏度保持定值。传感器的线性范围越宽，则它的量程就越大，并且能保证一定的测量精度。在选择传感器时，当传感器的种类确定以后首先要看它的量程是否满足要求。

但实际上，任何传感器都不能保证绝对的线性，它的线性度也是相对的。当所要求测量精度比较低时，在一定的范围内可将非线性误差较小的传感器近似看作线性的，这会给测量工作带来很大的方便。

5）稳定性

传感器在使用一段时间后，它的稳定性会受到影响。影响传感器长期稳定性的因素除传感器本身的结构以外，还包括传感器的使用环境。因此，要使传感器具有良好的稳定性，需要有较强的环境适应能力。

在选择传感器之前，应对它的使用环境进行调查，并根据具体的使用环境选择合适的传感器，或采取适当的措施以减小环境的影响。

传感器的稳定性有定量指标，在超过使用期之后，在使用前应重新进行标定，以确定传感器的性能是否发生变化。

在某些要求传感器能长期使用而又不能轻易更换或标定的场合，所选用的传感器的稳定性要求更严格，要能够经受住长时间的使用考验。

6）精度

精度是传感器的一个重要的性能指标，它是关系到整个测量系统测量准确程度的一个指标。传感器的精度越高，它的价格就越昂贵。因此，传感器的精度只要满足整个测量系统的精度要求就可以了，不必过高。这样可以在满足同一测量目的的诸多传感器中，选择比较便宜和简单的传感器。

如果测量目的是定性分析，选用相对精度高的传感器即可，不宜选用绝对测量值精度高的型号；如果是为了定量分析，必须获得精确的测量值，就要选用精度等级能满足要求的型号。

对某些特殊的使用场合，无法选择到适宜的传感器时，则需自行设计制造传感器，或者委托其他单位加工制作。

2.4 微型传感器示例

2.4.1 DS18B20 数字式温度传感器

1) DS18B20 性能与特点

传统的温度检测可以使用热敏电阻作为温度敏感元件,热敏电阻的主要优点是成本低,但需后续信号处理电路,而且可靠性相对较差,准确度和精度都较低。美国 Dallas 公司推出的 DS18B20 数字式温度传感器与传统的热敏电阻温度传感器不同,它能够直接读出被测温度,并且可根据实际要求通过简单的编程实现 9～12 位的数字值读数方式,可以分别在 93.75 ms 和 750 ms 内将温度值转化 9 位和 12 位的数字量。因而使用 DS18B20 可使系统结构更简单,可靠性更高。DS18B20 芯片的耗电量很小,从总线上"偷"一点电(空闲时数微瓦,工作时数毫瓦)存储在片内的电容中就可正常工作,一般不用另加电源。最可贵的是这些芯片在检测点已把被测信号数字化了,因此在单总线上传送的是数字信号,这使得系统的抗干扰性好、可靠性高、传输距离远。

DS18B20 有如下特点:

(1) 单线接口,只有一根信号线与 CPU 连接;

(2) 不需要备份电源,可通过信号线供电,电源电压范围为 3.3～5 V;

(3) 传送串行数据,不需要外部元件;

(4) 温度测量范围为－55～125 ℃,－10～85 ℃时测量精度为±0.5 ℃;

(5) 用户可自行设定非易失性的报警上下限值;

(6) 报警搜索命令可以识别哪片 DS18B20 温度超限;

(7) 通过编程可实现 9～12 位的数字值读数方式(出厂时被设置为 12 位);

(8) 在 93.75 ms 和 750 ms 内将温度值转化 9 位和 12 位的数字量;

(9) 零功耗等待;

(10) 现场温度直接以"一线总线"的数字方式传输,大大提高了系统的抗干扰性,适合于恶劣环境的现场温度测量,如环境控制、设备或过程控制、测温类消费电子产品等。

2) DS18B20 引脚排列及其内部结构

DS18B20 的封装有 3 脚、6 脚和 8 脚三种方式,如图 2－5 所示,其中 DQ 为数字信号输入/输出端,GND 为地,VDD 为外接供电电源输入端(在寄生电源接线方式时接地)。

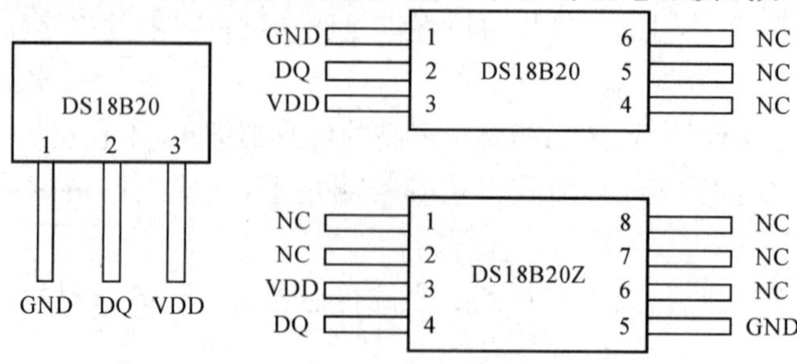

图 2－5 DS18B20 封装方式

DS18B20 内部结构如图 2-6 所示。它主要由 64 位光刻 ROM、温度传感器、非挥发的温度报警触发器 TH 和 TL、配置寄存器组成。

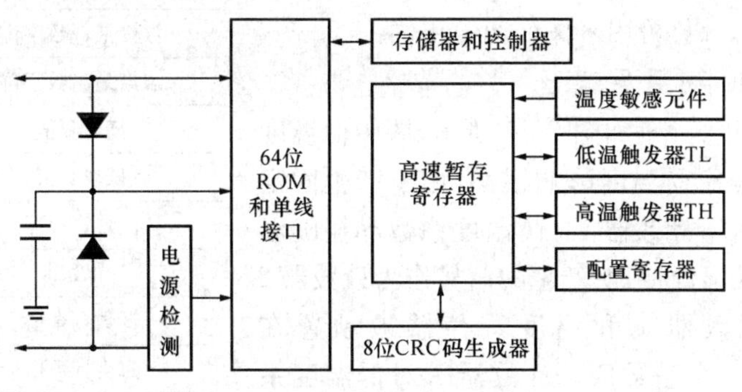

图 2-6　DS18B20 的内部结构框图

光刻 ROM 中的 64 位序列号是出厂前被光刻好的,它可以看作该 DS18B20 的地址序列码。64 位光刻 ROM 序列号的排列是:开始 8 位(28H)是产品类型标号,接着的 48 位是该 DS18B20 自身的序列号,最后 8 位是前面 56 位的循环冗余校验码(CRC 码)。光刻 ROM 的作用是使每一个 DS18B20 都各不相同,这样就可以实现一根总线上挂接多个 DS18B20 的目的。

DS18B20 中的温度传感器可完成对温度的测量,用 16 位符号扩展的二进制补码读数形式提供,以 0.062 5 ℃/LSB 形式表达,例如+125 ℃的数字输出为 07D0H,+25.062 5 ℃的数字输出为 0191H,-25.062 5 ℃的数字输出为 FF6FH,-55 ℃的数字输出为 FC90H,如表 2-1 所列。

DS18B20 完成温度转换后,就把测得的温度值与 TH、TL(TH 和 TL 分别为最高和最低检测温度)作比较。若 T>TH 或 T<TL,则将该器件内的告警标志置位,并对主机发出的告警搜索命令作出响应。因此,可用多个 DS18B20 同时测量温度并进行告警搜索。一旦某测温点超限,主机利用告警搜索命令即可识别正在告警的器件并读出其序号,而不必考虑非告警器件。高低温报警触发器 TH 和 TL、配置寄存器均由一个字节的 EEPROM 组成,使用一个存储器功能命令可对 TH、TL 或配置寄存器写入。

表 2-1　DS18B20 中的温度传感器对温度的测量值

温度值	16 进制输出
+125 ℃	07D0H
+85 ℃	0550H
+25.062 5 ℃	0191H
+10.125 ℃	00A2H
+0.5 ℃	0008H
0 ℃	0000H
-0.5 ℃	FFF8H
-10.125 ℃	FF5EH
-25.062 5 ℃	FF6FH
-55 ℃	FC90H

配置寄存器的 R0 和 R1 决定温度转换的精度,R1R0=00,9 位精度,最大转换时间 93.75 ms;R1R0=01,10 位精度,最大转换时间 187.5 ms;R1R0=10,11 位精度,最大转换时间 375 ms;R1R0=11,12 位精度,最大转换时间 750 ms;未编程时默认为 12 位精度。分辨率设定及用户设定的报警温度存储在 EEPROM 中,掉电后仍然保存。

高速暂存寄存器占用 9 个字节的存储单元,如表 2-2 所列。开始两个字节包含被测温度的数字量信息;第 3、4、5 字节分别是 TH、TL、配置寄存器的临时复制,每一次上电复位时被刷新；第 6 字节未用，表现为全逻辑 1；第 7、8 字节为计数剩余值和每度计数值；第 9 字节读出的是前面所有 8 个字节的 CRC 码，可用来保证通信正确。

表 2-2　DS18B20 高速暂存寄存器分布

高速暂存寄存器内容	字节地址
温度最低数字位	0
温度最高数字位	1
高温限值	2
低温限值	3
配置寄存器	4
保留	5
计数剩余值	6
每度计数值	7
CRC 码	8

3）DS18B20 测温原理

DS18B20 的测温原理如图 2-7 所示，图中低温度系数晶振的振荡频率受温度影响很小，用于产生固定频率的脉冲信号送给计数器 1。高温度系数晶振随温度变化其振荡率明显改变，所产生的信号作为计数器 2 的脉冲输入。计数器 1 和温度寄存器被预置在 −55 ℃所对应的一个基数值。计数器 1 对低温度系数晶振产生的脉冲信号进行减法计数，当计数器 1 的预置值减到 0 时，温度寄存器的值将加 1，计数器 1 的预置值将重新被装入，计数器 1 重新开始对低温度系数晶振产生的脉冲信号进行计数，如此循环直到计数器 2 计数到 0 时，停止温度寄存器值的累加，此时温度寄存器中的数值即为所测温度。斜率累加器用于补偿和修正测温过程中的非线性，其输出用于修正计数器 1 的预置值。

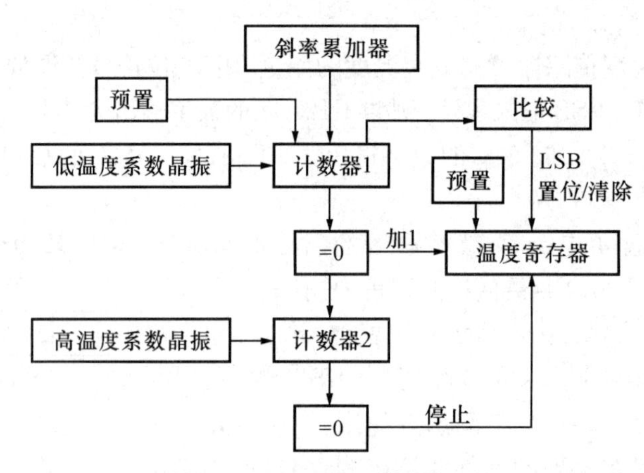

图 2-7　DS18B20 测温原理图

DS18B20 在正常使用时的测温分辨率为 0.5 ℃，如果要更高的精度，则在对 DS18B20 测温原理进行详细分析的基础上，采取直接读取 DS18B20 内部暂存寄存器的方法，将 DS18B20 的测温分辨率提高到 0.1～0.01 ℃。

DS18B20 内部暂存寄存器的分布如表 2-2 所列，其中第 7 字节存放的是当温度寄存器停止增值时计数器 1 的计数剩余值，第 8 字节存放的是每度所对应的计数值，这样我们就可以通过下面的方法获得高分辨率的温度测量结果。首先用 DS18B20 提供的读暂存寄存器指令（BEH），读出以 0.5 ℃为分辨率的温度测量结果，然后切去测量结果中的最低有效位（LSB），得到所测实际温度整数部分 $T_{整数}$，再用 BEH 指令读取计数器 1 的计数剩余值 $M_{剩余}$ 和每度计数值 $M_{每度}$，考虑到 DS18B20 测量温度的整数部分是以 0.25 ℃、0.75 ℃为进位界限的关系，实际温度 T 可用下式计算得到：

$$T_{实际}=(T_{整数}-0.25\ ℃)+(M_{每度}-M_{剩余})/M_{每度} \tag{2-9}$$

4) DS18B20 的操作

(1) 初始化

执行总线上的所有操作前要初始化主机,先发复位信号,之后从机发出在线信号,后者通知主机 DS18B20 在线并等待接收命令。

(2) ROM 操作

主机收到 DS18B20 在线信号后,就可以发送四个 ROM 操作命令中的一个,这些命令均为 8 位的 16 进制数(最低位在前),现将这些命令说明如下:

读命令(33H)

通过该命令主机可以读出 ROM 中的 8 位系列产品代码、48 位产品序列号和 8 位 CRC 码。读命令仅用在单片 DS18B20 在线情况,当多于一片时由于 DS18B20 为开漏输出将产生线与,从而引起数据冲突。

选择定位命令(55H)

多片 DS18B20 在线时,主机发出该命令和一个 64 位数列,DS18B20 内部 ROM 与主机数列一致者,才响应主机发送的寄存器操作命令,其他 DS18B20 等待复位。该命令也可以用于单片 DS18B20 的情况。

跳过 ROM 序列号检测命令(CCH)

对于单片 DS18B20 在线系统,该命令允许主机跳过 ROM 序列号检测而直接对寄存器操作,从而节省时间。对于多片 DS18B20 在线系统,该命令将引起数据冲突。

查询命令(F0H)

当系统初建时,主机可能不知道总线上有多少设备以及它们各自的 64 位序列号,用该命令可以做到这点。

报警查询命令(ECH)

该命令的操作过程同 ROM 查询命令,但是,仅当上次温度测量值已置位报警标志(由于高于 TH 或低于 TL)时,DS18B20 才响应该命令,如果 DS18B20 处于上电状态,该标志将保持有效,直到遇到下列两种情况:① 本次测量温度发生变化,测量值处于 TH、TL 之间;② TH、TL 改变,温度值处于新的范围之间。设置报警时要考虑到 EEROM 中的值。

(3) 寄存器操作

写入(4EH)

用此命令把数据写入寄存器第 2～4 字节,从第 2 字节(TH)开始。复位信号发出之前必须把这三个字节写完。

读出(BEH)

用此命令读出寄存器中的内容,从第 1 字节开始,直到读完第 9 字节,如果仅需要寄存器中部分内容,主机可以在合适时刻发送复位命令结束该过程。

复制(48H)

用该命令把暂存器第 2～4 字节转存到 DS18B20 的 EEROM 中。如果 DS18B20 是由信号线供电,主机发出此命令后,总线必须保证至少 10 ms 的上拉,当发出命令后,主机发出读时隙来读总线,如果转存正在进行,读结果为 0,转存结束时为 1。

开始转换(44H)

DS18B20 收到该命令后立刻开始温度转换,不需要其他数据。此时 DS18B20 处于空闲状态,当温度转换正在进行时,主机读总线将收到 0,转换结束时为 1。如果 DS18B20 是由信号线供电,主机发出此命令后主机必须立即提供至少相应于分辨率的温度转换时间的上拉电平。

回调(B8H)

执行该命令可把 EEROM 中的内容回调到寄存器 TH、TL 和配置寄存器单元中,DS18B20 上电时能自动回调,因此设备上电后 TH、TL 就存在有效数据。该命令发出后,如果主机跟着读总线,读到 0 意味着忙,读到 1 为回调结束。

读电源标志(B4H)

主机发出命令后读总线,DS18B20 将发送电源标志,0 为信号线供电,1 为外接电源。使用单片 DS18B20 时,总线接 5 kΩ 上拉电阻即可;如挂接多片 DS18B20,应适当降低上拉电阻值,调试时,可把上拉电阻换作一电位器,逐步调节电位器直到获得正确的温度数据。读写 DS18B20 时,应严格按照既定的时序操作,否则读写无效。

(4) DS18B20 的读写操作

复位

对 DS18B20 操作时,首先要将它复位。复位时,DQ 线被拉为低电平,时间为 480～960 μs;接着将数据线拉为高电平,时间为 15～60 μs;最后 DS18B20 发出 60～240 μs 的低电平作为应答信号,这时主机才能进行其他操作。

写操作

将数据线从高电平拉至低电平,产生写起始信号。从 DQ 线的下降沿起计时,在 15 μs 到 60 μs 这段时间内对数据线进行检测,如数据线为高电平,则写 1;若为低电平,则写 0,完成了一个写周期。在开始另一个写周期前,必须有 1 μs 以上的高电平恢复期。每个写周期必须要有 60 μs 以上的持续期。

读操作

主机将数据线从高电平拉至低电平 1 μs 以上,再使数据线升为高电平,从而产生读起始信号。从主机将数据线从高电平拉至低电平起 15 μs 至 60 μs,主机读取数据。每个读周期最短的持续期为 60 μs。周期之间必须有 1 μs 以上的高电平恢复期。

5) 应用电路及注意事项

以 AT89S52 单片机为核心的 8 路温度采集和显示的 DS18B20 应用系统如图 2－8 所示[2]。8 路温度传感器由 8 个 DS18B20 组成,显示器采用 1602LCM 液晶显示模块,它是一种可编程的器件。本系统可以定时循环检测和通过 1602LCM 显示 8 路的温度,同时可显示路数,可以由开关 S1～S8 控制显示某一路的温度,D1～D8 也是用来显示哪一路温度被采集和显示的。限于篇幅,有关控制软件不在这里说明。

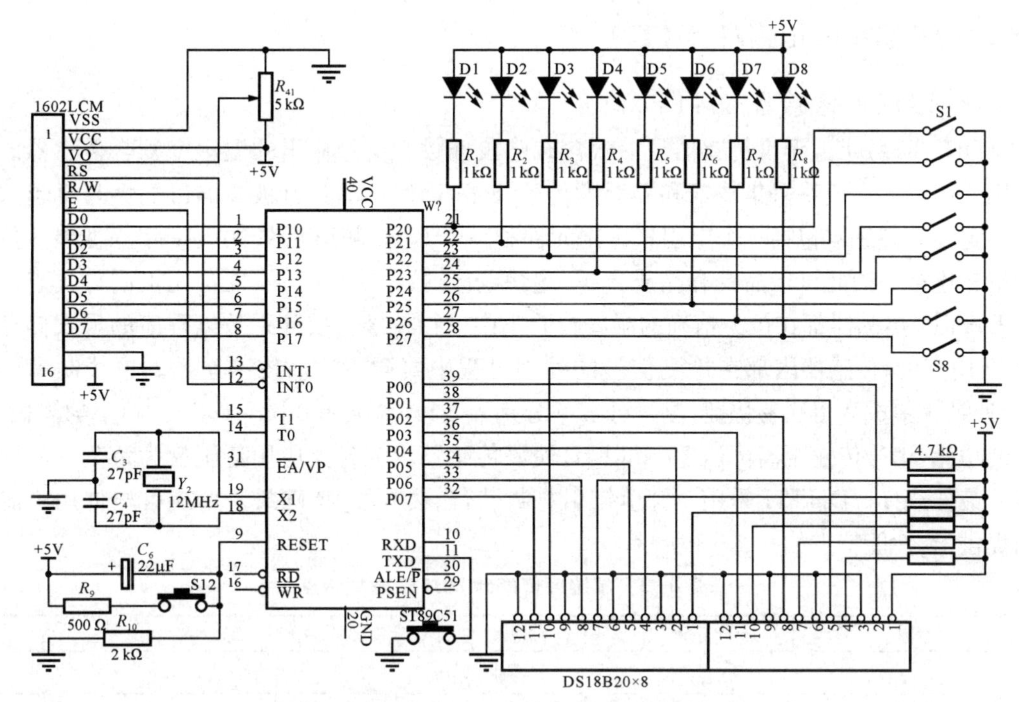

图 2-8 基于 DS18B20 的多点测温应用系统

DS18B20 虽然具有测温系统简单、测温精度高、连接方便、占用口线少等优点，但在实际应用中也应注意以下几方面的问题。

(1) 较小的硬件开销需要相对复杂的软件进行补偿，由于 DS18B20 与微处理器间采用串行数据传送，因此在对 DS18B20 进行读写编程时，必须严格地保证读写时序，否则将无法读取测温结果。

(2) 在 DS18B20 的有关资料中均未提及单总线上所挂 DS18B20 数量问题，容易使人误认为可以挂任意多个。在实际应用中并非如此，当单总线上所挂 DS18B20 超过 8 个时，就需解决微处理器的总线驱动问题，所以在进行多点测温系统设计时要加以注意。

(3) 连接 DS18B20 的总线电缆是有长度限制的。试验中，当采用普通信号电缆传输长度超过 50 m 时，读取的测温数据将发生错误。当将总线电缆改为双绞线带屏蔽电缆时，正常通信距离可达 150 m，当采用每米绞合次数更多的双绞线带屏蔽电缆时，正常通信距离进一步加长。这种情况主要是由总线分布电容使信号波形产生畸变造成的。因此，在用 DS18B20 进行长距离测温系统设计时要充分考虑总线分布电容和阻抗匹配问题。

(4) 在 DS18B20 测温程序设计中，向 DS18B20 发出温度转换命令后，程序总要等待 DS18B20 的返回信号，一旦某个 DS18B20 接触不好或断线，当程序读该 DS18B20 时，将没有返回信号，程序进入循环。对这一点在进行 DS18B20 硬件连接和软件设计时也要给予一定的重视。

2.4.2 温湿度传感器 DHT11

1）温湿度传感器 DHT11 简介

DHT11 数字温湿度传感器是一款含有已校准数字信号输出的温湿度复合传感器。其应用专用的数字模块采集技术和温湿度传感技术，确保产品具有极高的可靠性与卓越的长期稳定性。传感器包括一个电阻式感湿元件和一个 NTC 测温元件，并与一个高性能 8 位单片机相连接。因此该产品具有品质卓越、超快响应、抗干扰能力强、性价比极高等优点。每个 DHT11 传感器都在极为精确的湿度校验室中进行校准。校准系数以程序的形式储存在 OTP 内存中，传感器内部在检测信号的处理过程中要调用这些校准系数。单线制串行接口，使系统集成变得简易快捷，测量分辨率分别为 8 bit（温度）、8 bit（湿度）。超小的体积、极低的功耗，信号传输距离可达 20 m 以上，使该传感器成为各类应用甚至最为苛刻的应用场合的最佳选择。DHT11 采用 4 针单排引脚封装，连接方便，特殊封装形式可根据用户需求而提供，其性能特点如表 2－3 所示。

表 2－3 温湿度传感器 DHT11 性能特点

参数	条件	Min	Typ	Max	单位
湿度					
分辨率		1	1	1	%RH
			8		bit
重复性			±1		%RH
精度	25℃		±4		%RH
	0～50℃			±5	%RH
互换性	可完全互换				
量程范围	0 ℃	30		90	%RH
	25 ℃	20		90	%RH
	50 ℃	20		80	%RH
响应时间[1]	1/e(63%)25℃，1 m/s 空气	6	10	15	s
迟滞			±1		%RH
长期稳定性	典型值		±1		%RH/yr[2]
温度					
分辨率		1	1	1	℃
		8	8	8	bit
重复性			±1		℃
精度		±1		±2	℃
量程范围		0		50	℃
响应时间	1/e(63%)	6		30	s

① 在 25 ℃和 1 m/s 气流条件下，达到一阶响应 63%所需要的时间。

② yr 指“年”。

超出建议的工作范围可能导致高达3%RH的临时性漂移信号。返回正常工作条件后，传感器会缓慢地向校准状态恢复。要加速恢复进程可参阅“恢复处理”。在非正常工作条件下长时间使用会加速传感器的老化过程。

恢复处理：在45 ℃和小于10%RH的湿度条件下保持2小时（烘干），随后在20～30 ℃和大于70%RH的湿度条件下保持5小时以上。

2）温湿度传感器DHT11工作原理与接口

DHT11的供电电压为3～5.5 V。传感器上电后，要等待1 s以越过不稳定状态，在此期间无需发送任何指令。电源引脚（VDD、GND）之间可增加一个100 nF的电容，用以去耦滤波。

DHT11实物图如图2-9所示，引脚包含+（VCC）、S(DOUT)、-（GND)，如表2-4所示。

在接入模块前必须仔细核对数据引脚和电源，确保连接正确，否则会烧坏模块。

图2-9　温湿度传感器DHT11实物图

表2-4　温湿度传感器DHT11引脚

Pin	名称	注释
1	VCC	供电，3～5.5V直流电源
2	DOUT	串行数据，单总线
3	GND	接地，电源负极

温湿度传感器DHT11与微处理器（MCU)连接的典型应用电路如图2-10所示。建议连接线长度短于20 m时DHT11使用5 kΩ上拉电阻，大于20 m时根据实际情况使用合适的上拉电阻。

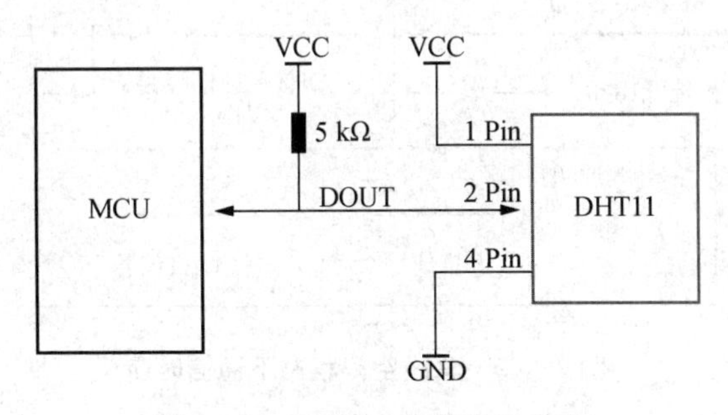

图2-10　DHT11典型应用电路

在图2-10中，DOUT用于微处理器与DHT11之间的通信和同步时，采用单总线数据格式，一次通信时间在4 ms左右，数据分小数部分和整数部分，一次传送40 bit数据，高位先出。

单总线数据格式为：8 bit湿度整数数据+8 bit湿度小数数据+8 bit温度整数数据+8 bit温度小数数据+8 bit校验和。注意：其中湿度小数部分为0。

数据传送正确时校验位数据为：8 bit 湿度整数数据+8 bit 湿度小数数据+8 bit 温度整数数据+8 bit 温度小数数据所得结果的末 8 位。

用户 MCU 发送一次开始信号后，DHT11 从低功耗模式转换到高速模式，等待主机开始信号结束后，DHT11 发送响应信号，送出 40 bit 的数据，并触发一次信号采集，用户可选择读取部分数据。从模式下，DHT11 接收到开始信号触发一次温湿度采集，如果没有接收到主机发送开始信号，DHT11 不会主动进行温湿度采集。采集数据后 DHT11 转换到低速模式，通信过程如图 2-11 所示。

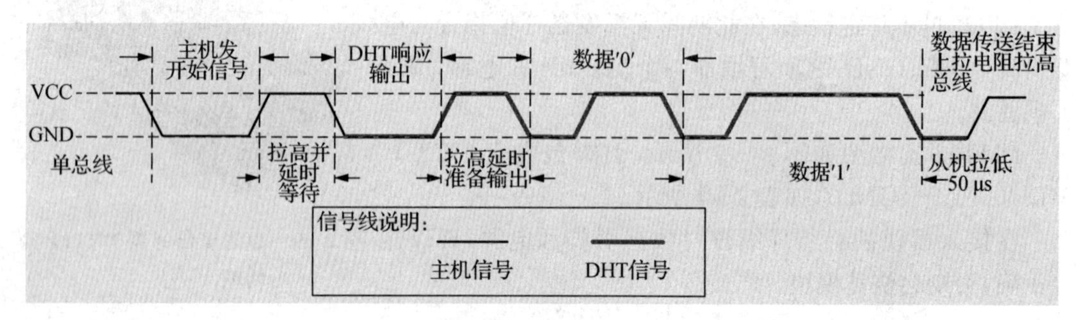

图 2-11 通信过程

总线空闲状态为高电平，主机把总线拉低等待 DHT11 响应。主机把总线拉低必须大于 18 ms，以保证 DHT11 能检测到开始信号。DHT11 接收到主机的开始信号后，等待主机开始信号结束，然后发送 80 μs 低电平响应信号。主机发送开始信号结束后，会延时等待 20～40 μs，读取 DHT11 的响应信号。主机发送开始信号后，可以切换到输入模式或者输出高电平。总线由上拉电阻拉高。通信时序如图 2-12 所示。

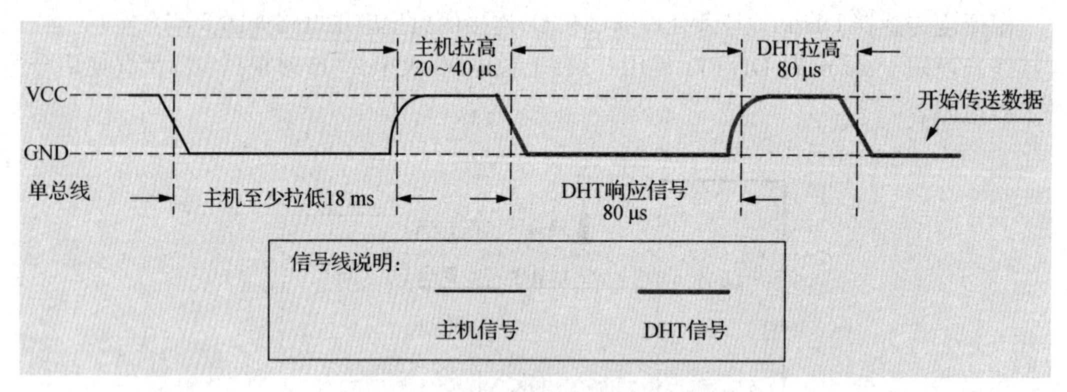

图 2-12 总线空闲状态下通信时序

由图 2-12 可知，接下来如果总线为低电平，说明 DHT11 发送响应信号，然后把总线拉高 80 μs，准备发送数据，每 1 bit 数据都以 50 μs 低电平时隙开始，高电平的长短决定了数据位是 0 还是 1，格式如图 2-13 和图 2-14 所示。如果读取响应信号为高电平，则 DHT11 没有响应，此时请检查线路是否连接正常。当最后 1 bit 数据传送完毕后，DHT11 拉低总线 50 μs，随后总线由上拉电阻拉高进入空闲状态。

数字 0 信号的表示方法如图 2-13 所示。

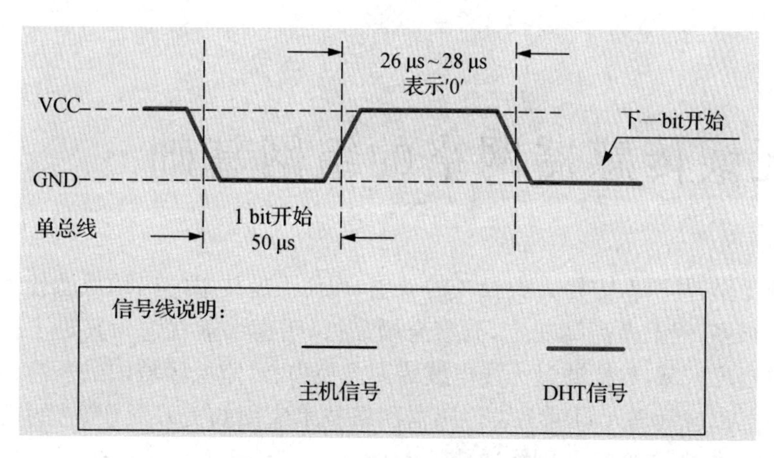

图 2－13　数字 0 信号表示方法

数字 1 信号的表示方法如图 2－14 所示。

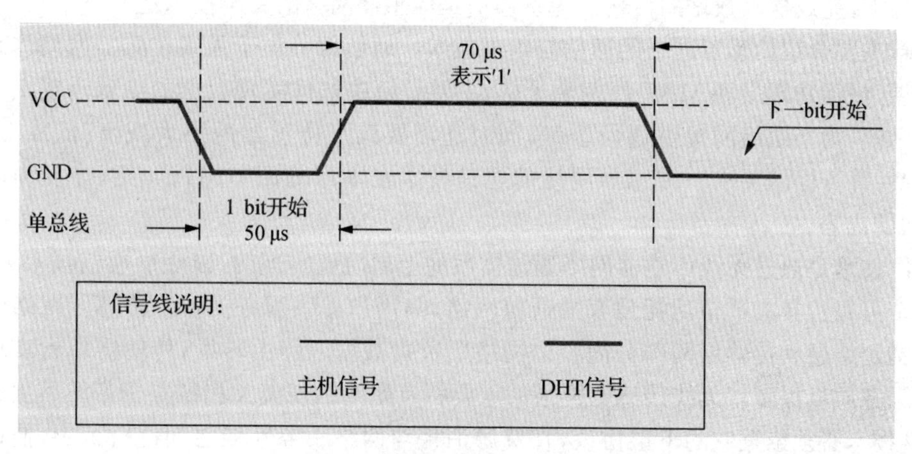

图 2－14　数字 1 信号表示方法

参考文献

[1]　崔逊学,左从菊. 无线传感器网络简明教程[M]. 北京:清华大学出版社,2009.

[2]　江太辉,邓展威. DS18B20 数字式温度传感器的特性与应用[M]. 电子技术,2003,32(12):46－49.

3 无线传感器网络的组网基础

做到目视千里、耳听八方是人类长久的梦想，现代卫星技术的出现虽然使人们离实现这一梦想前进了很多，但卫星高高在上，洞察全局在行，明察细微就勉为其难了。将大量的传感器结点遍撒指定区域，数据通过无线电波传回监控中心，监控区域内的所有信息就会尽收观察者的眼中了。这就是人们对无线传感器网络技术应用的美好展望，它的实现依赖于可靠的数据传输方法，需要新型的网络通信技术。

通常传感器结点的通信覆盖范围只有几十米到几百米，人们要考虑如何在有限的通信能力条件下，完成探测数据的传输。无线通信是传感器网络的关键技术之一。

本章主要介绍传感器网络的通信与组网技术。通信部分位于无线传感器网络体系结构的最底层，包括物理层和 MAC 层两个子层，主要是解决如何实现数据的点到点或点到多点的传输问题，为上层组网提供通信服务，同时还需要满足传感器网络大规模、低成本、低功耗、稳健性等方面的要求。传感器网络的通信技术在本章分两节进行介绍，涉及物理层和 MAC 层的内容。

组网技术是通过无线传感器网络通信体系的上层协议实现的，以底层通信技术为基础，建立一个可靠且具有严格功耗预算的通信网络，向用户提供服务支持。传感器网络的组网技术包括网络层和传输层两部分内容。网络层负责数据的路由转发，传输层负责实现数据传输的服务质量保障。无线传感器网络的重要特点是网络规模大和结点携带不可更换的电源，组网技术必须依据它的下层协议，在资源消耗与网络服务性能之间进行折中，使设计方案切实可行。本章第 3 节主要介绍网络层的路由协议，并以定向扩散路由协议为例，阐述传感器网络路由协议设计的过程。

3.1 物理层

3.1.1 物理层概述

物理层定义了物理无线信道和 MAC 子层之间的接口，提供物理层数据服务和物理层管理服务。物理层数据服务从无线物理信道上收发数据，物理层管理服务维护一个由物理层相关数据组成的数据库。

物理层数据服务包括以下 5 方面的功能：

(1) 激活和休眠射频收发器。

(2) 信道能量检测(energy detect)。

(3) 接收数据包的链路质量指示(Link Quality Indication，LQI)。

(4) 空闲信道评估(Clear Channel Assessment, CCA)。

(5) 收发数据。

信道能量检测为网络层提供信道选择依据。它主要测量目标信道中接收信号的功率强度,由于这个检测本身不进行解码操作,所以检测结果是有效信号功率和噪声信号功率之和。

链路质量指示为网络层或者应用层提供接收数据帧时无线信号的强度和质量信息,与信道检测不同的是,它要对信号进行解码,生成的是一个信噪比指标。这个信噪比指标和物理层数据单元一道提交给上层处理。

空闲信道评估判断信道是否空闲。IEEE 802.15.4 定义了三种空闲信道评估模式:第一种是简单判断信道的信号能量,当信号能量低于某个阈值就认为信道空闲;第二种是通过判断无线信号的特征,这个特征主要包括两方面,即扩频信号特征和载波频率;第三种是前两种模式的综合,同时检测信号强度和信号特征,给出信道空闲判断。

1) 物理层的载波调制

物理层定义了三个载波频段用于收发数据。在这三个频段上发送数据使用的速率、信号处理过程以及调制方式等方面存在一些差异。三个频段总共提供 27 个信道(channel):868 MHz 频段 1 个信道,915 MHz 频段 10 个信道,2 450 MHz 频段 16 个信道,具体分配如表 3-1 所示。

表 3-1　载波信道特性一览表

PHY (MHz)	频段 (MHz)	序列扩频参数		数据参数		
		片(chip)速率(kchip/s)	调制方式	比特速率(kb/s)	符号速率(ksymbol/s)	符号(symbol)
868/915	868～868.6	300	BPSK	20	20	二进制位
	902～928	600	BPSK	40	40	二进制位
2 450	24 00～2 483.5	2 000	O-QPSK	250	62.5	十六进制

在 868 MHz 和 915 MHz 这两个频段上,信号处理过程相同,只是数据速率不同。处理过程如图 3-1 所示,首先将物理层协议数据单元(PHY Protocol Data Unit, PPDU)的二进制数据差分编码,然后将差分编码后的每一个位转换为长度为 15 的片序列(chip sequence),最后使用 BPSK 调制到信道上。

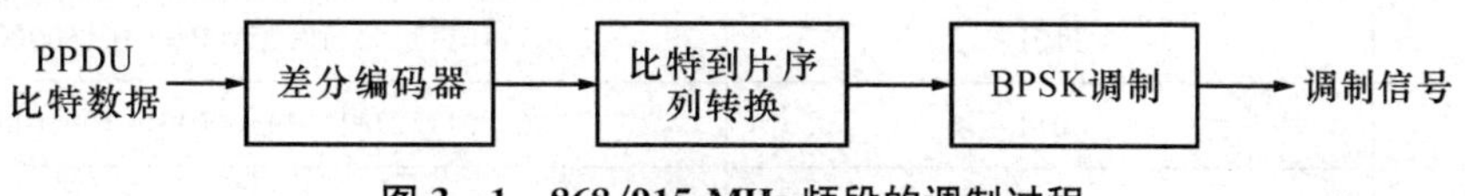

图 3-1　868/915 MHz 频段的调制过程

差分编码是将数据的每一个原始比特与前一个差分编码生成的比特进行异或运算:$E_n=R_n\oplus E_{n-1}$,其中 E_n 是差分编码的结果,R_n 为要编码的原始比特,E_{n-1}是上一次差分编码的结果。对于每个发送的数据包,R_1 是第一个原始比特,计算 E_1 时假定 $E_0=0$。差分解码过程和编码过程类似:$R_n=E_n\oplus E_{n-1}$,对于每个接收到的数据包,E_1 为第一个需要解码的比特,计算 R_1 时假定 $E_0=0$。

差分编码以后，接下来就是直接序列扩频。每一个比特被转换为长度为 15 的片序列。扩频过程按表 3-2 进行，扩频后的序列使用 BPSK 调制方式调制到载波上。

表 3-2　868/915 MHz 比特到片序列转换表

输入比特	片序列值($C_0C_1\cdots C_{14}$)
0	111101011001000
1	000010100110111

2.4 GHz 频段的处理过程如图 3-2 所示，首先将 PPDU 的二进制数据中每 4 位转换为一个符号(symbol)，然后将每个符号转换成长度为 32 的片序列。

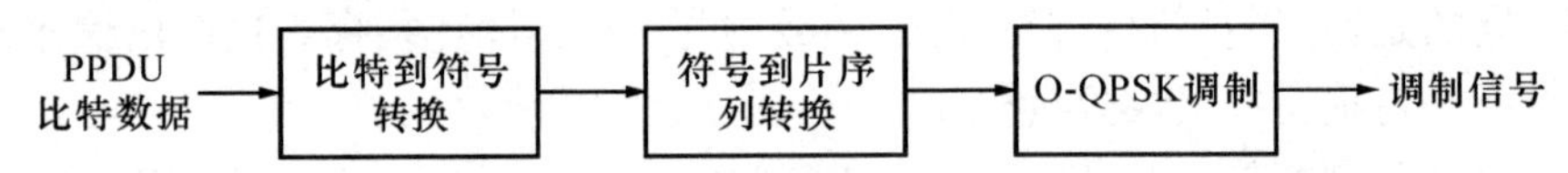

图 3-2　2.4 GHz 频段的调制过程

在把符号转换为片序列时，用符号在 16 个近似正交的伪随机噪声序列中选择一个作为该符号的片序列，表 3-3 是符号到伪随机噪声序列的映射表，这是一个直接序列扩频的过程。扩频后，信号通过 O-QPSK 调制方式调制到载波上。

表 3-3　2.4 GHz 频段符号到片序列映射表

十进制符号	二进制符号($b_0b_1b_2b_3$)	序列值($C_0C_1C_2\cdots C_{30}C_{31}$)
0	0000	11011001110000110101001000101110
1	1000	11101101100111000011010100100010
2	0100	00101110110110011100001101010010
3	1100	00100010111011011001110000110101
4	0010	01010010001011101101100111000011
5	1010	00110101001000101110110110011100
6	0110	11000011010100100010111011011001
7	1110	10011100001101010010001011101101
8	0001	10001100100101100000011101111011
9	1001	10111000110010010110000001110111
10	0101	01111011100011001001011000000111
11	1101	01110111101110001100100101100000
12	0011	00000111011110111000110010010110
13	1011	01100000011101111011100011001001
14	0111	10010110000001110111101110001100
15	1111	11001001011000000111011110111000

2) 物理层帧结构

表 3-4 描述了 IEEE 802.15.4 标准物理层数据帧格式。物理帧的第一个域是 4 个字节的前导码，收发器在接收前导码期间，会根据前导码序列的特征完成片同步和符号同步。

帧起始分隔符(Start-of-Frame Delimiter, SFD)域的长度为1个字节,其值固定为0xA7,标识一个物理帧的开始。收发器接收完前导码后只能做到数据的位同步,通过搜索SFD域的值0xA7才能同步到字节上。帧长度(Frame Length)由1个字节的低7位表示,其值就是物理帧负载的长度,因此物理帧负载的长度不会超过127个字节。物理帧的负载长度可变,被称为物理服务数据单元(PHY Service Data Unit, PSDU),一般用来承载MAC帧。

表3-4 物理帧结构

4字节	1字节	1字节		长度可变
前导码(preamble)	SFD	帧长度(7比特)	保留位	PSDU
同步头		物理帧头		PHY负载

3.1.2 传感器网络物理层的设计

1) 传输介质

目前无线传感器网络采用的主要传输介质包括无线电、红外线和光波等。

在无线电频率选择方面,ISM频段是一个很好的选择,因为ISM频段在大多数国家属于无需注册的公用频段。表3-5列出了ISM应用中的可用频段,其中一些频率已经用于无绳电话系统和无线局域网。对于无线传感器网络来说,无线接收机需要满足体积小、成本低和功率小的要求。

表3-5 ISM应用中可用频段

频段	中心频率	频段	中心频率
6 765～6 795 kHz	6 780 kHz	2 400～2 500 MHz	2 450 MHz
13 553～13 567 kHz	13 560 kHz	5 725～5 875 MHz	5 800 MHz
26 957～27 283 kHz	27 120 kHz	24～24.25 GHz	24.125 GHz
40.66～40.70 MHz	40.68 MHz	61～61.5 GHz	61.25 GHz
433.05～434.79 MHz	433.92 MHz	122～123 GHz	122.5 GHz
902～928 MHz	915 MHz	244～246 GHz	245 GHz

使用ISM频段的主要优点有:ISM是自由频段,可用频带宽,并且在全球范围内都具有可用性;同时也没有特定的标准,给设计适合无线传感器网络的节能策略带来了更多的设计灵活性和空间。当然选择ISM频段存在一些使用上的问题,例如功率限制以及与现有的其他无线电应用之间存在相互干扰等。目前主流的传感器结点硬件大多是基于RF射频电路设计的。

无线传感器网络结点之间进行通信的另一种手段是红外技术。红外通信的优点是无须注册,并且抗干扰能力强;基于红外线的接收机成本更低,也很容易设计。目前很多便携式电脑、PDA和移动电话都提供红外数据传输的标准接口。红外通信的主要缺点是穿透能力差,要求发送者和接收者之间存在视距关系。这导致了红外线难以成为无线传感器网络的主流传输介质,而只能在一些特殊场合得到应用。

对于一些特殊场合的应用情况,传感器网络对通信传输介质可能有特别的要求,例如舰船应用可能要求使用水性传输介质，像是能穿透水面的长波；复杂地形和战场应用会遇到信道不可靠和严重干扰等问题。另外，一些传感器结点的天线可能在高度和发射功率方面比不上周围的其他无线设备，为了保证这些低发射功率的传感器网络结点正常完成通信任务，要求所选择的传输介质能支持健壮的编码和调制机制。

2）物理层设计技术

物理层主要负责数据的硬件加密、调制解调、发送与接收，是决定传感器网络结点的体积、成本和能耗的关键环节。物理层的设计目标是以尽可能少的能量消耗获得较大的链路容量。为了确保网络运行的平稳性能，该层一般需要与 MAC 层进行密切交互。

物理层需要考虑编码调制技术、通信速率和通信频段等问题。

（1）编码调制技术影响占用频率带宽、通信速率、收发机结构和功率等一系列的技术参数。比较常见的编码调制技术包括幅移键控、频移键控、相移键控和各种扩频技术。

（2）提高数据传输速率可以减少数据收发的时间，对于节能具有意义，但需要同时考虑提高网络速度对误码的影响。一般用单个比特的收发能耗来定义数据传输对能量的效率，单比特能耗越小越好。

频段的选择需要非常慎重。由于无线传感器网络是面向应用的网络，所以针对不同应用应该在成本、功耗、体积等综合条件下进行优化选择。FCC 组织指出，2.4 GHz 是在当前工艺技术条件下，功耗、成本、体积等指标的综合效果较好的可选频段，并且是全球范围的自由开放波段。但问题是现阶段不同的无线设备如蓝牙、WLAN、微波炉和无绳电话等都采用这个频段的频率，因而这个频段可能造成的相互干扰最严重。

尽管目前无线传感器网络还没有定义物理层标准，但是很多研究机构设计的网络结点物理层基本都是在现有器件工艺水平上开展起来的。例如，当前使用较多的 Mica2 结点主要采用分离器件实现结点的物理层设计，可以选择 433 MHz 或 868 MHz 两个频段，调制方式采用简单的 2FSK/ASK 方式。在低速无线个域网(LR-PAN)的 IEEE 802.15.4 标准中，定义的物理层是在 868 MHz、915 MHz、2.4 GHz 三个载波频段收发数据，在这三个频段都使用了直接序列扩频方式。IEEE 802.15.4 标准非常适合无线传感器网络的特点，是传感器网络物理层协议标准的最有力竞争者之一。目前基于该标准的射频芯片也相继推出，例如 TI 公司的 CC2530 无线通信芯片。

总的来看，针对无线传感器网络的特点，现有的物理层设计基本采用结构简单的调制方式，在频段选择上主要集中在 433～464 MHz、902～928 MHz 和 2.4～2.5 GHz 的 ISM 波段。

3.2 MAC 子层及协议

3.2.1 MAC 子层

在 IEEE 802 系列标准中，OSI 参考模型的数据链路层进一步划分为 MAC(Medium Access Control，介质访问控制）和 LLC(Logic Link Control，逻辑链路控制）两个子层。

MAC 子层使用物理层提供的服务实现设备之间的数据帧传输，而 LLC 子层在 MAC 子层的基础上，在设备间提供面向连接和非连接的服务。本节介绍 IEEE 802.15.4 标准中 MAC 子层的功能。

MAC 子层提供两种服务：MAC 层数据服务和 MAC 层管理服务(MAC Layer Management Entity, MLME)。前者保证 MAC 协议数据单元在物理层数据服务中的正确收发，后者维护一个存储 MAC 子层协议状态相关信息的数据库。

MAC 子层的主要功能包括下面 6 个方面：

(1) 协调器产生并发送信标帧，普通设备根据协调器的信标帧与协调器同步。

(2) 支持 PAN(Personal Area Network，个域网)的关联(association)和取消关联(disassociation)操作。

(3) 支持无线信道通信安全。

(4) 使用 CSMA-CA 机制访问信道。

(5) 支持时槽保障(Guaranteed Time Slot, GTS)机制。

(6) 支持不同设备的 MAC 层间可靠传输。

关联操作是指一个设备在加入一个特定网络时，向协调器注册以及身份认证的过程。LR-WPAN(Low Rate Wireless Personal Network，低速无线个域网)中的设备有可能从一个网络切换到另一个网络，这时就需要进行关联和取消关联操作。

时槽保障机制和时分复用(Time Division Multiple Access，TDMA)机制相似，但它可以动态地为有收发请求的设备分配时槽。使用时槽保障机制需要设备间的时间同步，IEEE 802.15.4 中的时间同步通过下面介绍的超帧机制实现。

1) 超帧

在 IEEE 802.15.4 中，可以选择以超帧为周期组织 LR-WPAN 中设备间的通信。每个超帧都以网络协调器发出信标帧(beacon)为始，在这个信标帧中包含了超帧将持续的时间以及对这段时间的分配等信息。网络中的普通设备接收到超帧开始时的信标帧后，就可以根据其中的内容安排自己的任务，例如进入休眠状态直到这个超帧结束。

超帧将通信时间划分为活跃和不活跃两个部分。在不活跃期间，PAN 中的设备不会相互通信，从而可以进入休眠状态以节省能量。超帧的活跃期间划分为三个时段：信标帧发送时段、竞争访问时段(Contention Access Period, CAP)和非竞争访问时段(Contention-Free Period, CFP)。超帧的活跃部分被划分为 16 个等长的时槽，每个时槽的长度、竞争访问时段包含的时槽数等参数都由协调器设定，并通过超帧开始时发出的信标帧广播到整个网络。图 3-3 所示为一个超帧结构。

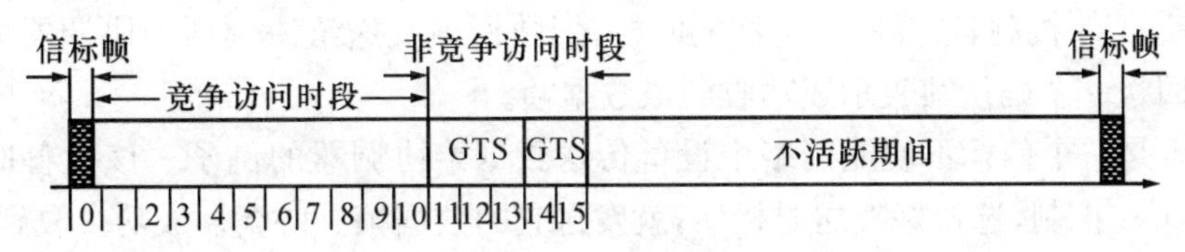

图 3-3 超帧结构

在超帧的竞争访问时段，IEEE 802.15.4 网络设备使用带时槽的 CSMA-CA 访问机制，并且任何通信都必须在竞争访问时段结束前完成。在非竞争访问时段，协调器根据上一个超帧期间PAN中设备申请GTS的情况，将非竞争时段划分成若干个GTS。每个GTS由若干个时槽组成，时槽数目在设备申请GTS时指定。如果申请成功，申请设备就拥有了它指定的时槽数目。如图3-3中第一个GTS由时槽11～13构成，第二个GTS由时槽14、15构成。每个GTS中的时槽都被指定分配给了时槽申请设备，因而不需要竞争信道。IEEE 802.15.4标准要求任何通信都必须在自己分配的GTS内完成。

超帧中规定非竞争时段必须跟在竞争时段后面。竞争时段的功能包括网络设备可以自由收发数据，域内设备向协调者申请GTS时段，新设备加入当前PAN等。非竞争时段由协调器指定的设备发送或者接收数据包。如果某个设备在非竞争时段一直处在接收状态，那么拥有GTS使用权的设备就可以在GTS时段直接向该设备发送消息。

2）数据传输模型

LR-WPAN中存在着三种数据传输方式：设备发送数据给协调器、协调器发送数据给设备、对等设备之间的数据传输。星型拓扑网络中只存在前两种数据传输方式，因为数据只在协调器和设备之间交换；而在点对点拓扑网络中，三种数据传输方式都存在。

在LR-WPAN中，有两种通信模式可供选择：信标使能（beacon-enabled）通信和信标不使能（non beacon-enabled）通信。

在信标使能网络中，PAN协调器定时广播信标帧。信标帧表示超帧的开始。设备之间的通信使用基于时槽的CSMA-CA信道访问机制，PAN中的设备都通过协调器发送的信标帧进行同步。在时槽CSMA-CA机制下，每当设备需要发送数据帧或命令帧时，它首先定位下一个时槽的边界，然后等待随机数目的时槽。等待完毕，设备开始检测信道状态：如果信道空闲，设备就在下一个可用时槽边界开始发送数据；如果信道忙，设备需要重新等待随机数目的时槽，再检查信道状态，重复这个过程直到有空闲信道出现。在这种机制下，确认帧的发送不需要使用CSMA-CA机制，而是紧跟着接收帧发送回源设备。

在信标不使能网络中，PAN协调器不发送信标帧，各个设备使用无时槽的CSMA-CA机制访问信道。该机制的通信过程如下：每当设备需要发送数据或者发送MAC命令时，它首先等候一段随机长的时间，然后开始检测信道状态，如果信道空闲，该设备立即开始发送数据；如果信道忙，设备需要重复上面的等待一段随机时间和检测信道状态的过程，直到能够发送数据。在设备接收到数据帧或命令帧而需要回应确认帧的时候，确认帧应紧跟着接收帧发送，而不使用CSMA-CA机制竞争信道。

图3-4是一个信标使能网络中某一设备传送数据给协调器的例子。该设备首先侦听网络中的信标帧，如果接收到了信标帧，它就同步到由这个信标帧开始的超帧上，然后应用时槽CSMA-CA机制，选择一个合适的时机，把数据帧发送给协调器。协调器成功接收到数据以后，回送一个确认帧表示成功收到该数据帧。

图3-5是一个信标不使能网络中设备传送数据给协调器的例子。该设备应用无时槽的CSMA-CA机制，选择好发送时机后，就发送它的数据帧。协调器成功接收到数据帧后，回送一个确认帧表示成功收到该数据帧。

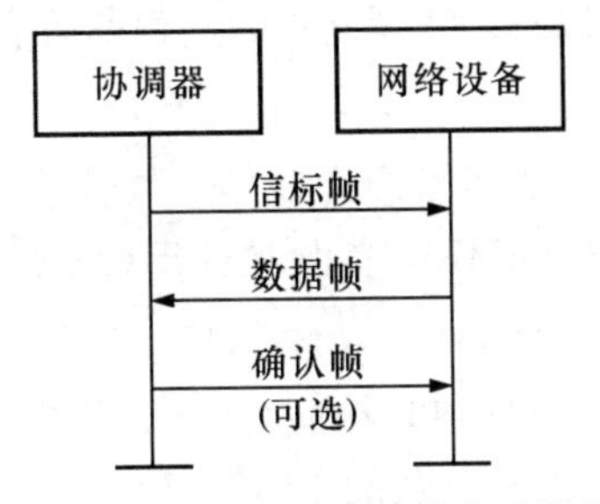

图 3-4　在信标使能网络中网络设备发送数据给协调器

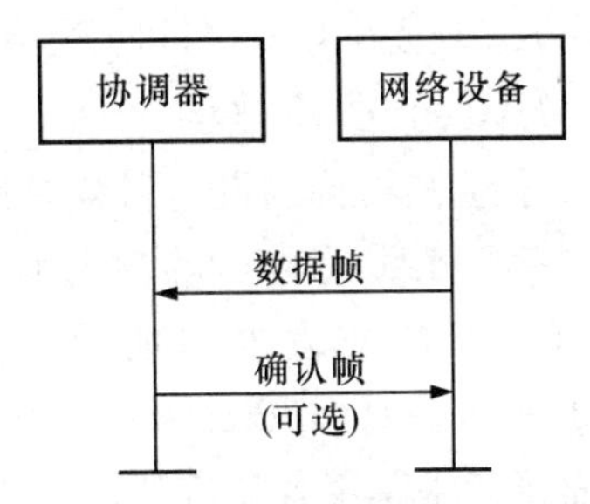

图 3-5　在信标不使能网络中网络设备发送数据给协调器

图 3-6 是在信标使能网络中协调器发送数据帧给网络中某个设备的例子。当协调器需要向某个设备发送数据时，就在下一个信标帧中说明协调器拥有属于某个设备的数据正在等待发送。目标设备在周期性的侦听过程中会接收到这个信标帧，从而得知有属于自己的数据保存在协调器，这时就会向协调器发送请求传送数据的 MAC 命令帧。该命令帧发送的时机按照基于时槽的 CSMA - CA 机制来确定。协调器收到请求帧后，先回应一个确认帧表明收到请求命令，然后开始传送数据。设备成功接收到数据后再回送一个数据确认帧，协调器接收到这个确认帧后，才将消息从自己的消息队列中移走。

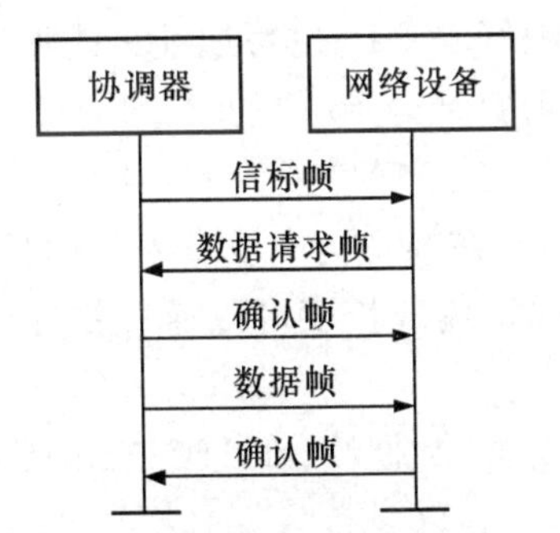

图 3-6　在信标使能网络中协调器传送数据给网络设备

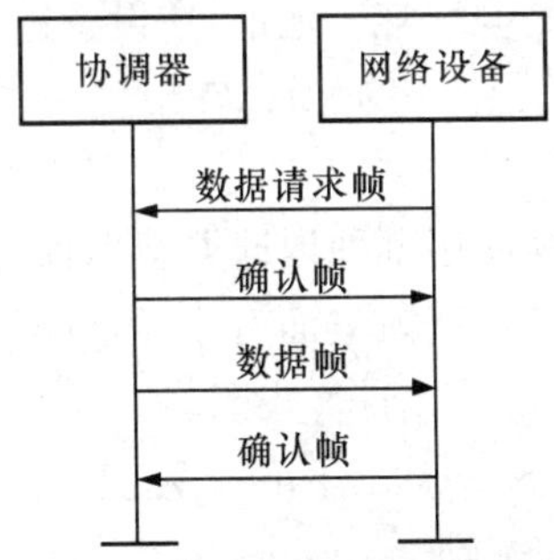

图 3-7　在信标不使能网络中协调器传送数据给网络设备

图 3-7 是在信标不使能网络中协调器发送数据帧给网络中某个设备的例子。协调器只是为相关的设备存储数据，被动地等待设备来请求数据，数据帧和命令帧的传送都使用无时槽的 CSMA - CA 机制。设备可能会根据应用程序事先定义好的时间间隔，周期性地向协调器发送请求数据的 MAC 命令帧，查询协调器是否存有属于自己的数据。协调器回应一个确认帧表示收到数据请求命令，如果有属于该设备的数据等待传送，则利用无时槽的 CSMA - CA 机制选择时机开始传送数据帧；如果没有数据需要传送，则发送一个 0 长度的数据帧给设备，表示没有属于该设备的数据。设备成功收到数据帧后，回送一个确认帧，这时整个通信过程就完成了。

在点对点 PAN 中，每一个设备均可以与在其无线辐射范围内的设备通信。为了保证通信的有效性，这些设备需要保持持续接收状态或者通过某些机制实现彼此同步。如果采用持续接收方式，设备只是简单地利用 CSMA - CA 收发数据；如果采用同步方式，需要采取其他措施来达到同步的目的。超帧在某种程度上可以用来实现点到点通信的同步，前面提到的

GTS 监听方式或者在 CAP 期间进行自由竞争通信都可以直接实现同步的点到点通信。

3) MAC 子层帧结构

MAC 子层帧结构的设计目标是用最低复杂度实现在多噪声无线信道环境下的可靠数据传输。每个 MAC 子层的帧都由帧头(MAC Header，MHR)、负载和帧尾(MAC Footer，MFR)三部分组成,如表 3-6 所示。帧头由帧控制信息(frame control)、帧序列号(sequence number)和地址信息(addressing)组成。MAC 子层负载具有可变长度,具体内容由帧类型决定,后面将详细解释各类负载字段的内容。帧尾是帧头和负载的 16 位 CRC 校验序列。

表 3-6　MAC 帧格式

字节数:2	1	0/2	0/2/8	0/2	0/2/8	可变	2
帧控制信息	帧序列号	目标设备 PAN 标识符	目标地址	源设备 PAN 标识符	源设备地址	帧数据单元	FCS 校验码
		地址信息					
帧头						MAC 负载	MFR 帧尾

在 MAC 子层中设备地址有两种格式:16 位(两个字节)的短地址和 64 位(8 个字节)的扩展地址。16 位短地址是设备与 PAN 协调器关联时,由协调器分配的网内局部地址;64 位扩展地址是全球唯一地址,在设备进入网络之前就分配好了。16 位短地址只能保证设备在 PAN 内部是唯一的,所以在使用 16 位短地址通信时需要结合 16 位的 PAN 标识符才有意义。两种地址类型的地址信息的长度是不同的,从而导致 MAC 帧头的长度也是可变的。一个数据帧使用哪种地址类型由帧控制域的内容指示。在帧结构中没有表示帧长度的域,这是因为在物理帧里面有表示 MAC 帧长度的域,MAC 负载长度可以通过物理帧长度和 MAC 帧头的长度计算出来。

IEEE 802.15.4 网络共定义了 4 种类型的帧：信标帧、数据帧、确认帧和 MAC 命令帧。

(1) 信标帧

信标帧的负载数据单元由 4 部分组成:超帧描述域、GTS 分配域、待转发数据目标地址(pending address)域和信标帧负载域,如图 3-8 所示。

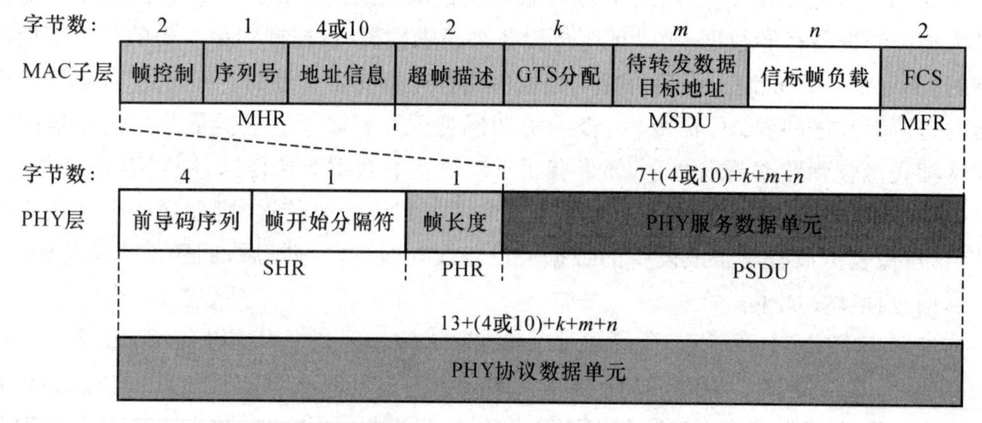

图 3-8　信标帧的格式

① 超帧描述域规定了这个超帧的持续时间、活跃部分持续时间以及竞争访问时段持续时间等信息。

② GTS 分配域将非竞争访问时段划分为若干个 GTS,并把每个 GTS 具体分配给了某个设备。

③ 待转发数据目标地址域列出了与协调器保存的数据相对应的设备地址。一个设备如果发现自己的地址出现在待转发数据目标地址域里,则意味着协调器存有属于它的数据,所以它就会向协调器发出请求传送数据的 MAC 命令帧。

④ 信标帧负载域为上层协议提供数据传输接口。例如在使用安全机制的时候,这个负载域将根据被通信设备设定的安全通信协议填入相应的信息。通常情况下,这个域可以忽略。

在信标不使能网络里,协调器在其他设备的请求下也会发送信标帧。此时信标帧的功能是辅助协调器向设备传输数据,整个帧只有待转发数据目标地址域有意义。

(2) 数据帧

数据帧用来传送上层发到 MAC 子层的数据,它的负载域包含了上层需要传送的数据。数据帧负载传送至 MAC 子层后被称为 MAC 服务数据单元(MAC Service Data Unit, MSDU),它的首尾被分别附加了 MHR 头信息和 MFR 尾信息后,就构成了 MAC 帧,如图 3-9 所示。

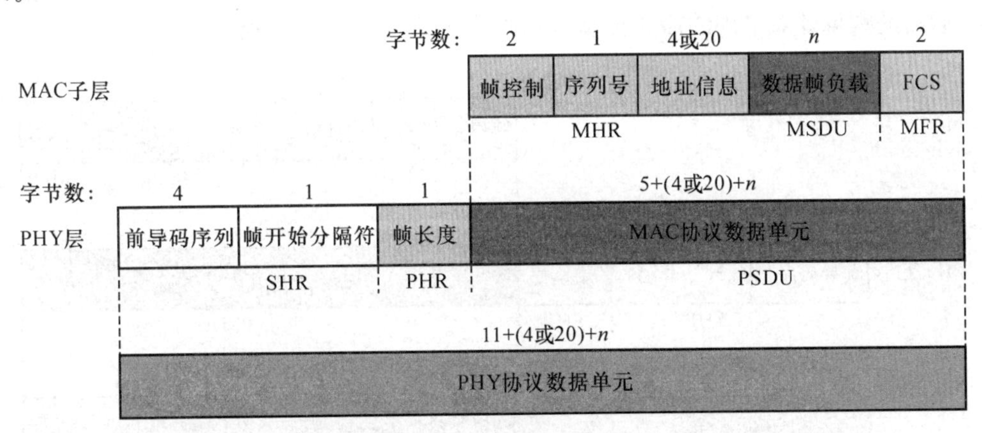

图 3-9 数据帧的格式

MAC 帧传送至物理层后,就成了物理帧的负载 PSDU。PSDU 在物理层被“包装”,其首部增加了同步信息 SHR 域和帧长度 PHR 域。同步信息 SHR 域包括用于同步的前导码和 SFD 域,它们都是固定值。帧长度域 PHR 标识了 MAC 帧的长度,为一个字节长而且只有其中的低 7 位是有效位,所以 MAC 帧的长度不会超过 127 个字节。

(3) 确认帧

如果设备收到目标地址为其自身的数据帧或 MAC 命令帧,并且帧的控制信息域的确认请求位被置为 1,设备需要回应一个确认帧。确认帧的序列号应该与被确认帧的序列号相同,并且负载长度应该为零。确认帧紧接着被发送,不需要使用 CSMA-CA 机制竞争信道,如图 3-10 所示。

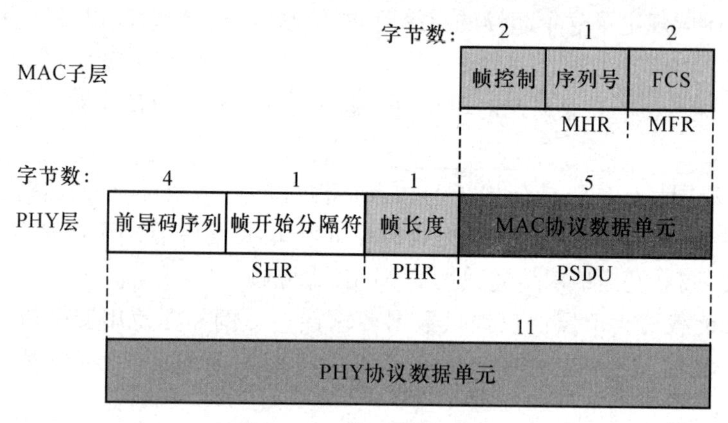

图 3-10 确认帧的格式

(4) MAC 命令帧

MAC 命令帧用于组建 PAN,传输同步数据等。目前定义好的 MAC 命令帧有 9 种类型,主要实现三方面的功能:把设备关联到 PAN,与协调器交换数据,分配 GTS。MAC 命令帧在格式上和其他类型的帧没有太多的区别,只是帧控制域的帧类型位有所不同。帧头的帧控制域的帧类型为 011b(b 表示二进制数据)表示这是一个命令帧。MAC 命令帧的具体功能由帧的负载表示。负载是一个变长结构,所有 MAC 命令帧负载的第一个字节是命令类型,后面的数据针对不同的命令类型有不同的含义,如图 3-11 所示。

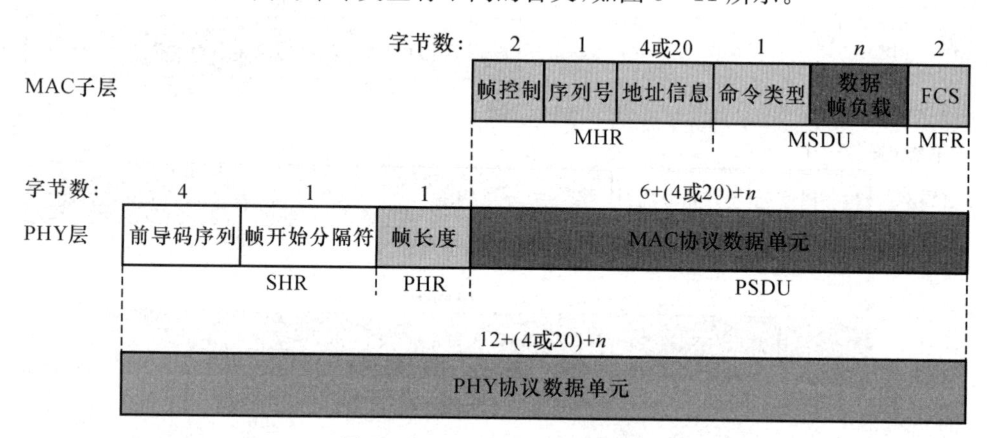

图 3-11 MAC 命令帧的格式

3.2.2 MAC 协议概述

无线频谱是无线通信的介质,这种广播介质属于稀缺资源。在无线传感器网络中,可能有多个结点设备同时接入信道,导致分组之间相互冲突,使接收方难以分辨出接收到的数据,从而浪费了信道资源,导致网络吞吐量下降。为了解决这些问题,就需要设计 MAC 协议。所谓 MAC 协议就是一组规则和过程,用于结点有效、有序和公平地使用共享介质。

在无线传感器网络中,MAC 协议决定着无线信道的使用方式,用来在传感器结点之间分配有限的无线通信资源,构建传感器网络系统的底层基础结构。MAC 协议处于传感器网络协议的底层部分，对网络性能有较大影响，是保证传感器网络高效通信的关键网络协议之一。

传感器结点的能量、存储、计算和通信带宽等资源有限，单个结点的功能比较弱，而传感器网络的丰富功能是由众多结点协作实现的。多点通信在局部范围需要 MAC 协议协调相互之间的无线信道分配，在设计传感器网络的 MAC 协议时，需要着重考虑以下几个问题：

(1) 节省能量。传感器网络的结点一般是以干电池、纽扣电池等提供能量，而且电池能量通常难以进行补充，为了长时间保证传感器网络的有效工作，MAC 协议在满足应用要求的前提下，应尽量节省使用结点的能量。

(2) 可扩展性。由于传感器结点数、结点分布密度等在传感器网络生存过程中不断变化，结点位置也可能移动，还有新结点加入网络的问题，所以无线传感器网络的拓扑结构具有动态性。MAC 协议应具有可扩展性，以适应这种动态变化的拓扑结构。

(3) 网络效率。网络效率包括网络的公平性、实时性、网络吞吐量和带宽利用率等。

上述的三个问题中，人们普遍认为它们的重要性依次递减。由于传感器结点本身不能自动补充能量或能量补充不足，节省能量成为传感器网络 MAC 协议设计的首要考虑因素。

在传统网络中，结点能够连续地获得能量供应，如在办公室里有稳定的电网供电，或者可以间断但及时地补充能量，如笔记本电脑和手机等。整个网络的拓扑结构相对稳定，网络的变化范围和变化频率都比较小。因此，传统网络的 MAC 协议重点考虑结点使用带宽的公平性，提高带宽的利用率和增加网络的实时性。由此可见，传感器网络的 MAC 协议和传统网络的 MAC 协议所注重的因素不同，这意味着传统网络的 MAC 协议不适用于传感器网络，需要设计适用于传感器网络的 MAC 协议。

通常网络结点无线通信模块的状态包括发送状态、接收状态、侦听状态和睡眠状态等。单位时间内消耗的能量按照上述顺序依次减少。无线通信模块在发送状态消耗能量最多，在睡眠状态消耗能量最少，接收状态和侦听状态下的能量消耗小于发送状态。

基于上述原因，为了减少能量的消耗，传感器网络的 MAC 协议通常采用侦听/睡眠交替的无线信道使用策略。当有数据收发时，结点开启通信模块进行发送或侦听；如果没有数据需要收发，结点控制通信模块进入睡眠状态，从而减少空闲侦听造成的能量消耗。

为了使结点在无线模块睡眠时不错过发送给它的数据或减少结点的过度侦听，邻居结点间需要协调它们的侦听和睡眠周期。如果采用基于竞争方式的 MAC 协议，要考虑发送数据产生碰撞的可能，根据信道使用的信息调整发送时机。当然 MAC 协议应该简单高效，避免协议本身开销大、消耗过多的能量。

目前无线传感器网络的 MAC 协议可以按照下列条件进行分类：① 采用分布式控制还是集中控制；② 使用单一共享信道还是多个信道；③ 采用固定分配信道方式还是随机访问信道方式。

本书根据上述的第三种分类方法，将传感器网络的 MAC 协议分为以下三种：

(1) 时分复用无竞争接入方式。无线信道时分复用(Time Division Multiple Access，TDMA)方式给每个传感器结点分配固定的无线信道使用时段，避免结点之间相互干扰。

(2) 随机竞争接入方式。如果采用无线信道的随机竞争接入方式，结点在需要发送数据时随机使用无线信道，尽量减少结点间的干扰。典型的方法是采用载波侦听多路访问

(Carrier Sense Multiple Access, CSMA)的 MAC 协议。

(3) 竞争与固定分配相结合的接入方式。通过混合采用频分复用或者码分复用等方式,实现结点间无冲突的无线信道使用。

基于竞争的随机访问 MAC 协议采用按需使用信道的方式,它的基本思想是当结点需要发送数据时,通过竞争方式使用无线信道,如果发送的数据产生了碰撞,就按照某种策略重发数据,直到数据发送成功或放弃发送。

典型的基于竞争的随机访问 MAC 协议是载波侦听多路访问(CSMA)接入方式。在无线局域网 IEEE 802.11 MAC 协议的分布式协调工作模式中,就采用了带冲突避免的载波侦听多路访问(CSMA with Collision Avoidance, CSMA/CA)协议,它是基于竞争的无线网络 MAC 协议的典型代表。

所谓的 CSMA/CA 协议是指在信号传输之前,发射机先侦听介质中是否有同信道载波,若不存在,意味着信道空闲,将直接进入数据传输状态;若存在载波,则在随机退避一段时间后重新检测信道。这种介质访问控制层的方案简化了实现自组织网络应用的过程。

在 IEEE 802.11 MAC 协议基础上,人们设计出适用于传感器网络的多种 MAC 协议。下面首先介绍 IEEE 802.11 MAC 协议的内容,然后介绍一种适用于无线传感器网络的典型 MAC 协议。

3.2.3　IEEE 802.11 MAC 协议

IEEE 802.11 MAC 协议有分布式协调(Distributed Coordination Function, DCF)和点协调(Point Coordination Function, PCF)两种访问控制方式,其中 DCF 方式是 IEEE 802.11 协议的基本访问控制方式[1]。由于在无线信道中难以检测到信号的碰撞,因而只能采用随机退避的方式来减少数据碰撞的概率。在 DCF 工作方式下,结点在侦听到无线信道忙之后,采用 CSMA/CA 协议和随机退避时间,实现无线信道的共享。另外,所有定向通信都采用立即主动确认(ACK 帧)机制:如果没有收到 ACK 帧,则发送方会重传数据。PCF 工作方式是基于优先级的无竞争访问,是一种可选的控制方式。它通过访问接入点(Access Point, AP)协调结点的数据收发,通过轮询方式查询当前哪些结点有数据发送的请求,并在必要时给予数据发送权。

在 DCF 工作方式下,载波侦听机制通过物理载波侦听和虚拟载波侦听来确定无线信道的状态。物理载波侦听由物理层提供,而虚拟载波侦听由 MAC 层提供。如图 3-12 所示,结点 A 希望向结点 B 发送数据,结点 C 在结点 A 的无线通信范围内,结点 D 在结点 B 的无线通信范围内,但不在结点 A 的无线通信范围内。结点 A 首先向结点 B 发送一个请求(Request-To-Send, RTS)帧,结点 B 返回一个清除(Clear-To-Send, CTS)帧进行应答。在这两个帧中都有一个字段表示这次数据交换需要的时间长度,称为网络分配向量(Network Allocation Vector, NAV),其他帧的 MAC 头也会捎带这一信息。结点 C 和结点 D 在侦听到这个信息后,就不再发送任何数据,直到这次数据交换完成为止。NAV 可看作一个计数器,以均匀速率递减计数到零。当计数器为零时,虚拟载波侦听指示信道为空闲状态,否则,指示信道为忙状态。

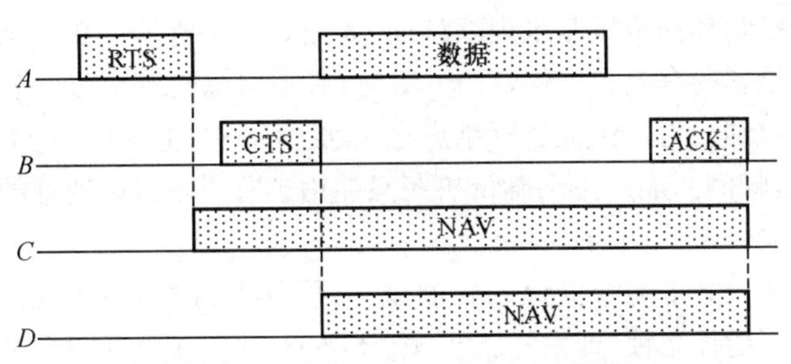

图 3-12　CSMA/CA 协议中的虚拟载波侦听

IEEE 802.11 MAC 协议规定了三种基本帧间间隔(InterFrame Space, IFS),用来提供访问无线信道的优先级。三种帧间间隔分别为:

(1) SIFS(Short IFS):最短帧间间隔。使用 SIFS 的帧优先级最高,用于需要立即响应的服务,如 ACK 帧、CTS 帧和控制帧等。

(2) PIFS(PCF IFS):PCF 方式下结点使用的帧间间隔,用以获得在无竞争访问周期启动时访问信道的优先权。

(3) DIFS(DCF IFS):DCF 方式下结点使用的帧间间隔,用以发送数据帧和管理帧。

上述各帧间间隔满足关系:DIFS＞PIFS＞SIFS。

根据 CSMA/CA 协议,当一个结点要传输一个分组时,它首先侦听信道状态。如果信道空闲,而且经过一个帧间间隔 DIFS 后,信道仍然空闲,则结点立即开始发送信息。如果信道忙,则结点一直侦听信道直到信道的空闲时间超过 DIFS。当信道最终空闲下来时,结点进一步使用二进制退避算法(binary backoff algorithm),进入退避状态来避免发生碰撞。图 3-13 描述了这种 CSMA/CA 协议的基本访问机制。

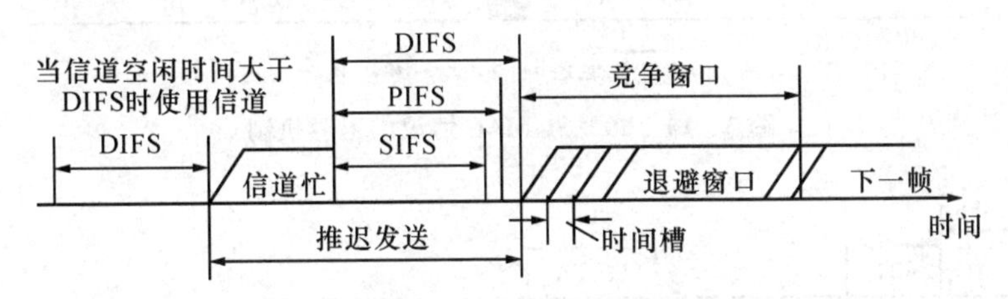

图 3-13　CSMA/CA 协议的基本访问机制

随机退避时间按下面的公式计算:

$$退避时间=Random()\times aSlottime \tag{3-1}$$

其中,Random()是在竞争窗口[0,CW]内均匀分布的伪随机整数;CW 是整数随机数,其值处于标准规定的 aCW_{min} 和 aCW_{max} 之间;aSlottime 是一个时槽时间,包括发射启动时间、媒体传播时延、检测信道的响应时间等。

结点在进入退避状态时,启动一个退避计时器,当计时达到退避时间后结束退避状态。在退避状态下,只有当检测到信道空闲时才进行计时。如果信道忙,退避计时器中止计时,直到检测到信道空闲时间大于 DIFS 后才继续计时。当多个结点推迟且进入随机退避时,利用随机函数选择最小退避时间的结点作为竞争优胜者,如图 3-14 所示。802.11 MAC 协议通过立即主动确认机制和预留机制来提高性能,如图 3-15 所示。在主动确认机制中,当目标结点收到一个发给它的有效数据帧(DATA)时,必须向源结点发送一个应答帧(ACK),确认数据已被正确接收到。为了保证目标结点在发送 ACK 帧过程中不与其他结点发生冲突,目标结点使用 SIFS 帧间间隔。主动确认机制只能用于有明确目标地址的帧,不能用于组播报文和广播报文传输。

为减少结点间使用共享无线信道的碰撞概率,预留机制要求源结点和目标结点在发送数据帧之前交换简短的控制帧,即发送请求帧(RTS)和清除帧(CTS)。从 RTS(或 CTS)帧开始到 ACK 帧结束的这段时间,信道将一直被这次数据交换过程占用。RTS 帧和 CTS 帧中包含有关于这段时间长度的信息。每个站点维护一个定时器,记录网络分配向量(NAV),指示信道被占用的剩余时间。一旦收到 RTS 帧或 CTS 帧,所有结点都必须更新它们的 NAV 值。只有在 NAV 值减至零,结点才可能发送信息。通过此种方式,RTS 帧和 CTS 帧为结点的数据传输预留了无线信道。

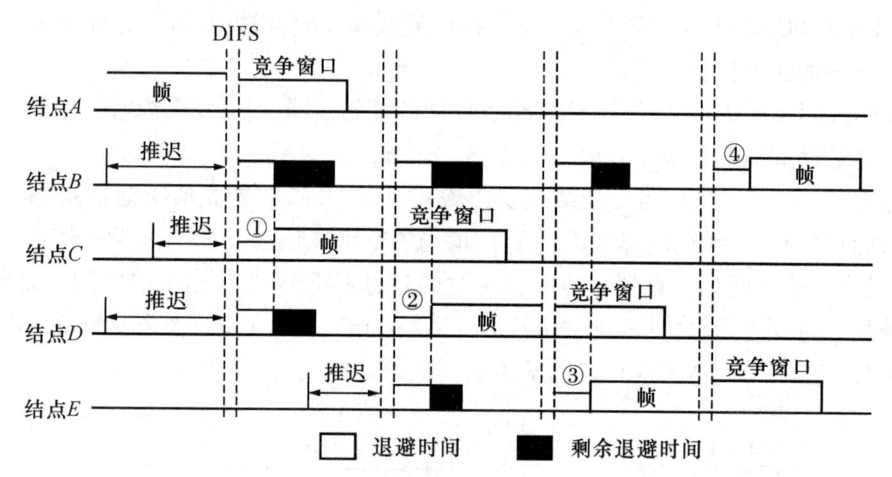

图 3-14 802.11 MAC 协议的退避机制

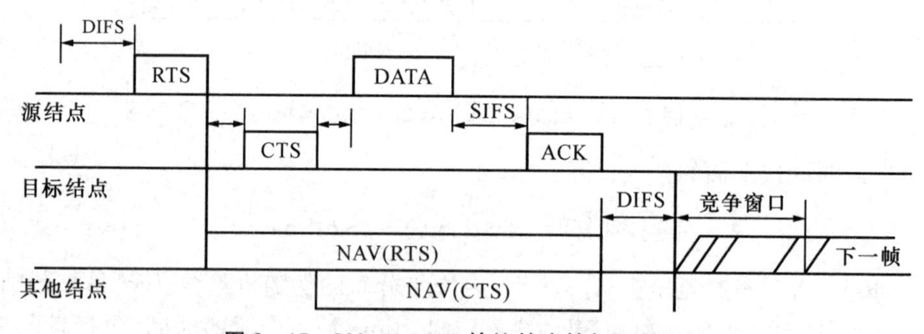

图 3-15 802.11 MAC 协议的应答与预留机制

3.2.4 典型 MAC 协议:S-MAC 协议

S-MAC(Sensor MAC)协议[2]是在 802.11 MAC 协议的基础上,针对传感器网络的节省能量需求而提出的传感器网络 MAC 协议。S-MAC 协议假设通常情况下传感器网络的数据传输量少，结点协作完成共同的任务，网络内部能够进行数据的处理和融合以减少数据通信量，网络能够容忍一定程度的通信延迟。它的主要设计目标是提供良好的扩展性，减少结点能量的消耗。

针对碰撞重传、串音、空闲侦听和控制消息等可能造成传感器网络消耗更多能量的主要因素，S-MAC 协议采用以下机制：周期性侦听/睡眠的低占空比工作方式，控制结点尽可能处于睡眠状态来降低结点能量的消耗；邻居结点通过协商的一致性睡眠调度机制形成虚拟簇，减少结点的空闲侦听时间；通过流量自适应侦听机制，减少消息在网络中的传输延迟；采用带内信令来减少重传和避免监听不必要的数据；通过消息分割和突发传递机制来减少控制消息的开销和消息的传递延迟。下面详细描述 S-MAC 协议采用的主要机制。

1）周期性侦听和睡眠

为了减少能量消耗，结点要尽量处于低功耗的睡眠状态。每个结点独立地调度它的工作状态，周期性地转入睡眠状态，在苏醒后侦听信道状态，判断是否需要发送或接收数据。为了便于相互通信，相邻结点之间应该尽量维持睡眠/侦听调度周期的同步。

每个结点用 SYNC 消息通告自己的调度信息，同时维护一个调度表，保存所有相邻结点的调度信息。当结点启动工作时，首先侦听一段固定长度的时间，如果在这段侦听时间内收到其他结点的调度信息，则将它的调度周期设置为与邻居结点相同，并在等待一段随机时间后广播它的调度信息。当结点收到多个邻居结点的不同调度信息时，可以选择第一个收到的调度信息并记录收到的所有调度信息。如果结点在这段侦听时间内没有收到其他结点的调度信息，则产生自己的调度周期并广播。在结点产生和通告自己的调度后，如果收到邻居的不同调度，分两种情况处理：如果没有收到过与自己的调度相同的其他邻居的通告，则采纳邻居的调度而丢弃自己生成的调度；如果结点已经收到过与自己的调度相同的其他邻居的通告，则在调度表中记录该调度信息，以便能够与非同步的相邻结点进行通信。

这样，具有相同调度的结点形成一个虚拟簇，边界结点记录两个或多个调度。在部署区域广阔的传感器网络中，能够形成众多不同的虚拟簇，可使得 S-MAC 具有良好的扩展性。为了适应新加入的结点，每个结点都要定期广播自己的调度，使新结点可以与已经存在的相邻结点保持同步。如果一个结点同时收到两种不同的调度，如图 3-16 中处于两个不同调度区域重合部分的结点，那么这个结点可以选择先收到的调度并记录另一个调度信息。

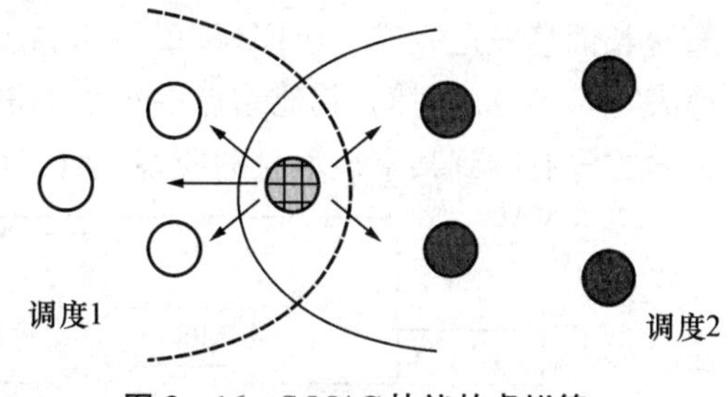

图 3-16　S-MAC 协议的虚拟簇

2）流量自适应侦听机制

传感器网络往往采用多跳通信，而结点的周期性睡眠会导致通信延迟的累加。在 S-MAC 协议中，采用了流量自适应侦听机制，以减少通信延迟的累加效应。它的基本思想是在一次通信过程中，通信结点的邻居结点在通信结束后不立即进入睡眠状态，而是保持侦听一段时间。如果结点在这段时间内接到 RTS 分组，则可以立刻接收数据，无须等到下一次调度侦听周期，从而减少了数据分组的传输延迟。如果在这段时间内没有接到 RTS 分组，则转入睡眠状态直到下一次调度侦听周期。

3）串音避免

为了减少碰撞和避免串音，S-MAC 协议采用与 802.11 MAC 协议类似的虚拟和物理载波侦听机制以及 RTS/CTS 的通告机制。两者的区别在于当邻居结点处于通信过程中时，S-MAC 协议的结点进入睡眠状态。

每个结点在传输数据时，都要经历 RTS—CTS—DATA—ACK 的通信过程（广播包除外）。在传输的每个分组中，都有一个域值表示剩余通信过程需要持续的时间长度。源结点和目标结点的邻居结点在侦听期间侦听到分组时，记录这个时间长度值，同时进入睡眠状态。通信过程记录的剩余时间会随着时间不断减少。当剩余时间减至零时，若结点仍处于侦听周期，就会被唤醒；否则，结点处于睡眠状态直到下一个调度的侦听周期。每个结点在发送数据时，都要先进行载波侦听，只有在虚拟或物理载波侦听表示无线信道空闲时，才可以竞争通信过程。

4）消息传递

因为传感器网络的内部数据处理需要完整的消息，所以 S-MAC 协议利用 RTS/CTS 机制，一次预约发送整个长消息的时间；又因为传感器网络的无线信道误码率高，S-MAC 协议将一个长消息分割成几个短消息在预约的时间内突发传送。为了能让邻居结点及时获取通信过程剩余时间，每个分组都带有剩余时间域。为了可靠传输以及通告邻居结点正在进行的通信过程，目标结点对每个短消息都要发送一个应答消息。如果发送结点没有收到应答消息，则立刻重传该短消息。

相对于 IEEE 802.11 MAC 的消息传递机制，S-MAC 协议不同之处如图 3-17 所示。图中 S-MAC 的 RTS/CTS 控制消息和数据消息携带的时间是整个长消息传输的剩余时间。其他结点只要接收到一个消息，就能够知道整个长消息的剩余时间，然后进入睡眠状态直至长消息发送完成。IEEE 802.11 MAC 协议考虑网络的公平性，RTS/CTS 只预约下一个发送短消息的时间，其他结点在每个短消息发送完成后都不必醒来进入侦听状态。只要发送方没有收到某个短消息的应答，连接就会断开，其他结点便可以开始竞争信道。

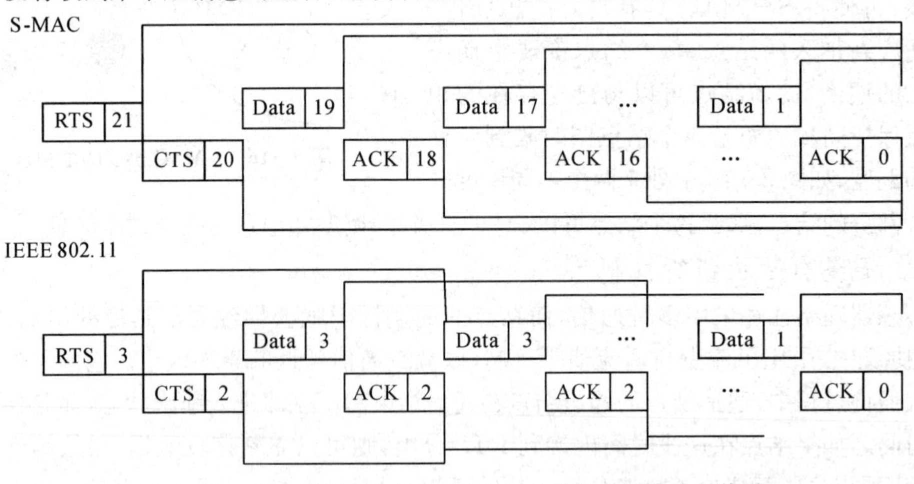

图 3-17　S-MAC 协议与 IEEE 802.11 协议的突发分组传送

3.3　路由协议

3.3.1　路由协议概述

路由协议负责将数据分组从源结点通过网络转发到目标结点，它主要包括两个方面的功能：寻找源结点和目标结点间的优化路径，将数据分组沿着优化路径正确转发。Ad Hoc、无线局域网等传统无线网络的首要目标是提供高服务质量和公平高效地利用网络带宽，这类网络的路由协议的主要任务是寻找源结点到目标结点间通信延迟小的路径，同时提高整个网络的利用率，避免产生通信拥塞并均衡网络流量等，而能量消耗问题不是这类网络考虑的重点。在无线传感器网络中，结点能量有限且一般没有能量补充，因此路由协议需要高效利用能量，同时由于传感器网络结点数目往往很大，结点只能获取局部拓扑结构信息，路由协议要能在局部网络信息的基础上选择合适的路径。传感器网络具有很强的应用相关性，不同应用中的路由协议可能差别很大，没有一个通用的路由协议。此外，传感器网络的路由机制还经常与数据融合技术联系在一起，通过减少通信量而节省能量。因此，传统无线网络的路由协议不适用于无线传感器网络。

与传统网络的路由协议相比，无线传感器网络的路由协议具有以下特点：

(1) 能量优先。传统路由协议在选择最优路径时，很少考虑结点的能量消耗问题。而无线传感器网络中结点的能量有限，延长整个网络的生存周期成为传感器网络路由协议设计的重要目标，因此需要考虑结点的能量消耗以及网络能量均衡使用的问题。

(2) 基于局部拓扑信息。无线传感器网络为了节省通信能量，通常采用多跳的通信模式，而结点有限的存储资源和计算资源，使得结点不能存储大量的路由信息，不能进行太复杂的路由计算。在结点只能获取局部拓扑信息和资源有限的情况下，如何实现简单高效的路由机制是无线传感器网络要解决的一个基本问题。

(3) 以数据为中心。传统的路由协议通常以地址作为结点的标识和路由的依据，而无线传感器网络中大量结点随机部署，所关注的是监测区域的感知数据，而不是具体哪个结点获取的信息，不依赖于全网唯一的标识。传感器网络通常包含多个传感器结点到少数汇聚结点的数据流，按照对感知数据的需求、数据通信模式和流向等，以数据为中心形成消息的转发路径。

(4) 应用相关。传感器网络的应用环境千差万别，数据通信模式不同，没有一个路由机制适合所有的应用，这是传感器网络应用相关性的一个体现。设计者需要针对每一个具体应用的需求，设计与之适应的特定路由协议。

针对上述传感器网络路由协议的特点，在根据具体应用设计路由协议时，要满足下面的传感器网络路由协议的要求：

(1) 能量高效。传感器网络路由协议不仅要选择能量消耗小的消息传输路径，而且要从整个网络的角度考虑，选择使整个网络能量均衡消耗的路由。传感器结点的资源有限，传感器网络的路由协议要能够简单而且高效地实现信息传输。

(2) 可扩展性。在无线传感器网络中,检测区域范围或结点密度不同,会令网络规模大小不同;结点失败、新结点加入以及结点移动等,都会使得网络拓扑结构发生动态变化,这就要求路由协议具有可扩展性,能够适应网络结构的变化。

(3) 鲁棒性。能量用尽或环境因素造成传感器结点的失败,周围环境影响无线链路的通信质量以及无线链路本身的缺点等,这些无线传感器网络的不可靠特性要求路由协议具有一定的容错能力。

(4) 快速收敛性。传感器网络的拓扑结构动态变化,结点能量和通信带宽等资源有限,因此要求路由协议能够快速收敛,以适应网络拓扑的动态变化,减少通信协议开销,提高消息传输的效率。

3.3.2　地理位置路由协议

在传感器网络中,结点通常需要获取它的位置信息,这样它采集的数据才有意义。如在森林防火的应用中,消防人员不仅要知道森林中发生火灾事件,而且还要知道火灾的具体位置。地理位置路由协议假设结点知道自己的地理位置信息以及目标结点或者目标区域的地理位置,利用这些地理位置信息作为路由选择的依据,结点按照一定策略转发数据到目标结点。地理位置的精确度和代价相关,在不同的应用中会选择不同精确度的位置信息来实现数据的路由转发。

1) GEAR 路由协议

在数据查询类应用中,汇聚结点需要将查询命令发送到事件区域内的所有结点。采用洪泛方式将查询命令传播到整个网络,建立汇聚结点到事件区域的传播路径,这种路由建立过程的开销很大。GEAR (Geographical and Energy Aware Routing,地理位置和能量感知路由)路由协议根据事件区域的地理位置信息,建立汇聚结点到事件区域的优化路径,避免了洪泛传播方式,从而减少了路由建立的开销。

GEAR 路由协议假设已知事件区域的位置信息,每个结点知道自己的位置信息和剩余能量信息,并通过一个简单的 Hello 消息交换机制知道所有邻居结点的位置信息和剩余能量信息。在 GEAR 路由协议中,结点间的无线链路是对称的。

GEAR 路由协议中查询消息的传播包括两个阶段。首先汇聚结点发出查询命令,并根据事件区域的地理位置将查询命令传送到区域内距汇聚结点最近的结点,然后从该结点将查询命令传播到区域内的其他所有结点。监测数据沿查询消息的反向路径向汇聚结点传送。

(1) 查询消息传送到事件区域

GEAR 路由协议用实际代价(learned cost) 和估计代价(estimate cost) 两种代价值表示路径代价。当没有建立从汇聚结点到事件区域的路径时,中间结点使用估计代价来决定下一跳结点。估计代价定义为归一化的结点到事件区域的距离以及结点的剩余能量两部分,结点到事件区域的距离用结点到事件区域几何中心的距离来表示。由于所有结点都知道自己的位置和事件区域的位置,因而所有结点都能够计算出自己到事件区域几何中心的距离。

结点计算自己到事件区域的估计代价的公式如下：

$$c(N,R)=\alpha d(N,R)+(1-\alpha)e(N) \tag{3-2}$$

式(3-2)中，$c(N,R)$为结点 N 到事件区域 R 的估计代价，$d(N,R)$为结点 N 到事件区域 R 的距离，$e(N)$为结点 N 的剩余能量，α 为比例参数。注意式(3-2)中的 $d(N,R)$和 $e(N)$都是归一化后的参数值。

查询信息到达事件区域后，事件区域的结点沿查询路径的反方向传输监测数据，数据消息中捎带每跳结点到事件区域的实际能量消耗值。对于数据传输经过的每个结点，首先记录捎带信息中的能量代价，然后将消息中的能量代价加上它发送该消息到下一跳结点的能量消耗，替代消息中的原有捎带值来转发数据，下一次转发查询消息时，用刚才记录的到事件区域的实际距离 $d(N,R)$来计算它到汇聚结点的实际代价。结点调用消息区域的优化路径。

从汇聚结点开始的路径建立过程采用贪婪算法，结点在邻居结点中选择到事件区域代价最小的结点作为下一跳结点，并将自己的路由代价设为该下一跳结点的路由代价加上到该结点一跳通信的代价。如果结点的所有邻居结点到事件区域的路由代价都比自己的大，则陷入了路由空洞(routing void)。如图 3-18 所示，结点 C 是结点 S 的邻居结点中到目标结点 T 代价最小的结点，但结点 G、H、I 为失效结点，结点 C 的所有邻居结点到结点 T 的代价都比结点 C 大。可采用如下方式解决路由空洞问题：结点 C 选取邻居中代价最小的结点 B 作为下一跳结点，并将自己的代价值设为 B 的代价加上结点 C 到结点 B 一跳通信的代价，同时将这个新代价值通知结点 S。当结点 S 再转发查询命令到结点 T 时就会选择结点 B 而不是结点 C 作为下一跳结点。

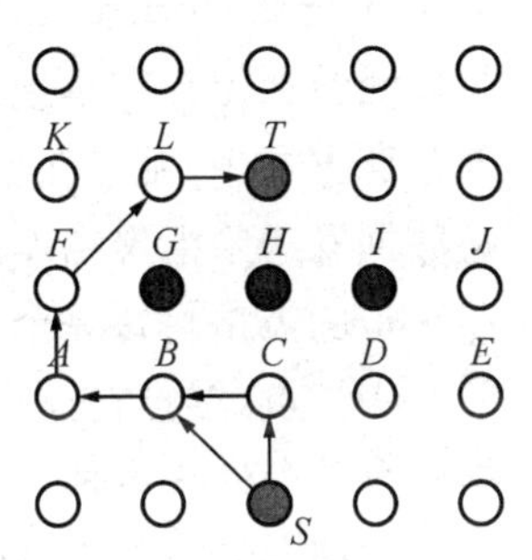

图 3-18　贪婪算法的路由空洞

(2) 查询消息在事件区域内传播

当查询命令传送到事件区域后，可以通过洪泛方式传播到事件区域内的所有结点。但当结点密度比较大时，洪泛方式的开销比较大，这时可以采用迭代地理转发方式。如图 3-19 所示，事件区域内首先收到查询命令的结点将事件区域分为若干子区域，并向所有子区域的中心位置转发查询命令。在每个子区域中，最靠近区域中心的结点(如图 3-19 中结点 N)接收查询命令，并将自己所在的子区域再划分为若干子区域并向各个子区域中心转发查询命令。该消息传播过程是一个迭代过程，当结点发现自己是某个子区域内唯一的结点或者某个子区域没有结点存在时，停止向这个子区域发送查询命令。当所有子区域转发过程全部结束时，整个迭代过程终止。

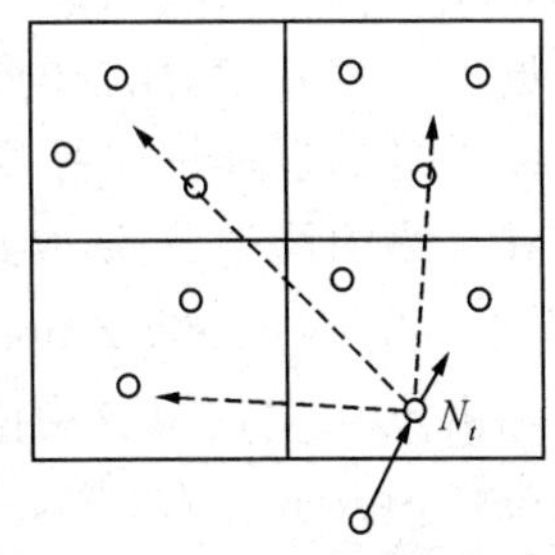

图 3-19　区域内的迭代地理转发

洪泛方式和迭代地理转发方式各有利弊。当事件区域内结点较多时，迭代地理转发方式的消息转发次数少，而结点较少时使用洪泛方式的路由效率高。GEAR 路由协议可以使用如下方法在两种方式中作出选择：当查询命令到达区域内的第一个结点时，如果该结点的邻居数量大于一个预设的阈值，则使用迭代地理转发方式，否则使用洪泛方式。

GEAR路由协议通过定义估计路由代价为结点到事件区域的距离和结点剩余能量，并利用捎带机制获取实际路由代价，进行数据传输的路径优化，从而形成能量高效的数据传输路径。GEAR路由协议采用的贪婪算法是一个局部最优的算法，适合无线传感器网络中结点只知道局部拓扑信息的情况，其缺点是由于缺乏足够的拓扑信息，路由过程中可能遇到路由空洞，反而降低了路由效率。如果结点拥有相邻两跳结点的地理位置信息，可以大大减少路由空洞的产生概率。GEAR路由协议中假设结点的地理位置固定或变化不频繁，适用于结点移动性不强的应用环境。

2) GEM路由协议

传感器网络有三种存储监测数据的主要方式，分别是本地存储(local storage)、外部存储(external storage)和数据中心存储(data-centric storage)。在本地存储方式中，结点首先将监测数据保存在本地存储器中，并在收到查询命令后将相关数据发送给汇聚结点。在外部存储方式中，结点在获得监测数据后，不论汇聚结点目前是否对该数据感兴趣，都主动地把数据发送给汇聚结点。在数据中心存储方式中，首先对可能的监测事件进行命名，然后按照一定的策略将每一个事件映射到一个地理位置上，距离这个位置最近的结点作为该事件的负责结点，结点在监测到事件后把相关数据发送到映射位置，负责结点接收数据，进行数据融合并存储在本地。

本地存储方式中，网络传输的数据都是汇聚结点感兴趣的数据，网络传输效率高，但是需要每个结点都具有相对较大的存储空间，数据融合只能在传输过程中进行，并且汇聚结点需要经过较长的延迟后才能获得查询数据。外部存储方式中，结点将采集数据及时传输给汇聚结点，可以提高传感器网络对突发事件的反应速度，但是监测数据不断发送给汇聚结点，一方面由于有些数据不是汇聚结点感兴趣的，造成了网络能量的浪费；另一方面容易使得汇聚结点附近形成网络热点，降低传感器网络的吞吐率。数据中心存储方式在网络中选择不同的负责结点实现不同事件监测数据的融合和存储，是介于本地存储和外部存储之间的一种方式，在查询延迟、能量消耗和存储空间等多项指标间进行折中。由于传感器网络处理的事件往往有多种，数据中心存储方式能够将网络通信流量、处理流量和存储流量在网络中均匀分摊，从而有效避免了网络热点的产生。

GEM(Graph Embedding，图形嵌入)路由协议是一种适用于数据中心存储方式的地理路由协议。GEM路由协议的基本思想是建立一个虚拟极坐标系统(Virtual Polar Coordinate System，VPCS)，用来表示实际的网络拓扑结构。网络中的结点形成一个以汇聚结点为根的带环树(ringed tree)，每个结点用到树根的跳数距离和角度范围来表示，结点间的数据路由通过这个带环树实现。

(1) 虚拟极坐标系统

虚拟极坐标系统的建立过程主要包括以下步骤：

第一步：生成树型结构。

汇聚结点设置自己的跳数距离为0并广播路由建立消息。该消息包含一个到汇聚结点跳数的域。与汇聚结点相邻的结点收到这个消息后，将汇聚结点作为自己的父结点，并设置自己到汇聚结点的跳数为1，然后继续广播路由建立消息。汇聚结点需要监听邻居结点的广播，并将发送跳数为1的路由建立消息的结点标记为子结点。这个过程一直扩展到整个网络，使得每个结点都知道自己的父结点和子结点以及到汇聚结点的跳数，直到所有结点加入这个树型结构为止。如果一个结点同时收到多个广播消息，则选择信号更强的结点作为父结点。结点广播路由建立消息后，如果没有收到跳数比自己更大的路由建立消息，则认为自己是叶结点。

第二步：反馈子树大小。

子树大小是指子树中包含的结点数目。在树型结构形成以后，从叶结点开始，结点将以自己为根结点的子树的大小报告给它的父结点。叶结点向父结点报告的子树大小为1；中间结点将自己所有子树的大小相加，并加上1得到自己的子树大小，然后报告给它的父结点。这个过程从叶结点开始一直向汇聚结点进行，直到汇聚结点获得整棵树的大小。

第三步：确定虚拟角度范围。

汇聚结点首先决定整个虚拟极坐标系统的角度范围，例如[0,90]。这个角度只是一个逻辑角度，并不表示结点的实际方位。汇聚结点将角度范围分配给每个子结点，每个子结点得到的角度范围正比于以该结点为根的子树大小。每个子结点按照同样的方式将自己的角度范围分配给它的子结点。这个过程一直持续进行，直到每个叶结点都分配到一个角度范围。

经过上述步骤之后，每个结点都知道自己到汇聚结点的跳数和自己的逻辑角度范围，这样就可以用[跳数，角度范围]唯一表示每个结点。从图3-20(a)中可以看到，在按照上述步骤构造的树型结构中，跳数相同的结点角度范围可能是无序的。为此，结点可以根据一个统一规则(例如顺时针规则)为子结点设定角度范围，使得同一级结点的角度范围顺序递增或者递减。这样，到汇聚结点跳数相同的结点就形成了一个环型结构，如图3-20(b)所示。

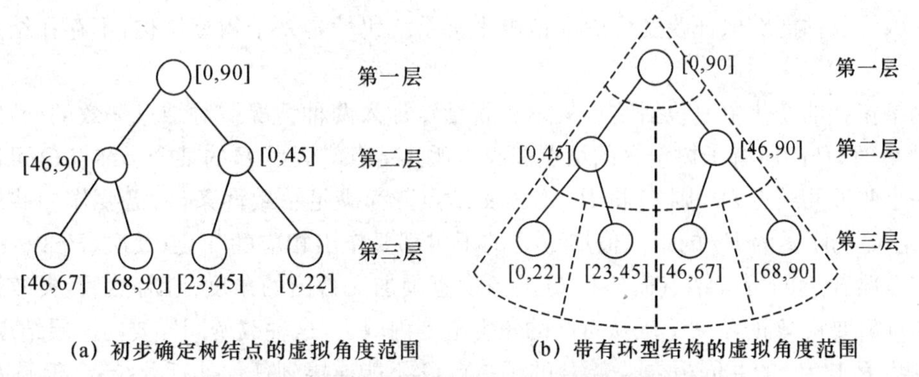

(a) 初步确定树结点的虚拟角度范围　(b) 带有环型结构的虚拟角度范围

图3-20　传感器网络虚拟角度原理图

(2) 基于虚拟极坐标系统的路由算法

结点在发送消息时，如果目标位置的角度不在自己的角度范围内，就将消息传送给父结点，父结点按照同样的规则处理，直到该消息到达角度范围包含目标位置角度的某个结点，这个结点就是源结点和目标结点的共同祖先。消息再从这个结点向下传送,直到到达目标结点,如图 3-21(a)所示。

上述算法需要上层结点转发消息,开销比较大。一个改进算法是:结点在向上传送消息之前首先检查邻居结点是否包含目标位置的角度。如果包含,则直接传送给该邻居结点而不再向上传送,如图 3-21(b)所示。

进一步的改进算法利用了上一节提到的环型结构,称作虚拟极坐标系路由算法(Virtual Polar Coordinate Routing, VPCR)。结点检查相邻结点的角度范围是否离目标位置更近,如果更近,就将消息传送给这个邻居结点,否则才向上层传送,如图 3-21(c)所示。

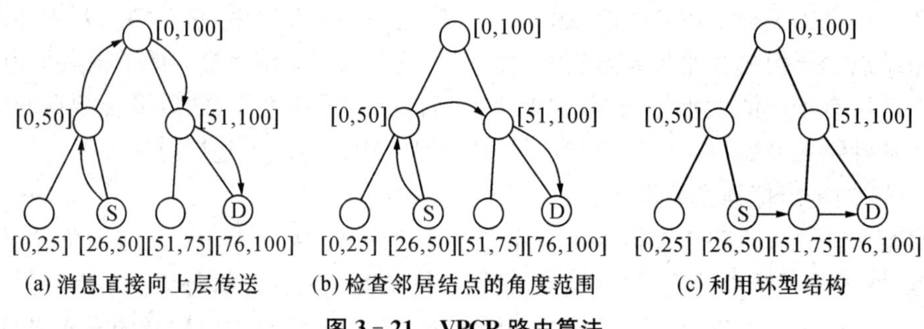

图 3-21　VPCR 路由算法

(3) 对网络拓扑变化的适应

由于路由算法建立在虚拟极坐标系统上,而虚拟极坐标系统是一个逻辑拓扑,所以当实际网络拓扑发生变化时,需要及时局部更新虚拟极坐标系统。虚拟极坐标系统的局部更新应满足下述一致性条件:

① 除了汇聚结点外每个结点只有一个父结点;

② 每个结点的跳数值为父结点的跳数值加 1;

③ 每个结点的角度范围是父结点的角度范围的子集;

④ 每个结点的子结点的角度范围不相交。

一致性条件能够保证改变后的虚拟极坐标系统仍然是一个树型结构,不存在结点间的环路。

网络拓扑的变化主要包括结点失效和新结点加入两种情况。对结点失效的处理:当结点 P 失效时,P 的所有子树包含的结点都成为孤儿结点。假设 P 的某个子结点 Q 可以连接到另一个非孤儿结点 P_1,则 Q 将 P_1 作为父结点。为满足一致性条件,需要作一些属性调整:首先,Q 的距离为 P_1 的距离值加 1,Q 的子树都要作出相应的变化;其次,P_1 以及 P_1 到汇聚结点路径上的所有结点需要将 Q 的角度范围加入自己的角度范围;然后,失效结点 P 的父结点需要将 Q 的角度范围从自己的角度范围内减去,这种改变同样要向上层结点传送,直到到达 P 和 P_1 的共同祖先。若 P 的子结点 Q 不能连接到任何非孤儿结点,但是 Q 的子树上有结点 C_1 可以连接到非孤儿结点 P_1,这时子树的结构要逆转过来,Q 成为 C_1 的子结点。C_1 作为子树的根结点继承 Q 的角度范围并进行角度范围的重新赋值,并按照上述的方法连接到 P_1 上。

对结点增加的处理:假设结点 C 要加入树结构,并可以连接到结点 P,P 成为 C 的父结

点并为 C 赋予跳数和角度范围值。跳数是 P 的距离值加 1，角度范围可以有两种解决方法：一是在生成树型结构时预留一些角度范围，这时可以用来满足新结点；二是向上层结点申请更多的角度范围。这个过程可能一直持续到汇聚结点。

GEM 路由协议根据结点的地理位置信息，将网络的实际拓扑结构转化为用虚拟极坐标系统表示的逻辑结构，即一个以汇聚结点为根结点的带环树结构，并在这个带环树上实现结点间的数据路由。GEM 路由协议为数据中心存储的传感器网络提供了一种路由机制，它不依赖于结点精确的位置信息，采用虚拟极坐标的方法能够简单地将网络实际拓扑信息映射到一个易于进行路由处理的逻辑拓扑中，而且不改变结点间的相对位置。但是，由于采用了带环树结构，实际网络拓扑发生变化时，树的调整比较复杂，因此 GEM 路由协议适用于拓扑结构相对稳定的传感器网络。

3）边界定位的地理路由协议

在传感器网络的实际应用中，如果每个结点都需要知道自己的精确位置信息，那么路由代价比较大。地理位置路由研究中的一个重要方向就是如何在保证路由正确性的前提下，尽量减少需要精确位置信息的结点数目，以及路由机制对结点精确位置信息的依赖。参考文献[3]提出了一种只需要少数结点精确位置信息就可以进行正确路由的地理路由机制。其基本思想是首先通过网络中知道自身位置信息的结点确定一个全局坐标系，然后确定其他结点在这个坐标系中的位置，最后根据结点在坐标系中的位置进行数据路由。知道自身位置信息的结点通常是网络中较为特殊的信标结点。

当所有结点的坐标位置信息确定后，协议使用贪婪算法选择路由。因此，协议的关键部分是利用信标结点确定全局坐标系以及确定其他结点在坐标系中的位置。参考文献[3]给出了下面三种策略。

(1) 边界结点均为信标结点

该策略假设网络实际边界上的结点都是信标结点，这些边界结点已经确定了一个全局坐标系。非边界结点需要通过边界结点确定自己的位置。在二维情况下，定义结点的位置为邻居结点坐标位置的平均值，公式表示如下：

$$x_i = \frac{\sum\limits_{k \in \text{neighbor\_set}(i)} x_k}{\text{size\_of}(\text{neighbor\_set}(i))} \tag{3-3}$$

$$y_i = \frac{\sum\limits_{k \in \text{neighbor\_set}(i)} y_k}{\text{size\_of}(\text{neighbor\_set}(i))} \tag{3-4}$$

计算结点坐标的过程是一个逐步求精的迭代过程，具体过程如下：

① 在起始阶段，边界结点位置已经确定，设置所有非边界结点的坐标值相同，例如设置为(0,0)；

② 在迭代阶段，非边界结点按照式(3-3)和式(3-4)计算自己的坐标，每次计算后邻居结点间都要相互交换计算出新坐标值，再进行下一步迭代；

③ 当达到一定的迭代次数，如 1 000 次，或者超过一个停止阈值，如当坐标的变化不超

过5%时，迭代停止。此时，每个结点将计算出的坐标值作为自己在坐标系中的位置。

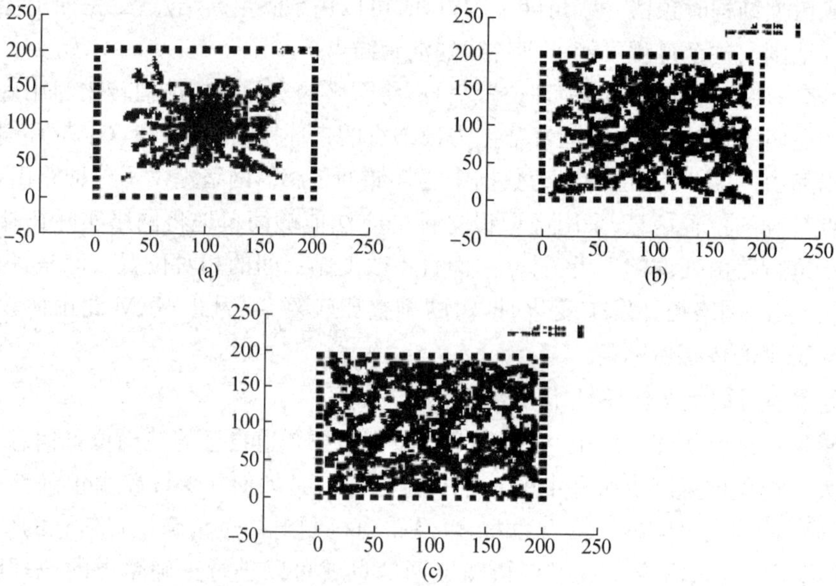

(a)

(b)

(c)

图 3-22　边界结点确定非边界结点的坐标

上述迭代过程如图 3-22 所示，图中网络结点的实际分布为均匀分布。图 3-22(a)、(b)和(c)分别显示了经过 10 次、100 次和 1 000 次迭代计算后得到的结点位置情况。可见在迭代过程中，靠近边界的结点先确定自己的位置，处于网络中央部分的结点最后确定自己的位置。当迭代次数达到 1 000 次时，计算出的结点坐标已经很接近实际的位置。

(2) 使用两个信标结点

在上述策略中，仍然需要网络边界上所有结点都知道自己的精确地理位置，网络部署的成本仍然很高。本策略只使用两个信标结点，而不再需要所有边界结点的精确位置信息，从而大大减少了网络部署的成本。

在本策略中，仍然将结点分为边界结点和非边界结点。边界结点只知道自己处于网络的边缘，但不知道自己的精确位置信息。首先通过边界结点间的信息交换机制建立全局坐标系，然后引入两个信标结点以减少全局坐标系的误差，最后按照前述方法计算非边界结点在全局坐标系中的位置。

边界结点间通过信息交换机制建立全局坐标系的过程如下：

① 每个边界结点向整个网络广播 Hello 消息，中间结点在转发 Hello 消息时将该消息的跳数值加 1。这样，每个边界结点都会收到其他所有边界结点发送的 Hello 消息，从而得到自己到所有其他边界结点的距离。边界结点将自己到所有其他边界结点的距离存储在一个列表中，称之为边界向量。

② 每个边界结点向整个网络广播边界向量。这样，每个边界结点都会收到其他所有边界结点发送的边界向量，从而每个边界结点都能够知道任意两个边界结点之间的距离。

③ 每个边界结点利用定位算法中的三角形算法(triangular algorithm)计算所有边界结点的坐标，从而建立自己的全局坐标系。

在上述过程中，边界结点在交换距离信息时可能丢失消息，从而导致边界结点间计算出的坐标系不一致。为减少坐标系的不一致性，引入了两个信标结点。每个边界结点在按照上述三个步骤计算出全局坐标系后，首先计算出所有边界结点以及两个信标结点在该坐标系中的位置以及这些结点的重心，然后利用计算出的重心和两个信标结点重新建立全局坐标系。由于重心是所有边界结点以及信标结点位置的平均值，这样大大减少了由于少数边界结点位置信息的丢失对全局坐标系造成的影响，使得所有边界结点建立的坐标保持一致。

(3) 使用一个信标结点

上述策略中假设结点知道自己是边界结点，实际网络中结点的部署具有随机性，不能确定自己是否为实际的网络边界结点。本策略利用一个信标结点确定一组边界结点，然后采用上述第二种策略介绍的算法确定全局坐标系并计算结点在坐标系中的位置信息。利用一个信标结点确定边界结点的过程如下：首先，信标结点向整个网络广播 Hello 消息，消息中包含跳数字段，中间结点将接收消息的跳数最小值加 1 后转发，从而网络中所有结点都知道自己到信标结点的最少跳数距离；然后，邻居结点间交换到信标结点的跳数距离，如果结点到信标结点的跳数在两跳邻居范围内最大，则标记自己为边界结点。

在建立全局坐标系和计算结点位置后，结点使用贪婪算法选择路径。为了减少产生路由空洞的可能性，结点交换两跳内邻居结点的位置信息。在选择路径时，结点将数据传送给两跳内距离目标位置最近的结点。如果结点本身是最近的结点，则将数据交给上层程序处理。如果上层程序认为该数据是需要的，就接收该数据；否则，则认为该数据传送陷入了路由空洞，此时结点需要在自己的两跳内邻居结点中找到离目标位置最近的结点，并更新自己的距离信息。为了避免数据由于路由空洞而一直在网络中循环转发，每个数据分组都设定一个 TTL 值，当 TTL 值降为 0 时丢弃该数据分组。

与 GEAR 路由协议相比，边界定位的路由协议只需要很少结点知道精确的位置信息，减少了对传感器结点的功能要求，降低了传感器网络的部署成本。但为了确定全局坐标系和结点在坐标系中的位置信息，结点需要进行大量的信息交换，通信开销很大。此外，由于算法采用了迭代过程确定结点的位置，计算出的结点位置精度和迭代次数相关。与 GEM 路由协议相比，边界定位的路由协议建立的全局坐标系更加接近结点实际位置，且对于网络拓扑的变化调整比较简单。

3.3.3　定向扩散路由协议

定向扩散(Directed Diffusion，DD)是一种基于查询的路由协议[4]。汇聚结点通过兴趣消息(interest)发出查询任务，采用洪泛方式传播兴趣消息到整个区域或部分区域内的所有传感器结点。兴趣消息用来表示查询的任务，表达网络用户对监测区域内感兴趣的信息，例如监测区域内的温度、温度和光照等环境信息。在兴趣消息的传播过程中，协议逐跳地在每个传感器结点上建立反向的从数据源到汇聚结点的数据传输梯度(gradient)。传感器结点将采集到的数据沿着梯度方向传送到汇聚结点。

定向扩散路由协议可以分为兴趣扩散、梯度建立以及路径加强三个阶段。图3-23显示了这三个阶段的数据传播路径和方向。

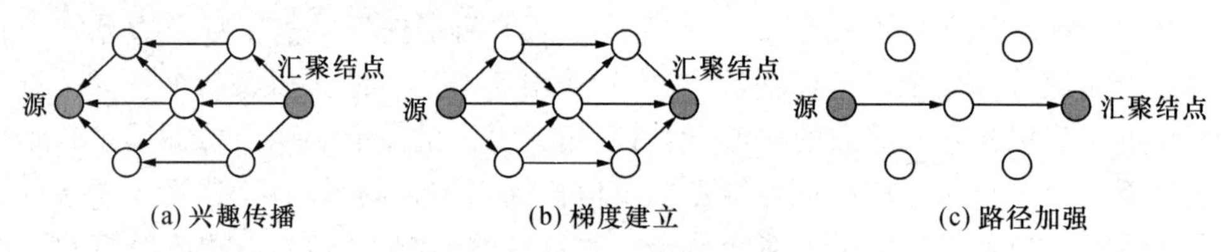

(a) 兴趣传播　(b) 梯度建立　(c) 路径加强

图 3-23　定向扩散路由协议

1）兴趣扩散阶段

在兴趣扩散阶段，汇聚结点周期性地向邻居结点广播兴趣消息。兴趣消息中含有任务类型、目标区域、数据发送速率、时间戳等参数。每个结点在本地保存一个兴趣消息列表，对于每一个兴趣消息，列表中都有一个表项记录发来该兴趣消息的邻居结点、数据发送速率和时间戳等任务相关信息，以建立该结点向汇聚结点传递数据的梯度关系。每个兴趣消息可能对应多个邻居结点，每个邻居结点对应一个梯度信息。通过定义不同的梯度相关参数，可以适应不同的应用需求。每个表项还有一个字段用来表示该表项的有效时间值，超过这个时间后，结点将删除这个表项。

当结点收到邻居结点的兴趣消息时，首先检查兴趣列表中是否存有参数类型与收到的兴趣消息相同的表项，而且对应的发送结点是该邻居结点。如果有对应的表项，就更新表项的有效时间值；如果只是参数类型相同，但不包含发送该兴趣消息的邻居结点，就在相应表项中添加这个邻居结点；对于任何其他情况，都需要建立一个新表项来记录这个新的兴趣消息。如果收到的兴趣消息和结点刚刚转发的兴趣消息一样，为避免消息循环则丢弃该信息；否则，转发收到的兴趣消息。

2）梯度建立阶段

当传感器结点采集到与兴趣消息匹配的数据时，把数据发送到梯度上的邻居结点，并按照梯度上的数据传输速率设定传感器模块采集数据的速率。由于可能从多个邻居结点收到兴趣消息，结点向多个邻居结点发送数据，汇聚结点可能收到经过多个路径的相同数据。中间结点收到其他结点转发的数据后，首先查询兴趣消息列表的表项，如果没有匹配的兴趣消息表项就丢弃数据；如果存在相应的兴趣消息表项，则检查与这个兴趣消息对应的数据缓冲池(data cache)，数据缓冲池用来保存最近转发的数据。如果在数据缓冲池中有与接收到的数据匹配的副本，说明已经转发过这个数据，为避免出现传输环路而丢弃这个数据；否则，检查该兴趣消息表项中的邻居结点信息。如果设置的邻居结点数据发送速率大于等于数据接收速率，则全部转发接收的数据；如果记录的邻居结点数据发送速率小于数据接收速率，则按照比例转发。对于转发的数据，数据缓冲池保留一个副本并记录转发时间。

3）路径加强阶段

定向扩散路由协议通过正向加强机制来建立优化路径，并根据网络拓扑的变化修改数据转发的梯度关系。兴趣扩散阶段是为了建立源结点到汇聚结点的数据传输路径，数据源结点以较低的速率采集和发送数据，称这个阶段建立的梯度为探测梯度(probe gradient)。汇聚结点在收到从源结点发来的数据后，启动建立到源结点的加强路径，后续数据将沿着加强路径以较高的数据速率进行传输。加强后的梯度称为数据梯度(data gradient)。

假设以数据传输延迟作为路由加强的标准,汇聚结点选择首先发来最新数据的邻居结点作为加强路径的下一跳结点,向该邻居结点发送路径加强消息。路径加强消息中包含新设定的较高发送数据速率值。邻居结点收到消息后,经过分析确定该消息描述的是一个已有的兴趣消息,只是增加了数据发送速率,则断定这是一条路径加强消息,从而更新相应兴趣消息表项的到邻居结点的发送数据速率。同时,按照同样的规则选择加强路径的下一跳邻居结点。

路由加强的标准不是唯一的,可以选择在一定时间内发送数据最多的结点作为路径加强的下一跳结点,也可以选择数据传输最稳定的结点作为路径加强的下一跳结点。在加强路径上的结点如果发现下一跳结点的发送数据速率明显减小,或者收到来自其他结点的新位置估计,从而推断加强路径的下一跳结点失效,就需要使用上述的路径加强机制重新确定下一跳结点。

定向扩散路由协议是一种经典的以数据为中心的路由机制。汇聚结点根据不同应用需求定义不同的任务类型、目标区域等参数的兴趣消息,通过向网络中广播兴趣消息启动路由建立过程。中间传感器结点通过兴趣消息列表建立从数据源到汇聚结点的数据传输梯度,自动形成数据传输的多条路径。按照路径优化的标准,定向扩散路由协议使用路径加强机制生成一条优化的数据传输路径。为了动态适应结点失效、拓扑变化等情况,定向扩散路由协议周期性进行兴趣扩散、梯度建立和路径加强三个阶段的操作。但是,定向扩散路由协议在路由协议建立时需要一个兴趣扩散的洪泛传播,能量和时间开销都比较大,尤其是当底层MAC协议采用休眠机制时可能造成兴趣建立的不一致。

参考文献

[1] 汪涛. 无线网络技术导论[M]. 北京:清华大学出版社,2008.

[2] Ye W, Heidemann J, Estrin D. An energy-efficient MAC protocol for wireless sensor networks[C]//Proceedings of the 21st Annual Joint Conference of the IEEE Computer and Communications Societies. June 23 - 27, 2002, New York, NY, USA. IEEE, 2002: 1567 - 1576.

[3] Rao A, Ratnasamy S, Papadimitriou C, et al. Geographic routing without location information[C]//Proceedings of the 9th Annual International Conference on Mobile Computing and Networking. September 14 - 19, 2003, San Diego, CA, USA. New York: ACM, 2003: 96 - 108.

[4] Intanagonwiwat C, Govindan R, Estrin D. Directed diffusion: A scalable and robust communication paradigm for sensor networks[C]//Proceedings of the 6th Annual International Conference on Mobile Computing and Networking. August 6 - 11, 2000, Boston, Massachusetts, USA. New York: ACM, 2000: 56 - 67.

4 无线传感器网络的关键技术

4.1 时间同步机制

4.1.1 传感器网络的时间同步机制

1）传感器网络时间同步的要求

在分布式系统中，不同的结点都有自己的本地时钟。由于不同结点的晶体振荡器频率存在偏差以及温度变化和电磁波干扰等原因，即使在某个时刻所有结点都达到时间同步，它们的时间也会逐渐出现偏差，而分布式系统的协同工作需要结点间的时间同步，因此时间同步机制是分布式系统基础框架的一个关键机制。分布式时间同步涉及物理时间和逻辑时间两个不同的概念。物理时间用来表示人类社会使用的绝对时间；逻辑时间表达事件发生的顺序关系，是一个相对概念。分布式系统通常需要一个表示整个系统时间的全局时间，全局时间根据需要可以是物理时间或逻辑时间。

时间同步机制在传统网络中已经得到广泛应用，如网络时间协议（Network Time Protocol，NTP）是 Internet 采用的时间同步协议，GPS、无线测距等技术也用来提供网络的全局时间同步。在传感器网络应用中同样需要时间同步机制，例如时间同步能够用于形成分布式波束系统、构成 TDMA 调度机制和多传感器结点的数据融合，在结点间时间同步的基础上，用时间序列的目标位置检测可以估计目标的运行速度和方向，通过测量声音的传播时间能够确定结点到声源的距离或声源的位置。

传感器网络中结点的造价不能太高，结点的微小体积使它不能安装除本地振荡器和无线通信模块外更多的用于同步的器件，因此价格和体积成为传感器网络时间同步的重要约束。传感器网络中多数结点是无人值守的，仅携带少量有限的能量，即使是进行侦听通信也会消耗能量，因此时间同步机制必须考虑能量的消耗。现有网络的时间同步机制往往关注于最小化同步误差来达到最大的同步精度方面，而较少考虑计算和通信的开销，没有考虑计算机能量的消耗，相应的计算机性能对传感器结点而言高很多，能源也能够不断得到供给。由于传感器网络的特点以及能量、价格和体积等方面的约束，使得 NTP、GPS 等现有时间同步机制不适用于传感器网络，需要修改或重新设计时间同步机制来满足传感器网络的要求。

通常在传感器网络中，除了非常少量的传感器结点携带如 GPS 的硬件时间同步部件外，绝大多数传感器结点都需要根据时间同步机制交换同步消息，与网络中的其他传感器结点保持时间同步。在设计传感器网络的时间同步机制时，需要从以下几个方面进行考虑：

（1）扩展性：在传感器网络应用中，网络部署的地理范围大小不同，网络内结点密度不同,时间同步机制要能够适应这种网络范围或结点密度的变化。

(2) 稳定性:传感器网络在保持连通性的同时,因环境影响以及结点本身的变化,网络拓扑结构将动态变化,时间同步机制要能够在拓扑结构的动态变化中保持时间同步的连续性和精度的稳定性。

(3) 鲁棒性:由于各种原因可能造成传感器结点失效,另外现场环境随时可能影响无线链路的通信质量,因此要求时间同步机制具有良好的鲁棒性。

(4) 收敛性:传感器网络具有拓扑结构动态变化的特点,同时传感器结点又存在能量约束,这些都要求建立时间同步的时间很短,使结点能够及时知道它们的时间是否达到同步。

(5) 能量感知:为了减少能量消耗,保持网络时间同步的交换消息数尽量少,必需的网络通信和计算负载应该可预知,时间同步机制应该根据网络结点的能量分布,均匀使用网络结点的能量来达到能量的高效使用。

由于传感器网络具有应用相关的特性,在众多不同应用中很难采用统一的时间同步机制,即使在单个应用中,多个层次上可能都需要时间同步,每个层次对时间同步的要求也不同。例如在一个目标跟踪系统中,可能存在下面的潜在时间同步需求[1]:

(1) 通过波束阵列确定声源位置进行目标监测,波束阵列需要使用公共基准时间。如果用分布式无线传感器结点实现波束阵列,就需要局部结点间的瞬间时间同步,允许的最大误差约为 100 μs。

(2) 通过对目标相邻位置的连续检测,估计目标的运动速率和方向。这种时间同步机制要求的同步时间长度和地理范围都要比波束阵列大,精度相对有所降低,最大误差与目标运动速率相关。

(3) 为了减少网络通信量和提高目标跟踪精度,传感器网络通常需要数据融合,将网络结点收集的目标信息在网络的传输路径结点中及时进行汇聚和处理,而不是简单地发送原始数据到汇聚结点。数据融合需要时间同步的误差相对波束形成低很多,但地理范围相对大很多,同步时间长度也相对长很多,可能要求一直保持时间同步。

(4) 在应用中,用户需要与传感器网络进行交互,如询问上午 10 点钟的情况,这种交互的时间精度要求可能不高,但是需要传感器网络与外部时间进行同步。

传感器网络应用的多样性导致了对时间同步机制需求的多样性,不可能用一种时间同步机制满足所有的应用要求。传感器网络的时间同步机制的主要性能参数如下:

(1) 最大误差:指一组传感器结点之间的最大时间差量,或相对外部标准时间的最大差量。通常情况下,最大误差随着需要同步的传感器网络范围的增大而增加。

(2) 同步期限:指结点间需要一直保持时间同步的时间长度。传感器网络需要在各种时间长度内保持时间同步,从瞬间同步到伴随网络存在的永久同步。

(3) 同步范围:指需要结点间时间同步的区域范围。这个范围可以是地理范围,如以米度量的距离;也可以是逻辑距离,如网络的跳数。

(4) 可用性:指在范围内的覆盖完整性。有些时间同步机制能够同步区域内的每个结点,基于网络的机制通常能够同步每个结点,而有些机制对硬件要求高,仅能同步部分结点,如 GPS 系统。

(5) 效率:指达到同步精度所经历的时间以及消耗的能量。需要交换的同步消息越多,经历的时间越长,消耗的网络能量就越大,同步的效率相对就越低。

(6) 代价和体积:时间同步可能需要特定硬件,在传感器网络中需要考虑部件的价格和体积,这对传感器网络非常重要。

2) 网络时间同步机制

在传统网络中提出了多种网络时间同步机制,C/S模式是其中一种常用的时间同步模式。在此模式中,时间服务器周期性地向客户端发送时间同步消息,同步消息中包含服务器的当前时间。如果服务器到客户端的典型延迟相对期望精度小,只需要一个时间同步消息就能实现客户端与服务器之间的时间同步。通常的扩展是客户端产生时间同步请求消息,服务器回应时间同步应答消息,通过测量这两个分组总的往返时间来估计单程的延迟,从而计算出从服务器给分组打上时标到客户端接收到分组打上时标之间的时间间隔,获得相对精确的时间同步。

采用这种设计思想的一个典型例子是NTP,它被Internet用作网络时间同步协议。NTP最早是由美国Delaware大学的Mills教授提出的,它的设计目的是在Internet上传递统一的标准时间,从1982年提出到现在已发展了40多年,最新的NTPv4精确度已经达到了毫秒级[2]。实现方案是在网络上指定若干时钟源服务器,为用户提供授时服务,并且这些服务器站点之间能够相互比对以提高准确度。世界标准时间协调(Universal Time Coordinator, UTC)是当前所有时钟基准的国际标准,它的两个来源分别是位于美国科罗拉多的WWV短波广播电台和地球观测卫星。为了获取准确的世界标准时间,时间服务器需要从这两个时钟源获取当前时间。

NTP采用层次型树型结构,整个体系结构中有多棵树,每棵树的父结点都是一级时间基准服务器,一级时间基准服务器直接与UTC时间源相连接。NTP要将时间信息从这些一级时间服务器传输到分布式系统的二级时间服务器成员或客户端,二级时间服务器按照层次方式排列。NTP利用电话行业的术语来标注不同层次,每一层次称为一层(stratum),层数表示时间服务器到外部UTC时钟源的距离。父结点是一级服务器,处于第1层,二级服务器处于第2层到第n层。第2层服务器从第1层服务器获取时间,第3层服务器从第2层服务器获取时间,以此类推。成员的层次数越小,越接近一级服务器,它的时间就越准确。为了避免较长的同步循环,将层次数限制为15。客户端通常是多个上层结点的子结点。

NTP的基本原理如图4-1所示,需要同步的客户端首先发送时间请求消息,然后服务器回应包含时间信息的应答消息。T_1表示客户端发送时间请求消息的时间(以客户端的时间系统为参照),T_2表示服务器收到时间请求消息的时间(以服务器的时间系统为参照),T_3表示服务器回复时间应答消息的时间(以服务器的时间系统为参照),T_4表示客户端收到时间应答消息的时间(以客户端的时间系统为参照),δ_1和δ_2分别表示时间请求消息和时间应答消息在网上传播所需要的时间。假设客户端时钟比服务器时钟快θ,下列关系式成立:

$$T_2=T_1+\theta+\delta_1 \tag{4-1}$$

$$T_4=T_3-\theta+\delta_2 \tag{4-2}$$

$$\delta=\delta_1+\delta_2 \tag{4-3}$$

假设时间请求消息和时间应答消息在网上传播的时间相同，即 $\delta_1=\delta_2$，则可解得

$$\theta=\frac{(T_2-T_1)-(T_4-T_3)}{2} \tag{4-4}$$

$$\delta=(T_2-T_1)+(T_4-T_3) \tag{4-5}$$

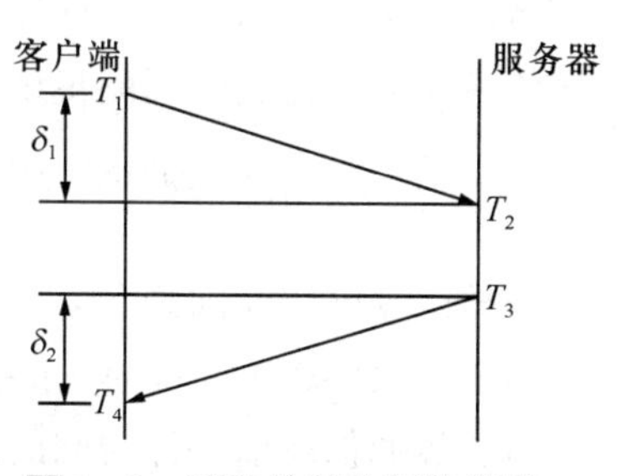

图 4-1 NTP 的基本通信模型

可以看到 θ 和 δ 的值只与 (T_2-T_1) 和 (T_3-T_4) 有关，与时间服务器处理请求消息所需的时间无关。(T_2-T_1) 和 (T_3-T_4) 实质上是消息从客户端（服务器）到服务器（客户端）的传输延迟。客户端根据 T_1、T_2、T_3 和 T_4 的数值计算出与服务器的时差 θ，调整它的本地时间。

在 NTP 中，消息传输延迟的计算精度决定了时间同步的精度。消息传输的非确定性延迟是影响客户端与服务器的时间同步精度的主要因素。为了详细分析时间同步误差，在从发送结点到接收结点之间的关键路径上，Kopetz 和 Schwabl[3] 把消息传输延迟细分为 4 个部分（如图 4-2 所示）。

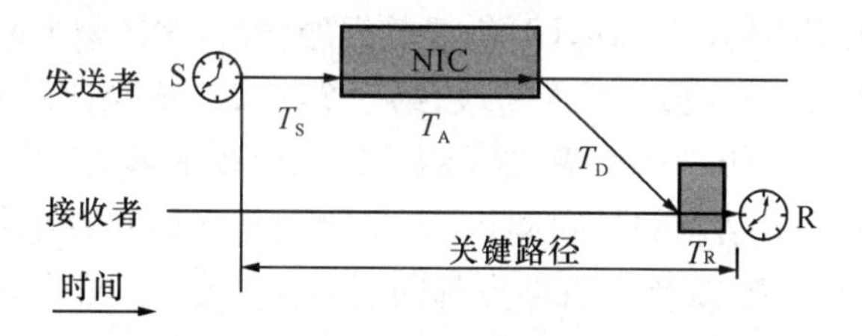

图 4-2 消息传输过程中的延迟分解

第一，发送时间 T_S：指发送结点用来构造和发送时间同步消息所用的时间，包括时间同步应用程序的系统调用时间、操作系统的上下文切换和内核协议处理时间以及把消息从主机发送到网络接口的时间。

第二，访问时间 T_A：指发送结点等待访问网络传输信道的时间，这与底层 MAC 协议密切相关。在基于竞争的 MAC 协议如以太网中，发送结点必须等到信道空闲后才能传输数据，发送过程中产生冲突需要重传。无线局域网 802.11 协议的 RTS/CTS 机制要求发送结点在数据传输前交换控制消息，获得对无线传输信道的使用权；TDMA 协议要求发送结点必须得到分配给它的时槽才能发送数据。

第三，传播延迟 T_D：指消息离开发送结点后，从发送结点传输到接收结点所经历的时间间隔。当发送结点和接收结点共享物理介质时，如 LAN 或 Ad Hoc 无线网络中的邻居结点，消息传播延迟非常小，仅仅是消息通过介质的物理传播时间。相反，在广域网中传播延迟往往比较大，包括在路由转发过程中的排队和交换延迟，以及在各段链路上的传输延迟。

第四，接收时间 T_R：指从接收结点的网络接口接收到消息到通知主机消息到达事件所用的时间，这通常是网络接口产生消息接收信号需要的时间。如果接收消息在接收主机操作系统内核的底层打上时标，如在网络驱动中断程序中处理，接收时间就不包括系统调用、上下文切换，甚至从网络接口到主机传送所需要的时间。

在上述消息传输延迟的 4 个部分中，对于不同的应用网络，访问延迟往往变化比较大，广域网的传输延迟抖动也比较大，发送延迟和接收延迟的变化相对较小。如何准确估计消息传输延迟是提高时间同步精度的关键技术。

4.1.2 传感器网络时间同步协议

传感器网络时间同步协议(Timing-sync Protocol for Sensor Networks，TPSN)[4]类似于传统网络的 NTP，目的是提供传感器网络全网范围内结点间的时间同步。在网络中有一个与外界通信获取外界时间的结点称为根结点，根结点可装配如 GPS 接收机的复杂部件，并作为整个网络系统的时钟源。TPSN 采用层次型网络结构，首先将所有结点按照层次结构进行分级，然后每个结点与上一级的一个结点进行时间同步，最终所有结点都与根结点时间同步。结点对之间的时间同步是基于发送者-接收者的同步机制。

1) TPSN 的操作过程

TPSN 假设每个传感器结点都有唯一的标识符(ID)，结点间的无线通信链路是双向的，通过双向的消息交换实现结点间的时间同步。TPSN 将整个网络内所有结点按照层次结构进行管理，负责生成和维护层次结构。很多传感器网络依赖网内处理(In-Network Processing)，需要类似的层次型结构，如 TinyDB 需要数据融合树，这样整个网络只需要生成和维护一个共享的层次结构。TPSN 包括两个阶段，第一个阶段生成层次结构，每个结点被赋予一个级别，根结点被赋予最高级别第 0 级，第 i 级的结点至少能够与一个第($i-1$)级的结点通信；第二个阶段实现所有树结点的时间同步，第 1 级的结点同步到根结点，第 i 级的结点同步到第($i-1$)级的一个结点，最终所有结点都同步到根结点，实现整个网络的时间同步。下面详细说明该协议的这两个阶段。

第一阶段称为级别发现阶段(level discovery phase)。在网络部署完成后，根结点通过广播级别发现(level-discovery)分组启动级别发现阶段，级别发现分组包含发送结点的 ID 和级别。根结点的邻居结点收到根结点发送的分组后，将自己的级别设置为分组中的级别加 1，即为第 1 级，建立它们自己的级别，然后广播新的级别发现分组，其中包含的级别为 1。结点收到第 i 级结点的广播分组后，记录发送这个广播分组的结点 ID，设置自己的级别为($i+1$)，广播级别设置为($i+1$)的分组。这个过程持续下去，直到网络内的每个结点都被赋予一个级别。结点一旦建立自己的级别，就忽略任何其他级别发现分组，以防止网络产生洪泛拥塞。

第二个阶段称为同步阶段(synchronization phase)。层次结构建立以后，根结点通过广播时间同步(time-synchronization)分组启动同步阶段。第 1 级结点收到这个分组后，各自分别等待一段随机时间，通过与根结点交换消息同步到根结点。第 2 级结点侦听到第 1 级结点的交换信息后，后退和等待一段随机时间，并与它在级别发现阶段记录的第 1 个级别的结点交换消息进行同步。等待一段时间的目的是保证第 2 级结点在第 1 级结点的时间同步完成后才启动消息交换。这样，每个结点与层次结构中最靠近的上一级结点进行同步，最终所有结点都同步到根结点。

2）相邻级别结点间的同步机制

邻近级别的两个结点间通过交换两个消息实现时间同步，如图 4-3 所示，其中结点 S 属于第 i 级，结点 R 属于第 $(i-1)$ 级，T_1 和 T_4 分别表示结点 S 本地时钟在不同时刻测量的时间，T_2 和 T_3 分别表示结点 R 本地时钟在不同时刻测量的时间，Δ 表示两个结点之间的时间偏差，d 表示消息传输延迟，假设来回消息的延迟是相同的。结点 S 在 T_1 时刻发送同步请求分组给结点 R，分组中包含 S 的级别和 T_1 时间，结点 R 在 T_2 时刻收入到分组，$T_2=(T_1+d+\Delta)$，然后在 T_3 时刻发送应答分组给结点 S，分组中包含结点 R 的级别以及 T_1、T_2 和 T_3 信息，结点 S 在 T_4 时刻收到应答，$T_4=(T_3+d-\Delta)$，因此可以推出：

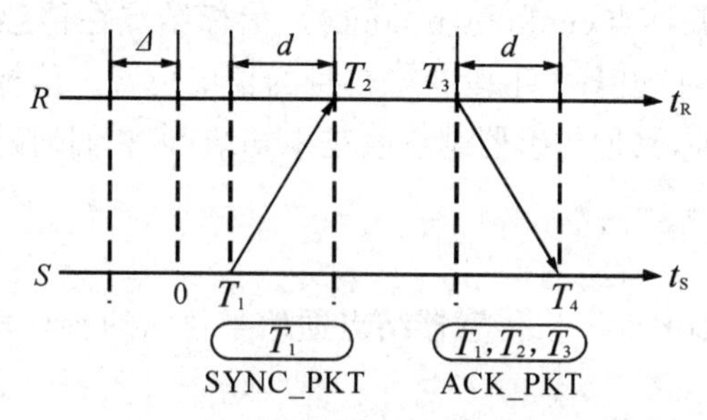

图 4-3　TPSN 机制中相邻级别结点间同步的消息交换

$$\Delta=\frac{(T_2-T_1)-(T_4-T_3)}{2} \tag{4-6}$$

$$d=\frac{(T_2-T_1)+(T_4-T_3)}{2} \tag{4-7}$$

结点 S 在计算时间偏差后，将它的时间同步到结点 R。

在发送时间、访问时间、传播时间和接收时间这 4 个消息传输延迟组成部分中，访问时间往往是无线传输消息延迟中最具不确定性的因素。为了提高两结点的时间同步精度，TPSN 在 MAC 层消息开始发送到无线信道的时刻才给同步消息加上时标，消除了访问时间带来的时间同步误差。与 RBS 机制相比，TPSN 考虑了传播时间和接收时间，利用双向消息交换计算消息的平均延迟，提高了时间同步的精度。TPSN 的提出者在 Mica 平台上实现了 TPSN 和 RBS 两种机制，对于一对时钟为 4 MHz 的 Mica 结点，TPSN 的时间同步平均误差是 16.9 μs，而 RBS 的是 29.13 μs。如果考虑生成层次结构的消息开销，一个结点的时间同步需要传递 3 个消息，TPSN 开销比较大。

TPSN 能够实现全网范围内结点间的时间同步，同步误差与跳数距离成正比增长。它实现短期间的全网结点时间同步，如果需要长时间的全网结点时间同步，则需要周期性执行 TPSN 进行重同步，两次时间同步的时间间隔根据具体应用确定。另外，TPSN 可以与后同步策略结合使用。TPSN 的一个显著不足是没有考虑根结点失效问题。新的传感器结点加入网络时，需要初始化级别发现阶段，级别的静态特性减少了算法的鲁棒性。

4.2 定位技术

4.2.1 传感器网络结点定位问题

1) 基本概念和算法

(1) 传感器网络结点定位的基本概念

在传感器网络结点定位技术中，根据结点是否已知自身的位置，把传感器结点分为信标结点(beacon node)和未知结点(unknown node)。信标结点在传感器结点中所占的比例很小，可以通过携带GPS定位设备等手段获得自身的精确位置。信标结点是未知结点定位的参考点。除了信标结点外，其他传感器结点就是未知结点，它们通过信标结点的位置信息来确定自身位置。

(2) 基本术语

- 邻居结点(neighbor node)：传感器结点通信半径内的所有其他结点称为该结点的邻居结点；
- 跳数(hop count)：两个结点之间间隔的跳段总数称为两个结点间的跳数；
- 跳段距离(hop distance)：两个结点之间间隔的各跳段距离之和称为两结点间的跳段距离；
- 基础设施(infrastructure)：指协助传感器结点定位的已知自身位置的固定设备，如卫星、基站等；
- 到达时间(Time of Arrival，TOA)：信号从一个结点传播到另一结点所需要的时间称为信号的到达时间；
- 到达时间差(Time Difference Of Arrival，TDOA)：两种不同传播速度的信号从一个结点传播到另一个结点所需要的时间之差称为信号的到达时间差；
- 接收信号强度指示(Received Signal Strength Indicator，RSSI)：结点接收到的无线信号的强度大小称为接收信号的强度指示；
- 到达角度(Angle of Arrival，AOA)：结点接收到的信号相对于自身轴线的角度称为信号相对接收结点的到达角度；
- 视线关系(Line of Sight，LOS)：两个结点间没有障碍物间隔，能够直接通信，称为两个结点间存在视线关系；
- 非视线关系(NLOS，no LOS)：指两个结点之间存在障碍物。

(3) 定位性能的评价指标

衡量定位性能有多个指标，除了一般性的位置精度指标以外，对于资源受到限制的传感器网络，还有覆盖范围、刷新速度和功耗等其他指标。

位置精度是定位系统最重要的指标，精度越高，则技术要求越严，成本也越高。位置精度分为绝对精度和相对精度。绝对精度指以长度为单位度量的精度，例如GPS的精度为1～10 m，现在使用的GPS导航系统的精度约为5 m。一些商用室内定位系统提供30 cm的精度，可以用于工业环境、物流仓储等场合。

相对精度通常以结点之间距离的百分比来定义。例如，若两结点之间的距离是 20 m，定位精度为 2 m，则相对定位精度为 10%。由于有些定位方法的绝对精度会随着距离的变化而变化，因而使用相对精度可以很好地表示精度指标。

设结点 i 的估计坐标与真实坐标在二维情况下的距离差值为 Δd_i，则 N 个未知位置结点的网络平均定位误差为

$$\Delta = \frac{1}{N}\sum_{i=1}^{N}\Delta d_i \tag{4-8}$$

覆盖范围和位置精度是一对矛盾性的指标。例如超声波可以达到分米级精度，但是它的覆盖范围只有十多米；Wi-Fi 和蓝牙的定位精度为 3 m 左右，覆盖范围达到 100 m 左右；GSM 系统能覆盖千米级范围，但精度只能达到 100 m。由此可见，覆盖范围越大，提供的精度就越低。如果希望提供大范围内的高精度，通常是难以实现的。

刷新速度是指提供位置信息的频率。例如，如果 GPS 每秒刷新 1 次，则对于车辆而言已经足够了，让人能体验到实时服务的感觉。对于移动的物体，若位置信息刷新较慢，则会出现严重的位置信息滞后，直观上感觉已经前进了很长距离，提供的位置却还是以前的位置。因此，刷新速度影响了定位系统实际工作提供的精度，还影响位置控制者的现场操作。如果刷新速度太低，可能使操作者无法实施实时控制。

传感器网络通常是由电池供电的自组织多跳网络，电能和有效带宽受到很大限制，因而在定位服务方面有一些特有的技术指标，如功耗、容错性和实时性等。

功耗作为传感器网络设计的一项重要指标，对于定位这项服务功能，人们需要计算为此所消耗的能量。采用的定位方法不同，则功耗差别会很大，主要原因是定位算法的复杂度不同，需要为定位提供的计算和通信开销方面存在数量上的差别，因而导致完成定位服务的功耗有所不同。

传感器网络定位系统需要比较理想的无线通信环境和可靠的网络结点设备。但是真实应用场合通常会存在许多干扰因素。因此，传感器网络定位系统的软硬件必须具有很强的容错性，能够通过自动纠正错误，克服外界的干扰因素，减小各种误差的影响。

定位实时性更多体现在对动态目标的位置跟踪。由于动态目标具有一定的运动速度和加速度并且不断地变换位置，因此在运用传感器网络实时定位时，需要尽量缩短定位计算过程的时间间隔。这就要求定位系统能以更高的频率采集和传输数据，定位算法能在较少信息的辅助下，输出满足精度要求的定位结果。

(4) 计算结点位置的基本方法

传感器结点定位过程中，未知结点在获得相对于邻近信标结点的距离，或获得邻近的信标结点与未知结点之间的相对角度后，通常使用下列方法计算自己的位置。

① 三边测量法

三边测量法(trilateration)原理如图 4－4 所示，已知 A、B、C 三个结点的坐标分别为 (x_a, y_a)、(x_b, y_b)、(x_c, y_c)，它们到未知结点 D 的距离分为 d_a、d_b、d_c，假设结点 D 的坐标为 (x, y)。那么存在下列公式：

$$\sqrt{(x-x_a)^2+(y-y_a)^2}=d_a \tag{4-9}$$

$$\sqrt{(x-x_b)^2+(y-y_b)^2}=d_b \tag{4-10}$$

$$\sqrt{(x-x_c)^2+(y-y_c)^2}=d_c \tag{4-11}$$

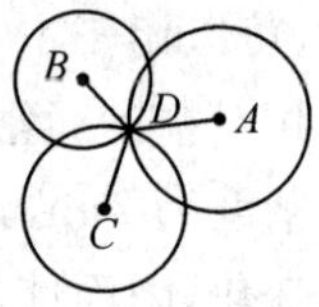

图 4-4　三边测量法原理图示

由式(4-9)、(4-10)、(4-11)可以得到结点 D 的坐标为

$$\begin{bmatrix}x\\y\end{bmatrix}=\begin{bmatrix}2(x_a-x_c) & 2(y_a-y_c)\\2(x_b-x_c) & 2(y_b-y_c)\end{bmatrix}^{-1}\begin{bmatrix}x_a^2-x_c^2+y_a^2-y_c^2+d_c^2-d_a^2\\x_a^2-x_c^2+y_b^2-y_c^2+d_c^2-d_b^2\end{bmatrix} \tag{4-12}$$

② 三角测量法

三角测量法(triangulation)原理如图 4-5 所示，已知 A、B、C 三个结点的坐标分别为(x_a,y_a)、(x_b,y_b)、(x_c,y_c)，结点 D 相对于结点 A、B、C 的角度分别为$\angle ADB$、$\angle ADC$、$\angle BDC$，假设结点 D 的坐标为(x,y)。

对于结点 A、C 和$\angle ADC$，如果弧段 AC 在$\triangle ABC$ 内，那么能够唯一确定一个圆，设圆心为 $O_1(x_{O1},y_{O1})$，半径为 r_1，那么 $\alpha=\angle AO_1C=(2\pi-2\angle ADC)$，并存在下列公式：

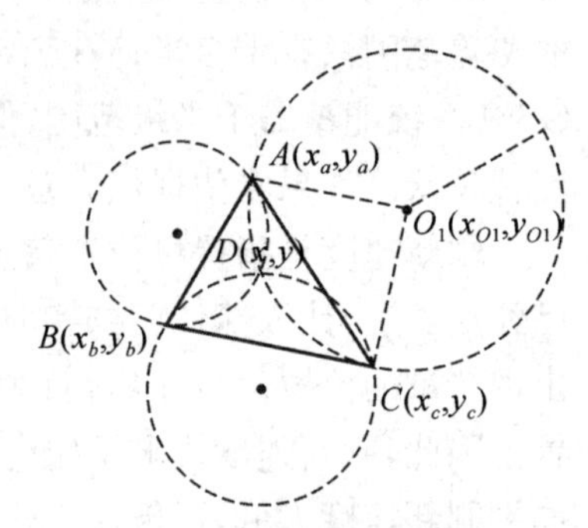

图 4-5　三角测量法原理图示

$$\sqrt{(x_{O1}-x_a)^2+(y_{O1}-y_a)^2}=r_1 \tag{4-13}$$

$$\sqrt{(x_{O1}-x_c)^2+(y_{O1}-y_c)^2}=r_1 \tag{4-14}$$

$$(x_a-x_c)^2+(y_a-y_c)^2=2r_1^2-2r_1^2\cos\alpha \tag{4-15}$$

由式(4-13)、(4-14)、(4-15)能够确定圆心 O_1 点的坐标和半径 r_1。同理，对结点 A、B 和$\angle ADB$ 以及结点 B、C 和$\angle BDC$ 分别确定相应的圆心 $O_2(x_{O2},y_{O2})$、半径 r_2 以及圆心 $O_3(x_{O3},y_{O3})$、半径 r_3。

最后利用三边测量法，由点 $D(x,y)$，$O_1(x_{O1},y_{O1})$，$O_2(x_{O2},y_{O2})$，$O_3(x_{O3},y_{O3})$确定 D 点的坐标。

③ 极大似然估计法

极大似然估计法(Maximum Likelihood Estimation, MLE)原理如图 4-6 所示，已知 1，2，3 等 n 个结点的坐标分别为(x_1,y_1)，(x_1,y_2)，(x_3,y_3)，…，(x_n,y_n)，它们到结点 D 的距离分别为 $d_1,d_2,d_3,\cdots,d_n$，假设结点 D 的坐标为(x,y)。那么存在下列公式：

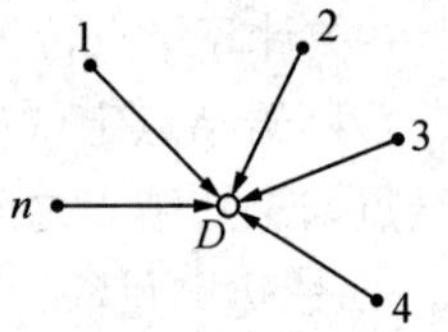

$$\begin{cases}(x_1-x)^2+(y_1-y)^2=d_1^2\\ \vdots\\ (x_n-x)^2+(y_n-y)^2=d_n^2\end{cases} \tag{4-16}$$

图 4-6　极大似然估计法原理图示

从第一个方程开始分别减去最后一个方程，得

$$\begin{cases} x_1^2-x_n^2-2(x_1-x_n)x+y_1^2-y_n^2-2(y_1-y_n)y=d_1^2-d_n^2 \\ \cdots \\ x_{n-1}^2-x_n^2-2(x_{n-1}-x_n)x+y_{n-1}^2-y_n^2-2(y_{n-1}-y_n)y=d_{n-1}^2-d_n^2 \end{cases} \tag{4-17}$$

式(4-17)的线性方程表示方式为 $\boldsymbol{Ax}=\boldsymbol{b}$,其中:

$$\boldsymbol{A}=\begin{bmatrix} 2(x_1-x_n) & 2(y_1-y_n) \\ \vdots & \vdots \\ 2(x_{n-1}-x_n) & 2(y_{n-1}-y_n) \end{bmatrix},\ \boldsymbol{b}=\begin{bmatrix} x_1^2-x_n^2+y_1^2-y_n^2+d_n^2-d_1^2 \\ \vdots \\ x_{n-1}^2-x_n^2+y_{n-1}^2-y_n^2+d_n^2-d_{n-1}^2 \end{bmatrix},\boldsymbol{x}=\begin{bmatrix} x \\ y \end{bmatrix} \tag{4-18}$$

使用标准的最小均方差估计方法可以得到结点 D 的坐标为:$\hat{x}=(\boldsymbol{A}^{\mathrm{T}}\boldsymbol{A})^{-1}\boldsymbol{A}^{\mathrm{T}}\boldsymbol{b}$。

④ min-max 定位法

多边定位法的浮点运算量大,计算代价高。min-max 定位法是根据若干锚点位置和至待定位结点的测距值,创建多个正方开边界框,所有边界框的交集为一矩形,取此矩形的质心作为待定位结点的坐标。这种定位方法计算简单,许多研究人员以此为基础衍生出自己的定位方案。

图 4-7 为采用三个锚点进行定位的 min-max 法示例,即以某锚点 $i(i=1,2,3)$ 的坐标 (x_i,y_i) 为基础,加上或减去测距值 d,得到锚点 i 的边界框:$[x_i-d_i,y_i-d_i]\times[x_i+d_i,y_i+d_i]$。

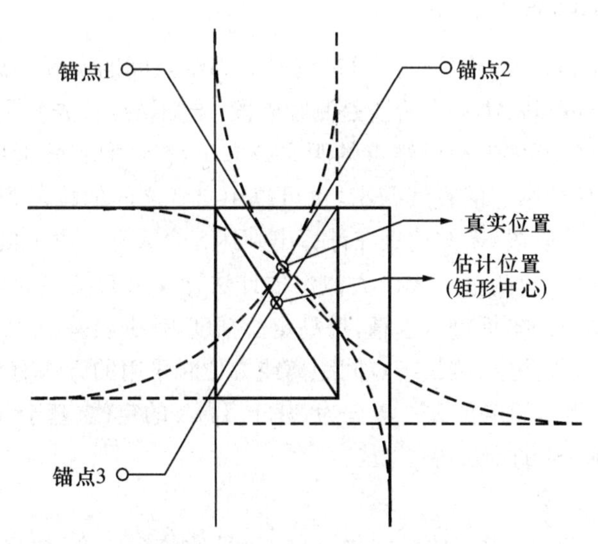

图 4-7　min-max 定位法原理图示

在所有位置点 $[x_i+d_i,y_i+d_i]$ 中取最小值、所有 $[x_i-d_i,y_i-d_i]$ 中取最大值,则交集矩形取作:$[\max(x_i-d_i),\max(y_i-d_i)]\times[\min(x_i+d_i),\min(y_i+d_i)]$。三个锚点共同形成交叉矩形,矩形质心即为待定位结点的估计位置。

2) 定位算法分类

在传感器网络中,定位算法通常有以下几种分类:

(1) 基于距离的定位算法和距离无关的定位算法

根据定位过程中是否测量实际结点间的距离，把定位算法分为：基于距离的(range-based)定位算法和距离无关的(range-free)定位算法[5]。前者需要测量相邻结点间的绝对距离或方位，并利用结点间的实际距离来计算未知结点的位置；后者无需测量结点间的绝对距离或方位，而是利用结点间的估计距离计算结点位置。本章将以此种分类为线索介绍各种定位算法。

(2) 递增式定位算法和并发式定位算法

根据结点定位的先后次序不同，把定位算法分为：递增式(incremental)定位算法和并发式(concurrent)定位算法[6]。递增式定位算法通常从信标结点开始，信标结点附近的结点首先开始定位，依次向外延伸，各结点逐次进行定位。这类算法的主要缺点是定位过程中累积和传播测量误差。并发式定位算法中所有的结点同时进行位置计算。

(3) 基于信标结点的定位算法和无信标结点的定位算法

根据定位过程中是否使用信标结点，把定位算法分为：基于信标结点的(beacon-based)定位算法和无信标结点的(beacon-free)定位算法。前者在定位过程中，以信标结点作为定位中的参考点，各结点定位后产生整体绝对坐标系统；后者只关心结点间的相对位置，在定位过程中无需信标结点，各结点先以自身作为参考点，将邻近的结点纳入自己定义的坐标系中，相邻的坐标系统依次转换合并，最后产生整体相对坐标系统。

4.2.2　基于测距的定位技术

基于距离的(range-based)定位算法通过测量相邻结点间的实际距离或方位进行定位，具体过程通常分为三个阶段：第一个阶段是测距阶段，未知结点首先测量到邻居结点的距离或角度，然后进一步计算到邻近信标结点的距离或方位，在计算到邻近信标结点的距离时，可以计算未知结点到信标结点的直线距离，也可以用二者之间的跳段距离作为直线距离的近似；第二个阶段是定位阶段，未知结点在计算出到达三个或三个以上信标结点的距离或角度后，利用三边测量法、三角测量法或极大似然估计法计算未知结点的坐标；第三个阶段是修正阶段，对求得的结点的坐标进行求精，提高定位精度，减少误差。

在基于距离的定位算法中，测量结点间距离或方位时采用的方法有 TOA、TDOA、RSSI 和 AOA 等，因此基于距离的定位进一步分为：基于 TOA 的定位、基于 TDOA 的定位、基于 AOA 的定位和基于 RSSI 的定位等。

1) 基于 TOA 的定位

在基于到达时间(TOA)的定位机制中，已知信号的传播速度，根据信号的传播时间来计算结点间的距离，然后利用已有算法计算出结点的位置。

本章参考文献[7]中给出了基于 TOA 定位的一个简单实现，采用伪噪声序列信号作为声波信号，根据声波的传播时间来测量结点间的距离。如图 4-8 所示，结点的定位部分主要由扬声器模块、麦克风模块、无线电模块和 CPU 模块组成。假设两个结点间时间同步，发送结点的扬声器模块在发送伪噪声序列信号的同时，无线电模块通过无线电同步消息通知接收结点伪噪声序列信号发送的时间，接收结点的麦克风模块在检测到伪噪声序列信号后，根据声波信号的传播时间和速度计算发送结点和接收结点之间的距离。结点在计算出距离多个邻近信标结点的距离后，可以利用三边测量法或极大似然估计法计算出自身位置。与无线射频信号相比，声波频率低，速度慢，对结点硬件的成本和复杂度的要求都低，但是声波的缺点是传播速度容易受到大气条件的影响。

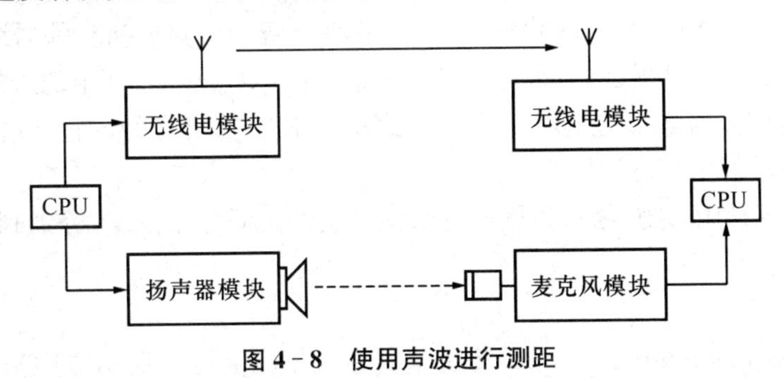

图 4-8 使用声波进行测距

基于 TOA 的定位精度高，但要求结点间保持精确的时间同步，因此对传感器结点的硬件和功耗提出了较高的要求。

2) 基于 TDOA 的定位

在基于到达时间差(TDOA)的定位机制中，发射结点同时发射两种不同传播速度的无线信号，接收结点根据两种信号到达的时间差以及已知的两种信号的传播速度，计算两个结点之间的距离，再通过已有基本的定位算法计算出结点的位置。

如图 4-9 所示，发射结点同时发射无线射频信号和超声波信号，接收结点记录两种信号到达的时间 T_1 和 T_2，已知无线射频信号和超声波的传播速度为 c_1 和 c_2，那么两点之间的距离为$(T_2-T_1)\times S$，其中 $S=\frac{c_1c_2}{c_1-c_2}$。下面通过 Cricket 系统和 AHLoS 系统进一步说明基于 TDOA 的定位技术的应用。

(1) Cricket 系统

室内定位系统 Cricket[8] 是麻省理工学院的 Oxygen 项目的一部分，用来确定移动或静止结点在大楼内的具体房间位置。

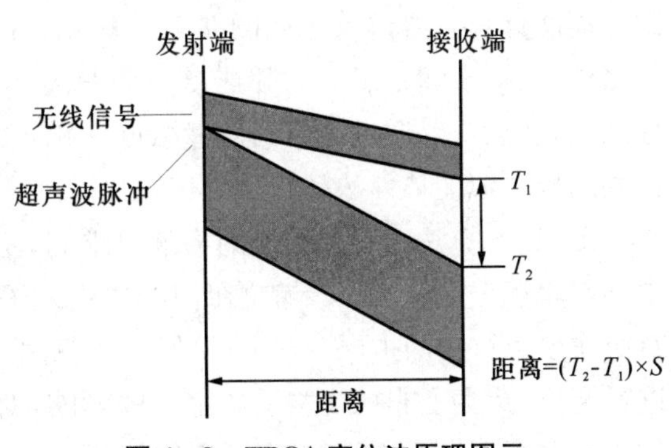

图 4-9 TDOA 定位法原理图示

在 Cricket 系统中，每个房间都安装有信标结点，信标结点周期性同时发射无线射频信号和超声波信号。无线射频信号中含有信标结点的位置信息，而超声波信号仅仅是单纯脉冲信号，没有任何语义。由于无线射频信号的传播速度要远大于超声波信号的传播速度，未知结点在收到无线射频信号时，会同时打开超声波信号接收机，根据两种信号到达的时间间隔和各自的传播速度，计算出未知结点到该信标结点的距离。然后通过比较到各个邻近信标结点的距离，选择出离自己最近的信标结点，从该信标结点广播的信息中取得自身的房间位置。

(2) AHLoS系统

AHLoS(Ad-Hoc Localization System,自组网定位系统)[9]是一个迭代的定位算法,具体定位过程为:未知结点首先利用 TDOA 定位法测量与其邻居结点的距离;当未知结点的邻居结点中信标结点的数量大于或等于 3 个时,利用极大似然估计法计算自身位置,随后该结点转变成新的信标结点,称为转化信标结点,并将自身的位置广播给邻居结点;随着系统中转化信号结点数量不断增加,原来邻居结点中信标结点数量少于 3 个的未知结点,将逐渐拥有足够多邻居信标结点,就能够利用极大似然估计法计算自身的位置。这个过程一直重复到所有结点都计算出自身的位置为止。

在 AHLoS 系统中,未知结点根据周围信标结点的不同分布情况,分别利用相应的子算法计算未知结点的位置。

① 原子多边算法

原子多边(atomic multilateration)算法是指在未知结点的邻居结点中至少有 3 个原始信标结点(非转化信标结点)时,这个未知结点基于原始信标结点,利用极大似然估计法计算自身位置。

② 迭代多边算法

迭代多边(iterative multilateration)算法是指邻居结点中信标结点数量少于 3 个,在经过一段时间后,其邻居结点中部分未知结点在计算出自身位置后成为转化信标结点,当邻居结点中信标结点数量等于或大于 3 个时,这个未知结点基于原始信标结点和转化信标结点,利用极大似然估计法计算自身位置。

③ 协作多边算法

协作多边(collaborative multilateration)算法是指在经过多次迭代定位以后,部分未知结点的邻居结点中,信标结点的数量仍然少于 3 个,此时必须要通过其他结点的协助才能够计算自身位置。如图 4 - 10 所示,在经过多次迭代定位以后,未知结点 2 的邻居结点中只有 1 和 3 两个信标结点,结点 2 要通过计算到信标结点 5 和 6 的多跳距离,再利用极大似然估计法计算自身位置。

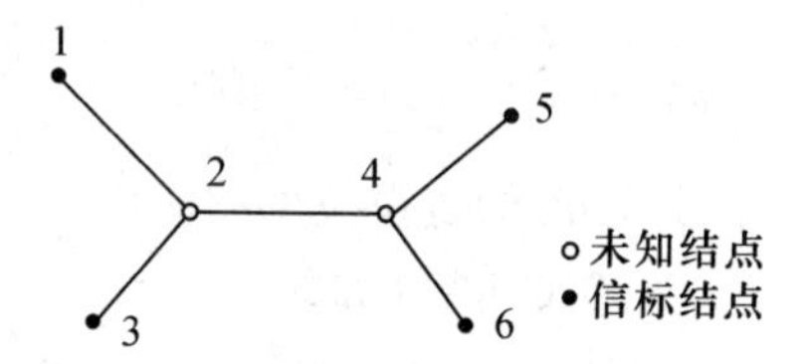

图 4 - 10　原子多边算法与协作多边算法原理图示

AHLoS 算法对信标结点的密度要求高,不适用于规模大的传感器网络,而且迭代过程中存在累积误差。本章参考文献[10]中引入了 n-跳段多边(n-hop multilateration)算法,是对协作多边算法的扩展。在 n-跳段多边算法中,未知结点通过计算到信标结点的多跳距离进行定位,减少了非视线关系对定位的影响,对信标结点密度要求也比较低。此外,结点定位之后引入了修正阶段,提高了定位的精度。

TDOA 定位技术对硬件的要求高,成本和能耗使得该种技术对低能耗的传感器网络提出了挑战。但是 TDOA 定位技术测距误差小,有较高的精度。

3) 基于 AOA 的定位

在基于到达角度(AOA)的定位机制[11]中,接收结点通过天线阵列或多个超声波接收机感知发射结点信号的到达方向,计算接收结点和发射结点之间的相对方位或角度,再通过三角测量法计算出结点的位置。

如图 4－11 所示，接收结点通过麦克风阵列感知发射结点信号的到达方向。下面以每个结点配有两个接收机为例，简单阐述基于 AOA 测定方位角和定位的实现过程，定位过程可分为三个阶段。

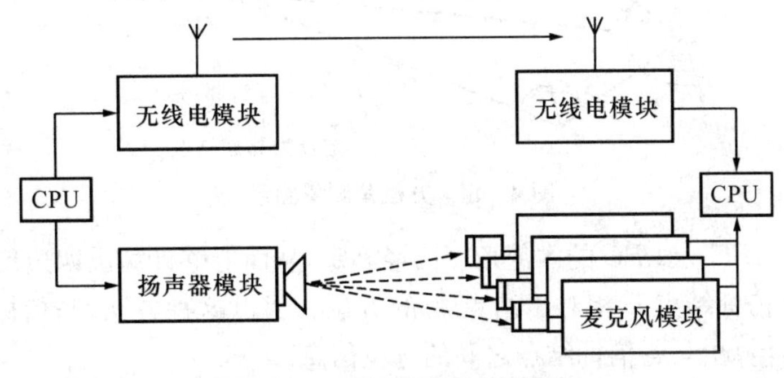

图 4－11　AOA 定位法原理图示

(1) 测定相邻结点之间的方位角

如图 4－12 所示，结点 A 的两个接收机 R_1、R_2 间的距离是 L，接收机连线中点的位置代表结点 A 的位置。将两个接收机连线的中垂线作为结点 A 的轴线，该轴线作为确定邻居结点方位角的基准线。

在图 4－13 中，结点 A、B、C 互为邻居结点，结点 A 的轴线方向为结点 A 处箭头所示方向，结点 B 相对于结点 A 的方位角是$\angle ab$，结点 C 相对于 A 的方位角是$\angle ac$。

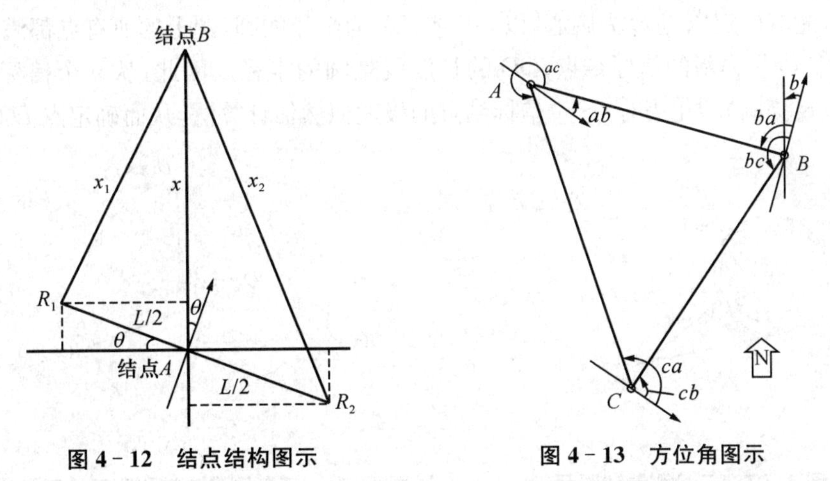

图 4－12　结点结构图示　　　　**图 4－13　方位角图示**

在图 4－12 中，结点 A 的两个接收机收到结点 B 的信号后，利用 TOA 技术测量出 R_1 和 R_2 到结点 B 的距离 x_1 和 x_2，再根据几何关系，计算结点 B 到结点 A 的方位角 θ，它对应图4－13中的方位角$\angle ab$，实际中利用天线阵列可获得精确的角度信息。同样再获得方位角$\angle ac$，最后得到$\angle CAB=\angle ac-\angle ab$。

(2) 测量相对信标结点的方位角

在图 4－14 中，结点 L 是信标结点，结点 A、B、C 互为邻居。利用上节方法计算出 A、B、C 三点之间的相对方位信息。假定已经测得信标结点 L、结点 B 和 C 之间的方位信息，现在

需要确定信标结点 L 相对于结点 A 的方位。

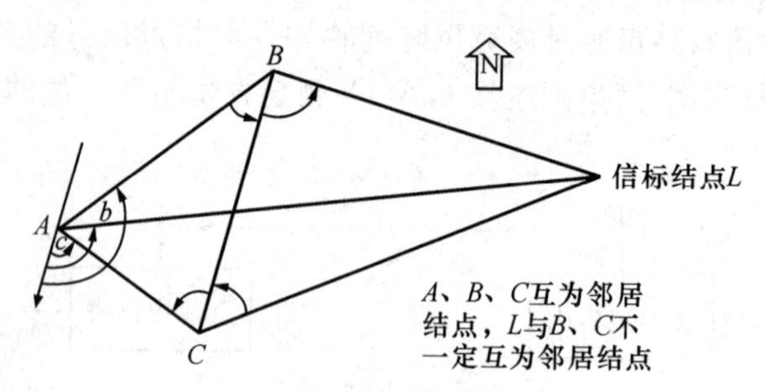

图 4-14　方位角测量图示

如上所述，$\triangle ABC$、$\triangle LBC$ 的内部角度已经确定，从而能够计算出四边形 $ACLB$ 的角度信息，进而计算出信标结点 L 相对于结点 A 的方位。通过这种方法，与信标结点不相邻的未知结点就可以计算出与各信标结点之间的方位信息。

(3) 利用方位信息计算结点的位置

如图 4-15 所示，结点 D 是未知结点，在结点 D 计算出 $n(n\geqslant3)$ 个信标结点相对于自己的方位角后，从 n 个信标结点中任选 3 个信标结点 A、B、C。$\angle ADB$ 的值是信标结点 A 和 B 相对于结点 D 的方位角之差，同理可计算出 $\angle ADC$ 和 $\angle BDC$ 的角度值，这样就确定了信标结点 A、B、C 和结点 D 之间的角度。

当信标结点数目 n 为 3 时，利用三角测量法直接计算结点 D 的坐标；当信标结点数目 n 大于 3 时，将三角测量法转化为极大似然估计法来提高定位精度，如图 4-16 所示，对于结点 A、B、D，能够确定以点 O 为圆心，以 OB 或 OA 为半径的圆，圆上的所有点都满足 $\angle ADB$ 的关系，将点 O 作为新的信标结点，OD 的长度就是圆的半径。因此，从 n 个信标结点中任选两个，可以将问题转化为有 C_n^2 个信标结点的极大似然估计算法，从而确定点 D 的坐标。

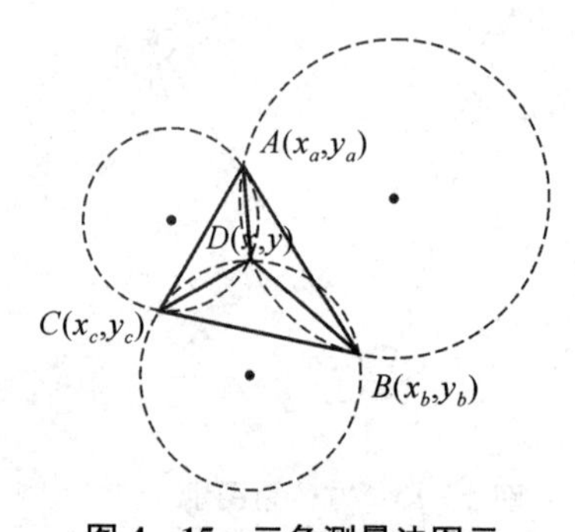

图 4-15　三角测量法图示

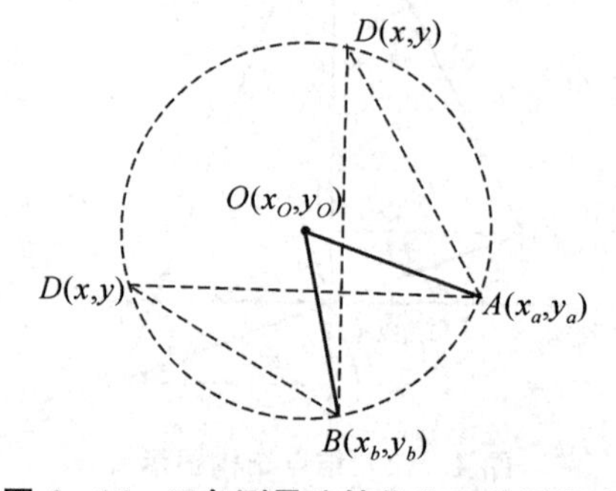

图 4-16　三角测量法转化为三边测量法

AOA 定位技术不仅能确定结点的坐标，还能提供结点的方位信息。但 AOA 技术易受外界环境影响，且需要额外硬件，在硬件尺寸和功耗上不适用于大规模的传感器网络。

4) 基于 RSSI 的定位

(1) 接收信号强度指示(RSSI)

RSSI 测距的原理如下：接收机通过测量射频信号的能量来确定与发送机的距离。无线信号的发射功率和接收功率之间的关系如式(4-19)所示，其中 P_R 是无线信号的接收功率，

P_T 是无线信号的发射功率，r 是收发单元之间的距离，n 是传播因子，其值取决于无线信号的传播环境。

$$P_R = \frac{P_T}{r^n} \tag{4-19}$$

上式两边取对数，可得

$$10 \cdot n\lg r = 10\lg \frac{P_T}{P_R} \tag{4-20}$$

由于网络结点的发射功率是已知的，将发送功率代入上式，可得

$$10\lg P_R = A - 10 \cdot n\lg r \tag{4-21}$$

上式的左半部分 $10\lg P_R$ 是接收信号功率转换为 dBm 的表达式，可以直接写成

$$P_R(\text{dBm}) = A - 10 \cdot n\lg r \tag{4-22}$$

这里 A 可以看作信号传输 1 m 时接收信号的功率。式(4-22)可以看作接收信号强度和无线信号传输距离之间的理论公式，它们的关系如图 4-17 所示。从理论曲线可以看出，无线信号在传输过程的近距离上信号衰减相当厉害，远距离上信号呈缓慢线性衰减。

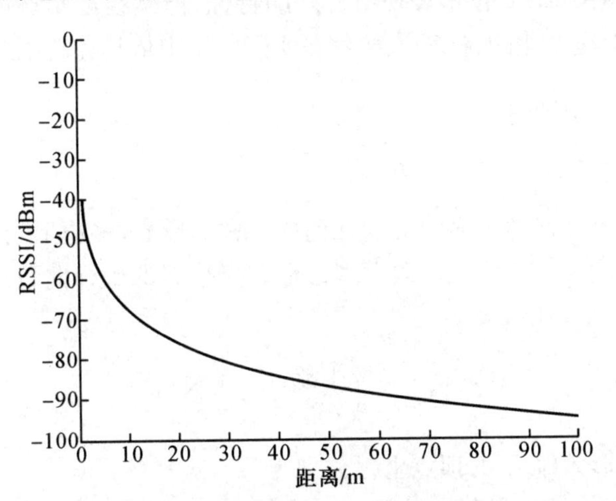

图 4-17 接收信号强度指示与信号传播距离之间的关系

该方法由于实现简单，已被广泛采用。使用时应注意遮盖或折射现象会引起接收端产生严重的测量误差，精度较低。

(2) 利用信号传播的经验模型

RADAR[12]是一个基于 RSSI 技术的室内定位系统，用以确定用户结点在楼层内的位置。实际定位前，在楼层内选取若干测试点，记录在这些点上各基站收到的信号强度，建立各个点上的位置和信号强度关系的离线数据库(x, y, ss_1, ss_2, ss_3)。实际定位时，根据测得的信号强度(ss'_1, ss'_2, ss'_3)和数据库中记录的信号强度进行比较，信号强度均方差 sqrt[$(ss_1 - ss'_1)^2 + (ss_2 - ss'_2)^2 + (ss_3 - ss'_3)^2$]最小的那个点的坐标作为结点的坐标。

为了提高定位精度，在实际定位时，可以对多次测得的信号强度取平均值。也可以选取

均方差最小的几个点，计算这些点的质心作为结点的位置。这种方法有较高的精度，但是要预先建立位置和信号强度关系数据库，当基站移动时要重新建立数据库。

(3) 利用信号传播的理论模型

RADAR 系统中，主要考虑建筑物的墙壁对信号传播的影响，建立了信号衰减和传播距离的关系式。根据三个基站实际测得的信号强度，利用式(4-23)实时计算出结点与三个基站间的距离，然后利用测量法计算结点位置：

$$P\langle d\rangle[\mathrm{dBm}]=P\langle d_0\rangle[\mathrm{dBm}]-10n\log\left(\frac{d}{d_0}\right)-\begin{cases}nW\times WAF, nW<C\\ C\times WAF, nW\geqslant C\end{cases} \tag{4-23}$$

其中，$P\langle d\rangle$表示基站接收到用户结点的信号强度；$P\langle d_0\rangle$表示基站接收到参考点 d_0 发送信号的强度，假设所有结点的发送信号强度相同；n 表示路径长度和路径损耗之间的比例因子，依赖于建筑物的结构和使用的材料；d_0 表示参考结点和基站间的距离；d 表示需要计算的结点和基站间的距离；nW 表示结点和基站间的墙壁数；C 表示信号穿过墙壁数的阈值；WAF 表示信号穿过墙壁的衰减因子，依赖于建筑物的结构和使用的材料。

这种方法不如上一种方法精确，但可以节省费用，不必提前建立数据库，在基站移动后不必重新计算参数。

虽然在实验环境中 RSSI 技术表现出良好的特性，但是在现实环境中，温度、障碍物、传播模式等条件往往都是变化的，使得该技术在实际应用中依然存在困难。

4.2.3 非测距的定位技术

1) 质心算法

我们知道，在计算几何学里多边形的几何中心称为质心，多边形顶点坐标的平均值就是质心结点的坐标，如图 4-18 所示。假设多边形定点位置的坐标向量表示为 $p_i=(x_i, y_i)^{\mathrm{T}}$，则这个多边形的质心坐标$(\bar{x},\bar{y})$为

$$(\bar{x},\bar{y}) = \left(\frac{1}{n}\sum_{i-1}^{n} x_i, \frac{1}{n}\sum_{i-1}^{n} y_i\right) \tag{4-24}$$

例如，如果四边形 $ABCD$ 的顶点坐标分别为(x_1, y_1)，(x_2, y_2)，(x_3, y_3)，(x_4, y_4)，则它的质心坐标计算如下：

$$(\bar{x},\bar{y})=\left(\frac{x_1+x_2+x_3+x_4}{4}, \frac{y_1+y_2+y_3+y_4}{4}\right) \tag{4-25}$$

这种方法的计算与实现都非常简单，根据网络的连通性确定出目标结点周围的信标参考结点，即可直接求解信标参考结点构成的多边形的质点。

在传感器网络的质心定位系统的实现中，锚点周期性地向邻近结点广播分组信息，该信息包含了锚点的标识符和位置。当未知结点接收到的来自不同锚点的分组信息数量超过某一阈值或在接收一定时间之后，就可以计算这些锚点所组成的多边形的质心，以此确定自身位置。由于质心算法完全基于网络连通性，无需锚点和未知结点之间的协作和交互式通信协调，因而易于实现。

质心定位算法虽然实现简单、通信开销小，但仅能实现粗粒度定位并且需要信标锚点具有较高的密度，各锚点部署的位置也对定位效果有影响。

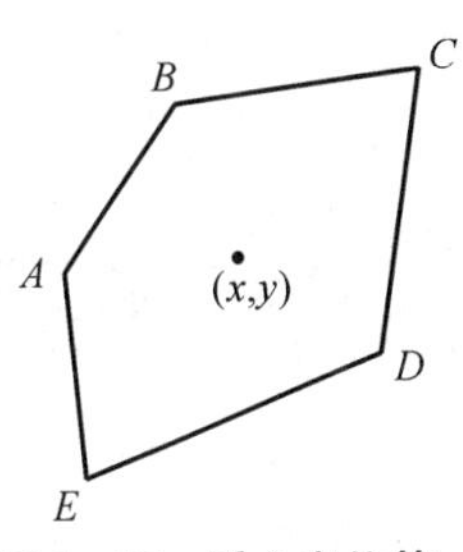

图 4-18　质心定位算法图示

2）DV-Hop 算法

DV-Hop 算法解决了低锚点密度引发的问题，它根据距离向量路由协议的原理在全网范围内广播跳数和位置。每个结点设置一个至各锚点最小跳数的计数器，根据接收的消息更新计数器。锚点广播其坐标位置，当结点接收到新的广播信息时，如果跳数小于存储的数值，则更新并转播该跳数。

如图 4-19 所示，已知锚点 L_1 与 L_2、L_3 之间的距离和跳数。L_2 计算得到校正值（即平均每跳距离）为(40＋75)/(2＋5)＝16.42 m。假设传感器网络中的待定位结点 A 从 L_2 获得校正值，则它与 3 个锚点之间的距离分别是 $D_1=3\times16.42$，$D_2=2\times16.42$，$D_3=3\times16.42$，然后使用多边测量法即可确定结点 A 的位置。

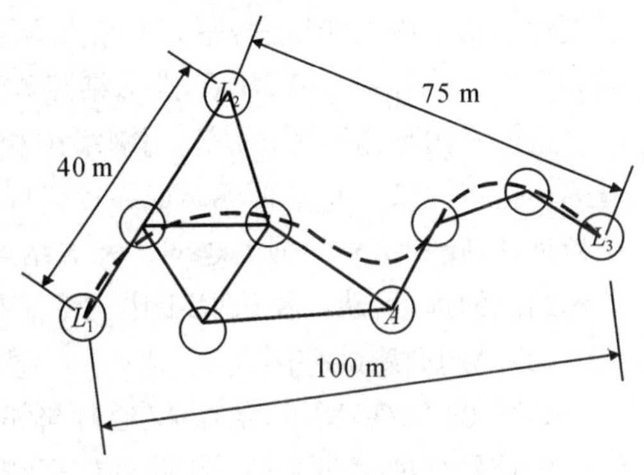

图 4-19　DV-Hop 定位算法举例

3）APIT 算法

近似三角形内点测试法（Approximate Point-In-triangulation Test，APIT）[1]首先确定多个包含未知结点的三角形区域，这些三角形区域的交集是一个多边形，它确定了更小的包含未知结点的区域；然后计算这个多边形区域的质心，并将质心作为未知结点的位置。

(1) APIT 算法的基本思想

未知结点首先收集其邻近信标结点的信息，然后从这些信息结点组成的集合中任意选取三个信标结点。假设集合中有 n 个元素，那么共有 C_n^3 种不同的选取方法，确定 C_n^3 个不同的三角形，逐一测试未知结点是否位于每个三角形内部，直到穷尽所有 C_n^3 种组合或达到定位所需精度。最后计算包含目标结点的所有三角形的重叠区域，将重叠区域的质心作为未知结点的位置。如图 4-20 所示，阴影部分区域是包含未知结点的所有三角形的重叠区域，黑点指示的质心位置作为未知结点的位置。

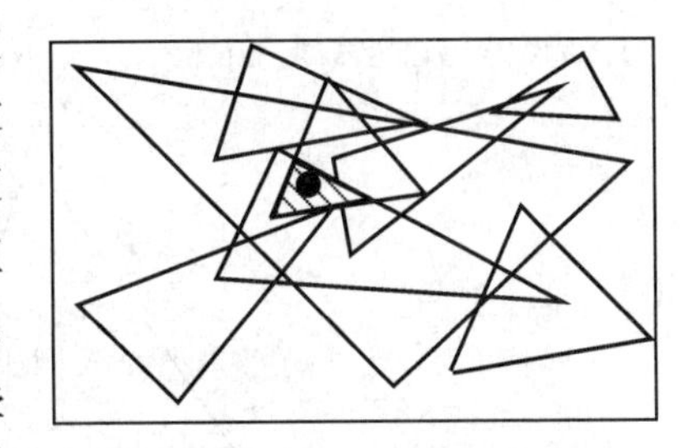
图 4-20　APIT 定位原理图示

(2) APIT 算法的理论基础

APIT 算法的理论基础是最佳三角形内点测试法（Perfect point-In-triangulation Test，PIT）。PIT 测试原理如图 4-21 所示，假如存在一个方向，结点 M 沿着这个方向移动会同时远离或接近顶点 A、B、C，那么结点 M 位于△ABC 外；否则，结点 M 位于△ABC 内。

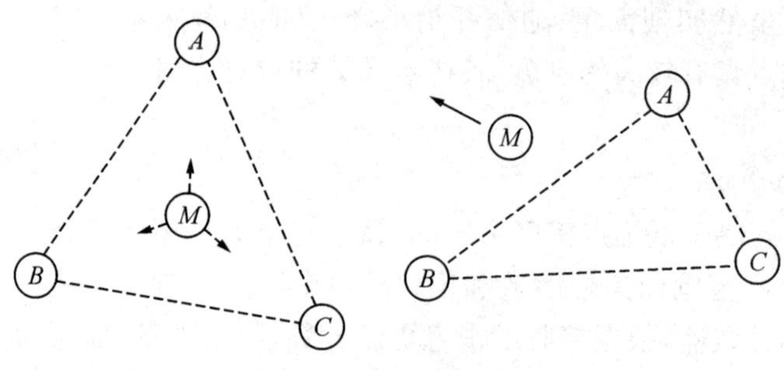

图 4-21 PIT 原理图示

在传感器网络中，结点通常是静止的。为了在静态的环境中实现三角形内点测试，提出了近似三角形内点测试法：假如在结点 M 的所有邻居结点中，相对于结点 M 没有同时远离或靠近三个信标结点 A、B、C，那么结点 M 在 $\triangle ABC$ 内；否则，结点 M 在 $\triangle ABC$ 外。

近似三角形内点测试法利用网络中相对较高的结点密度来模拟结点移动，利用无线信号的传播特性来判断是否远离或靠近信标结点，通常在给定方向上，一个结点距离另一个结点越远，接收到信号的强度越弱。邻居结点通过交换各自接收到信号的强度，判断距离某一信标结点的远近，从而模仿 PIT 中的结点移动。

(3) APIT 测试举例

如图 4-22(a)所示，结点 M 通过与邻居结点 1 交换信息可知，结点 M 接收到信标结点 B、C 的信号强度大于结点 1 接收到信标结点 B、C 的信号强度，而结点 M 接收到信标结点 A 的信号强度小于结点 1 接收到信标结点 A 的信号强度。那么根据两者接收信标结点的信号强度判断，如果结点 M 运动至结点 1 所在位置，将远离信标结点 B 和 C，但会靠近信标结点 A。依次对邻居结点 2、3、4 进行相同的判断，最终确定结点 M 位于 $\triangle ABC$ 中；而在图 4-22(b)中可知，结点 M 假如运动至邻居结点 2 所在位置，将同时靠近信标结点 A、B、C，那么判定结点 M 在 $\triangle ABC$ 外。

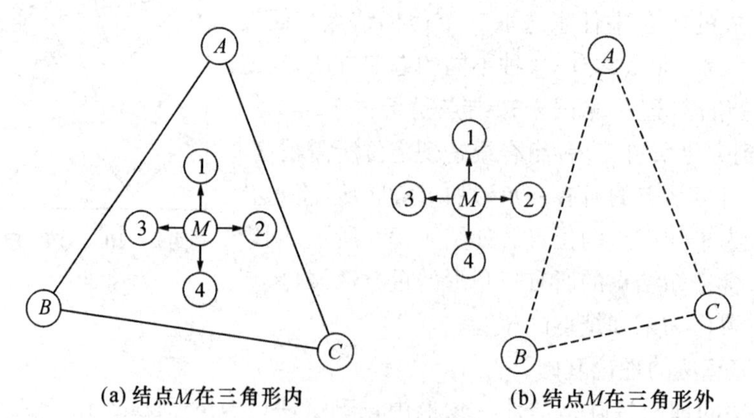

(a) 结点M在三角形内　　(b) 结点M在三角形外

图 4-22 APIT 测试举例

(4) APIT 定位具体步骤

① 收集信息：未知结点收集邻近信标结点的信息，如位置、标识符、接收到的信号强度等，邻居结点之间交换各自接收到的信标结点的信息。

② APIT 测试:测试未知结点是否在不同的信标结点组合成的三角形内部。

③ 计算重叠区域:统计包含未知结点的三角形,计算所有三角形的重叠区域。

④ 计算未知结点位置:计算重叠区域的质心位置,作为未知结点的位置。

在无线信号传播模式不规则和传感器结点随机部署的情况下,APIT 算法的定位精度高,性能稳定,但 APIT 测试对网络的连通性提出了较高的要求。相对于计算简单的类似的质心算法,APIT 算法精度高,对信标结点的分布要求低。

4.2.4 定位系统的典型应用

位置信息有很多用途,在某些应用中可以起到关键性作用。定位技术的用途大体可以分为导航、跟踪、虚拟现实、网络路由等。

导航是定位技术最基本的应用,在军事上具有重要用途。导航是为了及时掌握移动物体在坐标系中的位置,并且了解所处的环境,进行路径规划,指导移动物体成功地到达目的地,最著名的定位系统是已经获得广泛应用的 GPS 导航系统。GPS 系统在户外空旷的地方有很好的定位效果,已经成功运用于车辆、船舶等交通工具。但是,GPS 在室内的定位效果不理想,甚至完全失效。GPS 定位精度最高可达到 1 m,目前一般可以提供 5 m 左右的精度。现在车辆、船舶、飞机等很多交通工具都已经配备了 GPS 导航系统。

除了导航以外,定位技术还有很多应用。例如,办公场所的物品、人员跟踪需要室内的精度定位。传感器网络具有覆盖室内室外的能力,为解决像室内的高精度定位等难题提供了新途径。

基于位置的服务(Location Based Service, LBS)是利用一定的技术手段通过移动网络来获取移动终端用户的位置信息,在电子地图平台的支持下为用户提供相应服务的一种业务。LBS 是移动互联网和定位服务的融合业务,它可以支持查找最近的宾馆、医院、车站等应用,为人们的出行活动提供便利。

跟踪是目前快速增长的一种应用业务。跟踪是为了实时地了解物体所处的位置和移动的轨迹。物品跟踪在工厂生产、库存管理和医院仪器管理等场合有广泛应用的迫切需求,主要是通过具有高精度定位能力的标签来实现跟踪管理。人员跟踪可以用于照顾儿童等场合,在超级市场、游乐场和监狱之类的地方,采用跟踪人员位置的标签,可以很快找到相关的人员。

虚拟现实仿真系统中需要实时定位物体的位置和方向。对参与者在场景中做出的动作需要通过定位技术来识别并输入到系统回路中,定位的精度和实时性直接影响到参与者的真实感。

位置信息也为基于地理位置的路由协议提供了支持。基于地理位置的传感器网络路由是一种较好的路由方式,具有独特的优点。假设传感器网络掌握每个结点的位置,或者至少了解相邻结点的位置,那么网络就可以运行这种基于坐标位置的路由协议,完成路径优化选择的过程。在无线传感器网络中,这种路由方式可以提高网络系统的性能、安全性,并节省网络结点的能量。

4.3 能量管理

4.3.1 能量管理的意义

对于无线自组网、蜂窝等无线网络，首要考虑的是提供良好的通信服务质量和高效地利用无线网络带宽，其次才是节省能量。传感器网络存在着能量约束问题，它的一个重要设计目标就是高效使用传感器结点的能量，在完成应用要求任务的前提下，尽量延长整个网络系统的生存周期。

传感器结点采用电池供电，工作环境通常比较恶劣，一次部署终生使用，所以更换电池就比较困难。如何节省电源，最大化网络生存周期？低功耗设计是传感器网络的关键技术之一。

传感器结点中消耗能量的模块有传感器模块、处理器模块和无线通信模块。随着集成电路工艺的进步，处理器和传感器模块的功耗都很低。无线通信模块可以处于发送、接收、空闲或睡眠状态，空闲状态是侦听无线信道上的信息，但不发送或接收；睡眠状态就是无线通信模块处于不工作状态。网络协议决定了传感器网络各结点之间的通信机制和无线通信模块的工作过程。传感器网络协议栈的核心部分是网络层协议和数据链路层协议。网络层主要是路由协议选择采集信息和控制消息的传输路径，就是决定哪些结点形成转发路径，路径上的所有结点都要消耗一定的能量来转发数据。数据链路层的关键是 MAC 协议，它控制相邻结点之间无线信道的使用方式，决定无线通信模块的工作模式（发送、接收、空闲或睡眠）。因此，路由协议和 MAC 协议是影响传感器网络能量消耗的重要因素。

通常随着通信距离的增加，能耗急剧增加。通常为了降低能耗，应尽量减小单跳通信距离。简单地说，多个短距离跳的数据传输比一个长跳的数据传输的能耗会低些。因此，在传感器网络中要减少单跳通信距离，尽量使用多跳短距离的无线通信方式。

无线传感器网络的能量管理（Energy Management，EM）主要体现在传感器结点电源管理（Power Management，PM）和有效的节能通信协议设计。在一个典型的传感器结点结构中，与电源单元发生关联的有很多模块，除了供电模块以外，其余模块都存在电源能量消耗。从传感器网络的协议体系结构来看，它的能量管理机制是一个覆盖从物理层到应用层的跨层协议设计问题。

传感器结点通常由 4 个部分组成：处理器模块、无线通信模块、传感器模块和电源管理模块，如图 4－23 所示。其中传感器模块的能耗与应用特征相关，采样周期越短、采样精度越高，则传感器模块的能耗越大。我们可以通过在应用允许的范围内，适当地延长采样周期，采用降低采样精度的方法来降低传感器模块的能耗。事实上，由于传感器模块的能耗要比处理器模块和无线通信模块的能耗低得多，几乎可以忽略，因此通常只讨论处理器模块和无线通信

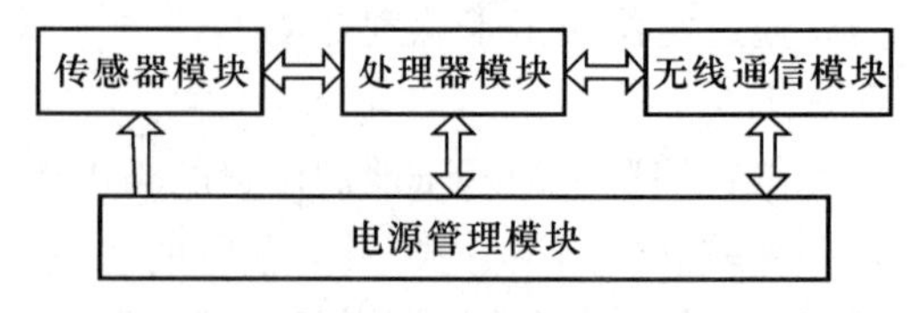

图 4－23　传感器网络结点的通常构成

模块的能耗问题。

(1) 处理器模块能耗。处理器模块包括微处理器和存储器,用于数据存储与预处理结点的处理。能耗与结点的硬件设计、计算模式紧密相关。目前对能量管理的设计都是在应用低能耗器件的基础上,在操作系统中使用能量感知方式进一步减少能耗,延长结点的工作寿命。

(2) 无线通信模块。无线通信模块用于结点间的数据通信,它是结点中能耗最大的部件。因此,无线通信模块节能是通常的设计重点。传感器网络的通信能耗与无线收发器以及各个协议层紧密相关,它的管理体现在无线收发器设计和网络协议设计的每一个环节。

4.3.2 传感器网络的电源节能方法

目前人们采用的节能策略主要有休眠机制、数据融合等,它们应用在计算单元和通信单元的各个环节。

1) 休眠机制

休眠机制的主要思想是,当结点周围没有感兴趣的事件发生时,计算与通信单元处于空闲状态,把这些组件关掉或调到更低能耗的状态,即睡眠状态。该机制对于延长传感器结点的生存周期非常重要。但睡眠状态与工作状态的转换需要消耗一定的能量并且会产生时延,所以状态转换策略对于休眠机制比较重要。如果状态转换策略不合适,不仅无法节能,反而会导致能耗的增加。

通过休眠实现节能的策略主要体现在以下几个方面。

(1) 硬件支持

目前很多处理器如 StrongARM 和 MSP430 等芯片都支持对工作电压和工作频率的调节,为处理单元的休眠提供了有力的支持。

图 4-24 描述了传感器结点各模块的能量消耗情况[13]。从图中可知,传感器结点的绝大部分能量消耗在无线通信模块上,而且无线通信模块在空闲状态和接收状态的能量消耗接近。

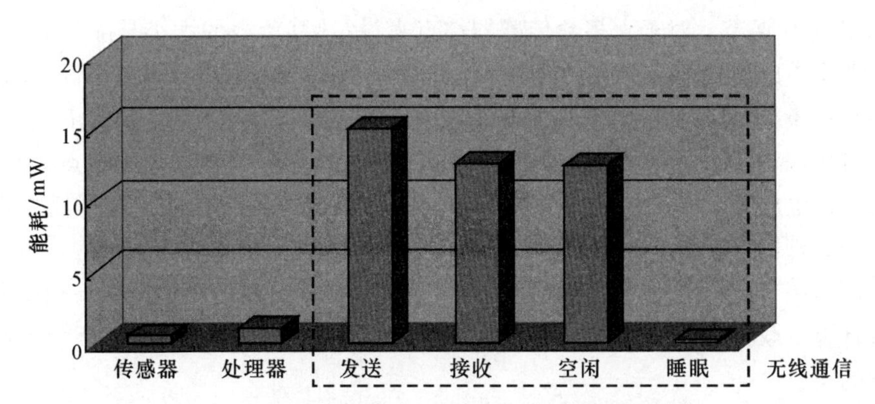

图 4-24 传感器网络结点各模块的能量消耗情况

现有的无线收发器也支持休眠机制,而且可以通过唤醒装置唤醒休眠中的结点,从而实现在全负载周期运行时的低能耗。无线收发器有 4 种工作模式:发送、接收、空闲和睡眠。

表 4-1 给出了一种无线收发器的能耗情况，除了睡眠状态外，其他三种状态的能耗都很大，空闲状态的能耗接近于接收状态，所以如果传感器结点不再收发数据时，最好把无线收发器关掉或进入睡眠状态以降低能耗。

表 4-1　无线收发器各个状态的能耗

无线收发器状态	能耗/mW	无线收发器状态	能耗/mW
发送	14.88	空闲	12.36
接收	12.55	睡眠	0.016

无线收发器的能耗与其工作状态相关。在低发射功率的短距离无线通信中，数据收/发的能耗基本相同。无线收发器电路中的混频器、频率合成器、压控振荡器、锁相环和能量放大器是主要的能耗部件。无线收发器启动时，由于锁相环的锁存时间较长，导致启动时间一般需要几百微秒，因此无线收发器的启动能耗是节能操作中必须考虑的因素。若采用无数据收发时关闭无线收发器的节能方法，则必须考虑无线收发器启动能耗和持续工作能耗之间的关系。

(2) 采用休眠机制的网络协议

通常无线传感器网络的 MAC 协议都采用休眠机制，例如 S-MAC 协议。在数据发送时，如果结点既不是数据的发送者，也不是数据的接收者，就转入睡眠状态，在醒来后有数据发送就竞争无线信道，无数据发送就侦听它是否为下一个数据接收者。S-MAC 协议通过建立周期性的侦听和休眠机制，减少侦听时间，从而实现节能。

(3) 专门的结点功率管理机制

① 动态电源管理。动态电源管理(Dynamic Power Management，DPM)的工作原理是，当结点周围没有感兴趣的事件发生时，部分模块处于空闲状态，应该把这些组件关掉或调到更低能耗的状态(即睡眠状态)，从而节省能量。

需要指出的是，如果结点进入完全睡眠的状态，则可能会引起事件的丢失，所以结点进入完全睡眠状态的时机和时间长度必须合理控制。

② 动态电压调节。对于大多数传感器结点来说，计算负载的大小是随时间变化的，因而并不需要结点的微处理器在所有时刻都保持峰值性能。根据 CMOS 电路设计的理论，微处理器执行单条指令所消耗的能量 E_{op} 与工作电压 U 的平方成正比，即 $E_{op} \propto U^2$。

动态电压调节(Dynamic Voltage Scaling，DVS)技术就是利用了这一特点，动态改变微处理器的工作电压和频率，使其刚好满足当时的运行需求，从而在性能和功耗之间取得平衡。很多微处理器，如 StrongARM 和 Crusoe，都支持电压频率的动态调节。

动态电压调节要解决的核心问题是实现微处理器计算负载与工作电压与频率之间的匹配。如果计算负载较高，而工作电压和频率较低，则计算时间将会延长，甚至会影响某些实时性任务的执行。

2) 数据融合

相对于计算所消耗的能量，无线通信所消耗的能量要更多。例如研究表明，传感器结点使用无线方式将 1 bit 数据进行 100 m 距离的传输，所消耗的能量可供执行 3 000 条指令。

通常传感器结点采集的原始数据的数据量非常大，同一区域内的结点所采集的信息具有很大的冗余性。通过本地计算和融合，原始数据可以在多路数据传输过程中进行处理，仅发送有用信息，有效地减少通信量。

数据融合的节能效果主要体现在路由协议的实现上。路由过程中的中间结点并不是简单地转发所收到的数据，由于同一区域内的结点发送的数据具有很大的冗余性，中间结点需要对这些数据进行数据融合，将经过本地融合处理后的数据路由到汇聚结点，只转发有用的信息。数据融合有效地降低了整个网络的数据流量。

LEACH 路由协议就具有这种功能，它是一种自组织的在结点之间随机分布能量负载的分层路由协议，其工作原理如下：相邻的结点形成簇并选举簇首，簇内结点将数据发送给簇首，由簇首融合数据并把数据发给用户。其中，簇首完成簇内数据的融合工作，负责收集簇中各个结点的信息，融合产生出有用的信息，并对数据包进行压缩，然后才发送给用户，这样就可以大大地减少数据流量，从而实现节能的目的。

4.3.3　动态能量管理

无线传感器网络利用大量的具有感知、处理和无线通信功能的智能微传感结点在特定的测量区域完成复杂任务。无线传感器结点通常采用电池供电，因而能量有限。为使布置后的传感器结点的寿命最大化，在电路、结构体系、算法和协议等方面必须考虑到能量有效性来进行设计。一旦设计了系统，额外的能量节省可通过采用动态电源管理（DPM）技术获得。另外，结点需要具有适度的可扩展的能量特性，若应用需要，用户可根据传感精度延长任务时限。空闲能量管理的基本思想是在不需要时关闭设备，而在必要时将其唤醒。对多种睡眠状态执行正确的转换策略对有效的空闲能量管理十分重要。动态电压调节（DVS）对于减少处理器能耗是一种十分有效的能量管理技术。基于微处理器的系统多数表现出时变计算负载的特征。在活跃性降低的阶段，简单地降低工作频率可使能耗线性降低，但不会影响任务的总体能耗。降低工作电压意味着更大的电路延迟，会降低最佳性能。由于最佳性能并不是时刻需要的，因而可实现显著的能量节省。

1）空闲能量管理

空闲模式的有效 DPM 需要多种具有能量差异的状态和各状态间转换的最优操作系统（Operation System，OS）策略。

（1）多种关闭状态

具有多种能量模式的设备有很多，例如，StrongARM SA－1100 处理器有 3 种能量模式，即运行、空闲和睡眠。运行模式是处理器的一般工作模式，在此模式下所有能量供应均被激活，所有时钟均运行，所有资源均工作。空闲模式允许软件暂停未使用的 CPU，而继续侦听中断服务请求。CPU 时钟停止并保存所有处理器的相关指令。中断产生时，处理器返回运行模式，并继续从暂停点开始工作。睡眠模式节省的能量最多，提供的功能最少，大部分电路的能量供应被切断，睡眠状态机守候预排程序的唤醒事件。这与蓝牙无线装置中的 4 种不同能耗模式即激活、保持、嗅探和暂停相类似。

多数能量感知的设备支持多种断电模式，并提供不同级别的能耗和功能。具有多个此类设备的嵌入式系统按照设备能量状态的各种组合，拥有了一系列的能量状态。实际中，被称为高级设置和能量管理接口(Advanced Configuration and Power Management Interface，ACPI)的开放式接口规范受到了 Intel、Microsoft 和 Toshiba 的共同支持，这些规范制定了 OS 与具有多种能量状态的设备连接并提供动态能量管理的标准。ACPI 支持系统资源的有限状态模型，并指定了软/硬件的控制接口。ACPI 控制整个系统的能耗和各设备的能量状态。遵守 ACPI 规范的系统具有 5 个全局状态，包括 SystemStateS_0，即工作状态，以及 SystemStateS_1～SystemStateS_4。SystemStateS_1～SystemStateS_4 对应于 4 种不同程度的睡眠状态。类似地，遵守 ACPI 规范的设备有 4 种状态，包括 PowerDeviceD_1，即工作状态，以及 PowerDeviceD_1～PowerDeviceD_3。睡眠状态根据能耗、进入睡眠需要的管理花费和唤醒时间来区分。

(2) 传感器结点的构成

如图 4-25 所示为基本传感结点的构成。各结点由嵌入式传感器、A/D 转换器、带有存储器的处理器(此情形下为 StrongARM SA-llx0 处理器)以及 RF 电路组成。每个部分通过基本设备驱动受 OS 控制。OS 的一个重要功能就是能量管理。OS 根据事件统计情况决定设备的开启和关闭。传感器网络由分布在矩形区域 R 中的 q 类传感器结点组成，区域尺寸为 $W \times L$，各结点可见度半径为 ρ。

对于传感器结点，表 4-2 列举了与 5 种不同的睡眠状态相关的各部分能量模式。各结点的睡眠模式对应于越来越深的睡眠状态，因而其特征被描述为渐增的延迟和渐减的能耗。需要根据传感器结点的工作条件选择这些睡眠状态，例如，在激活状态中关闭存储器或关闭其他任何部分都是没有意义的。

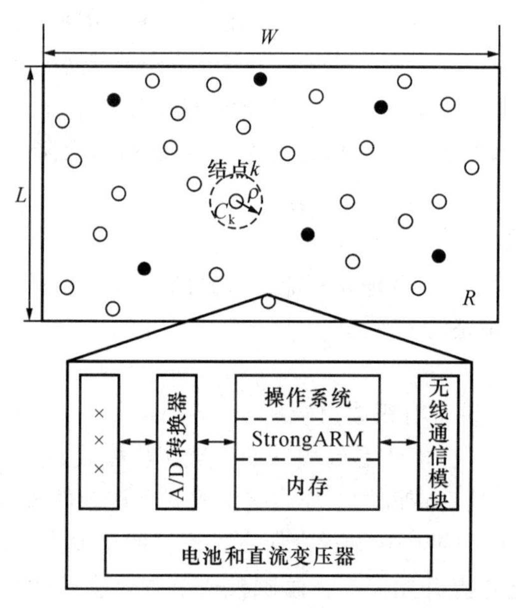

图 4-25 传感器网络和结点的体系结构

① 状态 S_0 是结点的完全激活状态，结点可传感、处理、发送和接收数据。

② 状态 S_1 中，结点处于传感和接收模式，而处理器处于待命状态。

③ 状态 S_2 与状态 S_1 类似，不同点在于处理器断电，当传感器或无线通信模块接收到数据时会被唤醒。

④ 状态 S_3 是仅传感的模式，除了传感前端外均关闭。

⑤ 状态 S_4 表示设备的全关闭状态。

表 4-2　传感器结点有用睡眠状态

状态	StrongARM	存储器	传感器，A/D 转换器	无线通信模块
S_0	激活	激活	开	发送，接收
S_1	空闲	睡眠	开	接收
S_2	睡眠	睡眠	开	接收
S_3	睡眠	睡眠	开	关
S_4	睡眠	睡眠	关	关

能量管理是根据观测事件进行状态转换的策略，目的是使能量有效性最大。可见，能量唤醒传感器模型与 ACPI 标准的系统能量模型类似。睡眠状态通过消耗的能量、进入睡眠的管理花费以及唤醒时间来区分。睡眠状态越深，则能耗越少，唤醒时间越长。

(3) 睡眠状态转换策略

假设传感器结点在某时刻 t_0 探测到一个事件，在时刻 t_1 结束处理，下一事件在时刻 $t_2=t_1+t_i$ 发生。在时刻 t_1，结点决定从激活状态 S_0 转换到睡眠状态 S_k，如图 4-26 所示。各状态 S_k 的能耗为 P_k，而且转换到此状态和恢复的时间分别为 $\tau_{d,k}$ 和 $\tau_{u,k}$。假设结点在睡眠状态中，对于任意 $i>j$，$P_i>P_j$，$\tau_{u,i}>\tau_{u,j}$。睡眠模式间的能耗可采用状态间线性变化的模型。例如，当结点从状态 S_0 转换到状态 S_k 时，无线通信模块、存储器和处理器这些单个部件逐步断电，状态间能耗产生阶梯变化。线性变化在解析上比较容易求解并能合理地近似此过程。

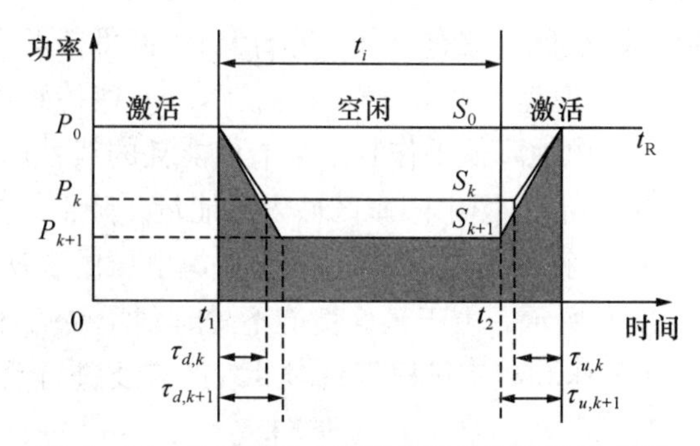

图 4-26　传感器结点睡眠状态转换策略示意图

现在获得一组与状态 $\{S_k\}$ 相应的睡眠时间阈值 $\{T_{th,k}\}$。若空闲时间 $t_i>T_{th,k}$，由于存在状态转换的能量管理花费，从状态 S_0 转换到睡眠状态 S_k 将造成网络能量损失。假设在转换阶段无须完成其他工作，例如，当处理器醒来时，转换时间包括 PLL 锁定、时钟稳定和处理器相关指令恢复的时间。图 4-26 中，图线下方区域表示状态转换节省的能量，可用下式计算：

$$E_{\text{save},k}=(P_0-P_k)t_i-\left(\frac{P_0-P_k}{2}\right)\tau_{d,k}-\left(\frac{P_0+P_k}{2}\right)\tau_{u,k} \tag{4-26}$$

当且仅当 $E_{\text{save},k}>0$ 时这种转换是合理的。于是，可得到如下的能量增益阈值：

$$T_{th,k}=\frac{1}{2}\left[\tau_{d,k}+\left(\frac{P_0+P_k}{P_0-P_k}\right)\tau_{u,k}\right] \tag{4-27}$$

这意味着转换的延迟花费越大，能量增益阈值就越高，而且 P_0 与 P_k 间的区别越大，阈值越小。

表 4-3 列出了图 4-26 所示的传感器结点的能耗，说明了现有组件在不同能量模式下相应的能量增益阈值。由此可见，阈值处于微秒量级。OS 的关闭策略以事件执行间隔统计和能量增益阈值为基础，可视为一个优化问题。若事件采用泊松过程模型，时刻 t_i 至少发生一个事件的概率可由下式获得：

$$P_E(t)=1-e^{\lambda t} \tag{4-28}$$

表 4-3　睡眠状态的能量、延迟和阈值

状态	P_k/mW	τ_k/ms	$T_{th,k}$	状态	P_k/mW	τ_k/ms	$T_{th,k}$
S_0	1 040	—	—	S_3	200	20	25
S_1	400	5	8	S_4	10	50	50
S_2	270	15	20				

此时，应该采用简单算法更新每单位时间的平均事件数 λ，计算阈值内的事件发生概率 $T_{th,k}$，并根据有效的最小概率阈值选择最深的睡眠状态。

2）有功能量管理

对于具有能量约束的传感器结点，OS 能对有功能耗进行管理。将工作频率和电压降低到刚好适合传感应用的等级，性能不会有显著下降，但可以降低能耗。

DVS 对降低 CPU 能耗来说是一种十分有效的技术。一些传感器系统具有时变的计算负载。在活性较低的阶段，简单地降低工作频率会造成能耗的线性降低，但不会影响每个任务的总体能耗，如图 4-27(a)所示，图中阴影区域表示能量。降低工作频率意味着工作电压同样会降低。因为转换能耗与频率线性成比例，并与供电电压的二次方成比例，所以可获得二次能量降低，如图 4-27(b)所示。由于最佳性能不是时刻需要的，因此能显著降低系统能耗，这意味着处理器的工作电压和频率可根据瞬时处理的需要进行动态调整。

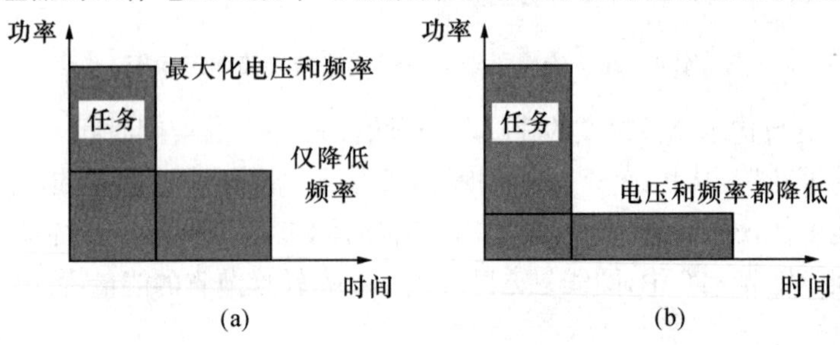

图 4-27　动态电压和频率缩放

3）系统实现

无线通信模块由 2.4 GHz 双功率无线电构成，范围为 10 m 和 100 m。16 位总线接口连接器使无线通信模块能连接在处理器的电路板上。另外，连接器支持不同传感器电路板，例如振动传感器的接入。处理器电路板具有 1 个 RS-232 和 1 个 USB 接口，用于远程调试和与 PC 相连。传感器结点包括了固定振动传感器，即扬声器、运算放大器与 A/D 电路，传感器采用同步串行端口（Synchronous Serial Port，SSP）与 StrongARM 处理器通信。运算放大器增益是可编程的，受处理器控制。传感器电路还集成了封装探测机制，当信号能量超过设定的阈值时，可绕过 A/D 电路唤醒处理器。这样可显著降低传感模式的能耗，并提供对事件驱动算法的支持。

（1）DVS 电路

图 4-28 表示一个基本的核心能量供应调节方式。MAX1717 降压控制器用于动态调节核心供电电压，采用了 5 位数模转换器（Digital to Analog Converter，DAC），输入范围是 0.925～2 V。转换器工作依照的原理是可变工作循环脉冲宽度调制（Pulse Width Modulated，PWM）信号交替开启功率管 VF_1 和 VF_2。功率管在工作周期 D 输出 1 个方波。LC 低通滤波器使等于 $V_{battery}$ 的 DC 输出通过，而使 AC 分量衰减到可接受的范围内。工作周期 D 是可控的，采用 DAC 管脚即 $D_0:D_4$，可产生 30 个电压级别。双线远程传感方案补偿了地线与输出电压线上的电压降。StrongARM 根据是否需要 DVS 设置其使能引脚，将其作为电压调节器。调节器的反馈信号告知处理器输出核心电压是否稳定，这对于能量释放中的无误差工作是必需的。

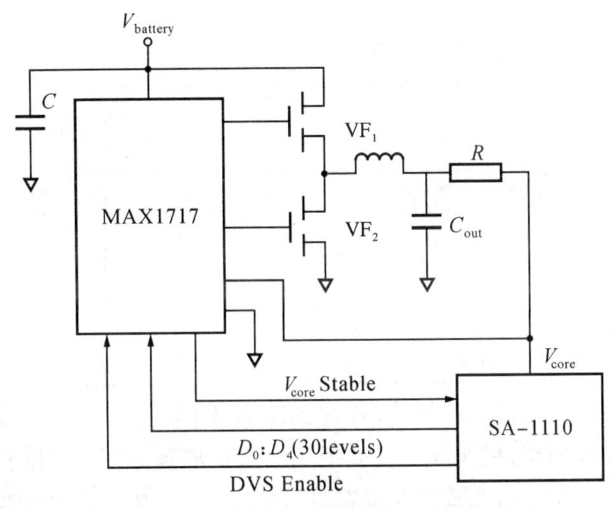

图 4-28 DVS 电路示意

处理器时钟频率调节包括了 SA-1110 的核心时钟设置（Core Clock Configuration，CCF）的状态更新。核心时钟通过标准晶振时钟的倍频获得，采用基于 CCF 寄存器设置锁相环（Phase-Locked Loop，PLL），见表 4-4。核心时钟（Core Clock，CCLK）可用快速 CCLK 或存储器时钟（Memory Clock，MCLK）驱动，其中 MCLK 的运行频率为 CCLK 的一半。核心时钟除了在存储丢失时等待填充完成外一般采用 CCLK 方式。通过设置控制寄存器可取消核心时钟在 CCLK 和 MCLK 间转换的能力。

电压和频率更新中的操作序列取决于操作是否提高了处理器时钟频率，如图 4-29 所示。当时钟频率提高时，将核心供电电压提高到特定频率所需的最小值是很有必要的。最优电压频率对存储在查询表中。一旦核心电压稳定，可开始更新频率。第一步包括重新校准存储计时器，可通过在 MSC 控制寄存器中设置适当的值实现。在 CCLK 频率提高前设置时钟，使之不能在 CCLK 和 MCLK 间转换，防止核心时钟的意外转换。通过设置 CCF 寄存器，完成了 CCLK 频率的改变。完成了这些步骤后，恢复核心时钟在 CCLK 和 MCLK 间转换的能力。

表 4－4　SA－1110 核心时钟频率设置和最低核心供电电压

CCF(4.0)	核心时钟频率(CCLK)/MHz		核心电压/V
	3.686 4 MHz 振荡器(上限)	3.686 4 MHz 振荡器(下限)	(3.686 4 MHz 振荡器)
00000	59.0	57.3	1.000
00001	73.7	71.6	1.050
00010	88.5	85.9	1.125
00011	103.2	100.2	1.150
00100	118.0	114.5	1.200
00101	132.7	128.9	1.225
00110	147.5	143.2	1.250
00111	162.2	157.5	1.350
01000	176.9	171.8	1.450
01001	191.7	186.1	1.550
01010	206.4	200.5	1.650
01011	221.2	214.8	1.750
01100－11111	—	—	

降低频率时，操作序列略有不同。首先，更新核心时钟频率，按照前面提到的 3 个基本步骤进行。在降低核心电压前需要重新校准存储计时器，因为在核心时钟频率降低时，若不调整存储计时器，存储器的读-写将造成误差，例如在读电压-频率查询表时。接下来，降低核心电压，当其稳定时开始进行一般操作。为了确保操作正确，所完成的所有电压频率更新都采用了原子方式。例如，当频率更新而存储器未重新校准时，若发生一个中断，可能产生执行错误。

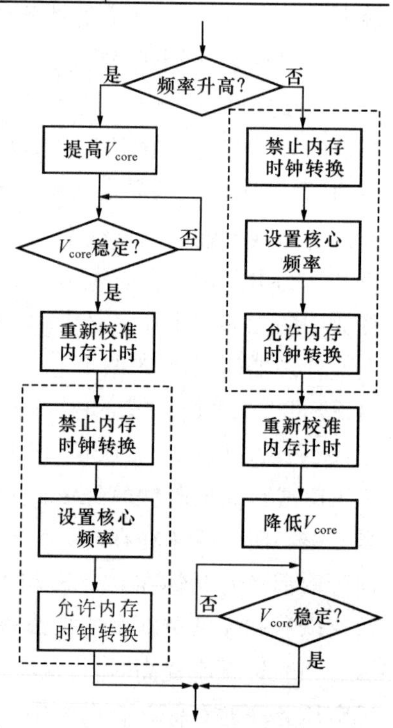

图 4－29　DVS 工作过程框图

(2) 空闲能量管理硬件实现

经过特别设计的传感器结点拥有一系列与前述类似的睡眠状态。另外，结点硬件支持事件驱动算法。图 4－30 对其进行了全面描述。StrongARM 的 GPIO 管脚与外围设备相连，用于生成和接收各种信号。SA－1110 包含 28 个 GPIO 管脚，各管脚设置为输入或输出功能。另外，GPIO 管脚经过特别设置可用于探测上升沿或下降沿。4 个 GPIO 管脚专门用于实现系统能量供应控制。当不需要进行测量时，可选择关闭所有模块的能量供应，或者仅关闭低通滤波器(Low Pass Filter, LPF)的能量供应,而能量传感电路用于向处理器发出触发信号。此时,处理器激活 LPF,并开始使用 SSP 从 A/D 转换器读入数据。信号探测阈值同样可用其他 GPIO 管脚编程,对无线通信模块可采用类似的能量供应控制。不需要无线通信时,处理器可将其关闭。

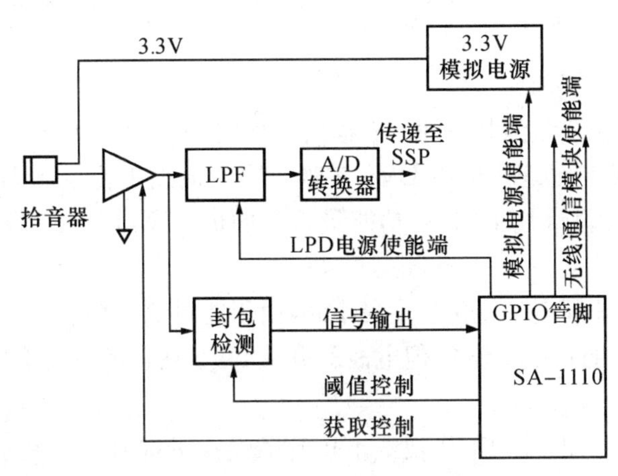

图 4-30　DVS 的硬件结构示意

(3) 处理器能量模式

SA-1110 包含能量管理逻辑电路,控制 3 种不同模式的转换,即运行、空闲和睡眠,各模式均对应于较低的能耗水平。

① 运行模式。这是 SA-1110 的一般工作模式,所有单元能量供应均开启,所有时钟均开启,而且所有单片资源都可用。处理器通常经过上电或重置在运行模式下启动。

② 空闲模式。此模式允许在 CPU 未被使用时停止 CPU,同时继续监视中断请求。CPU 时钟停止时,因为 SA-1110 是全静态设计的,所有状态信息均被保存。当重新开始一般操作时,CPU 精确地从停止处开始执行。在空闲模式下,所有单片资源包括实时时钟、OS 计时器、中断控制器、GPIO、能量管理器、DMA 与 LCD 控制器等都开启。PLL 也保持锁定,于是处理器可快速地进入和退出空闲模式。

③ 睡眠模式。睡眠模式为处理器节省最多能量,同时提供最少的功能。SA-1110 从运行/空闲状态转换到睡眠状态时顺序关闭单片资源,对处理器采用内部中断,并取消能量使能 PWR_EN 管脚的作用,从而给外部系统指示,说明能量供应可关闭。32.768 kHz 晶振停止,睡眠状态机守候预排程序唤醒事件的发生。进入睡眠模式有两种方式,即软件控制和能量供应错误。设置能量管理控制寄存器(Power Manager Control Register, PMCR)中的强制睡眠位可进入睡眠模式。睡眠时,通过软件设置标志位,然后采用硬件清空此标志位。于是,当处理器醒来时,此标志位已清空。整体睡眠的关闭序列耗时约 90 ms。

如表 4-5 所示为各种模式下的能耗,包括了 SA-1110 处理器的两种不同频率和相应电压规格。值得注意的是,两种频率下所需最低工作电压,表 4-4 所示的比表 4-5 所示的略低。空闲模式的能量约降低了 75%,而睡眠模式几乎节省了所有能量。

表 4-5 SA-1110 处理器能耗

频率/MHz	供电电压/V	能耗模式		睡眠/μA
		正常/mW	空闲/mW	
133	1.55	<240	<75	<50
206	1.75	<400	<100	<50

4）动态能量管理实验

将传感器结点在完全激活状态即所有模块开启时的能耗作为 SA-1110 工作频率的函数。在激活模式下，能量管理主要由 DVS 实现。当在最高工作电压和工作频率下运行时，系统的能耗大约为 1W。采用 DVS 有功能量管理的最大系统能量节省约为 53%。实际的节省依赖于负载需要。

采用 DVS 时，当处理速率变化程度最小时，由于能量负载模型具有凸性，因而存在最低能耗。虽然平均负载可能是固定的，但电池寿命从 DVS 获得的改善会随着负载波动的增加而降低。

表 4-6 列出了测得的各种工作模式下传感器结点的能耗。无线通信模块的能量需求受到处理器控制，在 3.3 V 下约为 70 mA。DVS 可将系统能耗降低 53%。关闭各部分，包括模拟能量供应、无线通信模块以及处理器可得到 44%的额外能量节省。也就是说，空闲能量管理的系统级能量节省约为 97%。如图 4-31 所示为由各种能量管理装置带来的总体能量节省。

表 4-6 各种传感器工作模式的能耗

	系统模式	成分模式			功率/mW
		处理器	无线通信	模拟	
激活状态	激活	最高频率	开	开	975.6
	弱激活	最低频率	开	开	457.2
	空闲	空闲	开	开	443.0
睡眠状态	接收	空闲	开	关	403.0
	发送	空闲	关	关	103.0
	睡眠	睡眠	关	关	28.0

实际的能量节省明显依赖于处理速率和事件统计。为了评价激活模式下获得的能量节省，需要估计系统负载变化的程度。若平均负载需求为 50%，变化缓慢，则预计能量节省约为 30%。另一方面，空闲模式能量的节省十分显著。假设操作的工作周期为 1%，则估计能量节省约为 96%。这意味着传感器结点电池寿命的提高因子会超过 27，也就是说，若无能量管理时结点能维持 1 天，现在则几乎能维持 1 个月。工作周期为 10%时，

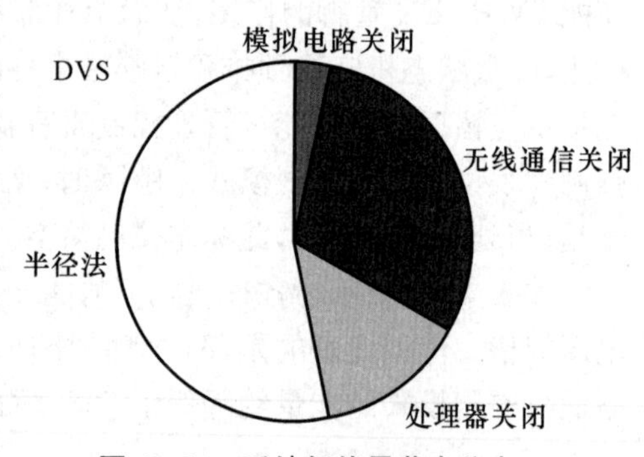

图 4-31 系统级能量节省分布

电池寿命提高因子约为10。这里,重点在于系统是能量可扩展的,即系统可根据计算负载和传感需要来调整能耗。

参考文献

[1] Elson J. Time synchronization services for wireless sensor networks[D]. Los Angeles: University of California , 2001.

[2] Galli D L. Distributed operating systems: concepts and practice[M]. Upper Saddle River, NJ: Prentice Hall, 2000.

[3] Kopetz H, Schwabl W. Global time in distributed real-time systems[R]. Vienna,Austria :Technische Universität Wien, 1989.

[4] Ganeriwal S, Kumar R, Adlakha S, et al. Network-wide time synchronization in sensor networks[R]. Los Angeles: University of California,2003.

[5] He T, Huang C D, Blum B M, et al. Range-free localization schemes for large scale sensor networks [C]//Proceedings of the 9th Annual International Conference on Mobile Computing and networking. September 14 - 19, 2003, San Diego, CA, USA. New York: ACM, 2003: 81 - 95.

[6] Priyantha N B, Balakrishnam H, Demaine E, et al. Anchor-free distributed localization in sensor networks[R]. Cambridge, MA: Massachusetts Institute of Technology,2003.

[7] Girod L, Estrin D. Robust range estimation using acoustic and multimodal sensing[C] //Proceedings of IEEE/RSJ International Conference on Intelligent Robots and Systems. October 29- November 3, 2001, Maui, HI, USA. IEEE, 2002: 1312 - 1320.

[8] Priyantha N B, Chakraborty A, Balakrishnan H. The Cricket location-support system[C]//Proceedings of the 6th Annual International Conference on Mobile Computing and Networking. August 6 - 11, 2000, Boston, Massachusetts, USA. New York: ACM, 2000: 32 - 43.

[9] Savvides A, Han C C, Strivastava M B. Dynamic fine-grained localization in Ad-Hoc networks of sensors[C]//Proceedings of the 7th Annual International Conference on Mobile Computing and Networking. New York: ACM, 2001: 166 - 179.

[10] Savvides A, Park H, Srivastava M B. The bits and flops of the n-hop multilateration primitive for node localization problems[C]//Proceedings of the 1st ACM International Workshop on Wireless Sensor Networks and Applications. 28 September 2002, Atlanta, Georgia, USA. New York: ACM, 2002: 112 - 121.

[11] Niculescu D, Nath B. Ad hoc positioning system (APS) using AOA[C]// Proceedings of the 2nd Annual Joint Conference of the IEEE Computer and Communications Societies. March 30-April 3, 2003, San Francisco, CA, USA. IEEE, 2003: 1734 - 1743.

[12] Bahl P, Padmanabhan V N. RADAR: An in-building RF-based user location and tracking system [C]// Proceedings IEEE INFOCOM 2000. March 26 - 30,2000, Tel Aviv, Israel. IEEE,2000: 775 - 784.

[13] Estrin D. Wireless Sensor Networks Tutorial, Part IV: Sensor Network Protocols[R]. Atlanta, USA: Mobicom, 2002.

5 无线传感器网络的数据融合与安全机制

5.1 数据融合

5.1.1 多传感器数据融合概述

多传感器数据融合研究的对象是各类传感器采集的信息，这些信息是以信号、波形、形象、数据、文字或声音等形式提供的。传感器本身对数据融合系统来说也是非常重要的。它们的工作原理、工作方式、给出的信号形式和测量数据的精度，都是我们研究、分析和设计多传感器信息系统，甚至研究各种信息处理方法所要了解或掌握的。

各种类型传感器是电子信息系统最关键的组成部分，它们是电子信息系统的信息来源。如气象信息可能是由气象雷达提供的，遥感信息可能是由合成孔径雷达(SAR)提供的，敌人用弹道导弹对我某战略要地的攻击信息可能是由预警雷达提供的等。这里之所以说“可能”，是因为每一种信息的获得不一定只使用一种传感器。我们将各种传感器直接给出的信息称作源信息，如果传感器给出的信息是已经数字化的信息就称作源数据，如果给出的是图像就是源图像。源信息是信息系统处理的对象。

信息系统的功能就是把各种各样的传感器提供的信息进行加工处理，以获得人们所期待的、可以直接使用的某些波形、数据或结论。当前基础科学理论的发展和技术的进步使传感器技术更加成熟，特别在 20 世纪 80 年代之后，各种各样的具有不同功能的传感器如雨后春笋般相继面世，它们具有非常优良的性能，已经被广泛应用于人类生活的各种领域。源信息、传感器与环境之间的关系如图 5－1 所示[1]。

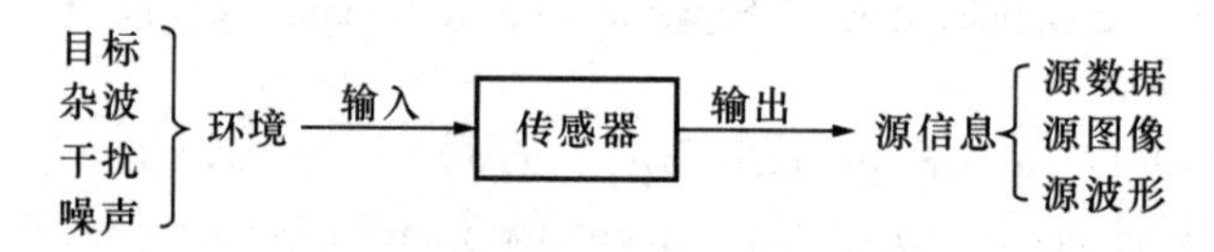

图 5－1　传感器、源信息与环境的关系

各种传感器的互补特性为获得更多的信息提供了技术支撑。但是随着多传感器的利用，又出现了如何对多传感器信息进行联合处理的问题。消除噪声与干扰，实现对观测目标的连续跟踪和测量等一系列问题的处理方法，就是多传感器数据融合技术，有时也称作多传感器信息融合(Information Fusion，IF)技术或多传感器融合(Sensor Fusion，SF)技术，它是对多传感器信息进行处理的最关键技术，在军事和非军事领域的应用都非常广泛。

数据融合也被称作信息融合，是一种多源信息处理技术。它通过对来自同一目标的多源数据进行优化合成，获得比单一信息源更精确、完整的估计或判断。从军事应用的角度来看，Waltz 和 Llinas 对数据融合的定义较为确切，即：多传感器数据融合是一种多层次、多方面的处理过程，这个过程是对多源数据进行检测（detection）、关联（association）、相关（correlation）、估计（estimation）和合并（combination），以更高的精度、较高的置信度得到目标的状态估计和身份识别，以及完整的态势估计和威胁评估，为指挥员提供有用的决策信息。

这个定义实际上包含了三个要点：

（1）数据融合是多信源、多层次的处理过程，每个层次代表信息的不同抽象程度；

（2）数据融合过程包括数据的检测、关联、估计与合并；

（3）数据融合的输出包括低层次上的状态、身份估计和高层次上的总战术态势的评估。

传感器数据融合技术在军事领域的应用包括海上监视、地面防空、战略防御与监视等，其中最典型的就是 C^3I 系统，即军事指挥自动化系统。在非军事领域的应用包括机器人系统、生物医学工程系统和工业控制自动监视系统等。

数据融合的方法普遍应用在日常生活中，比如在辨别一个事物的时候通常会综合各种感官信息，包括视觉、触觉、嗅觉和听觉等。单独依赖一种感官获得的信息往往不足以对事物做出准确判断，而综合多种感官数据，对事物的描述会更准确。

在多传感器系统中所用到的各种传感器分为有源传感器和无源传感器两种。有源传感器发射某种形式的信息，然后接收环境和目标对该信息的反射或散射信息，从而形成源信息，例如各种类型的有源雷达、激光测距系统和敌我识别系统等。无源传感器不发射任何形式的信息，完全靠接收环境和目标的辐射来形成源信息，如红外无源探测器、被动接收无线电定位系统和电视跟踪系统等，它们分别接收目标发出的热辐射无线电信号和可见光信号。

具体地说，数据融合的内容主要包括多传感器的目标探测、数据关联、跟踪与识别、情况评估和预测。数据融合的基本目的是通过融合得到比单独的各个输入数据更多的信息。这点是协同作用的结果，即由于多传感器的共同作用，使系统的有效性得以增强。

实质上数据融合是一种多源信息的综合技术，通过对来自不同传感器的数据进行分析和综合，可以获得被测对象及其性质的最佳一致估计。将经过集成处理的多种传感器信息进行合成，形成对外部环境某一特征的一种表达方式。

5.1.2　传感器网络中数据融合的作用

在传感器网络中，数据融合起着十分重要的作用，主要表现在节省整个网络的能量、增强所收集数据的准确性以及提高收集数据的效率三个方面。

1）节省能量

传感器网络是由大量的传感器结点覆盖到监测区域而组成的。鉴于单个传感器结点的监测范围和可靠性是有限的，在部署网络时，需要使传感器结点达到一定的密度以增强整个网络的鲁棒性和监测信息的准确性，有时甚至需要使多个结点的监测范围互相交叠。这种监测区域的相互重叠导致邻近结点报告的信息存在一定程度的冗余。比如对于监测温度的传感器网络，每个位置的温度可能会由多个传感器结点进行监测，这些结点所报告的温度数据会非常接近或完全相同。在这种冗余程度很高的情况下，把这些结点报告的数据全部发送到汇聚结点与仅发送一份数据相比，除了使网络消耗更多的能量外，汇聚结点并未获得更多的信息。

数据融合就是要针对上述情况对冗余数据进行网内处理，即中间结点在转发传感器数据之前，首先对数据进行综合，去掉冗余信息，在满足应用需求的前提下将需要传输的数据量最小化。网内处理利用的是结点的计算资源和存储资源，其能量消耗与发送数据的相比要少很多。本章参考文献[2]指出，如果使用 Micadot 结点，其发送一个比特的数据所消耗的能量约为4 000 nJ，而处理器执行一条指令所消耗的能量仅为 5 nJ，即发送 1 bit 数据的能耗可以用来执行 800 条指令。因此，在一定程度上尽量进行网内处理，减少数据传输量，可以有效地节省能量。理想的融合情形下，中间结点可以把 n 个长度相等的输入数据分组合并成1 个等长的输出分组，只需要消耗不进行融合所消耗能量的 $1/n$ 即可完成数据传输；最差情况下，融合操作并未减少数据量，但通过减少分组个数，可以减少信道的协商或竞争过程造成的能量开销。

在半导体产业中，摩尔定律预示着随着集成电路的发展，处理器的处理能力会不断提高，功耗也会不断降低，因此进行网内处理融合数据，利用低能耗的计算资源减小高能耗的通信开销是非常有意义的。

2）获得更准确的信息

传感器网络由大量低廉的传感器结点组成，部署在各种各样的环境中，从传感器结点获得的信息存在着较高的不可靠性。这些不可靠性主要源自以下几个方面：

（1）受到成本及体积的限制，结点配置的传感器精度一般较低；

（2）无线通信的机制使得发送的数据更容易因受到干扰而遭破坏；

（3）恶劣的工作环境除了影响数据传送外，还会破坏结点的功能部件，令其工作异常，报告错误的数据。

由此看来，仅收集少数几个分散的传感器结点的数据较难确保得到信息的正确性，需要通过对监测同一对象的多个传感器所采集的数据进行综合，来有效地提高所获得信息的精度和可信度。另外，由于邻近的传感器结点监测同一区域，其获得的信息之间差异性很小，如果个别结点报告了错误的或误差较大的信息，很容易在本地处理中通过简单的比较算法进行剔除。

需要指出的是，虽然可以在数据全部单独传送到汇聚结点后进行集中融合，但这种方法得到的结果往往不如在网内进行融合处理的结果精确，有时甚至会产生融合错误。数据融合一般需要数据源局部信息的参与，如数据产生的地点、产生数据的结点归属的组（簇）等。相同地点的数据如果属于不同的组可能代表完全不同的数据含义。如对于树下和树上的结点分别测量不同高度情况下目标区域的温度，虽然从二维环境下看它们在同一个地点，但这两个结点的温度数据是不能够融合的。正是这些局部信息的参与使得局部信息融合比集中数据融合有更多的优势。

3）提高数据收集效率

在网内进行数据融合，可以在一定程度上提高网络收集数据的整体效率。数据融合减少了需要传输的数据量，可以减轻网络的传输拥塞，降低数据的传输延迟；即使有效数据量并未减少,但通过对多个数据分组进行合并减少了数据分组个数,可以减少传输中的冲突碰撞现象,也能提高无线信道的利用率。

5.1.3 数据融合技术的分类

传感器网络中的数据融合技术可以从不同的角度进行分类,这里介绍三种分类方法:根据融合前后数据的信息含量分类,根据数据融合与应用层数据语义的关系分类,根据融合操作的级别分类。

1) 根据融合前后数据的信息含量分类

根据数据进行融合操作前后的信息含量,可以将数据融合分为无损失融合(lossless aggregation)和有损失融合(lossy aggregation)两类[3]。

(1) 无损失融合

无损失融合中,所有的细节信息均被保留。此类融合的常见做法是去除信息中的冗余部分。根据信息理论,在无损失融合中,信息整体缩减的大小受到其熵值的限制。

将多个数据分组打包成一个数据分组,而不改变各个分组所携带的数据内容的方法属于无损失融合。这种方法只是缩减了分组头部的数据和为传输多个分组而需要的传输控制开销,保留了全部数据信息。

时间戳融合是无损失融合的另一个例子。在远程监控应用中,传感器结点汇报的内容可能在时间属性上有一定的联系,可以使用一种更有效的表示手段融合多次汇报。比如一个结点以一个短时间间隔进行了多次汇报,每次汇报中除时间戳不同外,其他内容均相同;收到这些汇报的中间结点可以只传送时间戳最新的一次汇报,以表示在此时刻之前,被监测的事物都具有相同的属性。

(2) 有损失融合

有损失融合通常会省略一些细节信息或降低数据的质量,从而减少需要存储或传输的数据量,以达到节省存储资源或能量资源的目的。有损失融合中,信息损失的上限是要保留应用所需要的全部信息量。

很多有损失融合都是针对数据收集的需求而进行网内处理的必然结果。比如温度监测应用中,需要查询某一区域范围内的平均温度或最低、最高温度时,网内处理将对各个传感器结点所报告的数据进行运算,并只将结果数据报告给查询者。从信息含量角度看,这份结果数据相对于传感器结点所报告的原始数据来说,损失了绝大部分的信息,但能满足数据收集者的要求。

2) 根据数据融合与应用层数据语义的关系分类

数据融合技术可以在传感器网络协议栈的多个层次中实现,既可以在 MAC 协议中实现,也可以在路由协议或应用层协议中实现。根据数据融合是否基于应用数据层的语义,将数据融合技术分为三类:依赖于应用的数据融合(Application Dependent Data Aggregation, ADDA)、独立于应用的数据融合(Application Independent Data Aggregation, AIDA)以及结合以上两种技术的数据融合。

(1) 依赖于应用的数据融合

通常数据融合都是对应用层数据进行的,即数据融合需要了解应用层数据的语义。从实现角度看,数据融合如果在应用层实现,则与应用层数据之间没有语义间隔,可以直接对应用层数据进行融合;如果在网络层实现,则需要跨协议层理解应用层数据的含义,如图 5-2(a)所示。

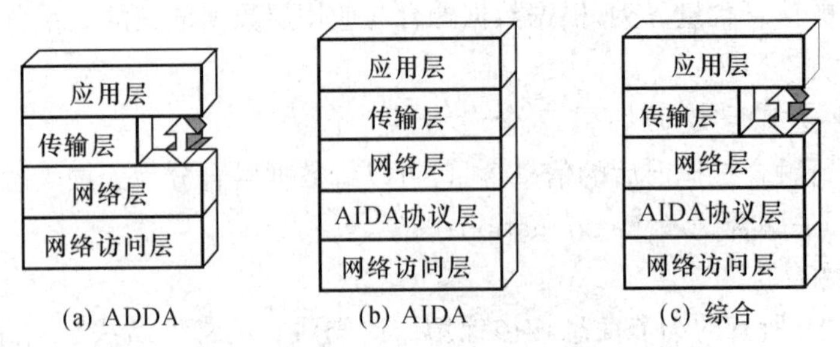

图 5-2　根据与网络层关系的数据融合分类

ADDA 技术可以根据应用需求获得最大限度的数据压缩,但可能导致结果数据中损失的信息过多。另外,融合带来的跨层理解语义问题给协议栈的实现带来困难。

(2) 独立于应用的数据融合

鉴于 ADDA 的语义相关性问题,有人提出独立于应用的数据融合(AIDA)技术。这种融合技术不需要了解应用层数据的语义,直接对数据链路层的数据包进行融合。例如,将多个数据包拼接成一个数据包进行转发。这种技术把数据融合作为独立的层次实现,简化了各层之间的关系。如图 5-2(b)中所示,AIDA 协议层作为一个独立的层次处于网络层与 MAC 层之间。

AIDA 保持了网络协议层的独立性,不对应用层数据进行处理,从而不会导致信息丢失,但是数据融合效率没有 ADDA 高。

(3) 结合以上两种技术的数据融合

这种方式结合了上面两种技术的优点,同时保留 AIDA 协议层和其他协议层内的数据融合技术,因此可以综合使用多种机制得到更符合应用需求的融合效果。其协议层次如图 5-2(c)所示。

3) 根据融合操作的级别分类

根据对传感器数据的操作级别,可将数据融合技术分为以下三类:

(1) 数据级融合。数据级融合是最底层的融合,操作对象是传感器采集得到的数据,因此是面向数据的融合。这类融合大多数情况下仅依赖于传感器类型,不依赖于用户需求。在目标识别的应用中,数据级融合即为像素级融合,进行的操作包括对像素数据进行分类或组合,去除图像中的冗余信息等。

(2) 特征级融合。特征级融合通过一些特征提取手段将数据表示为一系列的特征向量以反映事物的属性,是面向监测对象特征的融合。比如在温度监测应用中,特征级融合可以对温度传感器数据进行综合,表示成(地区范围,最高温度,最低温度)的形式;在目标监测应用中,特征级融合可以将图像的颜色特征表示成 RGB 值。

(3) 决策级融合。决策级融合根据应用需求进行较高级的决策,是最高级的融合。决策级融合可以依据特征级融合提取的数据特征,对监测对象进行判别、分类,并通过简单的逻辑运算,执行满足应用需求的决策。因此,决策级融合是面向应用的融合。比如在灾难监测应用中,决策级融合可能需要综合多种类型的传感器信息,包括温度、湿度或震动等,进而对是否发生了灾难事故进行判断;在目标监测应用中,决策级融合需要综合监测目标的颜色特征和轮廓特征,对目标进行识别,最终只传输识别结果。

在传感器网络的实现中,这三个层次的融合技术可以根据应用的特点综合运用。比如有的应用场合传感器数据的形式比较简单,不需要进行较低层的数据级融合,而需要提供灵活的特征级融合手段;而有的应用要处理大量的原始数据,需要有强大的数据级融合功能。

5.1.4　数据融合的主要方法

通常数据融合的大致过程如下:首先将被测对象的输出结果转换为电信号,经过 A/D 转换形成数字量;数字量信号经过预处理,滤除数据采集过程中的干扰和噪声;对经过处理后的有用信号进行特征抽取,实现数据融合,或者直接对信号进行融合处理;最后输出融合的结果。

目前数据融合的方法主要有如下几种[4]。

1) 综合平均法

该方法是把来自多个传感器的众多数据进行综合平均。它适用于同类传感器检测同一个目标。这是最简单、最直观的数据融合方法。该方法将一组传感器提供的冗余信息进行加权平均,结果作为融合值。

如果对一个检测目标进行了 k 次检测,则综合的结果为

$$\overline{S}=\frac{\sum_{i=1}^{k}W_iS_i}{\sum_{i=1}^{k}W_i} \tag{5-1}$$

其中,W_i 为分配给第 i 次检测的权重,S_i 为第 i 次检测的结果数据。

2) 卡尔曼滤波法

卡尔曼滤波法用于融合低层的实时动态多传感器冗余数据。该方法利用测量模型的统计特性,递推地确定融合数据的估计,且该估计在统计意义下是最优的。如果系统可以用一个线性模型描述,且系统与传感器的误差均符合高斯白噪声模型,则卡尔曼滤波将为融合数据提供唯一统计意义上的最优估计。

卡尔曼滤波器的递推特性使得它特别适合在那些不具备大量数据存储能力的系统中使用。它的应用领域涉及目标识别、机器人导航、多目标跟踪、惯性导航和遥感等。例如,应用卡尔曼滤波器对 n 个传感器的测量数据进行融合后,既可以获得系统的当前状态估计,又可以预报系统的未来状态。所估计的系统状态可以表示移动机器人的当前位置、目标的位置和速度、从传感器数据抽取的特征值或实际测量值本身。

3）贝叶斯估计法

贝叶斯估计法是融合静态环境中多传感器低层信息的常用方法。它使传感器信息依据概率原则进行组合，测量不确定性以条件概率表示。当传感器组的观测坐标一致时，可以用直接法对传感器测量数据进行融合。在大多数情况下，传感器是从不同的坐标系对同一环境物体进行描述，这时传感器测量数据要以间接方式采用贝叶斯估计进行数据融合。

多贝叶斯估计把每个传感器作为一个贝叶斯估计，将各单独物体的关联概率分布组合成一个联合后验概率分布函数，通过使联合分布函数的似然函数最小，可以得到多传感器信息的最终融合值。

4）D-S证据推理法

D-S(Dempster-Shafer，登普斯特-谢弗)证据推理法是目前数据融合方法中比较常用的一种方法，是由Dempster首先提出，由Shafer发展的一种不精确推理理论。这种方法是贝叶斯估计法的扩展，因为贝叶斯估计法必须给出先验概率，证据推理法则能够处理这种由不知道引起的不确定性，通常用来对目标的位置、存在与否进行推断。

在多传感器数据融合系统中，每个信息源提供了一组证据和命题，并且建立了一个相应的质量分布函数。因此每一个信息源就相当于一个证据体。D-S证据推理法的实质是在同一个鉴别框架下，将不同的证据体通过Dempster合并规则并成一个新的证据体，并计算证据体的似真度，最后采用某一决策选择规则，获得融合的结果。

5）统计决策理论法

与多贝叶斯估计不同，统计决策理论中的不确定性为可加噪声，从而不确定性的适应范围更广。不同传感器观测到的数据必须经过一个鲁棒综合测试，以检验它的一致性，经过一致性检验的数据用鲁棒极值决策规则进行融合处理。

6）模糊逻辑法

针对数据融合中所检测的目标特性具有某种模糊性的现象，利用模糊逻辑法对检测目标进行识别和分类。建立标准检测目标和待识别检测目标的模糊子集是此方法的基础。模糊子集的建立需要有各种各样的标准检测目标，同时必须建立合适的隶属函数。

模糊逻辑法实质上是一种多值逻辑法，在多传感器数据融合中，对每个命题及推理算子赋予0到1间的实数值，以表示其在融合过程中的可信程度，该值又被称为确定性因子，然后使用多值逻辑推理法，利用各种算子对各种命题(即各传感源提供的)进行合并运算，从而实现信息的融合。

7）产生式规则法

这是人工智能中常用的控制方法。一般要通过对具体使用的传感器的特性及环境特性进行分析，才能归纳出产生式规则法中的规则。通常系统改换或增减传感器时，其规则要重新产生。这种方法的特点是系统扩展性较差，但推理过程简单明了，易于系统解释，所以也有广泛的应用范围。

8）神经网络法

神经网络法是模拟人类大脑行为而产生的一种信息处理技术。它采用大量以一定方式相互连接和相互作用的简单处理单元(即神经元)来处理信息。神经网络有较强的容错性及自组织、自学习和自适应能力，能够实现复杂的映射。神经网络的优越性和强大的非线性处理能力，能够很好地满足多传感器数据融合技术的要求。

神经网络法的特点如下：具有统一的内部知识表示形式，通过学习方法可将网络获得的传感器信息进行融合，获得相关网络的参数(如连接权矩阵、结点偏移向量等)，并且可将知识规则转换成数字形式，便于建立知识库，利用外部环境的信息，便于实现知识自动获取及进行联想推理；能够将不确定环境的复杂关系，经过学习推理，融合为系统能理解的准确信号；神经网络具有大规模并行处理信息的能力，使得系统信息处理速度很快。

神经网络法实现数据融合的过程如下：用选定的 N 个传感器检测系统状态；采集 N 个传感器的测量信号并进行预处理；对预处理后的 N 个传感器信号进行特征选择；对特征信号进行归一化处理，为神经网络的输入提供标准形式；将归一化的特征信息与已知的系统状态信息作为训练样本，送神经网络进行训练，直到满足要求为止。将训练好的网络作为已知网络，只要将归一化的多传感器特征信息作为输入送入该网络，则网络输出就是被测系统的状态结果。

以上介绍的数据融合主要方法目前都在无线传感器网络的应用中得到体现，例如用于机动目标的可靠探测、识别、位置跟踪等。

5.1.5 传感器网络应用层的数据融合示例

由于传感器网络具有以数据为中心的特点，尽管在网络层和其他层次结构上也可以采用数据融合技术，但是在应用层实现数据融合最常见。通常应用层的设计需要考虑以下几点：

(1) 应用层的用户接口需要对用户屏蔽底层的操作，用户不必了解数据具体是如何收集上来的，即使底层实现有了变化，用户也不必改变原来的操作习惯。

(2) 传感器网络可以实现多任务，应用层应该提供方便、灵活的查询提交手段。

(3) 既然通信的代价相对于本地计算的代价要高，应用层数据的表现形式应便于进行网内计算，以大幅度减少通信的数据量，减小能量消耗。

为了满足上述要求，分布式数据库技术被应用于传感器网络的数据收集过程，应用层接口可以采用类似结构化查询语言(Structured Query Language，SQL)的风格。SQL 在多年的发展过程中，已被证明可以在基于内容的数据库系统中工作得很好。

传感器网络采用类 SQL 的优点在于：

(1) 对于用户需求的表达能力强，易于使用。

(2) 可以应用于任何数据类型的查询操作，能够对用户完全屏蔽底层的实现。

(3) 它的表达形式非常易于通过网内处理进行查询优化，中间结点均理解数据请求，可以对接收到的数据和自己的数据进行本地运算，只提交运算结果。

(4) 便于在研究领域或工业领域进行标准化。

在传感器网络应用中，SQL 融合操作一般包括 5 个基本操作符：COUNT、MIN、MAX、SUM 和 AVERAGE。与传统数据库的 SQL 应用类似，COUNT 用于计算一个集合中元素的个数；MIN 和 MAX 分别计算最小值和最大值；SUM 计算所有数值的和；AVERAGE 用于计算所有数值的平均数。

例如,如果传感器结点的光照指数(Light)大于 10,则下面的语句可以返回关于它们的温度(Temp)的平均值和最高值的查询请求:

```
SELECT AVERAGE(Temp), MAX(Temp)
    FROM Sensors
    WHERE Light>10
```

对于不同的传感器网络应用,可以扩展不同的操作符来增强查询和融合的能力。例如可以加入 GROUP 和 HAVING 两个常用的操作符,或者一些较为复杂的统计运算符,像直方图等。GROUP 可以根据某一属性将数据分成组,它可以返回一组数据,而不是只返回一个数值;HAVING 用于对参与运算的数据的属性值进行限制。

下面通过一个简单的例子,说明数据收集是如何在传感器网络中进行的。假设需要查询建筑物的第 6 层房间中温度超过 25℃的房间号及其最高温度,可以使用下面的查询请求:

```
SELECT Room, MAX(Temp)
    FROM Sensors
    WHERE Floor=6
    GROUP BY Room
    HAVING Temp> 25
```

假设 6 层有 4 个房间,房间内传感器的位置以及通信路径如图 5-3 所示。为了突出数据收集的过程,便于简化讨论,这里假设以下三项条件能得到满足:

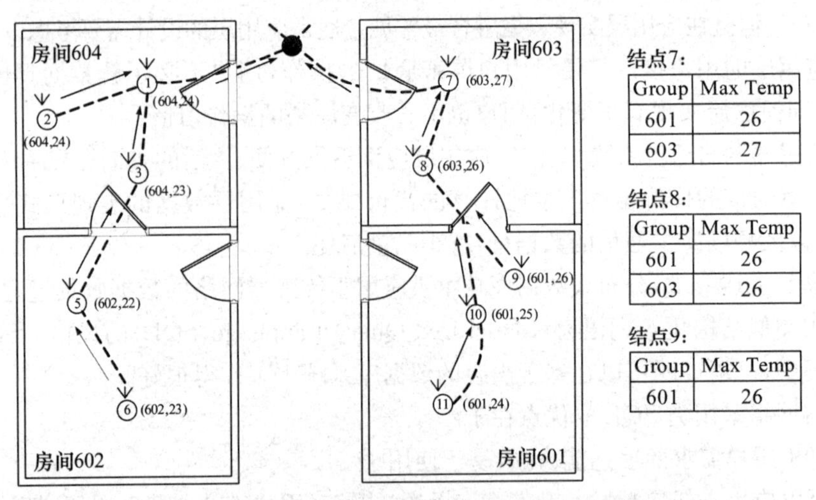

图 5-3　根据类 SQL 语言进行网内处理的示例

(1) 所有结点都已通过某种方法(如简单的扩散)知道了查询请求。

(2) 各结点的数据传输路径已经由某种路由算法确定,例如图中虚线代表的树形路由。

(3) 图中走廊尽头的黑色结点负责将查询结果提交给用户,即此结点为本楼层的数据汇聚结点。

图中的各传感器结点均已准备好一份数据并以(Room,Temp)的形式表示。一种简单的实现可按如下方式操作:

(1) 由于各个结点均理解查询请求，它们会首先检查自己的数据是否符合 HAVING 语句的要求(即温度值是否高于 25 ℃)，以决定自己的数据是否参与运算或需要发送。

(2) 各个结点在接收到其他结点发送来的数据后，进行本地运算，运算内容包括将数据按照房间号进行分组，并比较得出此房间目前已知的最高温度，运算结果将被继续向上游结点提交。

(3) 中间结点如果在一段时间内没有收到邻居结点发送来的数据，可以认为自邻居结点以下，没有需要提交的数据。

按照上面的操作原则，由于 1～6 号结点以及 10、11 号结点的温度值不满足大于 25 的条件，所以不会发送数据。8 号结点将结果发送给 7 号结点，7 号结点通过本地融合，将两者之间比较大的发送给汇聚结点，一共发送了 2 个数据包；9 号结点将自己的计算结果发送给 8 号结点，8 号结点接收到数据后进行本地计算，并将最大值再次发送给 7 号结点；7 号结点更新 8 号结点发送来的计算结果后，发送给汇聚结点；汇聚结点等待一段时间确认没有其他数据需要接收后，将查询结果提交，数据收集过程结束。

如果将一组(Room，Temp)值视为一份数据，上述过程总共在网内发送了 5 份数据。假如不使用任何数据融合手段，让各个结点单独发送数据到汇聚结点，由汇聚结点集中计算结果，则网络需要发送 25 份数据。

上述例子中的实现方法很简单，但一个不能回避的问题就是查询效率比较低。每个中间结点均要等待一段时间以确定邻居结点没有数据发送，而传输路径为树形结构，这将导致高层结点需要等待的时间与树的深度成正比。

为了改进这种情况，可以令不需要发送数据的结点发送一个非常短的分组，用于通知上游邻居结点自己没有数据需要发送，而不是完全沉默。这是一种用少量的能量消耗来换取时间性能的折中方法。即使这样，与不进行网内处理的方法相比，该方法仍能够显著减少数据通信量，有效地节省能量。

5.2 安全机制

5.2.1 安全概述

1) 无线传感器网络安全威胁模型

在 WSN 中，通常假定攻击者可能知道传感器网络中使用的安全机制，能够危及某个传感器结点的安全，甚至能够捕获某个传感器结点。由于布置具有抗篡改能力的传感器结点的成本很高，所以一般认为大多数 WSN 结点都没有抗篡改能力。一旦一个结点存在安全威胁，那么攻击者就可以窃取这个结点内的密钥。通常认为 WSN 中的中心结点是可信的。

对传感器网络的攻击可以分成以下几类：

(1) 外部攻击与内部攻击：外部攻击被定义为来自本 WSN 之外的结点的攻击。当 WSN 的合法结点进行无意识操作或者未授权操作时，即为发生了内部攻击。

(2) 被动攻击与主动攻击：被动攻击包括偷听、监视 WSN 内交换的分组。主动攻击涉及对数据流的某种程度的修改及创建虚假数据流。

(3) 传感器类攻击与微型计算机类攻击:在传感器类攻击中,攻击者是使用少数几个与WSN结点能力类似的结点来攻击这个WSN的。在微型计算机类攻击中,攻击者采用较强装置比如微型计算机来攻击WSN,这种攻击装置的传输距离更远、处理能力更强、存储能量更多,当然这是相对于WSN结点而言的。

2) 无线传感器网络安全面临的障碍

WSN是一种特殊类型的网络,相对于传统计算机网络,其约束条件很多,由于这些约束条件的存在,很难将现有的安全技术应用到WSN中。

(1) WSN资源极其有限

所有的安全协议和安全技术都要依靠一定资源来实现,包括数据存储器、程序代码存储器、能量以及带宽。但是,目前无线微型传感器中的这些资源极其有限。

① 存储器容量限制

传感器结点是微型装置,只有少量存储器用于存储代码。为了建立有效的安全机制,有必要限制安全算法的实现代码长度。例如一个Mica传感器结点只有128 KB的代码存储容量,4 KB的数据存储容量,TinyOS代码约占4 KB。因此,所有的安全实现代码都必须很小。

② 能量限制

能量是无线传感器能力的最大约束因素。通常,依靠电池供电的传感器结点一旦被部署在一个传感器网络中后,就不容易被替换,其工作成本很高,也不容易重新充电,由于传感器成本也很高,因此必须节省电池能量,延长各个传感器结点的寿命,从而延长整个传感器网络的寿命。在传感器结点上实现一个加密函数或者协议时,必须考虑所增加的安全代码对能量的影响。给传感器结点增加安全能力时,必须考虑这种安全能力对结点寿命即电池工作寿命的影响。结点安全能力引起的能耗包括所要求的安全功能如加密、解密、数据签名、签名验证的处理,有关安全数据和开销如加密/解密所需要的初始化向量的发送能耗,采用安全方式存储安全参数的能耗如加密密钥的存储。

(2) 不可靠通信

不可靠通信无疑是WSN安全的另一个威胁。WSN安全密切依赖其定义的协议,而协议又依赖于通信。

① 不可靠传输

传感器网络的分组传输路由属于无连接路由,因此是不可靠的。信道误码、高拥塞结点的分组丢失可能会损坏分组,结果将导致分组丢失。不可靠的无线通信信道也会损坏分组,高信道误码率迫使软件开发人员利用一些额外的网络资源来处理误码。假如协议没有合适的误码处理能力,那么就有可能丢失关键的安全分组,如加密密钥。

② 碰撞

即使信道是可靠的,通信也仍然可能不可靠,其原因在于WSN具有广播特性。假如分组在传输途中遇到了碰撞,那么分组传输就会失败。在高密度的传感器网络中,碰撞是一个主要的问题。

③ 时延

多跳路由、网络拥塞、结点处理会引起较多的网络时延,因此实现传感器结点之间的同步很困难。同步问题对传感器的安全来说很关键,安全机制依赖于关键事件报告和加密密钥分组。

(3) WSN 操作无人照看

依据具体传感器网络的特定功能,传感器结点可能会长时间处于无人照看状态。对于无人照看的传感器结点,存在以下 3 个主要威胁:

① 暴露在物理攻击之下

传感器结点可能会被布置在对攻击者开放或者气候恶劣等环境中。这种环境中的传感器结点遭受物理攻击的可能性比典型 PC(安置在一个安全地点,主要面临来自网络的攻击的情况)要高得多。

② 远程管理

传感器网络的远程管理实质上不可能监测出物理篡改并进行物理维护,如替换电池。最典型的例子是用于远程侦查的传感器结点(布置在敌方边界之后)可能会失去与友方部队的联系。

③ 缺乏中心管理点

一个 WSN 应该是一个分布式网络,没有中心管理点,这会提高 WSN 的生命力。但是,假如设计不合理,这会导致网络组织困难、低效、脆弱。

传感器结点无人照看的时间越长,受到安全攻击的可能性就越大。

3) 无线传感器网络安全要求

WSN 安全服务的目标就是防止信息和网络资源受到攻击和发生异常。

(1) 数据机密性

数据机密性是网络安全中最重要的内容。网络安全的重点通常首先就是要解决数据机密性问题。在 WSN 中,不应该将其传感器感知的数据泄露给邻近的网络。特别是在军事应用中,传感器结点存储的数据可能会高度敏感。在很多 WSN 应用中,如密钥分发中,结点发送的是高度敏感的数据,因此在 WSN 中建立安全信道尤其重要。公用传感器信息,如传感器结点身份标识符(ID)、公共密钥等,也应该被加密,从而在一定程度上防止流量分析攻击。

保持敏感数据秘密的标准方法是采用密钥加密敏感数据,只有预定接收结点才有密钥,因此可以保证数据机密性。对于给定的通信模式需要建立结点与中心结点之间的安全信道以及必需的其他安全信道。

(2) 数据完整性

保证了数据机密性,攻击者便不能窃取信息,但是并不意味着数据就是安全的。攻击者能够修改数据,使 WSN 进入混乱状态。例如,恶意结点可以在分组中添加一些数据分片或者篡改分组中的数据,然后将改变后的分组发送给原始接收结点。即使不存在恶意结点,但由于通信环境条件恶劣,所以仍然会发生数据丢失或者数据受损。因此在通信中,数据完整性要求确保接收结点所接收的数据在传输途中不会被攻击者篡改。SPIN 采用数据认证来实现数据完整性。

(3) 数据新鲜度

即使能够保证数据机密性和数据完整性，仍然必须确保每条消息的新鲜度。数据新鲜度意味着数据是最近的，确保其不是攻击者重放的旧消息。采用共享密钥策略时，这个要求尤其重要。通常，共享密钥必须随时改变。但是，将新的共享密钥传播给整个网络需要一定时间，此时攻击者很容易进行重放攻击。假如传感器结点意识不到需要随时改变新密钥，就很容易破坏传感器结点的正常工作。为了解决这个问题，可以在分组中添加一个随机数或者跟时间有关的计数器，以确保数据新鲜度。

SPIN 识别两种类型的新鲜度。弱新鲜度提供局部消息排序，但是不承载时延信息；强新鲜度提供全部请求-响应对的排序，允许时延估计。弱新鲜度用于传感器感知数据，强新鲜度用于网内时间同步。

(4) 数据认证

数据认证对很多传感器网络应用，例如网络重新编程、控制传感器结点占空因数之类的管理任务都非常重要。攻击者并不局限于修改数据分组，还能够通过注入额外分组来改变整个分组流，所以接收结点必须确保决策过程中使用的数据是来自正确的可信任源结点的。接收结点通过数据认证来验证数据确实是所要求的发送结点发送的。

对于点对点通信，可以采用完全对称机制来实现数据认证。发送结点和接收结点共享一个密钥，密钥用于计算所有通信数据的消息认证码（Message Authentication Code, MAC）。接收结点接收到一条具有正确消息认证码的消息时，就能知道这条消息必定是与其通信的哪个合法发送结点发送的。

在广播环境中，不能对网络结点作出较高的信任假设，因此这种认证技术不适用于广播环境。假如一个发送结点需要给互不信任的接收结点发送消息，那么使用一个对称消息认证码是不安全的。因为其中任何一个不被信任的接收结点只要知道这个对称消息认证码，就可以扮演成这个发送结点，伪造发送给其他接收结点的消息。因此，需要使用非对称机制来实现广播认证。

(5) 可用性

调整、修改传统的加密算法使其适用于 WSN 并不方便，而且会引入额外开销。修改代码，使其尽可能重复使用，或者采用额外的通信来实现相同目标，或者强行限制数据访问，这些方法都会弱化传感器和传感器网络的可用性，理由如下：

① 额外计算消耗额外能量，若不再有能量，则数据不再可用。

② 额外通信也消耗较多能量，而且通信增加，通信碰撞的概率也随之增大。

③ 假如使用了中心控制方案，就会发生单点失效问题，这将极大地威胁网络可用性。可用性安全要求不仅影响网络操作，而且对于维护整个网络的可用性非常重要。可用性确保即使存在 QoS 攻击，所需网络服务仍然可用。

(6) 自组织

WSN 一般是 Ad Hoc 网络，要求每个传感器结点都具有足够的独立性和灵活性，能够按照不同情况进行自组织、自愈。网络中不存在固定基础设施用于网络管理。这个固有的特征给 WSN 安全带来了一个极大的挑战。例如，整个网络的动态性将导致无法预先配置中心结点与所有传感器结点共享的密钥。于是，有人提出了若干种随机密钥预分配方案。若在传感器网络中采用了公共密钥加密技术，则必须具有公共密钥的高效分发机制。分布式传感器网络必须能够自组织并支持多跳路由和密钥管理，以建立传感器结点之间的信任。假如传感器网络的自组织能力不足或者缺乏自组织能力，那么攻击者攻击甚至恶劣环境造成的网络受损都可能是毁灭性的。

(7) 时间同步

大多数传感器网络应用都依赖于某种形式的时间同步。为了节省能量，各个传感器会定期关闭其电源。传感器结点需要计算分组在两个通信结点对之间的端到端时延。联合协作型传感器网络用于跟踪应用时可能需要结点组同步。

(8) 安全定位

一个传感器网络的效用常常依赖于每个网络结点精确而自动的结点定位能力。故障定位传感器网络需要精确的位置信息才能够查明故障的位置。但是，攻击者很容易操控不安全的位置信息，如报告虚假信号强度和重放信号等。

(9) 其他安全要求

① 授权：授权确保得到授权的传感器结点才能够参与对网络服务的信息提供。

② 认可：认可表示结点不能拒绝发送其以前已经发送过的消息。

③ WSN 在网络运行过程中发生传感器结点失效问题而需要布置新的传感器结点是很常见的，因此应该考虑前向保密要求和后向保密要求。

前向保密是指一个传感器结点退网后应该不能再读取网络中随后的任何消息。后向保密是指入网结点应该不能读取网络中此前已经发送过的任何消息。

4) 无线传感器网络安全解决方案的评估

一个 WSN 安全解决方案的性能指标和能力的评估包括如下几方面：

(1) 安全：安全解决方案必须满足 WSN 的安全要求。

(2) 弹性：在少数几个结点存在安全威胁时，安全解决方案应该能够防止继续攻击。

(3) 能量效率：安全解决方案必须是能量高效的，这样才能够达到最大的结点寿命和网络寿命。

(4) 灵活性：密钥管理要灵活，能够适用于各种不同的网络布置方法，如随机的结点扩散、预先确定的结点布置。

(5) 可扩展性：安全解决方案要具有可扩展能力，不会对安全要求造成不利影响。

(6) 容错能力：在发生故障如结点失效时，安全解决方案应该继续提供安全服务。

(7) 自愈能力：传感器结点可能失效或者耗尽其能量，剩余的传感器结点可能需要重组，继续维持一定程度的安全性。

(8) 保证：保证是按照不同安全等级给端用户分发信息的能力，安全解决方案应该提供其所需的可靠性、时延等选择。

5.2.2 安全攻击

WSN 易受各种攻击。根据 WSN 的安全要求，对 WSN 的攻击归类如下：

(1) 对秘密和认证的攻击。标准加密技术能够保护通信信道的秘密和认证,使其免受外部攻击,比如偷听、分组重放攻击、分组篡改、分组哄骗等。

(2) 对网络有效性的攻击。对网络有效性的攻击常常被称为拒绝服务(Denial of Service,DoS)攻击。可以针对传感器网络任意协议层进行 DoS 攻击。

(3) 对服务完整性的秘密攻击。指在秘密攻击中,攻击者的目的是使传感器网络接收到虚假数据。例如攻击者威胁了一个传感器结点的安全,并通过这个结点向网络注入虚假数据。

面对这些攻击时,使传感器网络继续发挥其预定作用是必要的。DoS 攻击通常就是攻击者针对网络进行的破坏、扰乱、毁灭。一种 DoS 攻击可以是削弱或者消除网络执行其预定功能的能力的任何事件。由于攻击者能够针对传感器网络任意协议层进行 DoS 攻击,所以层次化体系结构使得 WSN 在面对 DoS 攻击时很脆弱。

1) 物理层安全攻击

物理层负责频率选择、载波频率生成、信号检测、调制/解调、数据加密/解密。传感器网络是 Ad Hoc 大规模网络,主要采用的是无线通信,无线传输媒介是开放式媒介,因此在 WSN 中有可能存在人为干扰。对于布置在敌方环境或者不安全环境中的 WSN 结点,攻击者很容易进行物理访问。

(1) 人为干扰

对无线通信的一种众所周知的攻击就是采用干扰台干扰网络结点的工作频率。一个干扰源只要功率足够大,就能够破坏整个 WSN。如果其功率比较低,则只能破坏网络中的一个较小区域。即使采用的是功率较低的干扰源,假如干扰源随机分布在网络中,那么攻击者仍然有可能能够破坏整个网络。攻击者使用 k 个随机分布的干扰结点就能够破坏整个网络,并使 N 个结点处于服务之外,k 比 N 小得多。对于单个频率的网络,这种攻击既简单又有效。

抗人为干扰的典型技术就是采用各种扩频通信技术,如跳频扩频、码扩。

① 跳频扩频(Frequency-Hopping Spread Spectrum,FHSS)就是发送信号时使用发射机和接收机均知道的伪随机序列在许多频率之间迅速切换载波频率。攻击者若不能跟踪频率选择序列,就不能及时干扰给定时刻的工作频率。但是,由于工作频率的范围是有限的,所以攻击者可以干扰工作频带的很大一部分甚至整个工作频带。

② 码扩是用来对抗人为干扰的另一种技术,通常用于移动网络中。码扩的设计复杂度较高,能量需求也较高,这限制了其在 WSN 中的应用。一般地,为了满足低成本和低功耗要求,传感器装置会采用单频率工作,因此极易受人为干扰的攻击。

假如攻击者持久性地采用干扰台干扰整个网络,就会得到有效而完整的 DoS 效果。因此,传感器结点应该具有对抗人为干扰的策略,比如切换到较低占空因数,尽量节省能量。结点周期性地苏醒,检查其人为干扰是否已经结束。传感器结点通过节省能量,有可能承受得住攻击者的人为干扰,此后攻击者必须以更高的成本进行人为干扰。

假如人为干扰是断断续续的干扰,那么传感器结点就可以采用高功率给中心结点发送几条高优先级的消息,以将人为干扰报告给中心结点。各个传感器结点应该相互协作,共同努力将这些消息交付给中心结点。传感器结点也可以不定期地缓存高优先级消息，等待在人为干扰的间隙将其中继给其他传感器结点。

对于大规模 WSN，攻击者要成功干扰整个网络比较困难。假如受干扰的只是被攻击者攻克的原网络结点，那么要成功干扰整个网络就更加困难了。

（2）物理篡改

攻击者也可以从物理上篡改 WSN 结点并询问和危害 WSN 结点，这些是导致 Ad Hoc 大规模、普遍性的 WSN 不断恶化的安全威胁。实际上，对分布在数千米范围内的几百个传感器结点实施访问控制是极困难的，甚至是不可能的。WSN 不仅要承受武力破坏，而且要承受较复杂的分析攻击。攻击者可以毁坏 WSN 结点，使其丧失正常工作能力，或者替换 WSN 结点中的关键组件，如传感器硬件、计算硬件甚至软件，将 WSN 结点变成失密结点，从而实现对其掌控，也可以提取 WSN 结点中的敏感组件，如加密密钥，以便能够自由访问高层通信。WSN 可能无法区分结点被毁和结点故障静默这两种情形。

物理篡改的一种对抗措施是改变验证结点的物理层分组。这种对抗措施的成功依赖于如下几点：

① WSN 设计者在设计 WSN 时就精确、完整地考虑到了可能存在的物理安全威胁。

② 可用于设计、测试的有效资源。

③ 攻击者的智慧高低和果断程度。

但是这种对抗措施通常假定，在 WSN 中由于额外的成本开销，传感器结点是不能重改验证的。这就意味着安全机制必须考虑传感器结点被危害的情形。

2）链路层安全攻击

MAC 层为相邻结点之间的通信提供信道仲裁，基于载波侦听的协作性 MAC 协议特别易受 DoS 攻击。

（1）碰撞

攻击者只需要发送一个字节就可能产生碰撞，从而损坏整个分组。分组中的数据部分发生变化，在接收方就不能通过校验。ACK 控制消息被损坏会引起有些 MAC 协议的退避时间呈指数级递增。除了旁听信道发送之外，攻击者需要的能量极少。

采用差错纠错机制能够容忍消息在任意协议层次上遇到不同程度的损伤，差错纠错编码本身存在额外的处理开销和通信开销。对于一个给定的差错纠错编码，恶意结点仍然能够使其损坏的分组多于网络能够纠正的分组，但是其开销较高。

WSN 可以采用碰撞检测技术来识别恶意碰撞。恶意碰撞会产生一种链路层人为干扰，但是迄今为止还没有彻底有效的防护措施和技术。正当发送仍然需要结点之间的相互协作，以避免互相损坏对方发送的分组。一个被攻击者彻底颠覆的结点能够故意、反复地拒绝信道访问，而攻击者的能耗比全时段人为干扰的能耗低得多。

（2）能量消耗

链路层可能会采用反复重传技术。即使被一个异常延迟的碰撞，如在本帧即将结束时引起的碰撞所触发的时候，也可能会进行重传。这种主动 DoS 攻击会耗尽附近结点的电池储能，危害网络的可用性，即使攻击者不再进行攻击。随机退避只能降低无意碰撞概率，但不能防止这种攻击。

时分复用给每个结点分配一个发送时隙，不需要为发送每个帧而进行信道访问仲裁。这种方法能够解决退避算法中的不确定性延迟的问题，但是仍然易受碰撞攻击。

可以利用大多数MAC协议的交互式特性来进行询问攻击。例如，基于IEEE 802.11的MAC协议采用RTS/CTS/DATA/ACK交互方式预留信道访问和发送数据，因此结点可以反复利用RTS请求信道访问，以得到目标相邻结点的CTS响应。持续发送最终会耗尽发送结点和相邻目标结点的能量资源。

一种解决方法是限制MAC准入控制速率，网络不理睬过多的信道访问请求，不进行能耗很高的无线发送。这种限制策略不会使准入速率下降到网络所能支持的最大数据速率以下。防止电池能量消耗攻击的一个策略是限制无关紧要的却是MAC协议所需要的响应。为了提高总体效率，设计人员常常在系统中实现这种功能，但是处理攻击的软件代码需要额外的逻辑。

(3) 不公平性

不公平性是一种较弱形式的DoS攻击。断断续续地运用碰撞攻击和电池能量消耗攻击，或者滥用协作性MAC层优先权机制会引起不公平性。这种安全威胁尽管不能完全阻止合法的信道访问，但是会降低服务质量，如导致实时MAC协议的用户发生时间错位。

一种对付不公平性攻击的方法是采用短帧结构，这样会导致每个结点占用信道的时间较短。但是，假如网络经常发送长消息，那么这种方法会导致成帧的开销上升。在竞争信道访问时，攻击者采取欺骗手段很容易突破这种防护措施。攻击者能够迅速作出响应，而其他结点则随机延迟其响应。

3) 网络层(路由)安全攻击

由于WSN常常依靠电池供电，而电池能量非常有限，所以许多传感器网络的路由协议被设计得很简单，以节省能量，使结点寿命、网络寿命达到最大，因此有时易受攻击。各种WSN网络层攻击的主要差异表现在是试图直接操作用户数据的攻击还是试图影响低层路由拓扑的攻击。针对WSN进行的网络层攻击分成对路由信息的哄骗、篡改、重放，选择性转发，污水池攻击，女巫攻击，蠕虫攻击，Hello洪泛攻击，应答哄骗。

(1) 对路由信息的哄骗、篡改、重放

针对路由协议最直接的攻击就是以结点之间交换的路由信息为目标进行的攻击。攻击者通过对路由信息的哄骗、篡改、重放，能够创建路由闭环，吸引或者抵制网络流量，延长或者缩短源路由，产生虚假的错误消息，分割网络，增加端到端时延等。

(2) 选择性转发

多跳网络常常假定参与结点能够安全、正确地转发所收消息。在选择性转发攻击中，攻击者可能拒绝转发某些消息，简单地将这些消息丢掉，并确保这些消息不会被进一步传播。当恶意结点的表现类似黑洞并拒绝转发通过其传递的每个分组时，就是一种简单形式的选择性转发攻击。攻击者采用这种形式的攻击存在着风险，由于接收不到攻击者结点发送的消息，所以相邻结点将会认为攻击者结点已经失效，因而决定寻找另一条路由。另一种表现形式稍有不同的选择性转发攻击是，攻击者选择性地转发分组，其兴趣在于抑制或者篡改若干个精选结点产生的分组，但是仍然会可靠地转发其余流量分组，从而降低了其攻击行为被怀疑的可能性。

当攻击者直接处在数据流传输路由上时，选择性转发攻击通常是非常有效的。攻击者可以旁听经过相邻结点的数据流量，因此通过人为干扰或者碰撞其感兴趣的每个转发分组就能够模仿选择性转发。这种攻击机制需要高超的技巧，因此很难施行。例如，如果网络中每个相邻结点对都使用唯一一个密钥初始化跳频通信或者扩频通信，那么攻击者要施行这种攻击就极其困难。因此，攻击者很可能沿着抗攻击能力最弱的路由，并且尽量包含自身的数据流的实际传输路由进行选择性转发攻击。

(3) 污水池攻击

在污水池攻击中，攻击者的目的是引诱来自某个特定区域的附近所有流量都通过一个失密结点，从而产生一个比喻性的污水池，其中心位置就是攻击者。由于分组传输路径上的结点及其附近的结点有很多机会篡改应用数据，所以污水池攻击能够同时伴随许多其他攻击，如选择性转发攻击。

污水池攻击的工作原理是使失密结点对路由算法和周围结点看上去很有吸引力。例如，攻击者可以哄骗或者重放到达中心结点的极高质量的路由广播消息。有些路由协议可能会采用端到端包含可靠性、时延信息的应答真正验证路由的质量。此时，微型计算机类攻击者采用大功率发射机直接对中心结点发送(发射功率足够高，单跳可达)或者采用蠕虫攻击，就能够提供到达中心结点的真正高质量路由。由于存在通过失密结点的真正或者虚假的高质量路由，所以攻击者的每个相邻结点都很可能将传递给中心结点的分组转发给攻击者，并且又将这种高质量路由信息传播给自己的相邻结点。攻击者由此可以有效地创建一个巨大的影响球，吸引传递给中心结点的所有数据流，这样数据就来自离失密结点有数个转发跳远的结点。

进行污水池攻击的一个动机是为了进行选择性转发攻击，攻击者通过确保特定目标区域的所有数据流传递都经过失密结点，就能够选择性地抑制或者篡改来自该区域任意结点的分组。

传感器网络特别易受污水池攻击的原因在于其特殊的通信模式。在只有一个中心结点的 WSN 中，因为所有分组的最终目标结点只有一个中心结点，所以失密结点只需要提供单跳可达中心结点的高质量路由就有可能影响大量的传感器结点。

(4) 女巫攻击

女巫攻击是指一个恶意装置非法占用了多个网络身份。将一个恶意装置的额外身份称为女巫结点。女巫攻击会大幅度地降低路由协议、拓扑维护中的容错功效。一般认为使用不相交结点的各条路由实际上包含了冒充多个身份的那个攻击者结点。

一个女巫结点可以采取多种方法获取身份，其中一种方法是伪造一个新的身份。在有些情况下，攻击者可以简单地任意产生新的女巫身份。例如，假如用一个 32 bit 的整数表示每个结点的身份，那么攻击者可以给每个女巫结点分配一个随机的 32 bit 的整数。另一种获取身份的方法是窃取某个合法结点的身份。给定一个合法结点的身份识别机制，那么攻击者就可能无法伪造新的身份了。此时攻击者需要将其他合法结点的身份分配给女巫结点。假如攻击者摧毁了假扮结点或者使假扮结点临时性失效,就可能无法察觉这种身份窃取行为了。

女巫结点直接与合法结点通信。当一个合法结点给一个女巫结点发送一条消息时,其中一个恶意装置会在无线信道上侦听到此消息。女巫结点发送的消息实际上是其中一个恶意结点发送的。假如合法结点不能与女巫结点直接通信,那么其中一个或者多个恶意装置的声明就能够到达女巫结点。女巫结点发送的消息通过其中一个恶意结点传递,后者假装将消息传递给女巫结点。

女巫攻击对地理路由协议的威胁极大。位置意识路由为了高效地利用地理路由传递分组,一般都要求结点与其相邻结点交换位置坐标信息。攻击者运用女巫攻击就能够"立即出现在多个地点"。

(5) 蠕虫攻击

一条蠕虫就是一条连接两个网络子区域的低时延链路,攻击者在这条链路上中继网络消息。蠕虫可以由单个结点创建,即该结点位于两个相邻或者不相邻的结点之间,转发其间的消息;也可以由一对结点创建,即这两个结点分别位于两个不同的网络子区域,并且能够相互进行通信。

在蠕虫攻击中,攻击者接收到某个网络子区域的消息,然后沿着低时延链路即蠕虫将这些消息重放到网络的其他区域中。特别是在同一个通信结点对之间,通过蠕虫发送的分组传输时延小于采用正常多跳路由时的分组传输时延。最简单的蠕虫攻击就是一个结点位于另外两个结点之间,转发这两个结点之间的消息。但是蠕虫攻击通常涉及两个相距较远的恶意结点,这两个恶意结点共同有意地低估相互之间的距离,沿着只有攻击者才能够使用的带外信道中继分组。

假如攻击者离中心结点较近,那么攻击者通过精心设计和布置的蠕虫就有可能彻底破坏路由。攻击者可能会使离中心结点有数个转发跳远的结点相信通过蠕虫只有一跳或者两跳远。这就能够产生污水池,处在蠕虫另一边的攻击者能够提供到达中心结点的虚假高质量路由。要是备用路由没有竞争力,那么附近区域中的所有流量就有可能通过蠕虫传递,当蠕虫的端点离中心结点相对较远时就很可能总是如此。

较一般的情况是,蠕虫可以充分利用路由竞争条件。当一个结点根据其接收的第一条消息忽略随后的消息而采用某种操作时,通常就会出现路由竞争条件。在这种情况下,要是攻击者能够使结点在多跳路由正常到达的时间前接收到某种路由信息,那么攻击者就能够影响最后得到的拓扑。蠕虫正是这样实现的,即使路由信息被加密和需要认证,蠕虫也仍然有效。蠕虫通过中继两个相距甚远结点之间的分组能使这两个结点相信对方是相邻结点。

蠕虫攻击很可能与选择性转发或者偷听一起使用。当蠕虫攻击与女巫攻击一起使用时,网络可能很难检测到蠕虫攻击。

(6) Hello 洪泛攻击

Hello 洪泛攻击就是攻击者利用 WSN 路由协议中使用的 Hello 消息进行的攻击。很多 WSN 路由协议要求结点广播 Hello 消息,以向其相邻结点声明自己的存在和广播自己的一些信息,如身份、地理位置等。接收到 Hello 消息的结点则可假定自己处在该 Hello 消息发送结点的覆盖范围内。这个假设条件有可能是虚假的，如微型计算机类的攻击者采用足够大的发射功率来广播路由或者其他信息，就能够使网络中每个结点都相信攻击者就是其相邻结点。

攻击者给每个网络结点广播到达中心结点的质量极高的路由，这样就可能使大量结点都使用这条路由，但是离攻击者甚远的所有那些结点发送的分组就会被湮没，从而导致网络处于混乱状态。结点认识到到达攻击者的这条链路是虚假链路后几乎没有什么可选择的处理办法，其所有相邻结点都可能将分组转发给攻击者。那些依靠相邻结点间的位置信息的交换来维护网络拓扑或者进行流量控制的协议也易受 Hello 洪泛攻击。

攻击者进行 Hello 洪泛攻击时不必建立合法的分组流。攻击者只需采用足够大的发射功率重复广播开销分组，就能使每个网络结点都接收到这个广播。也可以认为 Hello 洪泛是单方广播蠕虫。

“洪泛”经常用来表示一条消息在多跳拓扑上被迅速传播给每个网络结点。但是 Hello 洪泛攻击采用了单跳广播将一条消息发送给大量接收结点，所以两者之间是有差别的。

(7) 应答哄骗

有些 WSN 路由协议依靠间接或者直接的链路层应答。由于 WSN 传输媒介的固有广播特性，所以攻击者可以旁听传递给相邻结点的分组，并对其作出链路层哄骗应答。应答哄骗的目的包括使发送结点相信一条质量差的链路是一条质量高的链路，一个失效结点或者被毁结点是一个活动结点。例如，路由协议可以运用链路可靠性来选择传输路径的下一个转发跳。在应答哄骗攻击中，攻击者故意强迫通信使用一条质量差的链路或者一条失效的链路。因为沿着质量差或者失效的链路传递的分组将会丢失，所以攻击者运用应答哄骗能够有效地进行选择性转发攻击，鼓励目标结点在质量差或者失效的链路上发送分组。

4) 传输层安全攻击

传输层负责管理端到端连接。传输层提供的连接管理服务可以是简单的区域到区域的不可靠任意组广播传输，也可以是复杂、高开销的可靠按序多目标字节流。WSN 一般采用简单协议，使应答和重传的通信开销最低。WSN 传输层可能存在两种攻击，即洪泛和去同步。

(1) 洪泛

要求在连接端点维护状态的传输协议易受洪泛攻击。洪泛攻击会引发传感器结点存储容量被耗尽的问题。攻击者不断反复提出新的连接请求，直到每个连接所需的资源被耗尽或者达到连接的最大限制条件为止。此后，合法结点的连接请求被忽略。攻击者建立新连接的速度快到足以在服务结点上产生资源饥饿问题。

(2) 去同步

去同步就是指打断一个既存的连接。例如，攻击者反复给一个端主机发送哄骗消息，使这个主机申请重传丢失分组。假如时间同步正确，那么攻击者可以削弱端主机的数据交换能力，甚至阻止端主机交换数据，从而导致端主机浪费能量去试图从实际上并不存在的错误中恢复过来。一种对抗措施是要求认证端主机之间通信的所有分组。假定认证方法本身是安全的，则攻击者就不能给端主机发送哄骗消息。

5.2.3 SPINS 安全解决方案

SPINS 采用安全网络加密协议(Secure Network Encryption Protocol,SNEP)来提供数据机密性、数据完整性、数据新鲜度、数据认证,并采用 μTESLA 提供广播认证。

1) 符号

使用如下符号描述 SPINS 及其加密操作:

(1) A、B 表示主体,比如通信结点。

(2) N_A 表示 A 产生的一个随机数,一个随机数就是一个不可预测的比特串,通常用于实现新鲜度。

(3) χ_{AB} 表示 A、B 共享的主密钥即对称密钥,主密钥的表示符号没有方向性,即 $\chi_{AB}=\chi_{BA}$。

(4) K_{AB} 和 K_{BA} 表示 A、B 共享的加密密钥,A 和 B 根据通信方向和主密钥来推导加密密钥,即 $K_{AB}=F\chi_{AB}(1)$,$K_{BA}=F\chi_{AB}(3)$,其中 F 表示伪随机函数(Pseudo Random Function,PRF)。

(5) K'_{AB} 和 K'_{BA} 表示 A、B 共享的消息认证码密钥,A 和 B 根据通信方向和主密钥来推导消息认证码密钥,即 $K'_{AB}=F\chi_{AB}(2)$,$K'_{BA}=F\chi_{AB}(4)$,其中 F 表示伪随机函数。

(6) $\{M\}K_{AB}$ 表示使用加密密钥 K_{AB} 加密的消息 M。

(7) $\{M\}_{\langle K_{AB}\cdot I_V\rangle}$ 表示使用密钥 K_{AB} 和初始向量 I_V 上加密的消息 M,I_V 是指使用的加密方式,比如加密分组链(Cipher Block Chaining, CBC)、输出反馈方式(Output Feedback Mode,OFM)等计算方式。

(8) $MAC(K'_{AB},M)$ 表示使用密钥 K'_{AB} 计算消息 M 的消息认证码。

一个安全信道就是一个能提供数据机密性、数据完整性、数据新鲜度、数据认证的信息。

2) SNEP

SNEP 具有许多独特的优点。SNEP 通信开销低,每条消息只增加 8 字节。像许多加密协议一样,SNEP 采用了一个计数器,在两个端点维持状态,而不需要发送计数器值。SNEP 实现语义安全,这是一个很强的安全特性,能够防止偷听者从加密消息中推导出消息内容。同样,其简单而高效的协议也能提供数据认证、重放保护、弱消息新鲜度。

数据机密性是最基本的安全语义之一,几乎每个安全协议都包含了数据机密性。通过加密能够实现简单的机密性,但是纯加密是不够的。另一个重要的安全特性是语义安全,语义安全确保即使偷听者了解同一个明文的若干个密码编码,仍然不能得到这个明文的任何信息。例如,即使攻击者获得一个加密的 0 比特和一个加密的 1 比特,但是攻击者仍然不知道一个新加密比特是 0 还是 1 比特。安全语义的基本实现技术就是随机化,即在使用链式加密函数如 DES-CBC 加密消息前,在消息前面插入一个随机比特串。这样能够防止攻击者在知道采用相同密钥的明文-密文对的条件下推导出加密消息的明文。

但是,在无线信道上发送随机数据需要较多能量,所以 SPIN 采用另一种没有额外传输开销的加密机制来实现安全语义,即采用两个端点共享两个计数器,每个通信方向一个计数器,作为 CTR 的分组密码。管理计数器的传统方法是将计数器值与每条消息一起发送。但是由于采用了传感器,通信双方可以共享计数器,每当通信一个分组后就递增计数器值,所以发送消息时不用发送计数器值,从而节省了能量。

为了实现通信双方的数据认证和数据完整性,通常采用消息认证码。对于不同的加密原语,不能重复使用相同的加密密钥,以防止原语之间的交互,原语交互有可能引入安全弱点。因此,SPIN 推导加密操作和消息认证码操作的独立密钥。两个通信结点 A 和 B 共享一个主密钥 χ_{AB},并且可以使用伪随机函数 F 推导出每个通信方向的独立加密密钥和消息认证码密钥,即加密密钥 $K_{AB}=F_{\chi_{AB}}(1)$,$K_{BA}=F_{\chi_{AB}}(3)$,$K'_{AB}=F_{\chi_{AB}}(2)$,$K'_{BA}=F_{\chi_{AB}}(4)$。

SNEP 就是由这些机制有机地组成的。加密数据的格式为 $E=\{D\}_{\langle K,C\rangle}$,$D$ 表示数据,K 表示加密密钥,C 表示计数器。消息认证码为 $M=MAC(K',C|E)$。A 发送给 B 的完整消息如下:

$$A\rightarrow B:\{D\}_{\langle K_{AB},C_A\rangle},MAC(K'_{AB}C_A|\{D\}_{\langle K_{AB},C_A\rangle}) \tag{5-2}$$

SNEP 具有如下特点:

(1) 语义安全:因为每通信完一条消息后递增计数器值,所以同一条消息的每次加密均不同,计数器值足够长,在结点存活期间不会重复。

(2) 数据认证:假如一条消息通过消息认证码来验证,那么接收结点就能知道本条消息是哪个合法发送结点发送来的。

(3) 重放保护:利用消息认证码中的计数器值能够预防过时消息的重放,假如在消息认证码中没有使用计数器,对手就很容易重放消息。

(4) 弱新鲜度:假如一条消息通过了认证,那么接收结点知道本条消息必定是在其前一条正确接收消息之后发送的,从而强化了消息排序,得到了弱新鲜度。

(5) 通信开销低:每个通信端点都维护计数器状态,不必随着每条消息发送计数器状态,假如未通过消息认证码验证,那么接收结点可以按照固定小整数递增计数器值的规则,从消息丢失中恢复过来。如果仍然未能通过消息认证码验证,那么通信双方就要执行计数器交换协议。

非加密 SNEP 只强化结点 B 范围内的消息发送顺序,因而只提供了弱数据新鲜度,不能对结点 A 绝对保证结点 B 是响应结点 A 中的一个事件产生的消息。

结点 A 通过 N_A,即一个随机数,要求其长度满足不可能穷尽所有可能的搜索的随机数,来实现结点 B 的响应的强数据新鲜度。结点 A 随机产生 N_A,并将其与请求消息 R_A 一同发送给结点 B。实现强新鲜度的最简单方法就是结点 B 按照认证协议将其随机数与响应消息 R_B 一同返回给结点 A。但是,在计算消息认证码的过程中间接使用随机数,优化了强新鲜度的实现过程,不需要返回随机数。提供结点 B 的响应的强新鲜度的完整 SNEP 协议如下:

$$A\rightarrow B:N_A,\ R_A$$

$$B\rightarrow A:\{R_B\}_{\langle K_{BA},C_B\rangle},\ MAC(K'_{BA},N_A|C_B|\{R_B\}_{\langle K_{BA},C_B\rangle}) \tag{5-3}$$

假如通过了消息认证码验证,那么结点 A 知道结点 B 的响应是在结点 A 发送完请求之后产生的。假如需要数据机密性和数据认证,那么第一条消息也可以使用非加密 SNEP,如式(5-2)所示。

为了实现短小 SNEP 消息，假定通信结点 A 和 B 相互知道对方的计数器值 C_A 和 C_B，因此不需要在每条加密消息中都增加计数器值。但是在实际中，消息可能丢失，共享计数器状态可能变得不一致。因此，需要采用计数器交换协议实现计数器状态的同步。为了引导计数器初始值，使用如下的计数器值交换协议：

$$A \rightarrow B: C_A$$

$$B \rightarrow A: C_B,\ MAC(K'_{BA}, C_A | C_B)$$

$$A \rightarrow B: MAC(K'_{AB}, C_A | C_B) \tag{5-4}$$

计数器值不是秘密数据，因此不需要对计数器值加密。但是，计数器值交换协议需要强新鲜度，所以通信双方都使用其计数器值作为随机数，并假定计数器值交换协议绝不会对同一个计数器值运行两次，因此必要时可以递增计数器值。消息认证码密钥 K'_{AB} 和 K'_{BA} 间接将本消息约束为通信结点 A 和 B，并且确保本消息的通信方向，因此消息认证码不必包含 A 或者 B 的名称。

结点 A 若是知道结点 B 的计数器值 C_B 不再是同步的，就可以使用 N_A 请求结点 B 的当前计数器值，以确保应答的强新鲜度。

$$A \rightarrow B: N_A$$

$$B \rightarrow A: C_B,\ MAC(K'_{BA}, N_A | C_B) \tag{5-5}$$

为了预防拒绝服务攻击，即攻击者连续发送虚假消息，欺骗结点执行计数器同步，结点可以利用其发送的各条加密消息来发送计数器值。另一种计数器状态同步 DoS 攻击的检测方法是在消息中增加一个新的、与计数器无关的较短消息认证码。

3) μTESLA

TESLA 协议提供高效的广播认证。但是，TESLA 不是为传感器网络这种有限计算环境设计的，理由如下：

(1) TESLA 采用了数字签名认证来初始化分组，对于传感器结点，数字签名的计算开销太高，即使将数字签名程序代码安装到存储器中也是一个挑战。

(2) 标准 TESLA 的每个分组约有 24 B 的开销。对于连接工作站的网络，这个开销是无关紧要的，但是传感器结点发送的是极短消息，每条消息大约只有 30 B，暴露每个分组前一个间隔的 TESLA 密钥完全不可能。由于有 64 bit 密钥以及消息认证码，所以 TESLA 的有关部分占了一个分组长度的 50%以上。

(3) 单向密钥系列不适用于传感器结点的存储器，所以 TESLA 不适用于无线传感器结点的广播数据认证。

μTESLA 可以解决 TESLA 应用于 WSN 中面临的如下问题和不足：

(1) TESLA 采用数字签名认证来初始化分组，这种方法对于 WSN 结点来说代价太高，而 μTESLA 只采用对称机制。

(2) 暴露每个分组的密钥需要太多的发送能量和接收能量，而 μTESLA 在每个时段暴露一次密钥。

(3) 在 WSN 结点中存储单向密钥系列的代价很高，μTESLA 限制了待认证结点的数量。

广播认证需要非对称机制，否则任何有安全风险的结点都能够伪造发送结点发送的消息。但是，非对称加密机制存在很高的计算、通信、存储开销，因此不能用于资源很有限的 WSN 装置。μTESLA 可以克服这个问题，它延迟了对称密钥的暴露时间，由此引入了非对称性，得到了一个高效的广播认证方案。

μTESLA 要求中心结点和 WSN 结点之间实现松散时间同步，每个结点都知道最大同步误差的上限。为了发送一个待认证分组，中心结点利用一个当时是秘密的密钥来计算该分组的消息认证码。一个结点接收到一个分组后，根据其松散同步时钟、最大同步误差以及密钥暴露的时间表就能够验证该分组的消息认证码密钥是否还未被暴露。由于对接收结点确保了只有中心结点知道该消息的认证码密钥，所以可以对接收结点保证该分组在传输途中不会被对手所篡改。结点将该分组存储在缓存器中。到达密钥暴露时刻，中心结点给所有接收结点广播验证密钥。一个结点在接收到暴露密钥后，就能够验证密钥的正确性了。假如密钥验证正确，那么结点就可以使用该密钥来认证其缓存器中存储的那个分组。

每个消息认证码密钥就是一个密钥链中的一个密钥，是通过公共单向函数 F 产生的。为了产生单向密钥链，发送结点随机选择该序列中最后的一个密钥 K_n，对其反复进行单向函数 F 运算，计算出所有其他密钥 $K_i=F(K_{i+1})$。每个结点都按照安全的、认证的方式，运用了 SNEP 安全模块，所以易于实现时间同步和重新得到单向密钥链中待认证的密钥。

例如，图 5-4 所示为 μTESLA 单向密钥链导出、时间间隔、发送结点广播的若干分组。单向密钥链中的每个密钥都对应一个时间间隔，在一个时间间隔内发送的所有分组都采用同一个密钥进行认证。发送结点每隔两个时间间隔就暴露其用来计算消息认证码的密钥。假定接收结点实现了松散时间同步，并且知道 K_0 即该单向密钥链的第一个密钥。在时间间隔 1 发送的分组 P_1 和 P_2 包含一个消息认证码和密钥 K_1。在时间间隔 2 发送的分组 P_3 包含一个消息认证码和密钥 K_2。至此，接收结点还不能认证任何分组。假定分组 P_4、P_5、P_6 全部会丢失，暴露密钥 K_1 的分组也会丢失，因此接收结点仍然不能认证分组 P_1、P_2 或者 P_3。中心结点在时间间隔 4 广播密钥 K_2，结点通过验证 $K_0=F[F(K_2)]$来认证密钥 K_2。结点推导 $K_1=F(K_2)$，所以能够使用密钥 K_1 认证分组 P_1、P_2，使用密钥 K_2 认证分组 P_3。

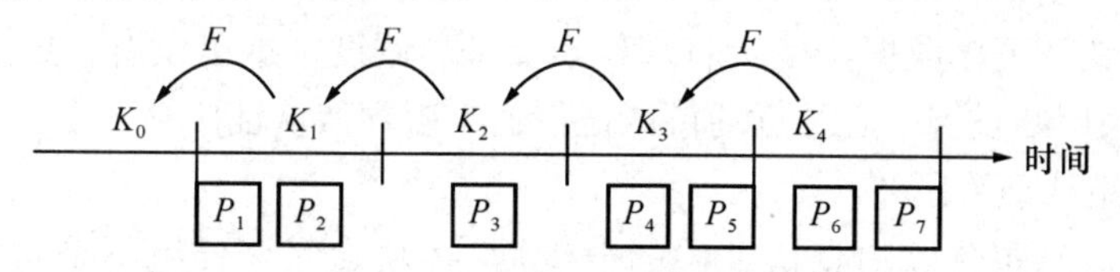

图 5-4 μTESLA 单向密钥链

密钥暴露与分组广播无关，但是受时间间隔约束。在 μTESLA 中，发送结点在一个特殊分组中周期性地广播当前密钥。

4) μTESLA 详细描述

μTESLA 包含多个阶段：发送结点建立阶段、待认证分组广播阶段、新接收结点引导阶段、广播分组认证阶段和结点广播通过认证的分组阶段。

(1) 发送结点建立阶段

发送结点首先产生一个密钥链，即单向密钥链。为了产生长度为 n 的单向密钥链，发送结点随机选择最后一个密钥 K_n，并连续进行单向函数 F 运算，产生剩余密钥 $K_j=F(K_{j+1})$。

由于 F 是单向函数，所以任何人都能够做前向计算，比如已知 K_{j+1} 就能够计算出 K_0，K_1，…，K_j，但是由于生成函数是单向的，所以任何人都不能进行后向计算，比如已知 K_0，K_1，…，K_j，不能计算出 K_{j+1}。

(2) 待认证分组广播阶段

时间被划分成均匀的时间间隔，发送结点使单向密钥链中的每个密钥都关联一个时间间隔。在时间间隔 i 内，发送结点采用该间隔的密钥 K_i 计算该间隔上各个分组的消息认证码。

在时间间隔 $(i+\delta)$ 内，发送结点暴露密钥 K_i。一般要求密钥暴露时延大于发送结点与任意接收结点之间的往返传输时延，因此密钥暴露时延是若干个时间间隔的 10 倍。

(3) 新接收结点引导阶段

在单向密钥链中，密钥是自行认证的。接收结点使用一个已认证的密钥可以很容易且高效地认证其余的密钥。例如，接收结点接收到单向密钥链中的密钥 K_i，则容易认证 K_{i+1}，验证 $K_i=F(K_{i+1})$。为了引导 μTESLA，每个接收结点都必须将其中一个密钥作为整个单向密钥链的第一个密钥。其他要求包括发送结点和接收结点的松散时间同步，接收结点要知道单向密钥链中各个密钥的暴露时间表。采用强新鲜度机制和点对点认证能够建立松散时间同步和待认证密钥链的第一个密钥。接收结点 M 通过请求消息给发送结点 S 发送 N_M。发送结点 S 应答的消息包含其当前时间 T_S 在前一个时间间隔 i 使用的密钥 K_i 即该单向密钥链的第一个密钥、时间间隔 i 的起始时间 T_i、一个时间间隔的长度 T_{int}、暴露时延 δ，其中 T_i、T_{int} 是对暴露时间表的描述。

$$M \rightarrow S: N_M$$

$$S \rightarrow M: T_S \mid K_i \mid T_i \mid T_{\text{int}} \mid \delta$$

$$MAC(K_{MS}, N_M \mid T_S \mid K_i \mid T_i \mid T_{\text{int}} \mid \delta) \tag{5-6}$$

因为不要求数据机密性，所以发送结点不必加密该数据。消息认证码使用该结点与中心结点共享的密钥认证该数据，N_M 允许该结点验证新鲜度。这里没有采用 TESLA 的数字签名技术，而是采用结点到中心结点的待认证信道来引导待认证广播。

(4) 广播分组认证阶段

接收结点接收到包含该消息认证码的分组后，必须确保该分组不是对手的哄骗分组。对手已经知道了一个时间间隔的暴露密钥，并且知道如何使用这个密钥来计算这个消息认证码，所以能够伪造这个分组。接收结点必须确保这个分组是安全的，这意味着发送结点还没有暴露用于计算输入分组的这个消息认证码的密钥。发送结点和接收结点必须实现松散时间同步，接收结点必须知道密钥暴露时间表。假如输入分组是安全的，那么接收结点存储这个分组，一旦其对应密钥被暴露，就能够验证该分组。假如输入分组不是安全的，即该分组经历了异常长的时延，那么该分组很可能已经被对手篡改过了，因此接收结点要丢掉该分组。

接收结点一旦接收到一个新密钥 K_i，则认证该密钥，即进行少数几次单向函数 F 运算 $K_v=F^{i-v}(K_i)$，检查 K_i 是否与其最近所知的可信密钥匹配。假如两个密钥匹配，那么新密钥 K_i 是可信密钥，接收结点可以认证在时间间隔 v 至 i 上发送的所有分组。接收结点还要用 K_i 替换已存储的 K_v。

(5) 结点广播通过认证的分组阶段

假如一个结点广播了一个已通过认证的数据，则会产生新的挑战，其原因包括：结点的存储器容量有限，不能存储单向密钥链的各个密钥；根据初始生成的密钥 K_n 重复计算每个密钥的计算开销很高；一个结点可能不会与其所有相邻结点共享同一个密钥，因此发送该密钥链中已通过认证的第一个密钥涉及代价甚高的点对点密钥协议；结点将已暴露的密钥广播给所有接收结点的代价甚高，会耗尽其已有的电池能量。有两种方法可以解决这个问题：一是结点通过中心结点来广播其数据，结点按照认证方式采用 SNEP 将其数据发送给中心结点，中心结点接收到该数据后再广播该数据；二是结点广播其数据，中心结点保存单向密钥链，按需给广播结点发送密钥。为了节省广播结点的能量，中心结点也广播暴露了的密钥，同时(或者)执行新接收结点的初始引导规程。

5) SPINS 实现

可以采用 Smart Dust 传感器平台来实现 SPINS，其配置如表 5-1 所示。其中 8 KB 只读程序存储器用于存储 TinyOS、SPINS 以及传感器网络应用的程序代码。

表 5-1 Smart Dust 传感器平台的配置

CPU	8 bit，4 MHz
存储器	只读程序存储器：8 KB
	RAM：512 B
	EEROM：512 B
通信	916 MHz
带宽	10 kb/s
操作系统	TinyOS
操作系统代码长度	3 500 B
用户可用的代码存储器容量	4 500 B

(1) 分组密码

传感器网络的计算能力和存储能力要求只能使用对称密钥的块加密算法。一种比较合适的算法是 RC5 算法。RC5 算法简单高效，不需要很大的表来支持。最重要的就是该算法是可定制的加密算法，可定制的参数包括：分组大小(32/64/128 bit 可选)、密钥大小(0～2 040 位)和加密轮数(0～255 轮)。对于要求不同、结点能力不同的应用可以选择不同的定制参数，非常方便灵活。该分组算法的基本运算单元包括加法、异或和 32 位循环移位。RC5 算法的加密过程是数据相关的，加上三种算法混合运算，有很强的抗差分攻击和线性攻击的能力。不过对于 8 位处理器来说，32 位循环移位的开销会比较大。RC5 算法有几种运行模式：如果使用 CBC 方式，其加解密过程不一样，需要两段代码完成；如果使用计数器(CounTeR，CTR)模式，其加解密过程相同，节省代码空间，而且同样保留 CBC 模式所拥有的语义安全特性。所以可以选择 CTR 模式实现 RC5 算法。但是，RC5 算法采用了 32 位的数据循环操作，而 Smart Dust 传感器平台只支持 8 bit 单比特循环操作。尽管能够成功表达 RC5 算法，但是 RC5 的公共库太大而不能安装到 Smart Dust 传感器平台上，因此从 RC5 的公共库中选择了一部分安装，将代码量减小了 40%。

(2) 加密函数

为了节省代码存储空间，加密、解密都采用相同函数。分组密码的 CTR 模式具有这种特性，如图 5-5(a)所示。CTR 模式采用的是流密码，因此密文的长度正好等于明文的长度，而不等于分组密码长度的整数倍。WSN 特别需要这个特性，消息发送和接收会消耗很多能量，消息越长，数据被损坏的概率就越高。CTR 模式要求计数器操作正确，重复使用计数器值会严重影响安全性。CTR 模式提供语义安全。由于密码填充是根据不同计数器产生的，所以不同时间发送的相同明文会采用不同的密码加密。对于不知道密钥的攻击者，这些消息似乎是两个不相关的随机串。由于发送结点和接收结点共享一个计数器，所以消息中不必包含计数器值。假如两个结点的计数器不同步，那么这两个结点可以运用 SNEP 和强新鲜度直接发送计数器值，重新实现同步。

(3) 新鲜度

CTR 加密自动提供弱新鲜度。由于发送结点在每条消息之后递增计数器值，所以接收结点通过检验所收消息是否具有单调递增计数器值就可验证弱新鲜度。对于要求强新鲜度的应用，发送结点随机生成一个 N_M，即一个不可预测的 64 位数值，并将这个 N_M 添加到发送给接收结点的请求消息中。接收结点产生响应消息，并且在其消息认证码中包含这个 N_M。假如响应的消息认证码通过了验证，那么发送结点就知道这个响应是在其发送请求消息之后产生的，从而实现了强新鲜度。

(4) 随机数的生成

结点有其专有的传感器、无线接收机以及时间安排过程，因此可以据此推导随机数。为了使能量需求最低，可以采用消息认证码函数作为伪随机数生成器(Pseudo-Random Number Generator，PRG)，同时采用伪随机数生成密钥 X_{rand}。维持一个计数器 C，每生成一个伪随机分组后就将 C 的值加 1。可以计算出第 C 个伪随机输出分组为 $MAC(X_{\text{rand}}, C)$。假如 C 发生卷绕，虽然这实际上不可能发生，因为结点在此之前会先耗尽其能量，那么可以根据主密钥和当前 PRG 密钥，采用消息认证码函数作为伪随机函数，就能推导出一个新的 PRG 密钥，即 $X_{\text{rand}} = MAC(X, X_{\text{rand}})$。

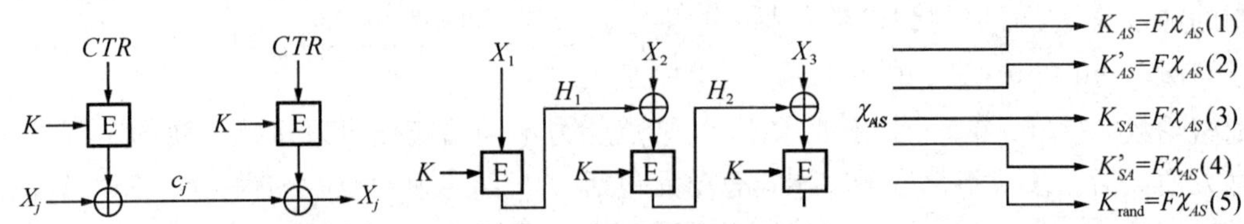

(a) 计数器CTR模式加密和解密 (b) CBC-MAC(最后一级输出作为认码证) (c) 根据主密钥推导SPINS密钥

图 5-5 SPINS 实现

(5) 消息认证

在这里需要安全的消息认证码。因为要求重复使用分组密码，所以采用 CBC-MAC。CBC-MAC 的计算方框图如图 5-5(b)所示。

采用以下权威方法可以实现消息认证和消息完整性。假定有一条消息 M、一个加密密

钥 K、一个消息认证码密钥 K'，那么可以使用结构$\{M\}_K$，$MAC(K',\{M\}_K)$。这个结构能够防止结点解密错误密文，而解密错误密文可能存在安全风险。

对每个分组分别计算消息认证码，这种实现方法非常适合用于避免 WSN 环境中的有损通信，而且消息认证码可以用于检验消息的认证和完整性，因此不需要诸如 CRC 之类的机制。

(6) 密钥设置

SPINS 密钥的建立依赖于主密钥，开始时由中心结点和一个传感器结点共享主密钥。

将结点 A 和中心结点 S 共享的主密钥称为共享密钥 χ_{AS}，其他密钥都是从初始主密钥推导出来的。图 5-5(c)给出了 SPINS 的密钥推导规程。可以采用 PRF 推导密钥：$F_K(x)=MAC(K,x)$，F 是 PRF。因此，可重复使用的分组密码更多。由于消息认证码的加密特性，所以 F 必须是一个良好的伪随机函数。按照这种方法推导出来的所有密钥都是独立计算出来的。即使攻击者能够攻克其中一个密钥，利用这个密钥的信息也无法帮助攻击者找到主密钥和其他密钥。假如检测出一个密钥已经不安全了，那么通信双方就可以重新推导出一个新密钥，而无须发送任何秘密信息。

6) SPINS 性能评估

(1) 代码长度

如表 5-2 所示为在 TinyOS 中安全模块的 3 种实现的代码长度。最小版实现约占 Smart Dust 传感器平台程序存储器容量的 20%。最小版实现和最快版实现之间的差异在于变量循环函数的实现不同。μTESLA 协议的代码额外占用了 574 B。加密库和 SPINS 协议总共约占 2 KB 的程序存储器容量，这对于大多数 WSN 应用而言是可以接受的。

表 5-2 安全模块的代码长度列表(单位:B)

版本	总长度	消息认证码	加密	密钥建立
最小版	1 580	580	402	598
最快版	1 844	728	518	598
原始版	2 698	1 210	802	686

(2) 时间性能

如表 5-3 所示为安全模块的时间性能。从表 5-3 中可以看出，密钥建立的时耗相对较大，约 4 ms。最快版完成加密一条 16 B 的消息和计算其消息认证码的总时耗不足2.5 ms，而最小版的时耗不足 3.5 ms。因为 Smart Dust 传感器平台上结点的通信速率为 10 kb/s，所以对于发送的每条消息都可以执行完密钥建立、加密以及一个消息认证码的计算。

表 5-3 安全模块的时间性能

操作	所需时间/ms	
	最快版	最小版
加密(16 B)	1.10	1.69
消息认证码计算(16 B)	1.28	1.63
密钥建立	3.92	3.92

各个安全模块的 RAM 占用量分别是：RC5 占用 80 B，μTESLA 占用 120 B，加密/消息认证码计算占用 20 B。

(3) 能耗

按照 30 B 分组来计算能耗。如表 5－4 所示为 SNEP 协议的计算与通信的能量开销。其中，发送能耗明显高于计算能耗。由于采用了流密码进行加密，所以加密消息的长度等于明文的长度，并给每条消息增加了 8 B 的消息认证码开销。由于消息认证码具有完整性保证，所以不需要占 2 B 的 CRC，因此净开销为 6 B，发送这 6 B 的能耗是发送一个 30 B 分组总能耗的 20%。

采用 μTESLA 进行消息广播的能耗等于每条消息的认证能耗。此外，μTESLA 要求进行周期性的密钥暴露，但是这些消息与路由更新组合在了一起。假如 WSN 必需路由信标，那么 μTESLA 密钥的暴露几乎没有能耗，这是因为发送与接收的能耗明显高于计算能耗。假如路由信标不是 WSN 必需的，并且能够间接建立 Ad Hoc 多跳网络，那么密钥暴露的开销是每个时间间隔发送一条消息，而与网内流量模式无关。

表 5－4 给 WSN 增加安全协议后的能耗

操作	能耗比	操作	能耗比
发送数据	71%	发送随机数(为了新鲜度)	7%
发送消息认证码	20%	消息认证码和加密计算	2%

5.2.4 安全管理

安全管理包含了安全体系建立(即安全引导)和安全体系变更(即安全维护)两个部分。安全体系建立表示一个传感器网络从一堆分立的结点，或者说一个完全裸露的网络，如何通过一些共有的知识和协议过程，逐渐形成一个具有坚实安全外壳保护的网络。安全体系变更主要是指在实际运行中，原始的安全平衡因为内部或者外部的因素被打破，传感器网络识别并去除这些异构的恶意结点，重新恢复安全防护的过程。这种平衡的破坏可能是由敌方在某一个范围内进行拥塞攻击形成的路由空洞造成的，也可能是由敌方俘获合法的无线传感器结点造成的。还有一种变更的情况是增加新的结点到现有网络中以延长网络生存周期的网络变更。

SPINS 安全框架对安全管理没有做过多的描述，只是假定了结点之间以及结点和基站之间的各种安全密钥已经存在。在基本安全外壳已经具备的情况下，去实现机密性、完整性、新鲜度、认证等安全通信机制。对于传感器网络来说，这是不够的。试想一个由上万结点组成的传感器网络随机部署在一个未知的区域内，没有结点知道自己周围的结点会是谁。在这种情况下，要想预先为整个网络设置好所有可能的安全密钥是非常困难的，除非对环境因素和部署过程进行严格控制。

安全管理最核心的问题就是安全密钥的建立过程(Bootstrap)。传统解决密钥协商过程的主要方法有信任服务器模型、自增强模型和密钥预分配模型。信任服务器模型使用专门的服务器来完成结点之间的密钥协商过程，如 Kerberos 协议。自增强模型需要非对称密码学的支持，而非对称密码学的很多算法，如 Diffie-Hellman(DH)密钥协商算法，都无法在计算能力非常有限的传感器网络中实现。密钥预分配模型在系统部署之前就完成了大部分的安全基础的建立，系统运行后的协商工作只需要很简单的协议过程就能完成，所以特别适合传感器网络的安全引导。对随机密钥模型的各个算法可以从下面几个方面进行评价和比较：

(1) 计算复杂度评价。

(2) 引导过程的安全度评价。

(3) 安全引导的成功概率。

(4) 结点被俘后，网络的恢复力评价。

(5) 结点被复制后或者不合法结点被插入到现有网络中，网络对异构结点的抵抗力。

(6) 支持的网络规模评价。

在介绍安全引导模型之前，首先要引入一个概念，即安全连通性。安全连通性是相对于通信连通性而言的。通信连通性主要指在无线通信环境下，各个结点与网络之间的数据互通性。安全连通性主要指网络建立在安全通道上的连通性。在通信连通的基础上，结点之间要进行安全初始化的建立，或者说各个结点要根据预共享知识建立安全通道。如果建立的安全通道能够把所有结点都连接成一个网络，则认为该网络是安全连通的。图 5-6 所示为安全连通和通信连通的关系。

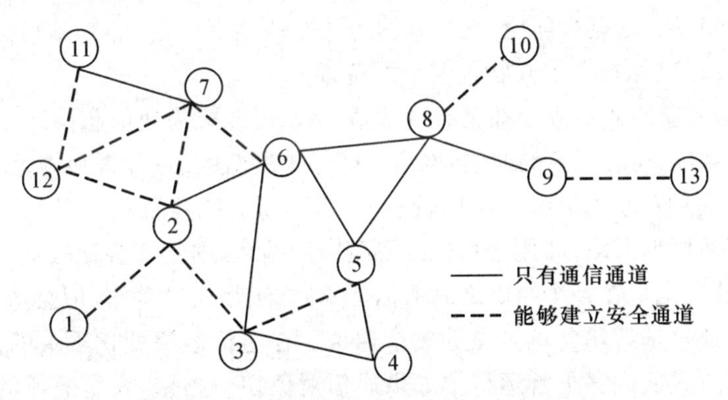

图 5-6　安全连通和通信连通对比

图中所有结点是通信连通的，但不全是安全连通的，因为结点 4 以及结点对 9 和 13 无法与它们周围通信的结点建立安全通道。有的安全引导模型从设计之初就同时保证了网络的通信连通性和安全连通性，如预共享密钥模型。而另一些安全引导模型则不能同时保证通信连通性和安全连通性。有一点可以确定，安全连通的网络一定是通信连通的，反过来则不一定成立。

1) 预共享密钥模型

预共享密钥是最简单的一种密钥建立过程，SPINS 使用的就是这种建立过程。预共享密钥有两种主要模式。

(1) 每对结点之间都共享一个主密钥，以保证每对结点之间的通信都可以直接使用这个预共享密钥衍生出来的密钥进行加密。该模式要求每个结点都存放与其他所有结点的共享密钥。这种模式的优点包括不依赖于基站；计算复杂度低；引导成功率为 100%；任何两个结点之间的密钥都是独享的，而其他结点不知道，所以一个结点被俘不会泄露非直接建立的任何安全通道。但这种模式的缺点也很多，包括扩展性不好，无法加入新的结点，除非重建网络;对复制结点没有任何防御力;网络的免疫力很低,一旦有结点被俘,敌人将很容易通过该结点获得与所有结点之间的秘密并通过这些秘密攻破整个网络。另外,其支持的网络规模小,假设结点之间使用 64 位即 8 个字节的主共享密钥,那么 1 000 个结点规模的网络就需要每个结点有 8 000 字节的主密钥的存储空间。如果要考虑各种衍生密钥的存储,整个用于密钥存储的空间大小就是一个非常庞大的数字。一个合理的网络规模为几十个到上百个结点。

(2) 每个普通结点与基站之间都共享一对主密钥,参考 SPINS 协议的描述。这样,每个结点需要的密钥存储空间将非常小,计算和存储的压力全部都集中在基站上。该模式的优点包括如下几个:

① 计算复杂度低,对普通结点的资源和计算能力要求不高。

② 引导成功率高,只要结点能够连接到基站就能够进行安全通信。

③ 支持的网络规模取决于基站的能力,可以支持上千个结点。

④ 对于异构结点的基站可以进行识别,并及时将其排除在网络之外。

缺点包括如下几个:

① 过分依赖基站,结点被俘后,就会暴露与基站的共享秘密,而基站被俘则整个网络就会被攻破,所以要求基站被布置在物理安全的位置。

② 整个网络的通信或多或少都要通过基站,基站可能成为通信瓶颈。

③ 只有基站可以动态更新的时候,网络才能够扩展新的结点,否则将无法扩展。

这种模式的模型对于收集型网络比较有效,因为所有结点都是与基站或汇聚结点直接联系的。而对于协同型网络,如用于目标跟踪型应用网络,则效率会比较低。在协同型网络的应用中,数据要安全地在各个结点之间通信,一种方法是通过基站,但会造成数据拥塞,而另一种方法则要通过基站建立点到点的安全通道。在通信对象变化不大的情况中,建立点到点安全通道的方式还能够正常运行。如果通信对象切换频繁,安全通道的建立过程也会严重影响网络运行效率。最后一个问题就是在多跳网络环境下,这种协议对于 DoS 攻击没有任何防御能力。在结点与基站之间通信的过程中,中间转发结点没有办法对信息包进行任何的认证判断,只能进行透明的转发。恶意结点可以利用这一点伪造各种错误数据包并发送给基站,因为中间结点是透明传送的,所以数据包只能在到达基站以后才被识别出来。基站会因此而不能提供正常的服务,这是相当危险的。

预共享密钥引导模型虽然有很多不尽如人意的地方,但因其实现简单,所以在一些网络规模不大的应用中可以得到有效的实施。

2) 随机密钥预分配模型

(1) 基本随机密钥预分配方案

随机密钥预分配方案是由 Eschenauer 和 Gligor 最早提出的。它的主要思想是根据经典的随机图理论,控制结点间共享密钥的概率,并在结点被捕获之后撤销该结点的密钥链且更新结点间的共享密钥。随机密钥预分配方案的具体实施过程如下:

① 密钥预分配阶段。部署前,部署服务器首先生成一个密钥总数为 S 的大密钥池及密钥标识符,每个结点从密钥池里随机选取 K 个不同密钥以及密钥对应的标识符存入结点的

存储器内，这 K 个密钥被称为结点的密钥链，K 值的选择应保证每两个结点间至少拥有 1 个共享密钥的概率大于预先设定的概率。

② 共享密钥发现阶段。随机部署后，每个结点都广播自己密钥链中所有的密钥标识符，周围的邻居结点收到信息后查看自己的密钥链，如有相同密钥标识符则存在共享密钥，就随机选取其中的一个作为双方的对密钥(Pairwise Key)；否则，进入到下一阶段。

③ 密钥路径建立阶段。当结点与邻居结点没有共享密钥时，结点通过与其他存在共享密钥的邻居结点经过若干跳后建立双方的一条密钥路径。

④ 当检测到一个结点被捕获时，为了保证网络中其他未被捕获结点之间的通信安全，必须删除被捕获结点密钥链中的密钥。因此，控制结点广播被捕获结点密钥链中的所有密钥标识符，其他结点收到信息后删除自己密钥链中含有相同密钥标识符的对应密钥，与删除密钥相关的密钥连接将会消失，因此受影响的结点需要重新进入第②或第③阶段。

随机密钥预分配方案存在着一个概率问题，即有可能存在着一些结点与周围邻居结点没有共享密钥，也没有密钥路径，所以不能保证网络的密钥连接性。影响网络的密钥连接性的因素包括网络的部署密度、目标区域的状况、密钥池 S 的大小以及结点密钥链的大小 K。K/S 越大，邻居结点之间存在共享密钥的概率就会越大。但 K/S 太大会导致网络的安全性变得脆弱，因为 K 值太大会占用结点的太多资源，S 值太小会容易让攻击者通过捕获少量结点就可以获得大部分密钥池中的密钥，进而危及网络安全。

根据经典的随机图理论，结点的度 d 与网络结点总数 n 存在以下关系：

$$d=\frac{n-1}{n}[\ln(n)-\ln(-\ln p_c)] \tag{5-7}$$

其中，p_c 为全网连通概率。对于一个给定密度的无线传感器网络，假设 n' 是结点通信半径内邻居结点个数的期望值，则相邻两个结点共享一个密钥的概率 p' 如下：

$$p'=d/(n'-1) \tag{5-8}$$

该方案有三个优点：一是结点仅存储少量密钥就可以使网络获得较高的安全连通概率，计算复杂度低；二是密钥预分配时不需要结点的任何先验信息，如结点的位置信息和连通关系等；三是密钥管理具有良好的分布特性。

(2) q-Composite 随机密钥预分配方案

Chan 等人在 Eschenauer 和 Gligor 的方案基础上，提出了 q-Composite 随机密钥预分配方案[5]。该方案要求相邻结点间至少有 q 个共享密钥，通过提高 q 值来提高网络的抗毁性。q-Composite 随机密钥预分配方案的具体实施过程如下：

① 密钥预分配阶段。部署服务器首先生成一个密钥总数为 S 的大密钥池及密钥标识符，每个结点从密钥池里随机选取 k 个不同密钥以及密钥对应的标识符存入结点的存储器内，这 k 个密钥被称为结点的密钥链，k 值的选择应保证每两个结点间至少拥有 q 个共享密钥的概率大于预先设定的概率。

② 共享密钥发现阶段。和基本随机密钥预分配方案类似，结点广播自己密钥链中的密钥标识符，找出位于自己通信半径内与自己有共享密钥的结点。

③ 共享密钥发现完成后。每个结点都确定与自己的邻居结点有 t 个共享密钥，$t>q$，则可以使用单向散列函数建立通信密钥 $K=\text{hash}(k_1||k_2||\cdots||k_t)$。

该方案的网络连通性概率也是基于概率论和随机图理论来计算的：

$$p(i)=\frac{\binom{S}{i}\binom{S-i}{2(K-i)}\binom{2(K-i)}{K-i}}{\binom{S}{K}^2} \tag{5-9}$$

其中，$p(i)$ 为从 S 个密钥中抽取 k 个预存储的密钥给结点时，两个邻居结点有 i 个公共密钥的概率。根据全概率公式，任意两个相邻结点能够直接建立共享密钥的概率如下：

$$p=1-[p(0)+p(1)+\cdots+p(q-1)] \tag{5-10}$$

网络中的所有结点都从同一个密钥池中抽取密钥，所以未被捕获的结点间可能使用被捕获结点泄露的密钥通信，这会对网络安全构成重大威胁。使用量化指标与“x 结点被捕获时，一对未被捕获的结点间的共享密钥泄露的概率”来评估方案的抗攻击能力，该值也等价于“x 个结点被捕获时，剩余网络不安全部分的比例”。在 Eschenauer 和 Gligor 的基本随机密钥预分配方案中，各个结点携带任意一个预分配密钥的概率为 K/S，x 个结点被捕获时，则任意一对未被捕获的结点间的共享密钥泄露的概率如下：

$$p_{\text{compromised}}=1-(1-K/S)^x \tag{5-11}$$

在该方案中，抗攻击能力的计算与 Eschenauer 和 Gligor 提出的方案类似，但不同之处在于要考虑 $k-q+1$ 种可能性。由全概率公式可知，x 个结点被捕获时，任意一对未被捕获的结点间的共享密钥泄露的概率如下：

$$p_{\text{compromised}}=\sum_{i=q}^{k}(1-(1-K/S)^x)^i\,\frac{p(i)}{p} \tag{5-12}$$

该方案的优点是，相对基本随机密钥预分配方案，其网络的抗毁性比较好，少量结点被捕获不会影响网络中其他结点间的通信；缺点是，要想网络中相邻结点间至少有 q 个共享密钥的概率达到预先设定的概率，就必须缩小整个密钥池的大小，增加结点间共享密钥的重叠度，从而限制了网络的可扩展性，攻击者捕获少量结点就能获得密钥池中大部分密钥。

3）基于分簇的密钥管理

(1) 低能耗密钥管理方案

低能耗密钥管理方案是由 Jolly 等人提出的。它假定基站有入侵检测机制，可以检测出恶意结点并能触发删除结点的操作。但是，它对传感器结点不做任何信任的假设，簇头之间可以通过广播或单播与结点进行通信，该方案具体实施步骤如下：

① 预分配阶段。每个结点预先存储两个密钥和两个 ID(标识符)，其中一个密钥是与某个簇头共享的，另一个密钥是与基站共享的，两个 ID 分别表示该簇头和结点自身的 ID。由于结点是不可信任的且结点的存储空间有限，所以在结点存储少量密钥不仅可以节省结点的存储空间，而且能提高网络的安全性。另外，所有簇头都共享一个密钥用于簇头间的广播

通信,且每个簇头还被分配一个与基站共享的密钥并随机选择$|S|/|G|$个传感器结点的密钥,其中$|S|$表示传感器结点的个数,$|G|$表示簇头的个数,而基站则要存储所有的密钥$|S|+|G|$。

② 初始化阶段。

a) 首先结点广播自己的信息,格式如下:

$$S_i \rightarrow * : ID_{G_j} || ID_{S_i} || K_{S_i,G_j}(nonce || sdata)$$

b) 簇头接收到信息后,找出与自己没有共享密钥的所有结点的 ID 并在簇头间广播,格式如下:

$$G_i \rightarrow G : ID_{G_j} || K_G(nonce || \{ID\})$$

c) 每个簇头接收到信息后,在自己存储的密钥中查找与信息中结点 ID 对应的密钥,然后将密钥信息发送回源簇头,格式如下:

$$G_j \leftarrow G_k : K_{G_j,G_k}(nonce || ID_{S_i}, K_{S_i}, G_k)$$

d) 最后,簇头发送信息给结点,指定结点的归属,格式如下:

$$S_i \leftarrow G_j : ID_{G_j} || K_{S_i,G_K}(nonce || ID_{G_j} || msg)$$

③ 加入新结点阶段。加入新结点时,基站首先随机选择一个簇头,将新结点的密钥发送到该簇头,格式如下:

$$G \rightarrow G_h : K_{G,G_h}(nonce || ID_{S_i}, K_{S_i,G_h})$$

然后通过第②步的初始化阶段,新结点就可以加入网络。

该方案的优点是,结点只要预存两个密钥和两个 ID,对结点的存储空间要求不高,且计算复杂度低,网络的抗毁能力强。其缺点是,网络的扩展性差,通信依赖于簇头,如果多个相邻簇头都被捕获,则整个网络就会瘫痪。而且,当簇头被捕获时,该方案会重新指定一个新的簇头来代替旧的簇头,然后把该簇内的所有结点都分配给新簇头。但是这在实际应用中是不可行的,因为不能保证新簇头正好部署在旧簇头的位置上,所以也就不能保证新簇头能包含所有旧簇内的结点。

(2) LEAP 密钥管理方案

2003 年 Zhu 等人提出的 LEAP(Localized Encryption and Authentication Protocol,局部加密和认证协议)是一个既能支持网内处理,又具有较好抗捕获性的密钥管理协议。这种协议支持 4 类密钥的生成和管理,提供了较好的低能耗的密钥建立和更新方案,同时还提供了基于单向密钥链的网内结点认证方案,并在不丢失网内处理功能和被动参与(Passive Participation)的情况下支持源认证操作。

Zhu 等人认为应该在网络结点中设立多种密钥以适应不同的需要,因此在 LEAP 中建立了 4 种类型的密钥,包括个体密钥(personal key)、组密钥(group key)、簇密钥(cluster key)、对密钥(pairwise key)。每种密钥都有不同的作用,建立个体密钥、对密钥、簇密钥、组密钥的具体步骤如下:

① 个体密钥。个体密钥是结点与基站所共享的密钥，由结点在部署前通过预分配的主密钥 K^m 和伪随机函数 f 生成，用于结点向基站发送秘密信息。结点 u 的个体密钥的产生式如下：

$$K_u^m = f_{K^m}(u) \tag{5-13}$$

② 对密钥。对密钥是相邻结点间单独共享的密钥，用于结点间单独交换秘密信息，是通过交换其标识符及使用预分配的主密钥和单向散列函数计算得到的。其具体产生步骤如下：

a. 密钥预分配。管理结点产生一个初始化密钥 K_I，每个结点预存 K_I 并按式(5-14)计算出结点自身的主密钥：

$$K_u = f_{K_I}(u) \tag{5-14}$$

b. 邻居发现。部署后，结点广播自己的标识符，邻居结点接收到信息后回复源结点，格式如下：

$$u \rightarrow * : u$$

$$v \rightarrow u: v, MAC(K_v, u|v)$$

c. 对密钥建立。结点收到邻居结点的回复后就可以计算对密钥了，按下式计算：

$$\begin{cases} K_{uv} = f_{K_v}(u), u < v \\ K_{vu} = f_{K_u}(v), u \geqslant v \end{cases} \tag{5-15}$$

d. 撤销密钥。对密钥建立周期过后，每个结点都撤销 K_I 及所有 K_v。

③ 簇密钥。簇密钥为同一簇内相邻结点所共享，由簇头产生一个随机密钥作为簇密钥，然后使用与邻居结点的对密钥逐一地把簇密钥加密后发送给邻居结点，邻居结点把簇密钥解密后保存下来。

④ 组密钥。组密钥是基站与所有结点共享的通信密钥。基站首先对组密钥使用与其子结点共享的簇密钥加密后广播给子结点，子结点获取最新的组密钥后，用与其下一级子结点共享的簇密钥加密组密钥并广播给其子结点。以此类推，直到所有结点都获取到最新的组密钥为止。

LEAP 方案的优点是，任何结点的受损都不会影响其他结点的安全。其缺点是，结点部署后，在一个特定的时间内必须保留全网通用的主密钥。主密钥一旦被暴露，整个网络的安全都会受到威胁。此外，在对密钥的生成阶段，因为只有单向认证，所以还存在 Hello 洪泛攻击，即当攻击者 k 假冒除 v 外的网络中任何结点向结点 v 广播协商请求时，按照协议结点 v 将生成对所有结点的对密钥。

4) 基于本地协作的组密钥分配方案

基于本地协作的组密钥分配方案(Group Key Distribution via Local Collaboration)的基本思想是，网络生存周期被划分为许多时间间隔，称之为会话(Session)，每个会话阶段都由基站发起组密钥更新。组密钥更新时，基站向全组进行广播，合法结点可以通过预置的密钥信息和广播消息包获得一个私有密钥信息，结点通过和一定数目的邻居结点进行协作，利用私有密钥信息计算获得新的组密钥。一个会话阶段的组密钥更新过程如下：

（1）初始化

基站随机选择一个度数为 $2t$ 的隐藏多项式 $h(x)=a_0+a_1x+\cdots+a_{2t}x^{2t}$ 和一个度数为 t 的加密多项式 $l(x)$，并为每个结点 i 预置密钥信息 $h(i)$ 和 $l(i)$。

（2）广播组密钥信息

集合 $R=\{r_i\}$，$|R|=w\leqslant t$ 代表基站知道的被捕获结点的个数。基站向外广播的消息包 B 为 $B=\{R\}\cup\{w(x)=g(x)f(x)+h(x)\}$。其中，$f(x)$ 为度数为 t 的私有密钥多项式，$g(x)=(x-r_1)(x-r_2)\cdots(x-r_\omega)$ 为剔除多项式。

（3）获得私有密钥

合法结点 i 收到广播消息包 B 后，将其结点 ID 代入广播多项式 $w(x)$，能够计算出其私有密钥为 $f(x)=(w(i)-h(i))/g(i)$。相反，任意被捕获结点 j 均不能获得私有密钥，因为 $g(x)=0$，其 ID 代入 $w(x)$ 后只能得到其本身存储的密钥信息 $h(x)$。

（4）本地协作

为了获得新的组密钥，结点需要同至少 t 个邻居结点进行协作。结点向其邻居结点广播私有密钥请求，邻居结点收到请求消息后，如果信任该结点，则将其加密后的私有密钥 $s(i)=f(i)+l(i)$ 发送给请求结点。

（5）生成组密钥

结点获得至少 t 个结点的 $s(i)$ 后，加上其自身存储的 $s(i)$，结点可获得 $t+1$ 个加密后的私有密钥。结点利用该 $t+1$ 个信息通过 Lagrange 插值，可获得一个组密钥多项式 $s(x)=f(x)+l(x)$。从而，结点可计算出新的组密钥 $K=s(0)$。

该方案使得只有组中的合法结点才能获得私有密钥 $f(i)$，以及只有被一定数目的邻居结点信任的结点才能够通过本地协作的方式获得新的组密钥。网络有多个会话阶段，结点需要存储所有会话阶段的 $h_j(i)$ 和一个固定的 $l_j(i)$，$h_j(i)$ 和 $l_j(i)$ 代表第 j 次会话用到的密钥信息。

该方案的优点如下：

① 实现比较简单，只需在结点部署之前给每个传感器结点预置所有会话阶段的密钥信息即可进行组密钥更新。

② 安全性较好，能很好地抵制部分结点被捕获时对其他结点的安全通信造成的影响。

③ 支持网络的动态变化，加入结点只需预置目前传感器网络所处阶段的组密钥及之后阶段的密钥信息即可参与网络协同操作。

其缺点如下：

① 存在着孤立结点以及计算开销较大的问题。

② 存储开销较大，因为每个结点都需要存储所有阶段的密钥信息，而网络的会话次数一般很多。

③ 通信开销较大，因为组密钥更新是通过广播方式实现的，同时每个结点都需要和一定数目的邻居结点进行本地协作。

参考文献

[1] 杨万海. 多传感器数据融合及其应用[M]. 西安：西安电子科技大学出版社，2004.

[2] Szewczyk R，Ferencz A. Energy implications of network sensor designs[EB/OL]. [2023-01-13]. http://bwrcs. eecs. berkeley. edu/Classes/CS252/Projects/Reports/robert_szewczyk. pdf.

[3] Intanagonwiwat C，Estrin D，Govindan R，et al. Impact of network density on data aggregation in wireless sensor networks[C]//Proceedings of the 22nd International Conference on Distributed Computing Systems. New York：ACM，2002:457 - 458.

[4] 韩崇昭，朱洪艳，段战胜. 多源信息融合[M]. 北京：清华大学出版社，2006.

[5] Chan H W，Perrig A，Song D. Random key predistribution schemes for sensor networks[C]// Proceedings of 2003 Symposium on Security and Privacy. May 11 - 14，2003，Berkeley，CA，USA. IEEE，2003：197 - 213.

6 无线传感器网络的技术标准

在无线传感器网络中，需要用到许多无线通信技术。为了使得各种无线传感器网络之间能够相互兼容，IEEE 标准委员会和由企业公司组成的相关联盟提出和制定了相关的技术标准，使得各种无线传感器网络通信技术能够规范化、标准化、统一化地发展。目前传感器网络标准化工作的两个公认成果是 IEEE 1451 接口标准和 IEEE 802.15.4 低速率无线个域网协议。

本章主要介绍 IEEE 1451 系列、IEEE 802.15.4、ZigBee 等几种无线传感器网络技术标准。

6.1 无线传感器网络技术标准的意义

无线传感器网络的标准化工作是连接科研和生产的纽带。无线传感器网络作为一个面向应用的研究方向，在近几年取得了飞速的发展。在关键技术的研发方面，学术界在网络协议、数据融合、测试测量、操作系统、服务质量、结点定位、时间同步等方面开展了大量研究，取得了丰硕的成果。而工业界也在环境监测、军事目标跟踪、智能家居、自动抄表、灯光控制、建筑物健康监测、电力线监控、城市照明等领域进行应用探索。随着应用的推广，无线传感器网络技术暴露出越来越多的问题。不同厂商的设备需要实现互联互通，且要避免与现行系统的相互干扰，因此要求不同的芯片厂商、方案提供商、产品提供商及关联设备提供商达成一定的默契，齐心协力实现目标。这就是无线传感器网络标准化工作的背景。

无线传感器网络的价值就在于它的低成本和可以大量部署。为了降低产品成本，扩大市场和实现规模效益，无线传感器网络的某些特征和共性技术必须实现标准化，这样来自不同厂商的产品才能协同工作。这种协同性也会提高无线传感器网络的实用性，从而促进它的应用[1]。

无线传感器网络标准化工作一开始在国内外都被纳入了无线个域网范畴，随着工作的开展，逐步被分化成专门的工作组，独立开展工作。到目前为止，无线传感器网络的标准化工作受到了许多国家及国际标准组织的关注，并且已经完成了一系列草案甚至标准规范的制定。其中最著名的就是 IEEE 802.15.4/ZigBee 协议，它们甚至已经被一部分研究及产业界人士视为无线传感器网络的标准。IEEE 802.15.4 定义了短距离无线通信的物理层及链路层规范，ZigBee 则定义了网络互联、传输和应用的规范。

尽管 IEEE 802.15.4 和 ZigBee 协议已经推出多年，但随着应用的推广和产业的发展，其基本的协议内容已经不能完全满足需求，加上该协议仅定义了联网通信的内容，没有对传感器部件制定出标准的协议接口，所以难以满足无线传感器网络的应用需求。另外，该协议在落实到不同国家和地区时，也必然要受到该国家和地区现行标准的约束。为此，人们开始以 IEEE 802.15.4/ZigBee 协议为基础，推出更多版本的协议以适应不同应用，以及落实到不同国家和地区。尽管存在不完善之处，但 IEEE 802.15.4/ZigBee 仍然是当前产业界发展无线传感器网络技术当仁不让的最佳组合。

到目前为止，无线传感器网络的各层通信协议的标准化工作仍在进行中。任何一种技术及其产业化的兴旺发展，都是建立在成功实现其标准化的基础上的，无线传感器网络也不例外。只有标准化才能统一市场，并生产出大量廉价且能协同工作的产品。同时应尽量避免出现个别私有的不兼容协议。有时候，尽管某些协议对于它们各自的小市场环境来说可能是最佳的，但它们会限制整个无线传感器网络市场的规模。

2008 年 6 月，由国际标准化组织 ISO/IEC 举办的首届国际传感器网络标准化大会在上海正式召开。世界各国近百名无线传感器网络领域的专家汇聚一堂，共同商讨无线传感器网络国际标准化的规划，其中包括了中国电子技术标准化研究所、中科院上海微系统所等单位的代表。在会上，我国专家认为，国内无线传感器网络标准制定不能盲从国外的做法。同时，中国代表团向大会提交了无线传感器网络标准体系框架和系统构架等 8 项技术报告，这意味着我国在无线传感器网络的国际标准化中可能享有重要的话语权[2]。

我国无线传感器网络的研究已经形成了以应用、需求为牵引的特色，面向国家的重大战略和应用需求，开展了无线传感器网络基础前沿、关键技术、应用开发、系统集成和测试评估技术等方面的研究。目前我国已初步建立了无线传感器网络系统的研究平台，在无线智能传感器网络通信技术、微型传感器、传感器端机、移动基站和应用系统等方面均取得了重大进展，一系列成果已经初步投入应用。

在无线传感器网络标准方面，目前国际上已有的标准主要包括 ZigBee、IEEE 802.15.4、超宽带(Ultra Wide Band，UWB)，这些标准的频段各不相同，且都是针对某些行业、某些领域的作用范围较小的标准。封松林研究员认为“与必须实现互联互通的通信网络不同，传感器网络在不同行业有不同标准，不可能形成一个包罗万象的统一标准。这对我国是个契机，因为中国市场很大，只要我们能针对自己国内、行业的特殊情况制定出相应标准，那么不必与国际上的标准完全统一，国内的市场应用就足够支撑许多相关企业的发展。所以我们的标准制定要积极介入和影响国际标准，绝不能盲目跟着国际流行路线走，尤其是那些针对行业应用的。”总之，技术标准对提升我国在无线传感器网络领域的竞争力具有重要的意义。

6.2 IEEE 1451 系列标准

1) IEEE 1451 系列标准的诞生

微处理器与传统传感器相结合，产生了功能强大的智能传感器。智能传感器的出现使传统的工业测控取得了巨大的进步，并且在工业生产、国防建设和其他科技领域发挥着重要的作用。

继模拟仪表控制系统、集中式数字控制系统、分布式控制系统之后，基于各种现场总线标准的分布式测量和控制系统得到了广泛的应用。这些系统所采用的控制总线网络多种多样、千差万别，其内部结构、通信接口、通信协议等各不相同。

目前市场上在通信方面所遵循的标准主要包括 IEEE 803.2(以太网)、IEEE 802.4(令牌总线)、IEEE FDDI(光纤布式数据接口)、TCP/IP(传输控制协议/互联协议)等。人们以此来连接各种变送器,包括传感器和执行器,并要求所选的传感器/执行器必须符合上述标准的有关规定。一般来说,这类测控系统的构成都可以采用如图 6－1 所示的结构来描述。

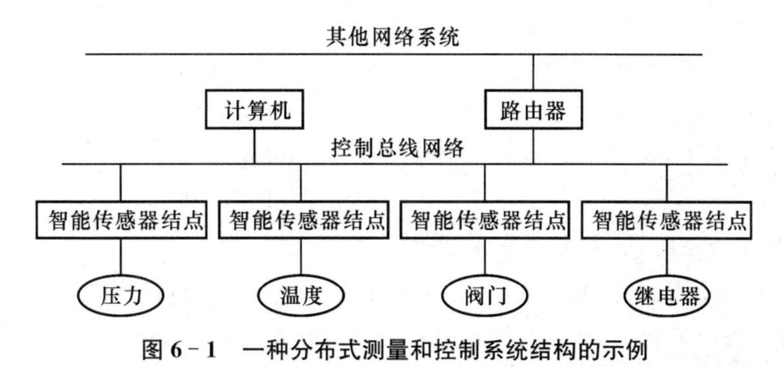

图 6－1　一种分布式测量和控制系统结构的示例

图 6－1 简单地表示了一种分布式测量和控制系统的典型应用案例,是目前市场上比较常见的现场总线的系统结构。实际上,由于这种系统的构造和设计是基于各种网络总线的标准而定的,每种总线标准都有自己规定的协议格式,相互之间互不兼容,这给系统的扩展、维护等带来了不利的影响。

对传感器/执行器的生产厂家来说,要让自己的产品得到更大的市场份额,产品本身就必须符合各种标准的规定,因此需要花费很大的精力来了解和熟悉这些标准,同时要使硬件的接口符合每一种标准的要求,这无疑将增加制造商的成本。对于系统集成开发商来说,必须充分了解各种总线标准的优缺点,并能够提供符合相应标准规范的产品,选择合适的生产厂家提供的传感器/执行器使之与系统匹配。对于用户来说,经常要根据需求来扩展系统的功能,要增加新的智能传感器/执行器,选择的传感器/执行器就必须能够符合原来系统所选择的网络接口标准。但在很多情况下这是难以满足的,因为智能传感器/执行器的大多数厂家都无法提供满足各种网络协议要求的产品。如果更新系统,将给用户的投资利益带来很大的损失。

针对上述情况,1993 年开始,有人就提出了构造一种通用的智能化变送器标准,并在 1995 年 5 月给出了相应的标准草案和演示系统,这最终成了一种通用标准。智能化网络变送器接口标准的实施,有效地改善了因多种现场总线网络并存而让变送器制造商无所适从的现状,智能化传感器/执行器在分布式网络控制系统中得到了广泛的应用。

IEEE 1451 系列标准是由 IEEE 仪器和测量协会的传感器技术委员会发起并制定的。由于现场总线标准不统一,各种现场总线标准都有自己规定的通信协议且互不兼容,这给智能传感技术的应用与扩展带来了不便。IEEE 1451 标准族就是在这样的情况下被提出来的。对于智能化网络传感器接口的内部标准和软硬件结构,IEEE 1451 系列标准都作出了详细的规定。该标准大大简化了由传感器/执行器构成的各种网络控制系统,并能够最终实现各个传感器/执行器厂家的产品相互之间的转换。

制定 IEEE 1451 系列标准的目的就是通过定义一套通用的通信接口,以使变送器,即传感器/执行器能够独立于网络，并与现有的基于微处理器的系统、仪器仪表和现场总线网络相连，以解决不同网络之间的兼容性问题，能够最终实现变送器到网络的互换性与互操作性。IEEE 1451 标准族定义了变送器的软、硬件接口，而且该标准族的所有标准都支持变送器电子数据表(Transducer Electronic Data Sheets, TEDS)的概念，为变送器提供了自识别和即插即用的功能。

IEEE 1451 标准将传感器分成了两层模块结构。第一层模块用来运行网络协议和应用硬件，称之为网络适配器(Network Capable Application Processor, NCAP)；第二层模块为智能变送器接口模块(Smart Transducer Interface Module, STIM)，其中包括变送器电子数据表。

2) IEEE 1451 系列标准的发展历程

1993 年 9 月，IEEE 的第九技术委员会，即传感器测量和仪器仪表技术协会接受了一种智能传感器通信接口的协议。1994 年 3 月，美国国家标准技术协会和 IEEE 共同组织了一次关于制定智能传感器接口和智能传感器连接网络通用标准的研讨会。1995 年 4 月，成立了两个专门的技术委员会，即 P1451.1 工作组和 P1451.2 工作组。P1451.1 工作组主要负责对智能变送器的公共目标模型进行定义和对相应模型的接口进行定义。P1451.2 工作组主要定义了 TEDS 和数字接口标准，包括 STIM 和 NACP 之间的通信接口协议和引脚定义分配。

IEEE 1451.1 标准在 1999 年 6 月通过了 IEEE 的审核批准。IEEE 1451.1 标准采用面向对象的方法定义了一个与网络无关的信息对象模型，并将这个信息对象模型作为网络适配器与各类智能变送器相连的接口，如图 6-2 所示。IEEE 1451.1 标准为所支持的设备和设备的应用提供了良好的通用性，使得智能变送器与各网络之间的连接所受到的限制更少，连接变得更加容易。

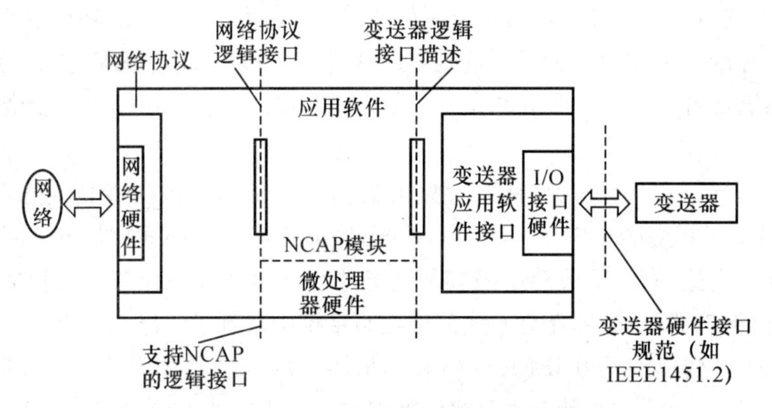

图 6-2 IEEE 1451.1 标准的智能变送器模型

IEEE 1451.2 标准被称为变送器与微处理器的通信协议和变送器电子数据表格式。它定义了变送器电子数据表及其格式、一个连接变送器到微处理器的 10 线变送器独立接口(Transducer Independent Interface, TII)和变送器与微处理器之间的通信协议。IEEE 1451.2 标准在 1997 年 9 月通过了 IEEE 的审核批准。它是在变送器和微处理器之间需要制定一个独立的数字通信接口标准的情况下产生的，它使得变送器具有很好的兼容的即插即用功能。

后来，技术委员会针对大量的模拟量传输方式的测量控制网络和小空间数据交换问题，成立了另外两个工作组 P1451.3 和 P1451.4。P1451.3 负责制定与模拟量传输网络与智能网络化传感器的接口标准，P1451.4 则负责制定小空间范围内智能网络化传感器相互之间的互联标准。

IEEE 1451.3 标准被称为分布式多点系统数字通信和变送器电子数据表格式，在 2003 年 9 月被 IEEE 审核批准。它为连接多个物理上分散的变送器定义了一个数字通信接口，同时还定义了 TEDS 数据格式、电子接口、信道区分协议、时序同步协议等。

IEEE 1451.4 标准被称为混合模式通信协议和变送器电子数据表格式，在 2004 年 3 月得到了 IEEE 的认可。这是一项实用的技术标准，它使变送器电子数据表格与模拟测量相兼容。

制定 IEEE 1451.4 标准的主要目的包括：通过提供一个与传统传感器兼容的通用 IEEE 1451.4 传感器通信接口使得传感器具有即插即用功能，简化智能传感器的开发，简化仪器系统的设置与维护，在传统仪器与智能混合型传感器之间提供一个桥梁，以及使得内存容量小的智能传感器的应用成为可能。

虽然许多混合型，即能非同时地以模拟和数字的方式进行通信的智能传感器的应用已经得到了发展，但是由于没有统一的标准，市场接受起来比较缓慢。一般来说，市场可接受的智能传感器接口标准不但要适应智能传感器与执行器的发展，而且要使其开发成本较低。

IEEE 1451.4 就是一个混合型智能传感器接口的标准。它使得工程师们在选择传感器时不用考虑网络结构，这就减轻了制造商要生产支持多网络的传感器的负担，也使得用户在需要把传感器移到另一个不同标准的网络时能够减少开销。IEEE 1451.4 标准通过定义不依赖于特定控制网络的硬件和软件模块来简化网络传感器的设计，这也推动了含有传感器的即插即用系统的开发。

IEEE 1451 系列标准的组成结构如图 6-3 所示。从图中可以看出，这些标准既可以在一起应用，构成多种网络类型的智能传感器系统，也可以单独使用。

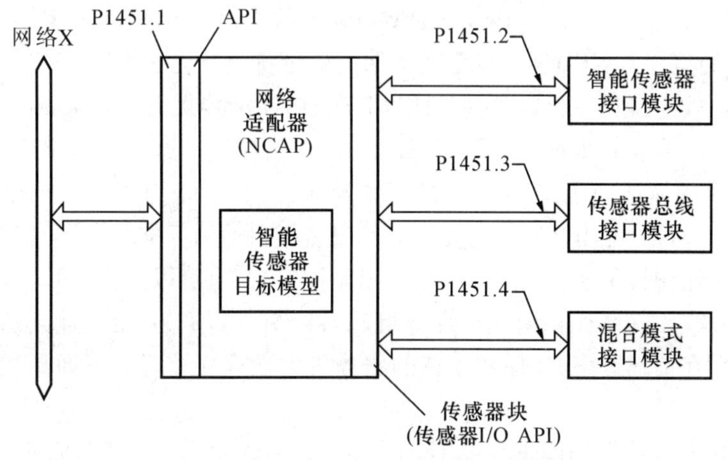

图 6-3 IEEE 1451 系列标准的组成结构

讨论 IEEE 1451 系列标准时,一定要注意到所有的 IEEE 1451 系列标准都能单独或联合使用。例如,一个具有 P145 1.1 模型的"黑盒子"传感器与一个 P1451.4 兼容的传感器相连接,是符合 P1451 系列标准定义的。

3) IEEE 1451 系列标准的发展动向

IEEE 还在着手制定无线连接的各种传感设备的接口标准。该标准的名称为 IEEE 1451.5,主要用于使用计算机等主机设备综合管理建筑物内各传感设备获得的数据。

随着无线通信技术的发展,基于手机的无线通信网络化仪器和基于无线互联网的网络化仪器等新兴仪器正在改变着人类的生活。IEEE 1451.5 提议标准即无线传感器通信与 TEDS 格式,早在 2001 年 6 月就被提出来了,其主要目的是要在已有的 IEEE 1451 系列标准的框架下,构筑一个开放的标准无线传感器接口,以满足工业自动化等不同应用领域的需求。

IEEE 1451.5 提议标准主要能为智能传感器的连接提供无线解决方案,尽量减少有线传输介质的使用。需要指出的是,IEEE 1451.5 提议标准描述的是智能传感器与 NCAP 模块之间的无线连接,并不是指 NCAP 模块与网络之间的无线连接。

IEEE 1451.5 提议标准的工作重点在于制定无线数据通信过程中的通信数据模型和通信控制模型。它主要包括两个内容,一个是为变送器的通信定义一个通用的服务质量(Quality of Service, QoS)机制,以使它能够对任何无线电技术进行映射服务;另一个是对于每种无线发送技术都要有一个映射层,用来把无线发送的具体配置参数映射到 QoS 机制。

6.3 IEEE 802.15.4 标准

6.3.1 概述

随着通信技术的迅速发展,人们提出了在人自身附近几米范围之内通信的需求,这样就出现了个域网(Personal Area Network,PAN)和无线个域网(Wireless Personal Area Network,WPAN)的概念。WPAN 为近距离范围内的设备建立无线连接,把几米范围内的多个设备通过无线方式连接在一起,使它们可以相互通信甚至接入 LAN 或 Internet。1998 年 3 月,IEEE 标准化协会正式批准成立了 IEEE 802.15 工作组。这个工作组致力于 WPAN 的物理层(PHY)和媒体访问子层(MAC)的标准化工作,目标是为在个人操作空间(Personal Operating Space,POS)内相互通信的无线通信设备提供通信标准。POS 一般是指用户附近 10 m 左右的空间范围,在这个范围内用户可以是固定的,也可以是移动的。

在 IEEE 802.15 工作组内有四个任务组(Task Group,TG),分别制定适合不同应用的标准。这些标准在传输速率、功耗和支持的服务等方面存在差异。下面是四个任务组各自的主要任务:

(1) 任务组 TG1:制定 IEEE 802.15.1 标准,又称蓝牙无线个域网标准。这是一个中等速率、近距离的 WPAN 标准,通常用于手机、PDA 等设备的短距离通信。

(2) 任务组 TG2:制定 IEEE 802.15.2 标准,研究 IEEE 802.15.1 与 IEEE 802.11(无线局域网,WAN)标准的共存问题。

(3) 任务组 TG3:制定 IEEE 802.15.3 标准,研究高传输速率无线个域网标准。该标准主要考虑无线个域网在多媒体方面的应用,追求更高的传输速率与服务品质。

(4) 任务组 TG4:制定 IEEE 802.15.4 标准,针对低速无线个域网制定标准。该标准把低能量消耗、低速率传输、低成本作为重点目标,旨在为个人或者家庭范围内不同设备之间的低速互连提供统一标准。

任务组 TG4 定义的 LR-WPAN 的特征与传感器网络有很多相似之处,因此很多研究机构把 IEEE 802.15.4 作为传感器网络的通信标准。本节主要针对这个标准的具体内容展开。

LR-WPAN 是一种结构简单、成本低廉的无线通信网络,它使得在低电能和低吞吐量的应用环境中使用无线连接成为可能。与 WLAN 相比,LR-WPAN 只需很少的基础设施,甚至不需要基础设施。IEEE 802.15.4 标准为 LR-WPAN 制定了物理层和 MAC 层协议。

IEEE 802.15.4 标准定义的 LR-WPAN 具有如下特点:

(1) 在不同的载波频率下实现了 20 kb/s、40 kb/s 和 250 kb/s 三种不同的传输速率。

(2) 支持星型和点对点两种网络拓扑结构。

(3) 有 16 位和 64 位两种地址格式,其中 64 位地址是全球唯一的扩展地址。

(4) 支持冲突避免的载波多路侦听(Carrier Sense Multiple Access with Collision Avoidance, CSMA-CA)技术。

(5) 支持确认(ACK)机制,保证传输可靠性。

IEEE 802.15.4 标准主要包括物理层和 MAC 层的标准。IEEE 目前正在考虑以 IEEE 802.15.4 的物理层协议为基础实现无线传感器网络的通信架构。

6.3.2 IEEE 802.15.4 网络简介

IEEE 802.15.4 网络是指在一个 POS 内使用相同无线信道并通过 IEEE 802.15.4 标准相互通信的一组设备的集合,又名 LR-WPAN。在这个网络中,根据设备所具有的通信能力,可以分为功能完备型设备(Full Function Device, FFD)和功能简化型设备(Reduced Function Device, RFD)。FFD 之间以及 FFD 与 RFD 之间都可以通信。RFD 之间不能直接通信,只能与 FFD 通信,或者通过一个 FFD 向外转发数据。这个与 RFD 相关联的 FFD 称为该 RFD 的协调器(coordinator)。RFD 主要用于简单的控制应用,如灯的开关、被动式红外线传感器等,传输的数据量较少,对传输资源和通信资源占用不多,这样 RFD 可以采用非常廉价的实现方案。

在 IEEE 802.15.4 网络中,有一个称为 PAN 协调器的 FFD,是 LR-WPAN 中的主控制器。PAN 协调器(以后简称网络协调器)除了直接参与应用以外,还要完成成员身份管理、链路状态信息管理以及分组转发等任务。图 6-4 是 IEEE 802.15.4 网络的一个例子,给出了网络中各种设备的类型以及它们在网络中所处的地位。

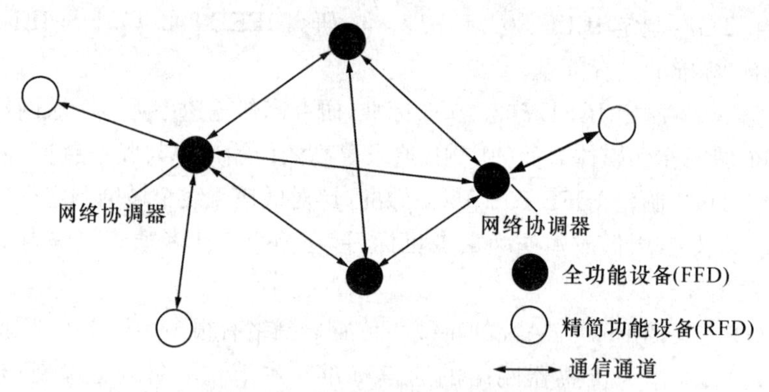

图 6-4　LR WPAN 网络中的 FFD、RFD 及拓扑关系

无线通信信道的特性是动态变化的。结点位置或天线方向的微小改变、物体移动等周围环境的变化都有可能引起通信链路信号强度和质量的剧烈变化，因而无线通信的覆盖范围是不确定的。这就造成了 LR-WPAN 中设备的数量以及它们之间关系的动态变化。

1）IEEE 802.15.4 网络的拓扑结构

IEEE 802.15.4 网络根据应用的需要可以组织成星型网络，也可以组织成点对点网络，如图 6-5 所示。在星型结构中，所有设备都与中心设备 PAN 网络协调器通信。在这种网络中，网络协调器一般使用持续电力系统供电，而其他设备采用电池供电。星型网络适合家庭自动化、个人计算机的外设以及个人健康护理等小范围的室内应用。

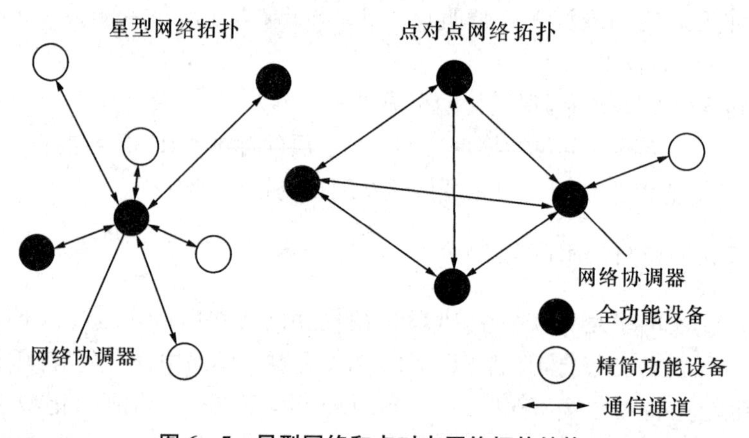

图 6-5　星型网络和点对点网络拓扑结构

与星型网络不同，点对点网络中，只要彼此都在对方的无线辐射范围之内，任何两个设备之间都可以直接通信。点对点网络中也需要网络协调器，负责实现管理链路状态信息、认证设备身份等功能。点对点网络结构可以支持 Ad Hoc 网络，允许通过多跳路由的方式在网络中传输数据。不过一般认为自组织问题由网络层来解决，不在 IEEE 802.15.4 标准讨论范围之内。点对点网络可以构造更复杂的网络结构，适合于设备分布范围广的应用，比如在工业检测与控制、货物库存跟踪和智能农业等方面有非常好的应用前景。

2）网络拓扑结构的形成过程

虽然网络拓扑结构的形成属于网络层的功能，但 IEEE 802.15.4 标准为形成各种网络拓扑结构提供了充分支持。这部分主要讨论 IEEE 802.15.4 标准对形成网络拓扑结构提供的支持,并详细地描述星型网络和点对点网络的形成过程。

(1) 星型网络的形成过程

星型网络以网络协调器为中心,所有设备只能与网络协调器进行通信,因此在星型网络的形成过程中,第一步就是建立网络协调器。任何一个 FFD 都有成为网络协调器的可能,一个网络如何确定自己的网络协调器由上层协议决定。一种简单的策略是:一个 FFD 在第一次被激活后,首先广播查询网络协调器的请求,如果接收到回应说明网络中已经存在网络协调器,再通过一系列认证过程,设备就成了这个网络中的普通设备。如果没有收到回应,或者认证过程不成功,这个 FFD 就可以建立自己的网络,并且成为这个网络的网络协调器。当然,这里还存在一些更深入的问题,一个是网络协调器过期问题,如原有的网络协调器损坏或者能量耗尽;另一个是偶然因素造成多个网络协调器竞争的问题,如移动物体阻挡导致一个 FFD 自己建立网络,当移动物体离开的时候,网络中将出现多个网络协调器。

网络协调器要为网络选择一个唯一的标识符,所有该星型网络中的设备都是用这个标识符来规定自己的属主关系。不同星型网络之间的设备通过设置专门的网关完成相互通信。选择一个标识符后,网络协调器就允许其他设备加入自己的网络,并为这些设备转发数据分组。

星型网络中的两个设备如果需要互相通信,都是先把各自的数据包发送给网络协调器,然后由网络协调器转发给对方。

(2) 点对点网络的形成过程

点对点网络中,任意两个设备只要能够彼此收到对方的无线信号,就可以进行直接通信,不需要其他设备的转发。但点对点网络仍然需要一个网络协调器,不过该协调器的功能不再是为其他设备转发数据,而是完成设备注册和访问控制等基本的网络管理功能。网络协调器的产生同样由上层协议规定,比如把某个信道上第一个开始通信的设备作为该信道上的网络协调器。簇树网络是点对点网络的一个例子,下面以簇树网络为例描述点到点网络的形成过程。图 6-6 是一个多级簇树网络的例子。

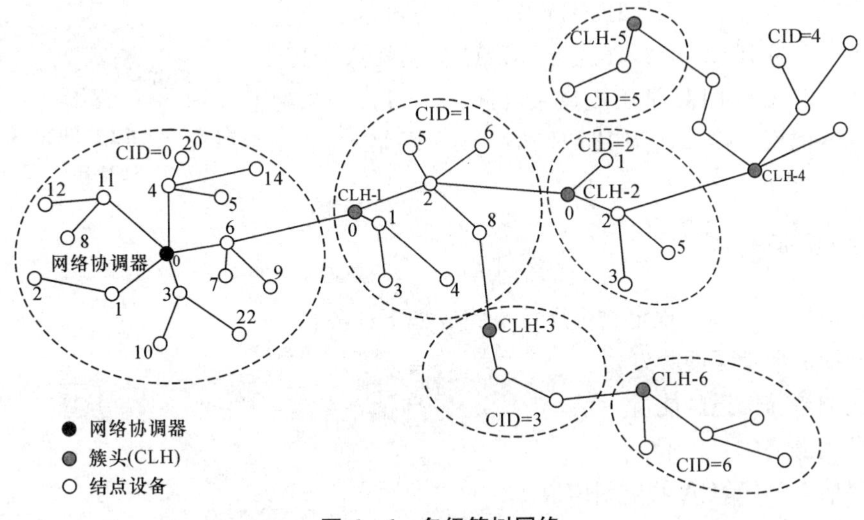

图 6-6 多级簇树网络

在簇树网络中，绝大多数设备是 FFD，而 RFD 总是作为簇树的叶设备连接到网络中。任意一个 FFD 都可以充当 RFD 协调器或者网络协调器，为其他设备提供同步信息。在这些协调器中，只有一个可以充当整个点对点网络的网络协调器。网络协调器可能和网络中其他设备一样，也可能拥有比其他设备更多的计算资源和能量资源。网络协调器首先将自己设为簇头(Cluster Header，CLH)，并将簇标识符(Cluster Identifier，CID)设置为 0，同时为该簇选择一个未被使用的 PAN 网络标识符，形成网络中的第一个簇。接着，网络协调器开始广播信标帧。邻近设备收到信标帧后，就可以申请加入该簇。设备可否成为簇成员，由网络协调器决定。如果请求被允许，则该设备将作为簇的子设备加入网络协调器的邻居列表。新加入的设备会将簇头作为它的父设备加入自己的邻居列表中。

上面讨论的只是一个由单簇构成的最简单簇树。网络协调器可以指定另一个设备成为邻接的新簇头，以此形成更多的簇。新簇头同样可以选择其他设备成为簇头，进一步扩大网络的覆盖范围。但是过多的簇头会增加簇间消息传递的延迟和通信开销。为了减少延迟和通信开销，簇头可以选择最远的通信设备作为相邻簇的簇头，这样可以最大限度地缩小不同簇间消息传递的跳数，达到减小延迟和通信开销的目的。

3) IEEE 802.15.4 网络协议栈

IEEE 802.15.4 网络协议栈基于开放系统互连模型(OSI)，如图 6-7 所示，每一层都实现一部分通信功能，并向高层提供服务。

IEEE 802.15.4 标准只定义了 PHY 层和数据链路层的 MAC 子层。PHY 层由射频收发器以及底层的控制模块构成。MAC 子层为高层访问物理信道提供点到点通信的服务接口。

MAC 子层以上的几个层次，包括特定服务的聚合子层(Service Specific Convergence Sublayer，SSCS)、链路控制(Logical Link Control，LLC)子层等，只是 IEEE 802.15.4 标准可能的上层协议，并不在 IEEE 802.15.4 标准的定义范围之内。SSCS 为 IEEE 802.15.4 的 MAC 子层接入 IEEE 802.2 标准中定义的 LLC 子层提供聚合服务。LLC 子层可以使用 SSCS 的服务接口访问 IEEE 802.15.4 网络，为应用层提供链路层服务。

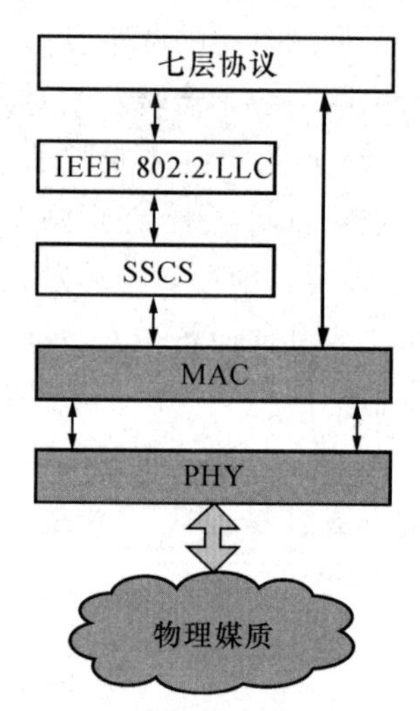

图 6-7　IEEE 802.15.4 网络协议栈

6.3.3　物理层

IEEE 802.15.4 标准规定物理层负责完成如下任务：

(1) 激活和取消无线收发器。

(2) 检测当前信道的能量。

(3) 发送链路质量指示。

(4) 评估 CSMA/CA 的空闲信道。

(5) 选择信道频率。

(6) 发送与接收数据。

IEEE 802.15.4 标准定义了 27 个信道,信道编号为 0~26。信道跨越 3 个频段,具体为 2.4 GHz 频段的 16 个信道、915 MHz 频段的 10 个信道、868 MHz 频段的 1 个信道。这些信道的频段中心的定义如下,其中 k 表示信道编号:

$$f_c = 868.3\ \text{MHz},\ k=0$$
$$f_c = 906 + 2\times(k-1)\text{MHz},\ k=1,2,\cdots,10$$
$$f_c = 2\,405 + 5\times(k-11)\text{MHz},\ k=11,12,\cdots,26$$

1) 物理层服务规范

物理层(PHY)通过射频连接件和硬件实现 MAC 子层和无线物理信道之间的接口。物理层在概念上提供了物理层管理实体(Physical Layer Management Entity,PLME),该实体提供了用于调用物理层管理功能的管理服务接口。PLME 还负责维护属于物理层的管理对象数据库,该数据库被称为物理层的个域网信息库(PAN Information Base,PIB)。

物理层的组件和接口如图 6-8 所示。物理层提供两种服务,即通过物理层数据服务接入点(PHY Data Service Access Point, PD-SAP)提供的物理层的数据服务,以及通过 PLME 服务接入点(PLME Service Access Point, PLME-SAP)提供的物理层的管理服务。

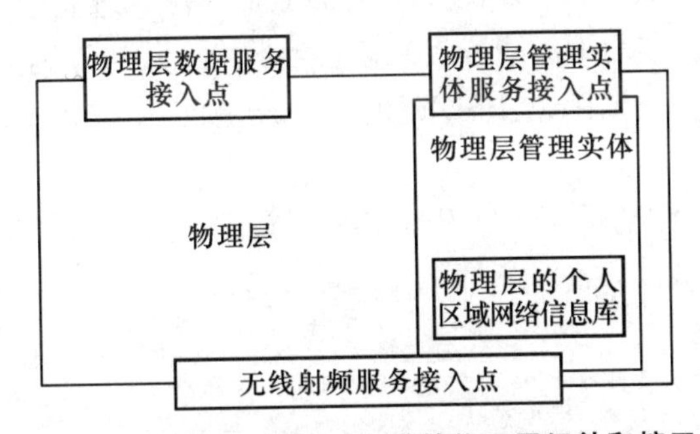

图 6-8 IEEE 802.15.4 标准的物理层组件和接口

PD-SAP 实现对等 MAC 子层实体间的介质访问控制协议数据单元(MAC Protocol Data Unit, MPDU)的传输,它支持如表 6-1 所示的 3 种原语。所谓原语是指由若干条机器指令构成的一段程序,用以完成特定功能。它在执行期间是不可被分割的,即原语一旦开始执行,在执行完毕之前是不允许中断的。

表 6-1 物理层数据服务接入点的原语

PD-SAP 原语	request	confirm	indication
PD-DATA	PD-DATA. request	PD-DATA. confirm	PD-DATA. indication

PLME-SAP 在介质访问控制层管理实体(MAC Layer Management Entity, MLME)和物理层管理实体之间传输管理命令,支持如表 6-2 所示的原语。

表 6-2　物理层管理实体服务接入点的原语

PLME-SAP 原语	request	confirm
PLME-CCA	PLME-CCA. request	PLME-CCA. confirm
PLME-ED	PLME-ED. request	PLME-ED. confirm
PLME-GET	PLME-GET. request	PLME-GET. confirm
PLME-SET-TRX-STATE	PLME-SET-TRX-STATE. request	PLME-SET-TRX-STATE. confirm
PLME-SET	PLME-SET. request	PLME-SET. confirm

2）物理层帧结构

IEEE 802.15.4 标准的物理层帧结构如表 6-3 所示。

表 6-3　IEEE 802.15.4 标准的物理层帧结构

4 字节	1 字节	1 字节		变长
前导码	SFD	帧长度(7 位)	保留位(1 位)	PSDU
同步头		物理层帧头		PHY 负载

前导码由 32 个 0 组成，用于收发器的码片或者符号的同步。

帧起始定界符(Start Frame Delimiter，SFD)域由 8 位二进制数组成，表示同步结束，数据包开始传输，SFD 与前导码构成同步头。帧长度域由 7 位二进制数组成，表示物理层服务数据单元(PHY Service Data Unit，PSDU)的字节数，帧长度域和 1 位的保留位构成了物理层帧头。

PSDU 域是变长的，它携带了 PHY 数据包的数据，包含介质访问控制协议数据单元。PSDU 域是物理层的负载。

6.3.4　MAC 子层

MAC 子层用来处理所有对物理层的访问，并负责完成以下任务：

(1) 如果设备是网络协调器，那么就需要产生网络信标。

(2) 同步信标。

(3) 支持个域网的关联和去关联。

(4) 支持设备安全规范。

(5) 执行信道接入的 CSMA/CA 机制。

(6) 处理和维护 GTS 机制。

(7) 提供对等 MAC 子层实体间的可靠连接。

1）MAC 子层服务规范

MAC 子层为业务相关的汇聚子层(Service Specific Convergence Sublayer，SSCS)和物理层提供接口。MAC 子层在概念上提供介质访问控制层管理实体(MLME)，负责实现用于调用 MAC 子层管理功能的管理服务接口。MLME 还负责维护属于 MAC 子层的管理对象数据库，该数据库被称为 MAC 子层的个域网信息库。MAC 子层的组件和接口如图 6-9 所示。

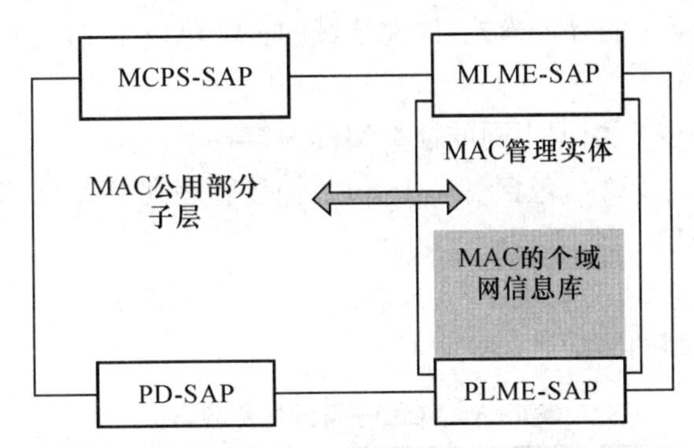

图 6-9 IEEE 802.15.4 标准的 MAC 子层组件接口

MAC 子层提供如下两种服务，分别通过两个服务接入点进行访问：

(1) MAC 数据服务，它通过 MAC 公用部分子层(MCPS)的数据服务接入点(MCPS-SAP)进行访问。

(2) MAC 管理服务，通过介质访问控制层管理实体的数据服务接入点(MLME-SAP)进行访问。

以上两个服务通过 PD-SAP 和 PLME-SAP 接口，组成业务相关的汇聚子层和物理层之间的接口。除了这些外部接口，在介质访问控制层管理实体和 MAC 公用部分子层之间还存在一个内部接口，介质访问控制层管理实体可以通过它使用 MAC 子层的数据服务。

2) MAC 子层的帧结构

MAC 子层的每一个帧包含以下基本组成部分：

① 帧头(MHR)，包含帧控制、序列号、地址信息；

② 可变长的 MAC 负载，包含对应帧类型的信息，确认帧不包含负载；

③ 帧尾(MFR)，包含帧校验序列(FCS)。

(1) MAC 子层的通用帧结构

MAC 子层的通用帧结构包括帧头、MAC 负载和帧尾。帧头的域都以固定的顺序出现，不过寻址域不一定要在所有帧都出现。一般的 MAC 子层帧结构如表 6-4 所示。

表 6-4 IEEE 802.15.4 标准的 MAC 子层的通用帧结构

16 位，字节：2	1	0/2	0/2/8	0/2	0/2/8	变长	2
帧控制	序列号	目标 PAN 标识	目标地址	源 PAN 标识	源地址	帧负载	FCS
		地址					
MHR						MAC 负载	MFR

① 帧控制域的长度是 16 位，包含帧类型定义、寻址和其他控制标志等。

② 序列号域的长度是 8 位，为每个帧提供唯一的序列标识。

③ 目标 PAN 标识域的长度是 16 位，内容是指定接收方的唯一 PAN 标识。

④ 根据寻址域中指定的寻址模式，目标地址域的长度可以是 16 位或者 64 位，内容是指定接收方的地址。

⑤ 源 PAN 标识域的长度是 16 位，内容是发送帧设备的唯一 PAN 标识。

⑥ 根据寻址域中指定的寻址模式，源地址域的长度可以是 16 位或者 64 位，内容是发送帧的设备地址。

⑦ 帧负载域长度可变，根据不同的帧类型其内容各不相同。

⑧ FCS 域的长度是 16 位，包含一个 16 位的帧校验序列 ITU-TCRC。

(2) 不同类型的 MAC 帧

表 6－5、表 6－6、表 6－7 和表 6－8 分别是 4 种类型帧的结构，即 MAC 子层的信标帧、数据帧、确认帧和命令帧的结构。

表 6－5　MAC 子层的信标帧结构

16 位，字节：2	1	4/10	2	变长	变长	变长	2
帧控制	序列号	寻址	超帧规范	GTS	地址	信标超载	FCS
MHR			MAC 负载				MFR

表 6－6　MAC 子层的数据帧结构

16 位，字节：2	1	4/10	变长	2
帧控制	序列号	寻址	数据负载	FCS
MHR			MAC 负载	MFR

表 6－7　MAC 子层的确认帧结构

16 位，字节：2	1	2
帧控制	序列号	FCS
MHR		MFR

表 6－8　MAC 子层的命令帧结构

16 位，字节：2	1	4/10	1	变长	2
帧控制	序列号	寻址	命令帧标识	命令负载	FCS
MHR			MAC 负载		MFR

3) MAC 子层的功能描述

表 6－9 列出了 MAC 子层定义的命令帧的内容。功能完备型设备(FFD)必须能够传输和接收所有的命令帧，而功能简化型设备(RFD)则不用。表中说明了哪些命令是 RFD 必须支持的。注意 MAC 命令传输只发生在信标网络的 CAP 中或者非信标网络中。

表 6－9　MAC 子层定义的命令帧

命令帧标识	命令名称	RFD		命令帧标识	命令名称	RFD	
		发	收			发	收
0x01	关联请求	×		0x06	孤儿指示	×	
0x02	关联请求应答		×	0x07	信标请求		
0x03	去关联指示	×	×	0x08	协调器重新关联		×
0x04	数据请求	×		0x09	GTS 请求		
0x05	PAN ID 冲突指示	×		0x0a～0xff	保留		

6.3.5 符合 IEEE 802.15.4 标准的无线传感器网络实例

下面介绍符合 IEEE 802.15.4 标准的一个无线传感器网络的应用实例[4]。普通结点由一组传感器结点组成,如温度传感器、湿度传感器、烟雾传感器,它们对周围环境的各个参数进行测量和采样,将采集到的数据发往中心结点。中心结点对发来的数据和命令进行分析处理,完成相应操作。普通结点只能接收从中心结点传来的数据,并与中心结点进行数据交换。

无线传感器网络采用星型拓扑结构,由一个与计算机相连的无线模块作为中心结点,可以跟任何一个普通结点通信。网络采取主机轮询查询和突发事件报告的机制。主机每隔一段时间向每个传感器结点发送查询命令。结点收到查询命令后,向主机发回数据。如果发生紧急事件,则由普通结点主动向中心结点发送报告。中心结点通过对普通结点的阈值参数进行设置,可以满足不同用户的需求。

网内的数据传输是根据无线模块的网络号、网内 IP 地址进行的。在进行初始设置的时候,先设定每个无线模块所属网络的网络号,再设定每个无线模块的 IP 地址。通过这种方法能够确定网络中无线模块地址的唯一性。若要加入一个新的结点,只需要给它分配一个不同的 IP 地址,并在中心计算机上更改全网的结点数,记录新结点的 IP 地址。

1) 数据传输流程

(1) 命令帧的发送流程

命令帧的发送流程如图 6-10 所示。因为查询命令帧采取轮询发送机制,所以丢失若干个查询命令帧对数据的采集影响并不大。如果采取出错重发机制,则容易造成不同结点的查询命令之间的互相干扰。

(2) 关键帧的发送流程

关键帧的发送流程如图 6-11 所示,它包括发送关键帧、发送返回帧等。它采用了出错重发机制。

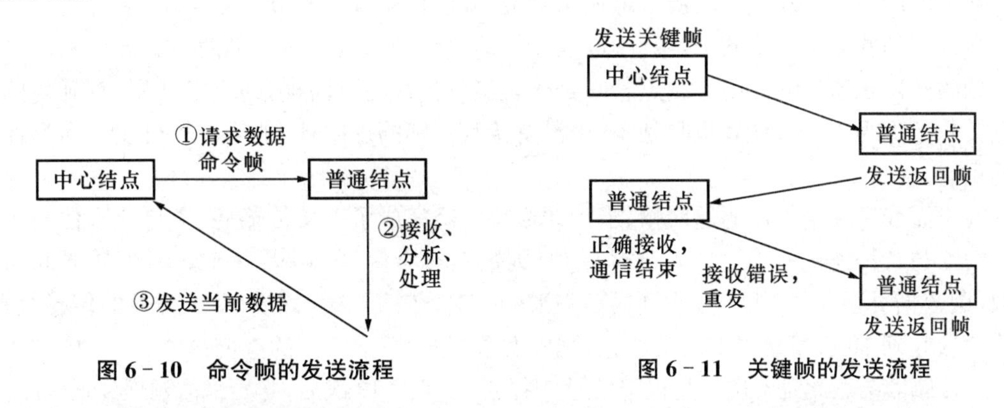

图 6-10 命令帧的发送流程 **图 6-11 关键帧的发送流程**

2) 数据传输的帧格式

IEEE 802.15.4 标准定义了一套新的安全协议和数据传输协议。这里采用的无线模块根据 IEEE 802.15.4 标准,定义了一套帧格式来传输各种数据。

(1) 数据型数据帧:数据型数据帧的作用是把指定的数据传送给网络中指定结点的外

部设备，具体的接收目标也由这两种帧结构中的目标地址给定。

数据型数据帧的格式如下：

数据类型 44H	目标地址	数据长度	数据	校验位

（2）返回型数据帧：返回型数据帧的作用是保证无线模块将网络情况反馈给自身UART0上的外设。

返回型数据帧的格式如下：

数据类型 52H	目标地址	数据长度	数据	校验位

这里采用上述两种帧格式，定义了适用于传感器网络的数据帧，并针对这些数据帧采取不同的应对措施，保证了数据传输的有效性。传感器网络的数据帧格式是在无线模块数据帧的基础上进行修改而设计的，主要包括传感数据帧、中心结点的阈值设定帧、查询命令帧和重启命令帧。

传感数据帧和阈值设定帧的帧长都是 8 字节，包括无线模块的数据类型域 1 字节、目标地址域 1 字节、异或校验域 1 字节、数据长度域 5 字节，其中 5 字节的数据长度域包括传感数据类型 1 字节、数据 3 字节、源地址 1 字节。

当数据类型域是 0xBB 时，代表将要传输的是 A/D 转换器当前采集到的数据，源地址是当前无线模块的 IP 地址。当数据类型域为 0xCC 时，表示当前数据是系统设置的阈值，源地址是中心结点的 IP 地址。

重启命令帧和查询命令帧的帧长都是 5 字节，包括无线模块的数据类型域 1 字节、目标地址域 1 字节、数据长度域 1 字节，其中数据长度域只传递传感器网络的数据类型，并用 0xAA 表示当前的数据是查询命令，用 0xDD 表示让看门狗重启。

对返回型数据帧来说，传感器结点给中心结点计算机的返回帧是在无线模块的数据帧基础上加以修改而实现的，帧长度是 6 字节，包括无线模块的数据类型域 1 字节、目标地址域 1 字节、数据长度域 2 字节、源地址域 1 字节、异或校验域 1 字节。

在返回帧的数据类型域中，用 0x00 表示当前接收到的数据是正确的，用 0x01 表示当前接收到的数据是错误的。中心结点若收到代表接收错误的返回帧，则重发数据，直到传感器结点接收正确为止。若计算机收到 10 个没有接收正确的返回帧，则从计算机发送命令让看门狗重启。

对于无线模块给外设的返回帧，当无线模块之间完成了一次传输后，会将此次传输的结果反馈给与其相连接的外设。若传输成功，则数据类型为 0x00；若两个无线模块之间通信失败，则数据类型为 0xFF。接收到通信失败的帧时，传感器结点重新发送当前的传感数据。若连续接收到 10 次发送失败的返回帧，则停发数据，等待下一次的查询命令。

若传感器结点此时发送的是报警信号，则在连续重发 10 次后，开始采取延迟发送策略，即每次隔一定的时间后，向中心结点发送报警报告，直到其发出。如果在此期间收到了中心结点的任何命令，则要将警报命令立即发出。因为 IEEE 802.15.4 标准已经在底层定义了 CSMA/CA 的冲突监测机制，所以在收到发送不成功的错误帧后，中心结点计算机将随机延迟一段时间，如 1～10 个轮回，再发送新一轮的命令帧。采取这种机制可避免重发的数据帧加剧网络拥塞。如此10次以后,表示网络暂时不可用,并且以后每隔10个轮回的时间发送一个命令帧,以测试网络。如果收到正确的返回帧,则表示网络恢复正常,中心计算机重新开始新的轮回。

6.4 ZigBee协议标准

6.4.1 ZigBee概述

ZigBee是一种面向自动化和无线控制的低速率、低功耗、低价格的无线网络方案。在ZigBee方案被提出了一段时间之后,IEEE 802.15.4工作组也开始了对低速率无线通信标准的制定工作。最终ZigBee联盟和IEEE 802.15.4工作组决定合作,共同制定一种通信协议标准,该协议标准被命名为ZigBee。

ZigBee的通信速率要求低于蓝牙,由电池供电设备提供无线通信功能,并希望在不更换电池并且不充电的情况下能正常工作几个月甚至几年。ZigBee无线设备工作在公共频段上,分别为全球2.4 GHz、美国915 MHz、欧洲868 MHz,其传输距离为10~75 m,具体数值取决于射频环境和特定应用条件下的输出功耗。ZigBee无线设备的通信速率在2.4 GHz时为250 kb/s,在915 MHz时为40 kb/s,在868 MHz时为20 kb/s。

图6-12所示为无线通信协议的应用情况。通常,随着通信距离的增大,设备的复杂度、功耗以及系统成本都在增加。从该图可以看出,相对于现有的各种无线通信技术,ZigBee是功耗和成本最低的技术。ZigBee的低数据率和通信范围较小的特点,决定了它适合承载数据流量较小的通信业务。

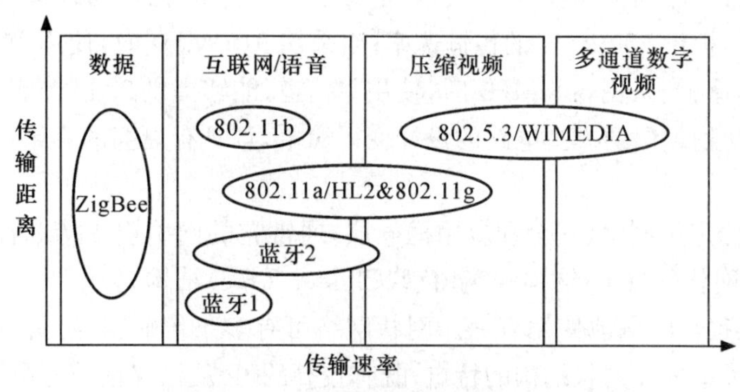

图6-12 无线通信协议的应用范围

ZigBee联盟成立于2001年,目前拥有200多个会员。ZigBee技术具有功耗低、成本低、网络容量大、时延短、安全可靠、工作频段灵活等诸多优点,目前是被普遍看好的无线个域网方案,也被很多人视为无线传感器网络的事实标准。

ZigBee联盟对网络层协议和应用程序接口进行了标准化。ZigBee协议栈架构基于开放系统互连模型的七层模型,包含IEEE 802.5.4标准以及由该联盟独立定义的网络层和应用层协议。

ZigBee所定义的网络层主要负责网络拓扑的搭建和维护以及设备寻址、路由等,属于通用的网络层功能范畴;应用层包括应用支持子层(Application Support Sub-layer,APS)、Zig-

Bee 设备对象(ZigBee Device Object，ZDO)以及设备商自定义的应用组件，负责业务数据流汇聚、设备发现、服务发现、安全与鉴权等。

协议芯片是协议标准的载体，也是最容易体现知识产权的一种形式。目前市场上出现了较多的 ZigBee 芯片产品及解决方案，有代表性的包括 Jennic 公司的 JN5121/JN5139，Chipcon 公司(被 TI 公司收购)的 CC2530，Freescale 公司的 MC13192 和 Ember 公司的 EM250 等系列的开发工具和芯片。

1) ZigBee 协议栈

完整的 ZigBee 协议栈自上而下由应用层、应用汇聚层、网络层、数据链路层和物理层组成，如图 6-13 所示。

应用层定义了各种类型的应用业务，是协议栈的最上层。应用汇聚层负责把不同的应用映射到 ZigBee 网络层，包括安全与鉴权、多个业务数据流汇聚、设备发现和业务发现。网络层的功能包括拓扑管理、MAC 管理、路由管理和安全管理。

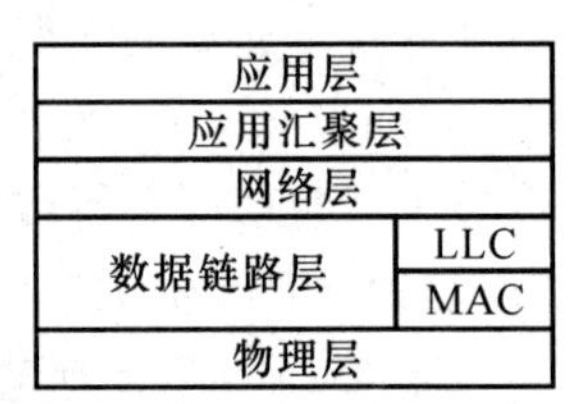

图 6-13　ZigBee 协议栈的组成

数据链路层可分为逻辑链路控制(LLC)子层和介质访问控制(MAC)子层。IEEE 802.15.4 的 LLC 子层的功能包括传输可靠性保障、数据包的分段与重组、数据包的顺序传输。IEEE 802.15.4 的 MAC 子层采用了业务相关的汇聚子层(SSCS)协议，能支持多种 LLC 标准，其功能包括设备间无线链路的建立、维护和拆除，确认模式的帧传送与接收，信道接入控制，帧校验，预留时隙管理和广播信息管理。

物理层采用直接序列扩频(DSSS)技术，定义了 3 种流量等级：当频率采用 2.4 GHz 时，使用 16 信道，能够提供 250 kb/s 的传输速率；当采用 915 MHz 时，使用 10 信道，能够提供 40 kb/s 的传输速率；当采用 868 MHz 时，使用单信道，能够提供 20 kb/s 的传输速率。直接序列扩频技术可使物理层的模拟电路的设计变得简单，且具有更高的容错性能，方便低端系统的实现。

ZigBee 主要界定了网络、安全和应用框架层，通常它的网络层支持 3 种拓扑结构，包括星型(Star)结构、网状(Mesh)结构和簇树型(Cluster Tree)结构，如图 6-14 所示。星型网络最常见，可提供很长的电池使用寿命。网状网络可有多条传输路径，具有较高的可靠性。簇树型网络结合了星型和网状结构的特点，既有较高的可靠性，又能节省电池能量。

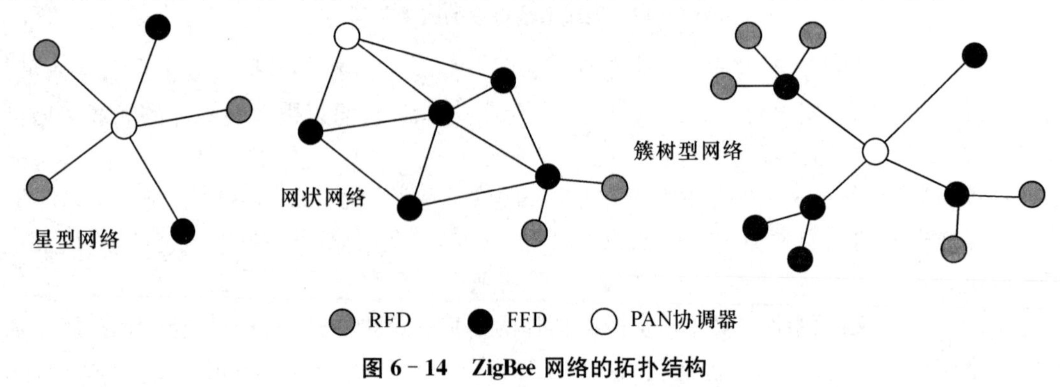

图 6-14　ZigBee 网络的拓扑结构

ZigBee 的物理设备分为功能简化型设备(RFD)和功能完备型设备(FFD),网络中至少有一个 FFD 充当网络协调器的角色。表6-10为两种类型设备的对比[5]。

表 6-10 ZigBee 的设备类型

RFD	FFD	RFD	FFD
仅用于星型网络	可用于任意网络	只具备微型 RAM 和 ROM	设备功能完备
不能充当网络协调器	充当网络协调器	电池供电	可接有线电源
只与网络协调器通信	可与所有设备通信		

功能简化型设备是网络中简单的发送/接收结点,具有微型的 RAM 和 ROM,简化了堆栈空间,相应存储空间也被减少,成本得以降低。它一般由电池供电,只与功能完备型设备连接通信。它能搜索出可达的网络设备,根据功能完备型设备的请求传送数据,并确定自身是否需要发送以及向功能完备型设备请求数据。功能简化型设备在其余时间内休眠以减少电能消耗。

功能完备型设备是一种功能完备的设备,可完成路由任务,充当网络协调器。它可与其他的功能完备型设备或功能简化型设备连接通信,一般接有线电源。

ZigBee 的逻辑设备按其功能可分为协调器、路由器和终端设备。协调器的作用是启动网络的初始化,组织网络结点和存储各结点信息。路由器的作用是管理每对结点的路由信息。终端设备相当于网络中的叶结点,可以是任意类型的物理设备。

2) ZigBee 的技术特点

ZigBee 的主要技术特点如下:

(1) 数据传输速率低。数据传输速率只有 10 kb/s~250 kb/s,专注于低速传输的应用。

(2) 有效范围小。有效覆盖范围在 10~75 m 之间,具体范围依据实际发射功率的大小和各种不同的应用模式而定。

(3) 工作频段灵活。使用的频段分别为 2.4 GHz(全球)、915 MHz(美国)及 868 MHz(欧洲),均为无须申请的 ISM 频段。

(4) 省电。由于工作周期很短,收发信息功耗较低,以及采用了休眠模式,ZigBee 可确保两节五号电池可以支持长达 6 个月至 2 年左右的使用时间。当然不同应用的功耗有所不同。

(5) 可靠。采用了碰撞避免机制,并为需要固定带宽的通信业务预留了专用时隙,避免了发送数据时的竞争和冲突。MAC 子层采用完全确认的数据传输机制,每个发送的数据包都必须等待接收方的确认信息。

(6) 成本低。由于数据传输速率低,并且协议简单,因此降低了成本。另外使用 ZigBee 协议可免专利费。

(7) 时延短。它针对时延敏感的应用做了优化,通信时延和从休眠状态激活的时延都非常短。设备搜索时延的典型值为 30 ms,休眠激活时延的典型值是 15 ms,活动设备信道接入时延为 15 ms。

(8) 网络容量大。一个 ZigBee 网络可容纳多达 254 个从设备和 1 个主设备，一个区域内可同时布置多达 100 个 ZigBee 网络。

(9) 安全。ZigBee 提供了数据完整性检查和认证功能，加密算法采用 AES－128，应用层的安全属性可根据需求来配置。

802.15.4 WPAN 应用的最大特色在于它的网络拓扑结构。由于实际应用需要感知网络的拓扑结构，一些结点可使用能量感知来定位网络结点的位置和坐标，以此作为路由计算的依据。结点可充当其他结点的中继器，保证信息转发至最终目标结点。ZigBee 的网络配置不适合采用手动方式，一般都是自动配置形成自我感知的拓扑结构。

6.4.2 ZigBee 网络层规范

网络层从功能上为 IEEE 802.15.4 MAC 子层提供支持，为应用层提供了合适的服务接口。为了实现与应用层的接口，网络层从逻辑上被分为两个具备不同功能的服务实体，分别是数据实体和管理实体。

网络层数据实体(NLDE)通过与它相连的服务接入点(SAP)即 NLDE-SAP 提供数据传输服务。网络层管理实体(NLME)通过与它相连的 SAP 即 NLME-SAP 提供管理服务。NLME 利用 NLDE 完成一些管理任务，维护网络信息中心的数据库对象。

NLME 提供的服务包括配置新设备、建立网络、加入和离开网络、寻址、邻居发现、路由发现和接收控制。

网络层提供两种服务，通过两个服务接入点分别进行访问。这两个服务分别是网络层数据服务和网络层管理服务，它们与 MCPS-SAP 和 NLME-SAP 一起组成了应用层和 MAC 子层间的接口。除了这些外部接口以外，在网络层内部，NLME 和 NLDE 之间也存在一个接口，NLME 可以通过它访问网络层的数据服务。

ZigBee 网络层帧结构如表 6－11 所示。

表 6－11 ZigBee 网络层帧结构

<table>
<tr><td>16 位(2 字节)</td><td>2</td><td>2</td><td>1</td><td>1</td><td>变长</td></tr>
<tr><td rowspan="2">帧控制</td><td>目标地址</td><td>源地址</td><td>半径</td><td>序列号</td><td>帧负载</td></tr>
<tr><td colspan="5">路由</td></tr>
<tr><td colspan="5">帧头</td><td>网络负载</td></tr>
</table>

(1) 帧控制域：有 16 位(2 字节)长，内容包括帧种类、寻址、排序和其他的控制标志位。

(2) 目标地址域：该域是必备的，有 2 个字节长，用来存放目标设备的 16 位网络地址或者广播地址(0xFFFF)。

(3) 源地址域：该域是必备的，有 2 个字节长，用来存放发送帧设备自己的 16 位网络地址。

(4) 半径域：该域是必备的，有 1 个字节长，用来设定传输半径。

(5) 序列号域：该域是必备的，有 1 个字节长，在每次发送帧时加 1。

(6) 帧负载域：该域长度可变，内容由具体情况决定。

6.4.3 ZigBee 系统软件的设计开发

1) ZigBee 系统软件设计事项

(1) ZigBee 协议栈

ZigBee 系统软件的开发是在厂商提供的 ZigBee 协议栈的 MAC 子层和物理层基础上进行的，涉及传感器的配合和网络架构等问题。

协议栈分有偿和无偿两种。无偿的协议栈能够满足简单应用开发的需求，但不能提供 ZigBee 规范定义的所有服务，有些内容需要用户自己开发。例如，Microchip 公司为产品 PICDEMO 开发套件提供了免费的 MP ZigBee 协议栈，Freescale 公司为产品 13192DSK 套件提供了 S-MAC 协议栈。

有偿的协议栈能够完全满足 ZigBee 规范的要求，提供丰富的应用层软件实例、强大的协议栈配置工具和应用开发工具。一般的开发板都提供有偿协议栈的有限使用权，如购买 Freescale 公司的 13192DSK 和 TI 公司的 Chipcon 开发套件，可以获得 F8 的 Z-Stack 和 Z-Trace 等工具的 90 天使用权。单独购买有偿的协议栈及开发工具比较昂贵，在产品有希望大规模上市的前提下才可以考虑购买。

(2) ZigBee 芯片

现在芯片厂商提供的主流 ZigBee 控制芯片在性能上大同小异，比较流行的有 Freescale 公司的 MC13192 和 Chipcon 公司的 CC2420。它们在性能上基本相同，两家公司提供的免费协议栈 MC13192 802.15 和 MpZBee v1.0-3.3 都可以实现树型网、星型网和网状网。

但其主要问题在于 ZigBee 芯片和微处理器(MCU)之间的配合。每个协议栈都是在某个型号或者序列的微处理器和 ZigBee 芯片配合的基础上编写的。如果要把协议栈移植到其他微处理器上运行，需要对协议栈的物理层和 MAC 子层进行修改，在开发初期这会非常复杂。因此芯片型号的选择应保持与厂商的开发板一致。

对于集成了射频部分、协议控制和微处理器的 ZigBee 单芯片和 ZigBee 协议控制与微处理器相分离的两种结构，从软件开发角度来看，它们并没有什么区别。以 CC2430 为例，它是 CC2420 和增强型 51 单片机的结合。所以对开发者来说，选择 CC2430 还是选择 CC2420 加增强型 51 单片机，在软件设计上是没有什么区别的。

(3) 硬件开发

ZigBee 应用大多采用 4 层板结构，需要满足良好的电磁兼容性能要求。天线分为 PCB 天线和外置增益天线，多数开发板都使用 PCB 天线。在实际应用中，外置增益天线可以大幅度提高网络性能，包括传输距离、可靠性等，但同时也会增大体积，需要均衡考虑。制板和天线的设计都可以参考主要芯片厂商提供的参考设计。

RF 芯片和控制器通过 SPI 和一些控制信号线相连接。控制器为 SPI 主设备，RF 射频芯片为从设备。控制器负责 IEEE 802.15.4 MAC 子层和 ZigBee 部分的工作。协议栈集成完善的 RF 芯片的驱动功能，用户无须处理这些问题。系统通过非 SPI 控制信号驱动所需要的其他硬件，如各种传感器和伺服器等。

微控制器可以选用任何一款低功耗单片机，但程序和内存空间应满足协议栈的要求。

射频芯片可以选用任何一款满足 IEEE 802.15.4 要求的芯片，通常可以使用 Chipcon 公司的 CC2420 射频芯片。硬件在开发初期应以厂家提供的开发板为基础进行制作，在实现基本功能后，再进行设备精简或者扩充。CC2530 是一款集 ZigBee 协议控制、增强型 51 单片机和射频模块于一体的控制器，可满足大多数应用需求。

通常需要为微控制器和 RF 芯片提供 3.3 V 电源。根据不同的情况，可以使用电池或者市电供电。一般来说，ZigBee 协调器和路由器需要市电供电，端点设备可以使用电池供电。要注意 RF 射频芯片工作电压范围的设置。

2）ZigBee 系统软件设计过程

ZigBee 网络系统软件设计的主要过程如下：

（1）建立 Profile

Profile 是关于逻辑器件和它们的接口的定义，约定了结点间进行通信时的应用层消息。ZigBee 设备生产厂家之间通过共用 Profile，可以实现良好的互操作性。研发一种新的应用可以使用已经发布的 Profile，也可以自己建立 Profile。自己建立的 Profile 需要经过 ZigBee 联盟的认证和发布，相应的应用才有可能是 ZigBee 应用。

（2）初始化

包括 ZigBee 协议栈的初始化和外围设备的初始化。

在初始化协议栈之前，需要先进行硬件的初始化。例如，首先要对 CC2420 和单片机之间的 SPI 接口进行初始化，然后对连接硬件的端口进行初始化，像连接 LED、按键、AD/DA 等的接口。

在硬件初始化完成后，就要对 ZigBee 协议栈进行初始化了。这一步骤决定了设备类型、网络拓扑结构、通信信道等重要的 ZigBee 特性。一些公司的协议栈提供专用的工具对这些参数进行设置，如 Microchip 公司的 ZENA，Chipcon 公司的 SmartRF 等。如果没有这些工具，就需要参考 ZigBee 规范，在程序中进行人工设置。

以上的初始化完成后，开启中断，然后程序进入循环检测，等待某个事件触发协议栈状态改变并作相应处理。每次处理完事件，协议栈又重新进入循环检测状态。

（3）编写应用层代码

ZigBee 设备都需要设置一个变量来保存协议栈当前执行的原语。不同的应用代码都要通过 ZigBee 和 IEEE 802.15.4 定义的原语与协议栈进行交互。也就是说，应用层代码通过改变当前执行的原语，使协议栈进行某些工作。而协议栈也可以通过改变当前执行的原语，告诉应用层需要做哪些工作。

协议栈通过对 ZigBee 任务处理函数的调用而被触发改变状态，并对某条原语进行操作，这时程序将连续执行整条原语的操作，或者响应一个应用层原语。协议栈一次只能处理一条原语，所以所有原语用一个集合表示。每次执行完一条原语后，必须设置下一条原语作为当前执行的原语，或者将当前执行的原语设置为空，以确保协议栈保持工作。

总之，应用层代码需要做的工作就是改变原语，或者对原语的改变做出相应动作。

参考文献

[1] Callaway E H, Jr. 无线传感器网络:体系结构与协议[M]. 王永斌,屈晓旭,译. 北京:电子工业出版社, 2007.

[2] 徐勇军,朱红松,崔莉. 无线传感器网络标准化工作进展[J]. 信息技术快报, 2008, 6(3): 5－12.

[3] 郑霖, 曾志民, 万济萍, 等. 基于IEEE802.15.4标准的无线传感器网络[J]. 传感器技术, 2005, 24(7): 86－88.

[4] 李文仲,段朝玉. ZigBee无线网络技术入门与实战[M]. 北京:北京航空航天大学出版社,2007.

7 CC253x 系列射频收发微控制器

7.1 CC253x 系列射频收发微控器简介

CC253x 是用于 IEEE802.15.4、Zigbee、RF4CE 应用的一个真正的片上系统(SoC)解决方案。它能以较低的成本建立起鲁棒性好的无线传感器网络。CC253x 融合了业界领先的高性能 RF 收发器、满足工业标准的增强型 8051 CPU 内核、在线可编程闪存、8 KB SRAM 和其他高性能外设。以 CC2530 为例,它有 4 个不同的闪存版本:CC2530F32/64/128/256,分别具有 32/64/128/256 KB 大小的闪存存储器。CC253x 系列射频收发微控制器具有不同的工作模式,尤其适合超低功耗的应用场合,而且其运行模式之间转换时间短进一步确保了低功耗。

7.1.1 CPU 和内存

CC253x 使用的是满足工业标准的增强型 8051 微控制器内核,它以单指令周期访问片内三种不同的存储器空间,分别是 SFR、DATA 和 SRAM。它还包括一个调试接口和一个 18 路输入的扩展中断单元。

中断控制器提供了 18 个中断源,分为 6 个中断组,每组与 4 个中断优先级有关。当处理器从空闲模式回到活动模式时,会发出一个中断服务请求。一些中断还可以从睡眠模式唤醒处理器。

内存仲裁器是微控制器的核心,它通过 SFR 总线将 CPU、DMA 控制器、物理存储器和所有外设联系在一起。内存仲裁器有 4 个存取访问点,分别是 CODE、DATA、XDATA 和 SFR,这 4 个存储器空间被映射到 8 KB SRAM、闪存存储器、SFR 寄存器中。内存仲裁器负责执行仲裁,并确定到同一个物理存储器的内存访问的顺序。

8 KB SRAM 映射到 DATA 存储空间和 XDATA 存储空间的一部分,它是一个超低功耗的 SRAM,当数字部分掉电时(供电模式 2 和 3)能够保留自己的内容。这对于低功耗应用是一个很重要的功能。

32/64/128/256 KB 闪存存储器为处理器提供了内部电路可编程的非易失性程序存储器,且映射到 CODE 和 XDATA 存储空间。除了保存程序代码和常量,非易失性程序存储器允许应用程序保存必须保留的数据,这样在设备重新启动之后可以使用这些数据。例如可以利用已经保存的网络具体数据,就不需要经过完整的启动、网络寻找和加入过程。

7.1.2 时钟和电源

数字内核和外设由一个 1.8 V 低压差稳压器供电,另外 CC253x 具有电源管理功能,可以在不同的低功耗模式下延长电池的使用时间。

7.1.3　外设

CC253x 包括许多不同的外设，允许应用程序设计者开发先进的应用。

调试接口采用一个专有的两线串行接口，用于内部电路调试。通过这个调试接口，可以执行整个闪存存储器的擦除，控制使能哪个振荡器，停止和开始执行用户程序，执行 8051 内核提供的指令，设置代码断点，以及执行内核中全部指令的单步调试。使用这些技术，可以很好地进行内部电路的调试和外部闪存的编程。

处理器含有闪存存储器以存储程序代码。闪存存储器可通过用户软件和调试接口编程。闪存控制器处理写入和擦除嵌入式闪存存储器。闪存控制器允许页面擦除和 4 字节编程。

I/O 控制器负责配置所有的通用输入/输出(GPIO)引脚。CPU 可以配置外设模块是否控制某个引脚或它们是否受软件控制，如果是的话，将每个引脚配置为一个输入或输出，并可为其配置上拉或下拉电阻。每个 GPIO 引脚都可使能 CPU 中断，同时为提高灵活性，每个连接到 GPIO 的外设均配置了两个不同的 IO 引脚。CC253x 片内具有一个 5 通道的多功能 DMA 控制器，由于它通过 XDATA 总线访问存储器空间，因此它能够访问所有物理存储器。每个 DMA 通道(触发源、优先级、传输模式、寻址模式、源和目标地址指针、传输个数)都是通过使用位于内存中的 DMA 描述符来进行配置的。许多硬件外设(AES 内核、闪存控制器、串口、定时器、模拟数字转换接口)通过使用 DMA 控制器在 SFR/XREG 和闪存存储器、8 KB SRAM 之间进行数据传输，以获得更高的效率。

定时器 1 是一个 16 位定时器，具有定时器、计数器、脉宽调制 PWM 功能。它带有一个可编程的分频器、一个 16 位的周期值配置寄存器、5 个独立的可编程计数器通道/捕获通道，每个通道都有一个 16 位的比较值寄存器。每个计数器通道/捕获通道可以配置为 PWM 输出或捕获输入信号上升沿或下降沿。定时器 1 还可配置为红外(IR)信号生成模式，通过驱动定时器 3 的周期计数器，并将其输出与定时器 3 的输出相与，以生成调制的消费型红外信号，而且在此模式下，基本无需 CPU 干预。

定时器 2 也称为 MAC(介质访问控制)定时器，是专门为支持 IEEE 802.15.4 协议和其他基于软件实现的时隙协议而设计的定时器。定时器 2 的定时周期可配置，且它含有一个 24 位溢出计数器，可以用于记录已经消耗的周期数。定时器 2 的 40 位捕获寄存器用于记录接收/发送一个数据帧起始定界符(SFD)的精确时间，或记录发送数据帧传输完成时的精确时间。定时器 2 还有两个 16 位输出比较值寄存器和两个 24 位捕获寄存器，用于在某些特定的时刻发送不同的命令给无线收发模块。

定时器 3 和定时器 4 是 8 位定时器，具有定时器、计数器、脉宽调制 PWM 功能。它们有一个可编程的分频器、一个 8 位的周期值配置寄存器、一个可编程的计数器通道，该通道可配置 8 位比较值。每个计数器通道可以用作一个 PWM 输出。

睡眠定时器是一个超低功耗的定时器，用于计算 32 kHz 晶振或 32 kHz RC 振荡器的周期。睡眠定时器在除了供电模式 3 的其他所有工作模式下可不间断运行。这一定时器的典型应用是作为实时计数器，或用于唤醒定时器跳出供电模式 1 或 2。

模拟数字转换器(ADC)支持 7 到 12 位的分辨率，有 30 kHz 或 4 kHz 的带宽。ADC 和音频转换可以使用高达 8 个输入通道(端口 0)。输入可以选择为单端或差分方式。参考电压可以是内部电压、AVDD、一个单端或差分外部信号。ADC 还有一个温度传感输入通道。ADC 可以在按顺序排列的采样通道自动执行定周期采样或转换。

随机数发生器使用一个 16 位 LFSR(线性反馈移位寄存器)来产生伪随机数，生成的伪随机数可以被 CPU 读取或由选通命令处理器直接使用。例如随机数可以用于产生随机密钥，用于安全保护。

AES(高级加密标准)协处理器允许用户使用带有 128 位密钥的 AES 算法加密和解密数据。这一内核能够支持 IEEE 802.15.4 MAC 子层安全、ZigBee 网络层和应用层要求的 AES 操作。

一个内置的看门狗定时器允许处理器在程序挂起的情况下进行复位操作。当看门狗定时器由软件使能后，程序应当定时进行喂狗操作；否则，当它超时它就复位处理器。该看门狗定时器也可以配置用作一个通用 32 kHz 定时器。

串口 0 和 1 可以配置为 SPI 模式或串口模式。CC253x 的串口 0 和 1 带有双缓冲和硬件流控制功能，因此非常适合于高吞吐量的全双工应用。它们有自己的高精度波特率发生器，因此可以使普通定时器空闲出来用作其他用途。

7.1.4 无线模块

CC253x 系列微处理器提供了一个兼容 IEEE 802.15.4 协议的无线收发器：RF 内核控制模拟无线模块。另外，它在 8051 微控制器内核与 RF 模块之间搭起了一座桥梁，使得两者之间可以传输命令、状态和串行的无线设备消息。该无线收发器还包括一个数据包过滤和地址识别模块。

7.2 AES 协处理器

CC253x 系列微处理器片内含有一个 AES 协处理器用于处理数据的加密/解密，大大减轻了 CPU 的开销。AES 协处理器允许 CPU 以最少的资源和时间参与执行加密/解密。

AES 协处理器具有下列特性：

(1) 支持 IEEE 802.15.4 的全部安全机制。

(2) 支持 ECB 模式(电子密码本模式)、CBC 模式(密码分组链接模式)、CFB 模式(密文反馈模式)、OFB 模式(输出反馈模式)、CTR 模式(计数模式)和 CBC-MAC 模式(密码分组链接-信息鉴别码模式)。

(3) 硬件支持 CCM(计数器密码分组链接信息鉴别码)模式。

(4) 128 位密钥和 IV/Nonce。

(5) DMA 传送触发能力。

7.2.1 AES 操作

AES 协处理器加密一条消息的步骤如下(ECB、CBC 模式下):

(1) 载入密码。

(2) 载入初始化向量(IV)。

(3) 为加密/解密而下载/上传数据。

AES 协处理器中运行 128 位的数据块。数据块一旦载入 AES 协处理器,就开始加密。在处理下一个数据块之前,必须将加密好的数据块读出。在每个数据块载入之前,必须使用专用的开始命令送入协处理器。

7.2.2 密钥和 IV

密钥或 IV(当前时间)载入之前,应当发送一个合适的载入密钥或 IV(当前时间)的命令给协处理器。当载入 IV,设置合适的模式也非常重要。

载入密钥或载入 IV 操作将取消任何正在运行的程序。密钥、当前时间一旦载入,除非重新载入,否则一直有效。

在开始每条消息(而不是消息块)之前,必须下载 IV。

通过设备复位,可以清除密钥和 IV 值。

7.2.3 填充输入数据

AES 协处理器运行 128 位数据块。最后一个数据块若少于 128 位,必须在写入协处理器时,填充 0 到该数据块中。

7.2.4 AES 协处理器和 CPU 通信

CPU 与协处理器之间利用以下 3 个 SFR 寄存器进行通信:

(1) ENCCS,加密控制和状态寄存器;

(2) ENCDI,加密输入寄存器;

(3) ENCDO,加密输出寄存器。

状态寄存器 ENCCS 可以由 CPU 直接读/写,而输入/输出寄存器则必须使用存储器直接存取(DMA)。当使用 DMA 和 AES 协处理器时,必须使用两个 DMA 通道,其中一个用于数据输入,另一个用于数据输出。在开始命令写入状态寄存器 ENCCS 之前,DMA 通道必须初始化。写入一条开始命令会产生一个 DMA 触发信号,传送开始。当每个数据块处理完毕时,产生一个中断。该中断用于发送一个新的开始命令到状态寄存器 ENCCS。

7.2.5 工作模式

当使用 CFB、OFB 和 CTR 模式时,128 位数据块分为 4 个 32 位的数据子块。每 32 位数据被载入 AES 协处理器,加密后再读出,直到 128 位数据被加密完毕。值得注意的是,在这种模式下数据是直接通过 CPU 载入和读出的。当使用 DMA 时,AES 处理器将产生

DMA 传输请求信号,由 DMA 完成数据的加载和读取,无需 CPU 干预,因此使用 DMA 时将减少 CPU 负担。

解密操作与加密操作基本一致。CBC-MAC 模式是 CBC 模式的一个变种。CCM 模式是 CBC-MAC 模式和 CTR 模式的结合。CCM 模式下,部分加密/解密工作将由软件来完成。

7.2.6 CBC-MAC 模式

当使用 CBC-MAC 模式进行数据加密时,除了最后一个数据块,128 位数据是一次性被加载到 AES 协处理器的。在最后一个数据块载入之前,工作模式切换至 CBC 模式。当最后一个数据块下载完毕后,上传的数据块就是 MAC 值了。

CBC-MAC 模式解密与加密类似。上传的 MAC 消息必须通过与 MAC 比较加以验证。

7.2.7 CCM 模式

CCM 模式下的消息加密,应该按照以下顺序进行(密钥已经载入)。

1) 信息鉴别阶段

(1) 软件将 0 载入 IV。

(2) 软件创建数据块 B0。数据块 B0 是 CCM 模式中第一个验证的数据块,其结构如表 7-1 所示。

表 7-1　信息验证数据块 B0

	名称:B0				描述:在 CCM 模式指定身份验证的第一块											
字节	0	1	2	3	4	5	6	7	8	9	10	11	12	13	14	15
名称	标志	NONCE													L-M	

其中,NONCE 的值没有限制,L-M 是以字节为单位的消息长度。

对于 IEEE 802.15.4,NONCE 有 13 个字节,而 L-M 有 2 个字节。

验证标志字节的内容描述在表 7-2 中。

在这个实例中,L 设置为 6,因此 L−1 为 5。M 和 A_Data 可以设置为任意值。

表 7-2　验证标志字节

	名称:FLAG/B0		描述:为 CCM 模式指定验证标志域					
位	7	6	5	4	3	2	1	0
名称	保留	A_Data	(M−2)/2			L−1		
值	0	×	×	×	×	1	0	1

(3) 如果需要(即 A_Data=1)某些添加的验证数据(下文用 a 表示),则软件就会创建 A_Data 的长度域,称为 L(a):

① 如果 L(a)=0(即 A_Data=0)时,那么 L(a)是一个空子符串。注意 L(a)是用字节表示的。

② 如果 $0<L(a)<2^{16}-2^{8}$,则 L(a)是 2 个 L(a)编码的 8 位字节。

添加的验证数据附加到 A_Data 的长度域 L(a)。附加的验证数据块不足部分用 0 来填充，直到最后一个附加的验证数据块填满。该字符串的长度没有限制。即

AUTH_DATA＝L(a)＋验证数据＋(0 填充)

(4) 当该信息的长度不是 128 的整数倍时，最后一个信息数据块用 0 填满。

(5) 软件将 B0 数据块、附加的验证数据块(如果有)和信息连接起来。即

输入信息＝B0＋AUTH_DATA＋信息＋(信息的 0 填充)

(6) 一旦由 CBC-MAC 输入信息验证结束，软件将脱离上传的缓冲器。该缓冲器的内容保持不变(M＝16)，或者保持缓冲器的高位 M 字节不变。与此同时，设置低位为 0(M≠16)。

这一阶段的结果称为 T。

2) 信息加密阶段

(1) 软件创建密钥数据块 A0。在当前有 CTR 产生的例子中，L＝6。数据块 A0 的结构如表7-3所示。

表 7-3 信息加密数据块 A0

	名称：A0					描述：CCM 模式的首个 CTR 值										
字节	0	1	2	3	4	5	6	7	8	9	10	11	12	13	14	15
名称	标志	Nonce											CTR			

注意：在 OFB 模式中，当由加密验证数据 T 产生 U 时，CTR 值必须是 0。当使用 CTR 模式加密信息块时，除了 0 之外，所有的数值都可以用于 CTR 值。

加密标志字节的内容如表 7-4 所示。

表 7-4 加密标志字节

	名称：FLAG/A0		描述：为 CCM 模式指定加密标志域					
位	7	6	5	4	3	2	1	0
名称	保留		—			L−1		
值	0	0	0	0	0	1	0	1

(2) 软件通过选择 IV/Nonce 命令加载 A0。只有在选择载入 IV/Nonce 命令时，设置模式为 CFB 或 OFB 才能完成这个操作。

(3) 软件在验证数据 T 中，调用 CFB 或 OFB 模式加密。上传缓冲内容保持不变(M＝16)，至少 M 的首字节不变，其余字节设置为 0(M−16)。这时的结果为 U，后面将会用到。

(4) 软件立刻调用 CTR 模式，为刚填充完毕的消息块加密。当 CTR 值不是 0 时必须重新载入 IV。

(5) 加密验证数据 U 附加到加密消息之中，这样给出最后结果 C：C＝加密消息(M)＋U。

3）信息解密阶段

在协处理器中，CTR 的自动生成需要 32 位空间，因此最大的消息长度为 128×2^{32} 位，即 2^{36} 字节。其幂指数可以写入一个 6 位的字中，因而数值 L 设置为 6。要解密一个 CCM 模式已处理好的消息，必须按照下列顺序进行(密码已经载入)：

(1) 软件通过分开 M 的最右面的 8 位组(命名为 U，剩余的其他 8 位组称为字符串 C)来分解消息。

(2) C 用 0 来填充，直到能够充满一个整数值的 128 位数据块。

(3) U 用 0 来填充，直到能够充满一个 128 位的数据块。

(4) 软件创建密钥数据块 A0。所用的方法和 CCM 加密一样。

(5) 软件通过选择 IV/Nonce 命令载入 A0，只有在选择载入 IV/Nonce 命令时，模式设置为 CFB 或 OFB 才能完成这个操作。

(6) 软件调用 CFB 或 OFB 模式加密验证数据 U。上传的缓冲器的内容保持不变(M=16)，至少这些内容的前 M 个字节保持不变。其余的内容设置为 0(M≠16)，此时的结果为 T。

(7) 软件立刻调用 CTR 模式解密已经加密的消息数据块 C，而不必重新载入 IV/CTR。

4）参考验证标签生成阶级

这个阶段与 CCM 加密的验证阶段相同。唯一不同的是，此时的结果是 MACTag，而不是 T。

5）信息验证校核阶段

该阶段中，利用软件来比较 T 和 MACTag。

7.2.8 层之间共享 AES 协处理器

AES 协处理器是各个层次共享的公共资源。AES 协处理器每次只能用来处理一个实例，因此需要在软件中设置某些标签来安排这个公共资源。

7.2.9 AES 中断

当一个数据块的加密或解密完成时，就产生 AES 中断(ENC)。该中断的使能位是 IEN0. ENCIE，中断标志位是 S0CON. ENCIF。

7.2.10 AES DMA 触发

与 AES 协处理器有关的 DMA 触发有两个，分别是 ENC_DW 和 ENC_UP。当输入数据需要下载到寄存器 ENCDI 时，ENC_DW 有效；当输出数据需要从寄存器 ENCDO 上传时，ENC_UP 有效。

要使 DMA 通道传送数据到 AES 协处理器，寄存器 ENCDI 就需要设置为目标寄存器；而要使 DMA 通道从 AES 协处理器接收数据，寄存器 ENCDO 就需要设置为源寄存器。

7.2.11 AES 寄存器

AES 寄存器的布局见表 7-5 至表 7-7。

表 7－5　ENCCS(0xB3)——加密控制和状态

位	名称	复位	R/W	描述
7	—	0	R0	没有使用，读出来一直是 0
6:4	MODE[2:0]	000	R/W	加密/解密模式 000：CBC 001：CFB 010：OFB 011：CTR 100：ECB 101：CBC MAC 110：没有使用 111：没有使用
3	RDY	1	R	加密/解密准备状态 0：加密/解密正在进行 1：加密/解密完成
2:1	CMD[1:0]	0	R/W	当写 1 到 ST 时执行命令 00：加密块 01：解密块 10：加载密钥 11：加载 IV/临时
0	ST	0	R/W1 HO	通过 CMD 设置启动处理命令。必须被每个命令或者 128 位数据块发出。通过硬件清除

表 7－6　ENCDI(0xB1)—— 加密输入数据

位	名称	复位	R/W	描述
7:0	DIN[7:0]	0X00	R/W	加密输入数据

表 7－7　ENCDO(0xB2)——加密输出数据

位	名称	复位	R/W	描述
7:0	DOUT[7:0]	0X00	R/W	加密输出数据

7.3　定时器 2(MAC 定时器)

定时器 2 主要用于为 802.15.4 CSMA-CA 算法提供定时功能，以及为 802.15.4 MAC 子层提供一般的计时功能。当定时器 2 和睡眠定时器一起使用时，即使系统进入低功耗模式也会提供定时功能。定时器以 CLKCONSTA.CLKSPD 指定的速度运行。如果定时器 2 和睡眠定时器一起使用，时钟速度必须设置为 32 MHz，且必须使用一个外部 32 kHz XOSC 获得精确结果。

定时器 2 的主要特性如下：

(1) 16 位向上计数模式。

(2) 可变周期可精确到 31.25 ns。

(3) 2×16 位定时器比较功能。

(4) 24位溢出计数。

(5) 2×24位溢出计数比较功能。

(6) 帧起始定界符捕捉功能。

(7) 定时器启动/停止同步于外部32 kHz时钟以及由睡眠定时器提供定时。

(8) 比较和溢出产生中断。

(9) 具有DMA触发功能。

(10) 通过引入延迟可调整定时器值。

7.3.1 定时器操作

1) 概述

当定时器停止时,复位后它将进入定时器IDLE(空闲)模式。当T2CNF.RUN设置为1时,定时器将启动。然后定时器将进入定时器RUN(运行)模式,此时定时器要么立即工作,要么同步于32 kHz时钟。关于同步启动和停止的描述见7.3.4节。

一旦定时器运行在RUN模式,可通过向T2CNF.RUN写入0来停止正在运行的定时器。然后定时器将进入IDLE模式,停止的定时器要么立即停止工作,要么同步于32 kHz时钟。

2) 正计数

定时器2是一个16位定时器,在每个时钟周期递增。计数器值可从寄存器T2Ml:T2M0中读取,寄存器T2MSEL.T2MSEL设置为000。注意:读T2M0寄存器时寄存器T2Ml的内容是锁定的,这意味着必须先读T2M0。

当定时器处于空闲模式时,计数器值可以通过写寄存器T2Ml:T2M0来修改,寄存器T2MSEL.T2MSEL设置为000。必须先写T2M0。

3) 定时器溢出

当定时器的计数器值等于设置的定时器周期值时,定时器溢出。当发生定时器溢出时,定时器的计数器值被设置为0x000。如果溢出中断屏蔽位T2IRQM.TIMER2_PERM是1,将产生一个中断请求。不管中断屏蔽位是什么值,此时中断标志位T2IRQF.TIMER2_PERF都将设置为1。

4) 定时器的delta递增

定时器周期可以在一个定时周期里通过写定时器的delta值进行调整。当一个定时器正在运行,一个定时器的delta值被写入复用寄存器T2Ml:T2M0,且寄存器T2MSEL.T2MSEL设置为000,这时16位定时器在它的当前计数值处停止计数,一个delta计数器开始计数。T2M0寄存器必须在T2Ml之前被写入。delta计数器从写入的delta值起开始倒计数,直到0为止。一旦delta计数器达到0,16位定时器重新开始计数。

delta计数器倒计数的速率与定时器的速率等同。当delta计数器倒计数至0时,就不再倒计数了,除非delta值再一次被写入。用这种方法,可以通过delta的值增加定时器周期,从而调整定时器的溢出值。

5）定时器比较

当定时器的计数值等于设置的 16 位比较值之一时，就发生了定时器比较。当发生定时器比较时，根据达到哪个比较值，中断标志位 T2IRQF. TIMER2_COMPARE1F 或 T2IRQF. TIMER2_COMPARE2F 置 1。如果此时相应的中断屏蔽位 T2IRQM. TIMER2_COMPARE1M 或 T2IRQM. TIMER2_COMPARE2M 置 1，还将产生一个中断请求。

6）溢出计数

每当计数器溢出时，24 位的溢出计数器加 1。溢出计数器的值可以从寄存器 T2MOVF2：T2MOVF1：T2MOVF0 中读出。寄存器 T2MSEL. T2MOVEFSEL 设置为 000。该寄存器的锁定如下：

（1）如果想要一个唯一的时间戳，即定时器和溢出计数器都在同一时间锁定，可读 T2M0，T2MSEL. T2MSEL 设置为 000，T2CTRL. LATCH_MODE 设置为 1。这时返回定时器值的低字节，并锁定定时器的高字节和整个溢出计数器，这样时间戳的其余部分准备好被读取。

（2）如果只想要读溢出计数器，则不要首先读定时器，读 T2MOVF0，T2MSEL. T2MOVFSEL 设置为 000，T2CTRL. LATCH_MODE 设置为 1。这时返回溢出计数器的低字节，并锁定溢出计数器的两个最高位字节，这样值准备好被读取。

7）溢出计数更新

溢出计数器的值可以通过写入寄存器 T2MOVF2：T2MOVF1：T2MOVF0 得到更新，T2MSEL. T2MOVFSEL 设置为 000。总是先写最低位字节，然后写其他三个字节。一旦写高字节，写入就生效。

8）溢出计数器溢出

当溢出计数器的值等于设置的溢出周期，就发生一个溢出周期事件。当发生该周期事件，溢出计数器设置为 0x000000。如果溢出中断屏蔽位 T2IRQM. TIMER2_OVF_PERM 是 1，将产生一个中断请求。中断标志位 T2IRQF. TIMER2_OVF_PERF 设置为 1，不管中断屏蔽的值是什么。

9）溢出计数器比较

可以为溢出计数器设置两个比较值。通过写入寄存器 T2MOVF2：T2MOVF1：T2MOVF0，寄存器 T2MSEL. T2MOVFSEL 设置为 011 或 100，可以设置比较值。当溢出计数器的值等于溢出计数器的比较值之一时，发生溢出计数器比较事件。如果此时相应的溢出比较中断屏蔽位 T2IRQM. T1MER2_OVF_COMPARE1M 或 T2IRQM. T1MER211_OVF_COMPARE2M 是 1，就立刻产生一个中断请求。不管中断屏蔽值是什么，中断标志位 T2IRQF. TIMER2_OVF_COMPARE1F 和 T2IRQF. TIMER2_OVF_COMPARE2F 置 1。

10）捕获输入

定时器 2 具有定时器捕获功能，它在无线模块的帧起始定界符的状态变更时捕获。

当捕获事件发生时，当前定时器内的数值就被送到捕获寄存器中。如果寄存器 T2MSEL. T2MSEL 设置为 001，捕获值可以从寄存器 T2M1：T2M0 中读出。溢出计数值也可以在捕获事件发生时捕获，如果 T2MSEL. T2MOVFSEL 设置为 001，可以从寄存器 T2MOVF2：T2MOVF1：T2MOVF0 中读出。

7.3.2 中断

定时器有 6 个可以分别屏蔽的中断源。它们是：

(1) 定时器溢出；

(2) 定时器比较 1；

(3) 定时器比较 2；

(4) 溢出计数器溢出；

(5) 溢出计数器比较 1；

(6) 溢出计数器比较 2。

中断标志给定在中断标志 T2IRQF 寄存器中。中断标志位只能通过硬件设置，且只能通过写 SFR 寄存器清除。

每个中断源可以通过寄存器 T2IRQM 的屏蔽位加以屏蔽。当设置了相应的屏蔽位时，将产生一个中断；否则，不产生中断。但是不管中断屏蔽位的状态是什么，都要设置中断标志位。

7.3.3 事件输出(DMA 触发和 CSP 事件)

定时器 2 有两个事件输出：T2_EVENT1 和 T2_EVENT2。它们可以用作 DMA 触发或用作 CSP 条件指令的条件。事件输出可以分别配置为以下一种事件：

(1) 定时器溢出；

(2) 定时器比较 1；

(3) 定时器比较 2；

(4) 溢出计数器溢出；

(5) 溢出计数器比较 1；

(6) 溢出计数器比较 2。

DMA 触发使用 T2EVTCFG. TIMER2_EVENT1_CFG 和 T2EVTCFG. TIMER2_EVENT2_CFG 配置。

7.3.4 定时器启动/停止同步

1) 概述

定时器可以通过 32 kHz 时钟的上升沿实现同步的启动和停止。注意，这个事件来自一个 32 kHz 时钟信号，而该时钟与 32 MHz 的系统时钟同步。因此，有一个周期近似等于 32 kHz时钟周期。除非 32 kHz 时钟和 32 MHz XOSC 都运行且稳定，否则不能尝试同步的启动和停止。

在启动同步时，定时器要重新载入新计算出来的计数值和溢出值。

2）定时器停止同步

定时器开始运行之后，即进入定时器的 RUN 模式。当 T2CTRL. SYNC 是 1 时，可以通过将 0 写入 T2CTRL. RUN 来停止同步。当 T2CTRL. RUN 已经调整到 0 之后，定时器继续运行，直到 32 kHz 时钟的上升沿采样为 1 为止。此时，定时器停止运行并且存储当前睡眠定时器值，且 T2CTRL. STATE 从 1 到 0。

3）定时器启动同步

当定时器处于 IDLE 模式且 T2CTRL. SYNC 是 1 时，通过把 1 写入 T2CTRL. RUN 开始同步。当 T2CTRL. RUN 已经置 1 后，定时器将保持 IDLE 模式，直到 32 kHz 时钟的上升沿被检测出来。当这些发生时，定时器将首先计算新的值，用于 16 位定时器值和 24 位定时器溢出值，这个计算基于当前存储的睡眠定时器值和当前 16 位定时器值。新的定时器 2 值和溢出计数器值载入定时器后，定时器就进入 RUN 模式。T2CTRL. STATE=1 表示模块正在运行。从 32 kHz 时钟上升沿被取样起，同步启动过程经历了 86 个时钟周期。同步的启动和停止功能需要选择系统时钟频率为 32 MHz。如果系统时钟频率选择为16 MHz，则需要给新的计算值添加一个偏移。

若在启动同步前未执行同步停止操作，则定时器将加载一个不可预知的值。为了避免这种情况发生，应当首先使能定时器，再启用同步启动和停止功能。

7.3.5　定时器 2 的寄存器

本节列出了 SFR 寄存器与定时器 2 有关的部分。这些寄存器如下：

（1）T2MSEL——定时器 2 复用寄存器控制；

（2）T2M1——定时器 2 复用计数高字节；

（3）T2M0——定时器 2 复用计数低字节；

（4）T2MOVF2——定时器 2 复用溢出计数 2；

（5）T2MOVF1——定时器 2 复用溢出计数 1；

（6）T2MOVF0——定时器 2 复用溢出计数 0；

（7）T2IRQF——定时器 2 中断标志；

（8）T2IRQM——定时器 2 中断屏蔽；

（9）T2CSPCNF——定时器 2 事件输出配置；

（10）T2CTRL——定时器 2 配置。

7.4　无线模块

7.4.1　RF 内核

RF 内核控制模拟无线模块，另外，它在 8051 微控制器内核与 RF 模块之间搭起了一座桥梁，使得两者之间可以传输命令、状态和串行的无线设备消息。

FSM 子模块控制 RF 收发器的状态、发送和接收 FIFO，以及大部分动态受控的模拟信号，比如模拟模块的上电/掉电。FSM 用于为事件提供正确的顺序（比如在使能接收器之前执行一个 FS 校准）。而且，它为来自解调器的输入帧提供分布式处理：读帧长度，计算收到的字节数，检查 FCS，成功接收帧后可处理自动传输 ACK 帧。在发送数据帧时，RF 模块执行相似的流程，包括在传输前执行一个可选的 CCA，并在接收一个 ACK 帧的传输结束后自动回到接收数据帧状态。最后，FSM 控制在调制器/解调器和 RAM 的 TXFIFO/RXFIFO 之间的数据传输。

调制器把原始数据转换为 I/Q 信号发送到发送器 DAC。这一行为遵守 IEEE 802.15.4 标准。解调器负责从收到的信号中检索无线数据。解调器得到的振幅信息由自动增益控制（AGC）使用。AGC 调整模拟 LNA 的增益，这样接收器内的信号水平大约是个常量。

在 RF 内核中，FSM 子模块通过帧过滤和源匹配单元来实现 IEEE 802.15.4 标准所规定的数据帧过滤和源地址匹配。频率合成器（FS）为 RF 信号产生载波。

命令选通处理器（CSP）处理 CPU 发出的所有命令。它还有一个 24 字节的很短的程序存储器，使得它可以自动执行 CSP 算法。

RF 模块拥有专属的内存空间，用于接收数据（RXFIFO）和发送数据（TXFIFO），这两个 FIFO 都是 128 字节长。另外，RAM 为帧过滤和源匹配存储参数，为此保留 128 字节。

定时器 2（MAC 定时器）用于为无线通信事件计时，以捕获输入数据包的时间戳。这一定时器甚至在睡眠模式下也保持计数。

1）中断

无线通信与 CPU 的两个中断向量有关。它们是 RFERR 中断（中断 0）和 RF 中断（中断 12），分别具有以下功能：

（1）RFERR 中断：无线通信的错误情况使用这一中断表示。

（2）RF 中断：使用这一中断表示来自普通操作的中断。

RF 中断向量结合了 RFIF 的中断。注意，这些 RF 中断是上升沿触发的。因此中断在 SFD 状态标志从 0 变为 1 时产生。

2）中断寄存器

两个主要的中断控制 SFR 寄存器用于使能 RF 和 RFERR 中断。它们是：

（1）RFERR：IEN0.RFERRIE。

（2）RF：IEN2.RFIE。

两个主要的中断标志 SFR 寄存器保存了 RF 和 RFERR 的中断标志。它们是：

（1）RFERR：TCON.RFERR。

（2）RF：SICON.RFIF。

RF 内核产生的两个中断是 RF 内核中若干中断源的组合。每个单独的中断源在 RF 内核中有自己的使能和中断标志。标志可在 RFIRQF0、RFIRQF1 和 RFIERRF 中找到。中断屏蔽可在 RFIRQM0、RFIRQM1 和 RFERRM 中找到。

屏蔽寄存器中的中断使能位用于为两个 RF 中断使能单独的中断源。注意，屏蔽中断源不会影响中断标志寄存器中状态的更新。

由于 RF 内核有独立的中断屏蔽机制，因此来自 RF 内核的中断有两层屏蔽机制，处理这些中断时务必小心。步骤描述如下：要清除来自 RF 内核的中断，必须清除两个标志，一个标志在 RF 内核中，一个在 SICON 或者 TCON 寄存器中。如果 RF 内核中的一个标志被清除，还有其他未屏蔽的标志存在，则产生另一个中断。

7.4.2 FIFO 访问

可以通过 SFR 寄存器 RFD(0xD9)访问 TXFIFO 和 RXFIFO。当写入 RFD 寄存器时，数据被写入到 TXFIFO；当读取 RFD 寄存器时，数据从 RXFIFO 中被读出。

XREG 寄存器 RXFIFOCNT 和 TXFIFOCNT 提供 FIFO 中的数据数量的信息。FIFO 的内容可以通过发出 SFLUSHRX 和 SFLUSHTX 清除。

7.4.3 DMA

可以并推荐使用直接存储访问(DMA)在存储器和无线模块之间传输数据。DMA 控制器中有个触发源是为 RF 内核预留的，即 RADIODMA 触发(DMA 触发 19)。RADIODMA 触发由两个事件激活，第一个引起 RADIODMA 触发的事件是第一个数据出现在 RXFIFO 中，即当 RXFIFO 从空状态变为非空状态；第二个引起 RADIODMA 触发的事件是从 RXFIFO 中读取数据(通过 RFD)，且 RXFIFO 中有更多的数据可用。

7.4.4 存储器映射

RF 内核包括 384 字节的物理 RAM，位于地址 0x6000 到 0x617F。RF 内核的配置和状态寄存器位于地址 0x6180 到 0x61EF。

1) RXFIFO

RXFIFO 存储器区域位于地址 0x6000 到 0x607F，所以是 128 字节。尽管这一存储器区域用于 RXFIFO，但是它不以任何方式保护，因此它在 XREG 存储区域中仍然是可以访问的。一般地，只有指定的指令能用于操作 RXFIFO 的内容。RXFIFO 一次可以包括多个帧。

2) TXFIFO

TXFIFO 存储器区域位于地址 0x6080 到 0x60FF，所以是 128 字节。尽管这一存储器区域用于 TXFIFO，但是它不以任何方式保护，因此它在 XREG 存储区域中仍然是可以访问的。一般地，只有指定的指令能用于操作 TXFIFO 的内容。TXFIFO 一次只能包括一个帧。

3) 帧过滤和源地址匹配存储器映射

帧过滤和源地址匹配功能使用 RF 内核 RAM 的一个 128 字节块来存储本地地址信息、源地址匹配配置和结果。这部分位于地址 0x6100 到 0x617F。注意，这些寄存器中的值复位之后是未知的。但是，这些值在供电模式期间保留。

7.4.5 频率和通道编程

频率载波可以通过编程位于 FREQCTRL. FREQ[6:0]的 7 位频率字来设置。支持的载波频率范围是 2 394 MHz 到 2 507 MHz。以 MHz 为单位的操作频率 f_c 由下式表示：f_c ＝2 394＋FREQCTRL. FREQ[6:0] MHz，以 1 MHz 为步长，是可编程的。

IEEE 802.15.4—2006 指定 16 个通道，它们位于 2.4 GHz 频段之内，步长为 5 MHz，编号为 11～26。通道 k 的 RF 频率由下式指定：

$$f_c = 2\ 405 + 5(k - 11)[\text{MHz}], \quad k \in [11,26]$$

对于在通道 k 的操作，FREQCTRL.FREQ 寄存器设置为 FREQCTRL.FREQ＝11＋5(k－11)。

7.4.6　IEEE 802.15.4—2006 调制格式

本节介绍 IEEE802.15.4 标准定义的 2.4 GHz 直接序列扩频频谱(DSSS)的 RF 调制格式。

调制和扩频功能如图 7－1 所示。每个字节分为两个符号，每个符号 4 位。低位符号首先传输。对于多字节域，低字节首先传输，除了与安全相关的域是高字节首先传输。

每个符号映射到 16 个伪随机序列之一，每个序列有 32 个芯片。符号到芯片的映射展示在表 7－8 之中。然后片序列以 2 Mchips/s 的速度传输，每个符号的低位芯片(C_0)首先传输。传输的比特流和片序列可以在 GPIO 引脚上观察到。

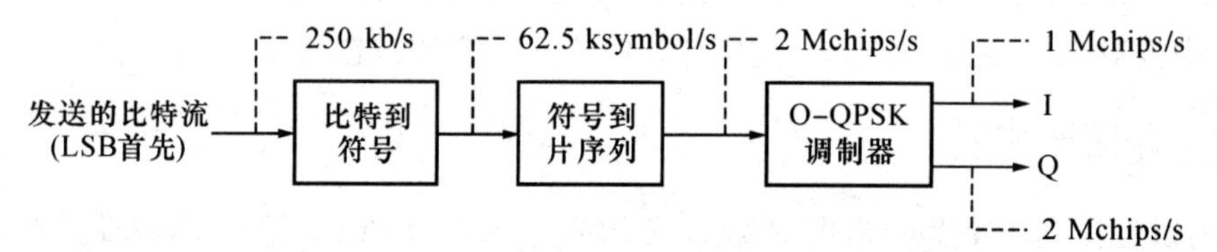

图 7－1　RF 调制和扩频功能框图

表 7－8　IEEE 802.15.4—2006 标准中符号到片序列的映射

符号	片序列(C0C1…C31)
0	11011001110000110101001000101110
1	11101101100111000011010100100010
2	00101110110110011100001101010010
3	00100010111011011001110000110101
4	01010010001011101101100111000011
5	00110101001000101110110110011100
6	11000011010100100010111011011001
7	10011100001101010010001011101101
8	10001100100101100000011101111011
9	10111000110010010110000001110111
10	01111011100011001001011000000111
11	01110111101110001100100101100000
12	00000111011110111000110010010110
13	01100000011101111011100011001001

续表 7 - 8

符号	片序列(C0C1…C31)
14	1001011000000011101111101110001100
15	110010010110000000111011110111000

调制格式是偏移-正变相移键控(O-QPSK)和半正弦 Chip。这相当于 MSK 调制。每个 Chip 形成半正弦波,轮流在一个半 Chip 周期偏移的 I 和 Q 通道传输。图 7 - 2 说明了零符号 Chip 序列的传输。

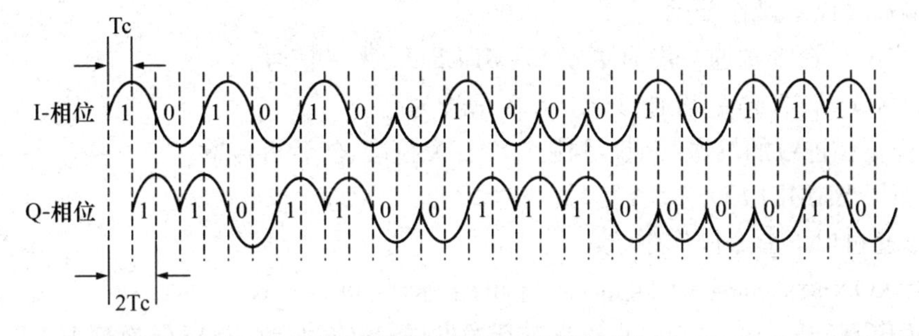

图 7 - 2　当 I/Q 传送一个零符号 Chip 序列时的相位,$T_C=0.5\ \mu s$

7.4.7　IEEE 802.15.4—2006 帧格式

本节给出了 IEEE 802.15.4 帧格式的简短介绍。无线模块有内置的支持可以处理帧的一部分。具体帧格式(数据帧、信标帧、确认帧和 MAC 命令帧)在本书第 3 章有描述。

1) PHY 层

同步头(SHR)包括帧引导序列,接下来是帧起始定界符(SFD)。在 IEEE 802.15.4 规范中,帧引导序列定义为 4 个字节的 0x00。SFD 是一个字节,设置为 0xA7。

PHY 层中 PHY 头只包括帧长度域。帧长度域定义了 MPDU 中的字节数。注意,长度域的值不包括长度域本身,但是它包括帧校验序列(FCS),即使这是由硬件自动插入的。帧长度域是 7 位长,最大值是 127,最高位保留,总是设置为 0。

PHY 服务数据单元包括 MAC 协议数据单元(MPDU)。产生/解释 MPDU 是 MAC 子层的责任,无线模块有内置的支持可以处理一些 MPDU 子域。

2) MAC 子层

长度域后面的 FCF、数据序列号码和地址信息连同 MAC 数据负载和帧校验序列形成了 MPDU。最后一个 MAC 负载字节后面是一个 2 字节的帧校验序列。FCF 是通过 MPDU 计算出来的,即长度域不是 FCS 的一部分。

标准规范中定义的 FCS 的表达式是:

$$G(s)=x^{16}+x^{12}+x^{5}+1$$

无线模块支持自动计算/验证 FCS。

7.4.8　发送模式

本节描述如何控制发送器、组装帧处理以及如何使用 TXFIFO。

1）TX 控制

无线模块有许多内置的功能，用于处理帧和报告状态。注意，无线模块提供的功能可以很容易地精确控制输出帧的时序。这在 IEEE 802.15.4/ZigBee 系统中是非常重要的，因为这类系统有严格的时序要求。

帧传输通过以下操作开始：

(1) STXON 命令选通。没有更新 SAMPLED_CCA 信号。

(2) STXONCCA 命令选通，只要 CCA 信号为高。

① 中止正在进行的发送/接收，强制一个 TX 校准，然后再传输。

② 更新了 SAMPLED_CCA 信号。

帧传输通过以下命令操作中止：

(1) SRXON 命令选通。中止正在进行的传输，强制一个 RX 校准。

(2) SRFOFF 命令选通。中止正在进行的发送/接收，强制 FSM 转换到 IDLE 状态。

(3) STXON 命令选通。中止正在进行的传输，强制一个 RX 校准。

STXON 发送之后要使能接收器，必须设置 FRMCTRL1. SET_RXENMASK_ON_TX 位。

2）TX 状态时序

STXON 或 STXONCCA 命令选通 192 μs 之后开始传输帧引导序列，这叫作 TX 轮转时序。返回到接收模式也有同样的延迟。

当返回到空闲或接收模式，调制器把信号送往 DAC 时有 2 μs 的延迟。这一输送在已经发送一个完整的 MPDU(由长度字节定义)或发生 TX 溢出之后自动发生。这会影响：

(1) SFD 信号，延长了 2 μs。

(2) 无线模块 FSM 转换到 IDLE 状态，延迟了 2 μs。

3）TX FIFO 访问

TX FIFO 可以保存 128 字节，一次只能有一个帧。帧可以在执行 TX 命令选通之前或之后缓冲，只要不产生 TX 下溢。

有两种方式写入 TXFIFO：

(1) 写到 RFD 寄存器。

(2) 帧缓冲总是开始于 TX FIFO 存储器的起始地址。通过使能 FRMCTRL1. IGNORE_TX_UNDERF 位，可以直接写到无线模块存储器的 RAM 区域，它保存 TX FIFO。注意，建议使用 RFD 写数据到 TXFIFO。

TXFIFO 中的字节数存储在 TXFIFOCNT 寄存器中。TXFIFO 可以使用 SFLUSHTX 命令选通手动清空。如果 FIFO 在传输期间被清空就发生 TX 下溢。

4）重传

为了支持简单的帧重传，无线模块不会删除 TXFIFO 的内容，因为它们正在传输。成功发送一个帧后，FIFO 的内容保持不变。要重传同一个帧，只需通过发出一个 STXON 或 STXONCCA 命令选通重新启动 TX。注意，只有数据包已经被完全发送才可以重传一个数据包，即数据包不能中止。

如果传输一个不同的帧，就要写新的帧到 TXFIFO。在这种情况下，TXFIFO 在实际写入发生之前自动清除。

5）错误情况

有两种错误情况与 TXFIFO 相关：

(1) 当 TXFIFO 满了且尝试写另一个字节，发生上溢。

(2) 当 TXFIFO 为空且无线模块尝试取另一个字节传输，发生下溢。

TX 上溢通过设置 TX_OVERFLOW 中断标志位表示。当发生这个错误，写入被中止，即导致溢出的数据字节丢失。错误状态必须使用 SFLUSHTX 选通命令清除。

TX 下溢通过设置 TX_UNDERFLOW 中断标志位表示。当发生这个错误，正在进行的传输被中止。错误状态必须使用 SFLUSHTX 选通命令清除。

TX_UNDERFLOW 异常可以通过设置 FRMCTRL1. IGNORE_TX_UNDERF 位禁用。在这种情况下，无线模块继续传输 TXFIFO 存储器中的字节，直到传输了第一个字节（即长度字节）给定的字节数。

6）帧处理

无线模块为 TX 帧执行以下帧产生任务（如表 7－9 所示）：

(1) 产生并自动传输 PHY 层同步头，它包括帧引导序列和 SFD。

(2) 传输帧长度域指定的字节数。

(3) 计算并自动传输 FCS（可以禁用）。

表 7－9　帧产生任务

帧引导序列	SFD	LEN	MHR	MAC 负载	FCS

(1)　　　(2)　　　(3)

推荐用法是写帧长度域，然后写 MAC 头和 MAC 负载到 TXFIFO，让无线模块处理其余部分。注意，帧长度域必须包括两个 FCS 字节，即使无线模块自动处理这些字节。

7）同步头

无线模块有可编程的帧引导序列长度。默认值遵守标准规范，改变该值会使系统不兼容于 IEEE 802.15.4。

帧引导序列长度由 MDMCTRL0. PREAMBLE_LENGTH 设置。当已经发送了所需的帧引导序列字节数，无线模块自动发送 1 字节长的 SFD。SFD 是固定的，软件不能改变这个值。

8）帧长度域

当发送了 SFD，调制器开始从 TXFIFO 读数据。它期望找到帧长度域，然后是 MAC 头和 MAC 负载。帧长度域用于确定要发送多少个字节。

注意，当 AUTOCRC＝1 时，最小帧长度是 3；当 AUTOCRC＝0 时，最小帧长度是 1。

9）帧校验序列

当设置了 FRMCTRLO. AUTOCRC 控制位，FCS 域自动产生并填充到发送帧的长度域定义的位置。FCS 不写到 TX FIFO 中，但是存储在一个单独的 16 位寄存器中。建议总是使能 AUTOCRC，除了可能用于调试目的。如果 FRMCTRLO. AUTOCRC=0，那么调制器期望在 TXFIFO 中找到 FCS，所以软件必须产生 FCS，连同 MPDU 的其余部分写进 TXFIFO。

10）中断

当帧的 SFD 域已被发送就产生 SFD 中断。帧结束后，当成功发送一个完整的帧，产生 TX_RM_DONE 中断。

注意，在 GPIO 中有第二个 SFD 信号可用（通过无线模块观测复用器），不能和 SFD 中断混淆。

11）空闲通道评估

空闲通道评估（CCA）状态信号表示通道是否可用于传输。CCA 功能用于实现 IEEE 802.15.4 标准指定的 CSMA-CA 功能。RSSI_VALID 状态信号可以用于验证这一点。

CCA 基于 RSSI 值和一个可编程的阈值。精确的操作可在 CCACTRL0 和 CCACTRL1 中配置。

CCA 信号有两个版本，一个在每个新的 RSSI 采样更新一次，一个只在 SSAMPLECCA/ISAMPLECCA 和 STXONCCA/ISTXONCCA 命令选通更新。它们在 FSMSTAT1 寄存器中都是可用的。

注意，CCA 信号在设置 RSSI_VALID 信号 4 个时钟周期（系统时钟）之后更新。

12）输出功率编程

RF 输出功率由 TXPOWER 寄存器的 7 位值控制。CC2530 数据手册显示了当中心频率设置为 2.440 GHz 时，推荐设置的一般输出功率和电流消耗。注意，推荐的设置只是所有可能的寄存器设置的一个很小的子集。

13）提示和技巧

（1）注意，在开始传输之前，TX FIFO 不需要有完整的帧。字节可以在传输期间增加到 TXFIFO。

（2）通过设置 MDMTEST1. MODULATION_MODE＝L 可以发送不兼容 IEEE 802.15.4 标准的帧。

7.4.9 接收模式

本节描述如何控制接收器、组装 RX 帧处理以及如何使用 RXFIFO。

1）RX 控制

接收器分别根据 SRXON 和 SRFOFF 命令选通开启和关闭，或使用 RXENABLE 寄存器。命令选通提供一个硬开启/关闭机制，而 RXENABLE 操作提供一个软开启/关闭机制。

接收器通过以下操作开启：

（1）SRXON 选通。

① 设置 RXENABLE[7]。

② 通过强制转换到 RX 校准，中止正在进行的发送/接收。

(2) STXON 选通，当 FRMCTRL1. SETRXENMASK_ON_TX 使能时。

① 设置 RXENABLE[6]。

② 发送完毕后接收器使能。

(3) 通过写 RXENMASKOR 设置 RXENABLE！=0x00。不中止正在进行的发送/接收。

接收器通过以下操作关闭：

(1) SRFOFF 选通。

① 清除 RXENABLE[7]。

② 通过强制转换到 IDLE 状态，中止正在进行的发送/接收。

(2) 通过写 RXENMASKAND 设置 RXENABLE=0x00。不中止正在进行的发送/接收。一旦正在进行的发送/接收完成，无线模块返回 IDLE 状态。

有若干方式操作 RXENABLE 寄存器：

(1) SRXMASKBITSET 和 SRXMASKBITCLR 选通(影响 RXENABLE[5])。

(2) SRXON、SRFOFF 和 STXON 选通，包括 FRMCTRL1. SET_RXMASK_ON_TX 设置。

2) RX 状态时序

接收器通过上面所述的方式之一，在 RX 使能 192 μs 之后准备好，这叫做 RX 轮转时序。

当接收帧后返回到接收模式，有一个 192 μs 的默认间隔，SFD 检测禁用。这一间隔可以通过清除 FSMCTRL. RX2RX_TIME_OFF 禁用。

3) 帧处理

无线模块集合了 IEEE 802.15.4—2003 和 IEEE 802.15.4—2006 中 RX 硬件方面要求的关键部分。这降低了 CPU 干预率，简化了处理帧接收的软件且以最小的延迟给出结果。

接收一个帧的期间，执行以下帧处理步骤(表 7-10)：

表 7-10　收到帧的处理

收到的帧						发送的确认帧					
帧引导序列	SFD	LEN	MHR	MAC 负载	FCS	帧引导序列	SFD	LEN	MHR	MAC 负载	FCS
(1)		(2)	(3)		(4)				(5)		

(1) 检测和移除收到的 PHY 同步头(帧引导序列和 SFD)，并接收帧长度域规定的字节数。

(2) 执行第三过滤级别规定的帧过滤。

(3) 匹配源地址和包括多达 24 个短地址的表或 12 个扩展 IEEE 地址。源地址表存储在无线模块 RAM 中。

(4) 执行自动 FCS 校验，并把该结果和其他状态值(RSSI、LQI 和源匹配结果)填入接收到的帧中。

(5) 执行具有正确时序的自动确认传输，且正确设置帧未决位，基于源地址匹配和 FCS

校验的结果。

4）同步头和帧长度域

帧同步开始于检测一个帧起始定界符(SFD)，然后是长度字节，它确定何时接收完成。SFD信号可以在GPIO上输出，可以用于捕获收到帧的开始。帧引导序列和SFD不写到RXFIFO。

无线模块使用一个相关器来检测SFD。MDMCTRL1. CORR_THR中的相关器阈值确定收到的SFD必须如何密切匹配一个理想的SFD。阈值的调整必须注意以下两点：

(1) 如果设置得太高，无线模块会错过许多实际的SFD，大大降低接收器的灵敏度。

(2) 如果设置得太低，无线模块会检测到许多错误的SFD。虽然这不会降低接收器的灵敏度，但是影响是类似的，因为错误的帧可能会重叠实际帧的SFD。它还会增加接收具有正确FCS的错误帧的风险。

除了SFD检测，在SFD检测之前还可以请求若干有效的真引导序列符号(也在相关器阈值之上)。可用选项和推荐的设置参见MDMCTRL0和MDMCTRL1的寄存器描述。

5）帧过滤

按照第三过滤级别规定，帧过滤功能拒绝目标不明确的帧，它对以下情况提供过滤：

(1) 8种不同帧类型。

(2) 帧控制域中的保留位(FCF)。

帧过滤功能通过以下方式控制：

(1) 使用FRMFILT0和FRMFILT1寄存器。

(2) 设置RAM中的LOCAL_PAN_ID、LOCAL_SHORT_ADDR和LOCAL_EXT_ADDR值。

FRMFILT0. FRM_FILTER_EN位控制是否应用帧过滤。当禁用时，无线模块接受所有收到的帧；当使能(这是默认设置)时，无线模块只接受符合以下全部要求的帧：

(1) 长度域必须等于或大于最小帧长度。长度域从FCF的源地址和目标地址模式以及PANID压缩子域获得。

(2) 保留的FCF位[9:7]以及FRMFILT0. FCF_RESERVED_BITMASK必须等于000B。

(3) FCF的帧版本子域的值不能高于FRMFILT0. MAX_FRAME_VERSION。

(4) 源地址和目标地址模式不能是保留值(1)。

(5) 目标地址：

① 如果一个目标PANID包含在帧中，它必须匹配LOCAL PANID或广播PAN标识符(0xFFFF)。

② 如果一个短地址包含在帧中，它必须匹配LOCAL_SHORT_ADDR或广播地址(0xFFFF)。

③ 如果一个扩展地址包含在帧中，它必须匹配LOCAL_EXT_ADDR。

(6) 帧类型：

① 只接受信标帧(0)，当

- FRMFILT1. ACCEPT_FTO_BEACON=1；
- 长度字节≥9；
- 目标地址模式是0(没有目标地址)；
- 源地址模式是2或3(即包含一个源地址)；
- 源PANID匹配LOCAL_PANID,或LOCAL_ANID等于0xFFFF。

② 只接受数据帧(1),当

- FRMFILT1. ACCEPT_FT1_DATA=1；
- 长度字节≥9；
- 目标地址和/或源地址包含在帧中,如果没有目标地址包含在帧中,必须设置FRMFILT0. PAN_COORDINA_TOR位,且源PANID必须等于LOCAL_PANID。

③ 只接受确认帧(2),当

- FRMFILT1. ACCEPT_FT2_ACK=1；
- 长度字节=5。

④ 只接受MAC命令帧(3),当

- FRMFILT1. ACCEPT_FT3_MAC_CMD=1；
- 长度字节≥9；
- 目标地址和/或源地址包含在帧中,如果没有目标地址包含在帧中,必须设置FRMFILT0. PAN_COORDINA_TOR位,且源PANID必须等于要接受的帧的LOCAL_PANID。

⑤ 只接受保留的帧类型(4,5,6和7),当

- FRMFILT1. ACCEPT_FT4TO7_RESERVED=1(默认是0)；
- 长度字节≥9。

过滤开始之前执行以下操作,不会影响存储在RX FIFO中的帧数据；

(1) 长度字节的位7被屏蔽(没有关系)。

(2) 如果FRMFILT1. MODIFY_FT_FILTER不是零,FCF的帧类型子域的MSB或者颠倒或者强制变为0或1。

如果拒绝了一个帧,无线模块仅仅在被拒绝帧已经被完全接收后(由长度域定义)寻找一个新的帧,以避免在帧内检测到错误的SFD。注意,如果在帧被拒绝之前发生RX溢出,被拒绝帧可以产生RX溢出。

当帧过滤使能且过滤算法接受一个已接收的帧,就产生一个RX_FRM_ACCEPTED中断;如果帧过滤禁用或在知道过滤结果之前产生RX_OVERFLOW或RX_FRM_ABORTED,不产生该中断。

当完全接收一个帧起始定界符,FSMSTAT1. SFD寄存器位变为高,且保持高电平直到接收MPDU最后一个字节,或收到的帧没有通过地址识别且已被拒绝。

以下寄存器设置必须正确配置：

(1) 如果设备是一个PAN协调器,必须设置FRMFILT0. PAN_COORDINA_TOR,而如果不是则必须清除。

(2) FRMFILT0. MAX_ FRAME_ VERSION 必须对应 IEEE 802.15.4 标准支持的版本。

(3) 本地地址信息必须加载到 RAM。

要在能量检测扫描期间完全避免接收帧，可设置 FRMCTRL0. RX_ MODE=11b，然后再启动 RX。这里禁用了符号搜索从而防止 SFD 检测。

要恢复正常的 RX 模式，设置 FRMCTRLO. RX_ MODE=00b 并重新启动 RX。

在一个繁忙的 IEEE 802.15.4 环境的操作中，无线模块接收许多目标不明确的确认帧。要有效阻止接收这些帧，使用 FRMFILT1. ACCEPT_ FT2_ ACK 位来控制何时应该接收确认帧：成功启动一个带有确认的发送请求之后，设置 FRMFILT1. ACCEPT_ FT2_ ACK，且接收确认帧或达到超时之后，再清除该位。

当改变 FRMFILT0/1 寄存器的值和存储在 RAM 中的本地地址信息时，不需要关闭接收器。但是，如果改变发生在接收 SFD 字节和源 PANID 之间(即在接收 SFD 和 RX_ FRM_ ACCEPTED 之间)，修改的值必须被视作不影响特定帧(无线模块使用旧值或是新值)。

注意，通过设置 MDMTEST1. MODULATION_ MODE=1，可以使无线模块忽略所有 IEEE 802.15.4 环境的输入帧。

6) 源地址匹配

无线模块支持收到的帧的源地址和存储在片上存储器中的一个表匹配。该表长 96 字节，因此可以包含多达 24 个短地址(每个 2+2 字节)，12 个 IEEE 扩展地址(每个 8 字节)。

仅当帧过滤也使能且收到的帧已被接受时才执行源地址匹配。该功能由以下寄存器和源地址表控制：

(1) SRCMATCH、SRCSHORTEN0、SRCSHORTEN1、SRCSHORTEN2、SRCEXTEN0、SRCEXTEN1、SRCEXTEN2 寄存器。

(2) RAM 中的源地址表。

7) 帧校验序列

在接收模式中，如果 FRMCTRLO. AUTOCRC 使能，FCS 由硬件验证。用户一般只关心 FCS 的正确性，而不关心 FCS 本身，因此接收期间 FCS 本身不写入 RX FIFO。相反，当设置 FRMCTRLO. AUTOCRC，两个 FCS 字节被其他更有用的值替代。取代 FCS 的值可在寄存器 FRMCTRLO 中配置。

8) 确认传输

无线模块包括硬件支持成功接收帧后，进行确认传输，即收到的帧的 FCS 必须是正确的。

7.4.10 RXFIFO 访问

RXFIFO 可以保存一个或多个收到的帧，只要总字节数是 128 或更少。有两种方式确定 RXFIFO 中的字节数：

(1) 读 RX FIFO_CNT 寄存器。

（2）使用 FIFOP 和 FIFO 信号，结合 FIFOPCTRL. FIFOPTHR 设置。

RXFIFO 通过 RFD 寄存器被访问。RXFIFO 中的数据还可以通过访问无线模块 RAM 来直接访问。FIFO 指针可在 RXFIRST_PTR、RXLAST_PTR 和 RXPl_PTR 中读。如果不首先读整个帧，想要快速访问帧的某个字节可以应用这一方法。注意，当使用这一直接访问方法，FIFO 指针不被更新。

ISFLUSHRX 命令选通会复位 RXFIFO，复位所有 FIFO 指针并清除所有计数器、状态信号和标记错误条件。

SFLUSHRX 命令选通复位 RXFIFO，移除所有收到的帧并清除所有计数器、状态信号和标记错误条件。

1）使用 FIFO 和 FIFOP

当读出一小部分收到的帧时 FIFO 和 FIFOP 信号有用。在收到帧时：

（1）当一个或多个字节在 RXFIFO 中，FSMSTAT1. FIFO 变为高，但是当发生 RX 溢出时变为低。

（2）FSMSTAT1. FIFOP 信号变为高，当

① RXFIFO 的有效字节数超过 FIFOPCTRL 编程的 FIFOP 阈值。当帧过滤使能，帧头的字节不被视为有效的，直到帧被接受。

② 一个新的帧的最后一个字节被接收，即使没有超过 FIFOP 阈值。如果是这样，FIFOP 在下一个 RXFIFO 读访问时回到低。

当使用 FIFOP 作为微控制器的一个中断源时，FIFOP 阈值必须由中断服务程序调整，以准备下一个中断。当为一个帧准备最后一个中断，阈值必须匹配剩余的字节数。

2）错误情况

有两种错误情况与 RXFIFO 相关：

（1）上溢，在这种情况下当接收另一个字节时 RXFIFO 为满。

（2）下溢，在这种情况下软件尝试从一个空的 RXFIFO 中读一个字节。

RX 上溢通过设置 RFERRF. RXOVERF 标志以及信号值 FSMSTAT1. FIFO＝0 和 FSMSTAT1. FIFOP＝1 表示。当发生错误时，接收帧停止。当前存储在 RXFIFO 的帧可以在状态被清除之前使用 ISFLUSHRX 选通读出。注意，如果在帧被拒绝之前发生状态，被拒绝的帧可以产生 RX 上溢。

RX 下溢通过设置 RFERRF. RXUNDERF 标志表示。RX 下溢是一种严重的错误情况，不能在免于错误的软件中发生，且 RXUNDERF 事件只能用于调试或一个看门狗功能。注意，在接收一个新字节的同时发生读操作，不产生 RXUNDERF 错误。

3）RSSI

无线模块有一个内置的接收信号强度指示器（RSSI），计算一个 8 位有符号的数字值，可以从寄存器读出，或自动附加到收到的帧。RSSI 值总是通过 8 个符号周期内（128 μs）取平均值得到的，与 IEEE 802.15.4 标准相符合。

RSSI 值是一个有符号补数，对数尺度是 1 dB 的步长。

在读 RSSI 值寄存器之前必须检查状态位 RSSCV_ALID. RSSC_VALID 表示的寄存

器中的 RSSI 值事实上是否有效，这意味着接收器已经为最后 8 个符号周期使能。

为了以合理的精确度在 RF 引脚找到实际的带符号功率 P，必须增加一个偏移量到 RSSI 值，如下所示：

$P = \mathrm{RSSI} - \mathrm{OFFSET}[\mathrm{dBm}]$

例如，从 RSSI 寄存器读 RSSI 值 -10 时偏移量是 73 dB 意味着 RF 输入功率大约是 -83dB。使用正确的偏移量值要参考 TI 提供的数据手册。

在第一次变为有效之后，可以配置无线模块如何更新 RSSI 寄存器。如果 FRMCTRLO. ENERGY_SCAN=1(默认)，RSSI 寄存器包括最新的可用值，但是如果该位设置为 1，则执行一个峰值搜索，RSSI 寄存器包括自能量扫描使能以来的最大值。

4) 链路质量指示

如同 IEEE 802.15.4 标准中的定义，链路质量指示(LQI)计量的就是所收到的数据包的强度和/或质量。IEEE 802.15.4 标准要求的 LQI 值限制在 0 到 255 之间，至少需要 8 个唯一的值。无线模块不直接提供一个 LQI 值，但是报告一些测量结果，微控制器可以使用它们来计算一个 LQI 值。

MAC 软件可以使用 RSSI 值来计算 LQI 值。这一方法有若干缺点，如通道带宽内的窄带干扰会增加 RSSI，因此 LQI 值即真正的链路质量实际上降低了。因此，对于每个输入的帧，无线模块提供了一个平均相关值，该值基于跟随在 SFD 后面的前 8 个符号。虽然无线模块不作片码判定，但是这个无符号的 7 位数值可以看作片码错误率的测量。

如前所述，当设置 MDMCTRLO. AUTOCRC 时，前 8 个符号的平均相关值连同 RSSI 和 CRC OK/not OK 附加到每个收到的帧中。相关值～110 表示最高质量帧，而相关值～50 一般表示无线模块检测到的最低质量帧。

软件必须将平均相关值转换为由 IEEE 802.15.4 标准定义的，范围为 0～255 的数值，即按照下式计算：

$$LQI = (\mathrm{CORR} - a)b$$

式中 a 和 b 是基于包差错率(PER)测量的经验值。

RSSI 和相关值结合起来，还可用于产生 LQI 值。

7.4.11　无线模块控制状态机制

FSM 模块负责维护 TX FIFO 和 RX FIFO 指针，控制模拟动态信号，比如上电/掉电，控制 RF 内核的数据流，产生自动确认帧，以及控制所有模拟 RF 校准。

7.4.12　随机数的产生

RF 内核可以产生随机比特。当产生随机比特时要求芯片必须处于 RX 模式，还必须确保芯片处于 RX 模式足够长的时间，用于瞬态消失。完成这一操作的一个很方便的方式是等待 RSSI 有效信号变为高。

来自 I 或 Q 通道的单个随机比特可以从寄存器 RFRND 中读。

随机测试表明，这一模块良好。但是，存在一个微小的直流成分。在一个简单的测试中，RFRND. IRND 寄存器被读数次，数据按字节分组，大约读出 2 000 万字节。当解释为 0 到 255 之间的无符号整数时，平均值是 127.651 8，表示有一个直流成分。

注意，要完全限定随机数发生器为真正的随机数，需要做更细致的测试。

7.4.13　数据包分析器和无线模块测试输出信号

数据包分析器是一种无干扰观测发送或接收数据的方法。数据包分析器输出一个时钟和一个数据信号，它们必须在时钟的上升沿采样。这两个数据包分析信号在 GPIO 输出上观测。为了得到精确的时间戳，也要输出 SFD 信号。

因为无线模块的数据速率是 250 kb/s，数据包分析器的时钟频率是 250 kHz。数据是串行输出的，每个字节的 MSB 首先输出，和实际的 RF 传输正好相反，但是在处理数据时更方便。可以使用一个 SPI 从模式来接收数据流。

当分析帧处于 TX 模式，调制器从 TXFIFO 读出的数据和数据包分析器输出的数据相同。但是，如果自动产生 CRC 使能，数据包分析器不能输出这两个字节；相反，它以 Ox8080 替代 CRC 字节。该值不能发生在一个收到的帧的最后两个字节（当自动 CRC 校验使能），因此它为分析数据的接收器提供一种方法来区分是发送的帧还是接收的帧。

当分析帧处于 RX 模式，解调器写到 RXFIFO 的数据和数据包分析器输出的数据相同。换句话说，根据配置的设置，最后两个字节可以是收到的 CRC 值，或是可以自动替代 CRC 值的 CRC OK/RSSI/SRCRESINDEX 值。

要设置数据包分析器信号或其他一些 RF 内核观测输出（总共最多 3 个：rfc_obs_sig0、rfc_obs_sig1 和 rfc_obs_sig2），用户须遵守以下步骤：

(1) 确定哪个信号（rfc_obs_sig）要在哪个 GPIO 引脚（P1[0:5]）上输出。这使用 OBSSELx 控制寄存器（OBSSELO—OBSSEL5）完成，控制观测结果输出到引脚 P1[0:5]上。

(2) 设置 RFC_OBS_CTRL 控制寄存器（RFC_OBS_CTRL0—RFC_OBS_CTRL2）来选择正确的信号（rfc_obs_sig），即对于数据包分析，需要 rfc_sniff_data 作为数据包分析器的数据信号，rfc_sniff_clk 作为相应的时钟信号。

(3) 数据包分析器模块必须在 MDMTEST1 寄存器中使能。

7.4.14　命令选通/CSMA-CA 处理器

命令选通/CSMA-CA 处理器（CSP）控制 CPU 和无线模块之间的通信。

CSP 通过 SFR 寄存器 RFST 以及 XREG 寄存器 CSPX、CSPY、CSPZ、CSPT、CSPSTAT、CSPCTRL 和 CSPPROG<n>（n 的范围是 0 到 23）与 CPU 通信。CSP 产生中断请求到 CPU。另外，CSP 通过观测 MAC 定时器事件和 MAC 定时器通信。

CSP 允许 CPU 发出命令选通到无线模块，从而控制无线模块的操作。

CSP 有两种操作模式，即立即执行命令选通模式和执行程序模式，描述如下：

(1) 立即执行命令选通模式下，写立即执行命令选通指令到 CSP，立即发给无线模块。立即执行命令选通指令也只能用于控制 CSP。

(2) 执行程序模式意味着CSP从程序存储器或指令存储器执行一系列的指令，包括一个很短的用户定义的程序。可用的指令来自一个20条指令的集合。所需的程序首先被CPU加载到CSP中，然后CPU指示CSP开始执行程序。

执行程序模式以及MAC定时器允许CSP自动执行CSMA-CA算法，因此充当CPU的协处理器。

1) 指令存储器

CSP执行从24字节指令存储器读出的单字节程序指令。通过SFR寄存器RFST连续写入指令存储器。指令写指针保留在CSP中，指明了写入RFST的下一条指令存储在指令存储器中的地址。为了调试目的，当前加载到CSP的程序可以从XREG寄存器CSPPROG<n>读出。复位之后，指令写指针复位到位置0。在每次寄存器RFST写入期间，指令写指针累加1，直至到达存储器的终点，此时指令写指针停止累加。第一个写入RFST的指令将存放在位置0，也就是程序运行的起始点。至此，通过按照期望的顺序把每条指令写入RFST寄存器，全部的24条指令通过寄存器RFST写入指令存储器。

指令写指针可以通过下达立即执行命令选通指令ISSTOP复位到0。除此之外，指令写指针也可以由于在程序中执行选通命令SSTOP而复位到0。

复位之后，指令存储器中填充SNOP(无操作)指令(操作码值0xC0)。立即选通ISCLEAR清除指令存取，填充它为SNOP指令。

当CSP运行程序时，不可以使用RFST尝试将指令写入指令存储器。不遵守这一规则会导致程序出错，进而破坏指令存储器的内容。然而，立即执行命令选通指令可以写到RFST。

2) 数据寄存器

CSP有3个数据寄存器CSPX、CSPY和CSPZ，它们可以和XREG寄存器一样，被CPU读/写。这些寄存器可以被某些指令读取或修改，这样CPU就可以设置CSP的程序使用的参数，也可以读取CSP的程序状态。

任何指令都不可以修改数据寄存器CSPT。数据寄存器CSPT用来设置MAC计数器溢出比较值。一旦运行的程序已经启动CSP，该寄存器的内容就会因为每次MAC计数器的溢出而递减1。当CSPT递减到0时，程序挂起，中断请求IRQ_CSP_STOP发出。如果CPU将0xFF写入数据寄存器CSPT，则CSPT就不递减1了。

注意：如果寄存器CSPT不使用比较功能，那么该寄存器必须在程序运行之前设置为0xFF。

3) 程序运行

指令存储器填充完毕之后，当立即执行命令选通指令ISSTART写入寄存器RFST时，就开始运行程序。程序将一直运行到指令的最后位置，即运行到数据寄存器CSPT的内容为0，或者运行到SSTOP指令已经执行，或者运行到立即停止指令ISSTOP已经写入RFST，或者运行到指令SKIP返回到超过指令存储器的最后位置。CSP运行在系统时钟频率上，为了正确的无线模块操作必须设置为32MHz。

当程序即将运行时，可以将立即执行命令选通指令写入RFST。在这种情况下，立即执行命令选通指令会绕过指令存储器里的指令执行，而指令存储器里的指令会在立即执行指令完成后执行。

程序运行期间，读 RFST 将返回当前指令即将执行的位置。只有一个例外，就是正在执行立即执行命令选通指令，这时 RFST 将返回 0xD0。

4）中断请求

CSP 有 3 个中断标志，它们可以产生 RF 中断向量，如下：

(1) IRQ_CSP_STOP：当 CSP 执行完毕存储器中最后一个指令，或者 CSP 由于下达指令 SSTOP 或 ISSTOP 而停止，或者寄存器 CSPT 等于 0 时，该中断标志有效。

(2) IRQ_CSP_WT：当处理器在指令 WAITW 或 WAITX 之后，继续执行下一条指令时，该中断标志有效。

(3) RQ_CSP_INT：当处理器执行指令 INT 时，该中断标志有效。

5）随机数指令

在更新指令 RANDXY 使用的随机数时，应当有一段时间延迟。因此如果使用这个值的指令 RANDXY 在前面的一个指令 RANDXY 之后立即发出，则两次读取的随机数数值可能相同。

6）运行 CSP 程序

载入和运行 CSP 程序的基本流程如图 7－3 所示。程序由于结束而停止运行时，当前程序遗留在程序存储器之中。这样一来，执行命令 ISSTART 就可以开始重新运行同样的程序。要清空程序的内容，使用 ISCLEAR 指令。

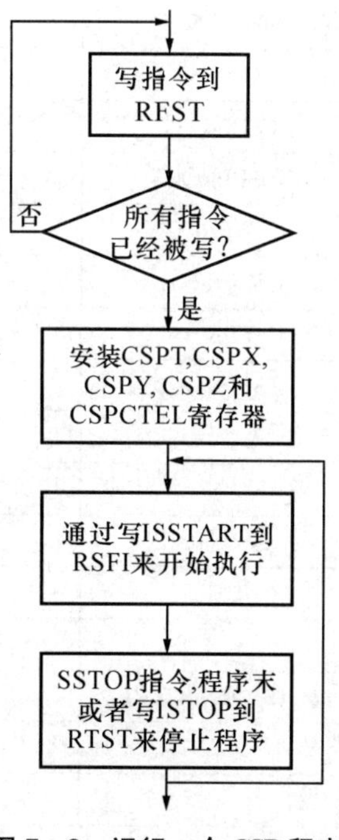

图 7－3　运行一个 CSP 程序

7.4.15 寄存器

表 7 - 11 是 CC253x 系列收发微控制的寄存器描述。

表 7 - 11 寄存器概览

地址(十六进制)	+0x000	+0x001	+0x002	+0x003
0x6180	FRMFILT0	FRMFILT1	SRCMATCH	SRCSHORTEN0
0x6184	SRCSHORTEN1	SRCSHORTEN2	SRCEXTEN0	SRCEXTEN1
0x6188	SRCEXTEN2	FRMCTRL0	FRMCTRL1	RXENABLE
0x618C	RXMASKSET	RXMASKCLR	FREQTUNE	FREQCTRL
0x6190	TXPOWER	TXCTRL	FSMSTAT0	FSMSTAT1
0x6194	FIFOPCTRL	FSMCTRL	CCACTRL0	CCACTRL1
0x6198	RSSI	RSSISTAT	RXFIRST	RXFIFOCNT
0x619C	TXFIFOCNT	RXFIRST_PTR	RXLAST_PTR	RXP1_PTR
0x61A0		TXFIRST_PTR	TXLAST_PTR	RFIRQM0
0x61A4	RFIRQM1	RFERRM	RESERVED	RFRND
0x61A8	MDMCTRL0	MDMCTRL1	FREQEST	RXCTRL
0x61AC	FSCTRL	FSCAL0	FSCAL1	FSCAL2
0x61B0	FSCAL3	AGCCTRL0	AGCCTRL1	AGCCTRL2
0x61B4	AGCCTRL3	ADCTEST0	ADCTEST1	ADCTEST2
0x61B8	MDMTEST0	MDMTEST1	DACTEST0	DACTEST1
0x61BC	DACTEST2	ATEST	PTEST0	PTEST1
0x61C0	CSPPROG0	CSPPROG1	CSPPROG2	CSPPROG3
0x61C4	CSPPROG4	CSPPROG5	CSPPROG6	CSPPROG7
0x61C8	CSPPROG8	CSPPROG9	CSPPROG10	CSPPROG11
0x61CC	CSPPROG12	CSPPROG13	CSPPROG14	CSPPROG15
0x61 D0	CSPPROG16	CSPPROG17	CSPPROG18	CSPPROG19
0x61D4	CSPPROG20	CSPPROG21	CSPPROG22	CSPPROG23
0x61D8				
0x61DC				
0x61E0	CSPCTRL	CSPSTAT	CSPX	CSPY
0x61E4	CSPZ	CSPT		
0x61E8				RFC_OBS_CTRL0
0x61EC	RFC_OBS_CTRL1	RFC_OBS_CTRL2		
0x61F0				
0x61F4				
0x61F8			TXFILTCFG	

1）寄存器设置更新

本节介绍寄存器设置的更新，即必须从它们的默认值更新到获得最佳性能的值。

以下设置必须在 RX 和 TX 模式下都设置。虽然不是所有的设置对 RX 和 TX 都是必需的，但它们是为了简单推荐的（允许一组设置写到初始化代码中）。

表 7－12　需要从其默认值更新的寄存器

寄存器名称	新的值（十六进制）	描述
AGCCTRL1	0x15	调整 AGC 目标值
TXFILTCFG	0x09	设置 TX 抗混叠过滤器以获得合适的效果
FSCAL1	0x00	和默认设置比较，降低 VCO 大约 3dB。推荐默认设置以获得最佳 EVM

2）寄存器访问模式

表 7－13 中“模式”一列显示了每一位允许哪种访问模式，“描述”一列给出了不同选项的含义。

表 7－13　寄存器位访问模式

模式	描述
R	读
W	写
R0	读常量 0
R1	读常量 1
W1	只能写 1
W0	只能写 0
R *	读的值不是实际寄存器的值，而是模块看见的值。这一般用于可以自动产生的配置值（通过校准、动态控制等），或手动覆盖一个寄存器值

8 无线传感器网络应用

8.1 基于 UWB 的移动物体室内定位技术

智能设备的发展和广泛应用，使得室内定位技术的研究成为相关研究人员关注的热点。相对于室外定位系统，干扰大、场景复杂、精度要求高等特点使得室内定位技术面临挑战。其中超宽带(Ultra Wide Band, UWB)定位作为一种精度高、抗干扰强且成本低的定位方案被广泛地研究与应用。然而当前大多数研究仅仅针对静态目标，而对于移动物体的定位进而轨迹跟踪，采用 UWB 定位技术的还不多见。

本节提出了基于 RSSI 锚点筛选的 UWB 定位方案，结合移动物体的惯性导航定位，研究了适用于移动物体的动态连续跟踪与定位的基于卡尔曼滤波的动态融合定位算法。仿真结果表明，相对于普通的 UWB 定位方案，基于 RSSI 锚点筛选 UWB 的定位方案采用多维度数据，对易受环境干扰的不良结点予以剔除，提高了定位的可靠性和精确度，该方案在复杂环境下表现更优。同时由于融合了待测物体的动态特性，基于卡尔曼滤波的动态融合定位算法在动态仿真实验中能够有效地提高定位精度并有良好的鲁棒性。

8.1.1 相关概念

1) *移动物体室内定位*

室内环境的定位导航技术常见的是基于声音信号进行定位的超声波技术。这是一种被广泛使用的测距导航技术，通常的用途是让机器人找到它自己与它所面对的墙之间的距离。通过向墙面发送高频率超声波并监听超声波回声，结合声速得出时间差，计算与反射物体或墙壁之间的距离；或利用一组超声波参考信标，通过多次测量得到机器人与四周墙壁的距离，列出定位方程，最终得到定位数据。虽然超声波技术在单点平面反射的情况下能够给出非常精确的测距，但也存问题：① 测距精度也受到来自墙壁、橱柜和其他日常用品的尖角的影响，对不平整面的测量十分不准确；② 超声波受到环境噪音的影响，杂波的存在使系统性能明显下降。

基于红外(Infrared，简称 IR)探测的定位导航方法也有应用，其低成本和短距高精度的特点使其能够在部分场景下取得良好的效果。该方法利用红外线收发的时间差，可以短时间高频次地进行连续定位。但 IR 定位技术的两个固有缺陷限制了应用场景：① 系统受到环境红外光源的严重影响，在明亮的房间或挤满人的房间里，接收器很容易被饱和，从而失去准确性；② 非视距(Non Line of Sight，NLOS)影响极大。因此 IR 定位往往运用于遮挡较少、定位速度要求较低的室内环境。

2）UWB 室内定位

除上述超声波和红外定位技术外，精度更高的无线电磁波类的定位导航技术应用更加广泛，如超宽带（UWB）技术。UWB 定位是采用纳秒（ns）至皮秒（ps）级的非正弦波窄脉冲进行信号传输，利用信号的时间差、信号强度、到达角度等信息进行定位的一种新兴的定位算法。穿透力强、功耗低、抗多径效应等特点使该定位技术适合于室内移动物体的定位。近年来 UWB 定位技术受到越来越多的关注，并成为定位导航技术的一个热点。UWB 定位具有低成本、高精度、易于部署等特点，国内外已经有许多论文基于该方法进行了性能和算法研究，进一步提高 UWB 室内定位的精度和稳定性是相关研究的重点。

Yu K、Oppermann I 等人利用高斯牛顿法类和准牛顿法解析定位方程，并基于时间差定位方式，使嵌入式系统能更高效地进行定位；对于存在非视距误差（NLOS）的定位场景，Marano S、Gifford W M 等人提出了一种基于多径信道统计的新型 NLOS 识别技术，利用峰度、平均余量延迟扩展和均方根延迟扩展等参数对定位数据进行建模，减少 NLOS 的危害[1]；为排除定位过程中的系统硬件、噪声和障碍引起的数据错误，Yang Z、Cheng X 等人提出了一种 CURD 聚类算法，该算法优化和校正测试的初始数据，提高定位精度[2]；Garcia E、Poudereux P 利用滤波算法，针对复杂的室内环境提出了一种鲁棒的定位算法，并通过仿真实验验证了算法的有效性[3]；时钟频率容差和不稳定性对 UWB 定位系统的定位精度有很大影响，Djaja-Josko V、Kolakowski J 等人讨论了依赖于参考分组传输的同步和 TDOA 误差减少技术，对系统架构和测量结果进行了描述[4]。

然而当前大多数室内定位研究仅仅针对静态目标，针对移动物体的室内动态定位研究相对较少，缺乏真实有效的实验验证。本小节将研究基于 RSSI 锚点筛选的 UWB 动态定位方案，并结合移动物体的惯性导航定位，提出了适用于动态连续室内定位的基于卡尔曼滤波的动态融合定位算法，并通过仿真和现场实验验证了算法的有效性。

8.1.2　UWB 室内定位原理

无线定位系统首先获得和位置相关的变量，建立定位的数学模型，再利用这些参数和相关的数学模型来计算目标的位置坐标。因此按测量参数的不同，可将 UWB 定位方法分为接收信号强度法（RSSI）、到达角度法（AOA）和到达时间/时间差（TOA/TDOA）法，其中以 TOA/TDOA 定位算法的效果最佳。基于 TOA/TDOA 的 UWB 定位，即利用信号收发的时间差来计算目标点与周围锚点的距离，并通过求解定位方程进行目标点计算的一种定位方式。

定位过程中最重要的也是最基础的就是测距，即通过物理信号的关系计算出当前待测标签与锚点之间的距离。测距的准确程度往往直接决定最终定位的精度。在基于 TOA/TDOA 的 UWB 定位算法下，常见的测距方式有两种：单程测距与双程测距。

单程测距是指在结点之间有公共时钟的情况下估计这两个结点间的距离。这种方法非常简单，通过一次信号收发便可以直接估计结点间的传播时间，并计算相对距离，单程测距原理如图 8－1 所示。

A 结点发出信号的时刻 T_0 开始计时，B 结点接受信号的时刻 T_1 代表结束，由于电磁波信号传播的速度固定，从而利用这个时间差 $T_{of}=T_1-T_0$ 即可算出结点 A 与结点 B 之间的空间相隔距离。

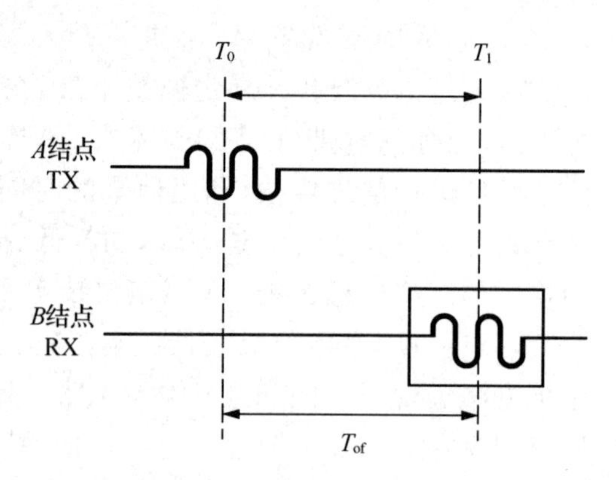

图 8-1　单程测距原理

然而高精度的同步时间是一个难以解决的问题，在结点之间没有公共时钟的情况下，则需要使用双程测距的方式来计算结点之间的距离，即双向飞行时间法（Two Way-Time of Flight，TW-TOF），双程测距原理如图 8-2 所示。

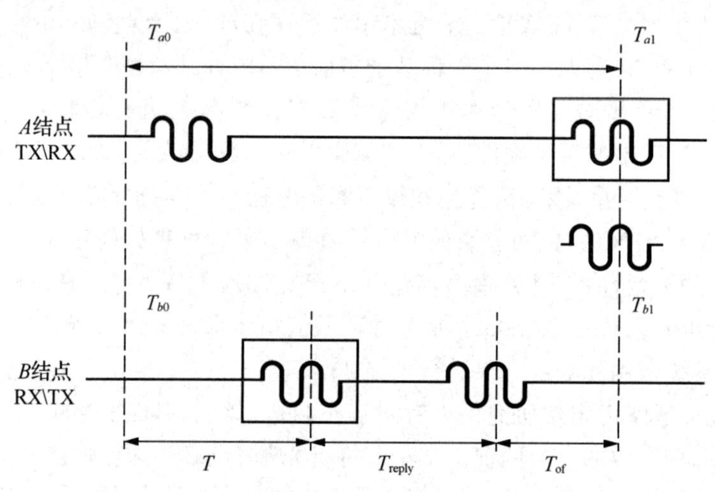

图 8-2　双程测距原理

采用 TW-TOF 时，由于时间的非同步性，每个结点从启动开始即会生成一条独立的时间线。结点 A 的发射机在其时间线上的 T_{a0} 时刻发射请求性质的脉冲信号，结点 B 接收信号的时刻为 T_{b0}，随后 B 启动发送信号流程，并于 T_{b1} 时刻发射一个响应性质的信号，最后该响应信号被结点 A 在自己的时间线上的 T_{a1} 时刻接收。由此，便可以计算出脉冲信号在两个模块之间的飞行时间，二分则为一次信号传输的时间差，如式（8-1）所示：

$$T_{of}=\frac{(T_{a1}-T_{a0})-(T_{b1}-T_{b0})}{2} \tag{8-1}$$

依据上式计算出单次飞行时间差 T_{of} 后，便可结合电磁波传播速度计算结点 A 与结点 B 之间的距离。TW-TOF 测距方法采用了时钟偏移量来解决时钟同步问题，由于 TW-TOF 测距方法计算的时间差同时取决于本地与远程结点，测距精度容易受两端结点中的偏移量的影响。为了减少此类错误的影响，可采用反向测量方法，即远程结点发送数据包，本地结点接收数据包并自动响应。通过平均多次的正向和反向测量值，可减少对任何时钟偏移量的影响，从而减少测距误差。

8.1.3　动态融合定位算法

考虑移动物体的动态行为以及复杂的室内环境，本小节提出了基于接收信号强度指示(Received Signal Strength Indication，RSSI)锚点筛选的UWB定位算法和基于运动传感器惯性的定位算法，并利用卡尔曼滤波将这两种算法的结果进一步融合，从而提高移动物体动态定位的精度和可靠性。

1) 基于RSSI锚点筛选的UWB室内定位算法

UWB定位本质上是靠定位标签和定位锚点的物理空间位置的相互关系来进行定位的，因此定位锚点的选择至关重要，一组可靠的锚点往往能带来定位性能的提升。本节研究UWB定位模型，根据UWB信道筛选模型提出基于RSSI的定位锚点筛选策略，给出相应的UWB定位算法。

(1) UWB室内定位模型

UWB定位技术是常用的无线定位技术之一。通常要实现实时定位，无线定位系统需要获得位置相关变量来建立数学模型，计算出位置目标与参数。根据不同的测量参数，无线定位算法可分为接收信号强度(RSSI)法、到达角(AOA)法和到达时间/时间差(TOA / TDOA)法。对于UWB定位，TOA和TDOA定位算法是最常用的。TOA/TDOA定位算法的基本原理如图8-3所示。

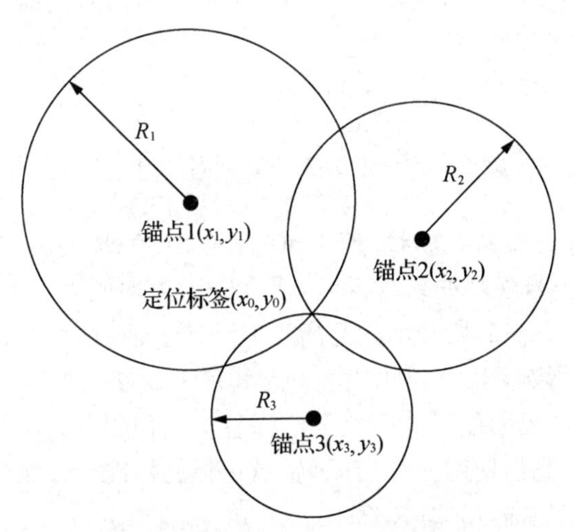

图8-3　TOA/TDOA定位算法原理

如图8-3所示，二维平面中定位标签(x, y)，其四周N个定位锚点$A_1, A_2, \cdots, A_N$的坐标$(x_1, y_1), (x_2, y_2), \cdots, (x_N, y_N)$是已知的。根据TOA法的工作原理，定位标签通过无线信号的收发时间差算出锚点与自身的距离，如式(8-2)所示：

$$d_i = 0.5ct_i \tag{8-2}$$

其中，t_i表示定位标签与A_i一次通信的时间间隔，d_i表示两者之间的距离参数，c是电磁波传播的速度。由此构建定位方程组，如式(8-3)所示：

$$\begin{cases}(x-x_1)^2+(y-y_1)^2=d_1^2\\(x-x_2)^2+(y-y_2)^2=d_2^2\\\cdots\\(x-x_N)^2+(y-y_N)^2=d_N^2\end{cases}\tag{8-3}$$

理论上任意三个独立的方程即可求得定位标签在平面空间的解，但是由于多径传播、硬件抖动以及环境误差等因素，定位标签与锚点计算出的距离 d_i 存在着测量误差。一般来说，增加定位锚点的数量 n 往往会降低系统整体误差，从而更精确地计算定位标签的坐标。然而有些锚点由于其空间位置、信号强弱等因素的制约，导致自身误差较大，盲目地引入则会导致整体误差的上升。所以定位锚点的筛选在 UWB 定位中显得尤为重要。

(2) 基于 RSSI 的定位锚点筛选

在 UWB 系统中，RSSI 表示无线环境中任意单位的相对接收信号强度，或者无线信号接收的功率电平以及可能的信道损耗。RSSI 的值对应的单位是 dBm(decibel milliwatt，分贝毫瓦)，其数值与接收信号功率 P(mW)的具体计算公式如式(8-4)所示：

$$\mathrm{RSSI(dBm)}=10\lg\frac{P(\mathrm{mW})}{1(\mathrm{mW})}\tag{8-4}$$

由于接收信号功率往往小于 1 mW，所以一般来说 RSSI 小于 0，该值越接近 0，代表通信双方的信道越通畅，所受的干扰也较小。RSSI 常见的传播路径损耗模型主要有自由空间传播模型和对数距离路径损耗模型。稳态环境下 RSSI 的大小与通信双方距离成正相关，通常使用对数距离路径损耗模型，如式(8-5)所示：

$$\mathrm{RSSI}(d)=\mathrm{RSSI}_0+10\eta\lg\left(\frac{d}{d_0}\right)+E_\sigma\tag{8-5}$$

其中，RSSI_0 表示在参考距离 d_0(通常取值 1 m)的 RSSI 值；d 表示传输距离；η 表示信道衰减的系数；E_σ 表示接收信号强度的系统误差，通常表示为均值为 0，标准差为 σ 的高斯随机变量。可以看出，虽然式(8-5)所表示的距离与 RSSI 的关系往往受到诸如运行环境、遮挡、干扰源甚至硬件本身的影响，RSSI 仍可以在一定程度上反映通信双方的空间关系。基于以上的分析，RSSI 值可以在很大程度上反映定位标签与定位锚点之间通信的状况，较大的值代表更低的信噪比，因此我们使用 RSSI 作为锚点选择的标准。在保证定位独立方程数量的条件下，对于信道不鲁棒的锚点，即 RSSI<-70 dBm 的锚点，在构建定位方程组之前予以剔除。同时由于通信高频信号的波长较短，测试天线的距离较近，容易产生信号耦合，使得测量产生误差，因此对 RSSI 值过大的结点也进行剔除。

(3) 基于 Chan 算法的定位求解

对于如式(8-3)所示的定位方程组，我们采用 Chan 算法进行求解[5]。Chan 算法是一种求解非递归双曲方程的算法，常用于计算定位解析解。它的主要特征是当测量误差服从理想的高斯分布时，其定位精度高并且计算量小，还可以通过增加方程数量改进解的精度。首先将式(8-3)所列的非线性方程组进行化简：

$$d_i^2=k_i-2x_ix-2y_iy+x^2+y^2,i=1,2,\cdots,N\tag{8-6}$$

式中，$k_i=x_i^2+y_i^2$。进一步，我们用 $d_{i,1}=d_i-d_1$ 表示锚点 A_i 与锚点 A_1 相对定位标签的距离差，用 $x_{i,1}$ 代指 x_i-x_1，用 $y_{i,1}$ 代指 y_i-y_1。可得方程：

$$d_{i,1}+2d_{i,1}d_1=k_i-2x_{i,1}x-2y_{i,1}y-k_1 \tag{8-7}$$

上式可以看作关于$[x\quad y\quad d_1]^{\mathrm{T}}$ 的线性方程组。因此当锚点数量 $N=3$ 时，根据以上分析便可求出相应的解析解。而对于 $N\geqslant 4$ 的情况，定位方程组为超定方程组，且由于存在测量误差的情况，任意三个方程的解析解不能完全满足其余所有方程，所以只能求出匹配这些方程的最佳解。一般来说 TDOA 测距的测量误差服从正态分布，这里我们使用加权最小二乘法(WLS)求解。首先根据式(8-7)并以 $\boldsymbol{z}=[x\quad y\quad d_1]^{\mathrm{T}}$ 为待估计参数来构建误差方程，如下式所示：

$$\boldsymbol{\varphi}=\boldsymbol{h}-\boldsymbol{G}\boldsymbol{z} \tag{8-8}$$

其中向量 $\boldsymbol{h}$ 为

$$\boldsymbol{h}=\frac{1}{2}\begin{bmatrix} d_{2,1}^2-k_2+k_1 \\ d_{3,1}^2-k_3+k_1 \\ \vdots \\ d_{N,1}^2-k_N+k_1 \end{bmatrix} \tag{8-9}$$

而矩阵 $\boldsymbol{G}$ 为

$$\boldsymbol{G}=-\begin{bmatrix} x_{2,1} & y_{2,1} & d_{2,1} \\ x_{3,1} & y_{3,1} & d_{3,1} \\ \vdots & \vdots & \vdots \\ x_{M,1} & y_{M,1} & d_{M,1} \end{bmatrix} \tag{8-10}$$

为进一步进行计算，我们计算误差向量 $\boldsymbol{\varphi}$ 的协方差矩阵，在 N 个定位锚点的情况下，协方差矩阵 $\boldsymbol{\Sigma}$ 为

$$\boldsymbol{\Sigma}=\mathrm{Cov}(\boldsymbol{\varphi},\boldsymbol{\varphi})=\mathbb{E}(\boldsymbol{\varphi}\boldsymbol{\varphi}^{\mathrm{T}})=c^2\boldsymbol{BQB} \tag{8-11}$$

式中，$\boldsymbol{Q}$ 为 TDOA 算法中时延误差的协方差矩阵，常量参数 c 为电磁波传播速度，而 $\boldsymbol{B}$ 则是除 d_1 之外的其他 $N-1$ 个锚点与定位标签距离的对角阵，这里求得的 z 是假设$(x\quad y)$与 d_1 相互独立的，而事实上式(8-7)约束了其相互关系。为进一步降低定位误差，基于式(8-7)，进行二次加权最小二乘法，假设 TODA 算法没有粗大测量误差的情况下，对 $\boldsymbol{z}'=[(x-x_1)^2\quad (y-y_1)^2]^{\mathrm{T}}$ 进行估计，得到以下关系式：

$$\boldsymbol{z}'=(\boldsymbol{G}'^{\mathrm{T}}\boldsymbol{\Sigma}'^{-1}\boldsymbol{G}')^{-1}\boldsymbol{G}\boldsymbol{D}^{\mathrm{T}}\boldsymbol{\Sigma}'^{-1}\boldsymbol{h}' \tag{8-12}$$

式中，$\boldsymbol{G}'=\begin{bmatrix} 1 & 0 & 1 \\ 0 & 1 & 1 \end{bmatrix}^{\mathrm{T}}$，而 $\boldsymbol{h}'=[(z_1-x_1)^2\quad (z_2-x_1)^2\quad z_3^2]^{\mathrm{T}}$，系统协方差矩阵 $\boldsymbol{\Sigma}'=4\boldsymbol{B}'(\boldsymbol{G}^{\mathrm{T}}\boldsymbol{\Sigma}^{-1}\boldsymbol{G})^{-1}\boldsymbol{B}'$，其中对角阵 $\boldsymbol{B}'=\mathrm{diag}\{x-x_1,y-y_1,d_1\}$。最终得到定位估计结果为

$$z_p = \pm \sqrt{z'} + \begin{bmatrix} x_1 \\ y_1 \end{bmatrix} \tag{8-13}$$

根据先验的信息可以消除式(8－13)中的±，从而计算定位标签的位置。

2) 基于动态传感器的惯性定位导航算法

惯性导航是一种利用机器人三维运动状态进行跟踪定位的方案，优点在于它具有很好的直观性和实时性，同时定位误差受环境影响较小，很符合复杂室内定位的需求。但由于其误差随时间变化较剧烈，该方案一般适用于短时、高频次定位，并通常需要配合其他无累积误差的定位算法。本节将在下一小节中介绍惯性导航定位的原理，并对误差进行分析。

(1) 惯性导航基本原理

惯性导航相较于其他类型导航方案的根本不同之处就在于其导航原理是建立在牛顿力学定律(又称惯性定律)的基础上的。惯性导航不需要接收外部信息，不受外界干扰，通过自身的加速度传感器与陀螺仪来连续地进行定位。

定位的目的是获得当前机器人的具体位置，而利用加速度传感器和陀螺仪可以确定当前时刻的加速度矢量，并不能直接反应位置变化量，为此我们需要进行一定的计算。由于加速度是一个对象速度的变化速率，同时，速度是同样一个对象位置的变化速率。换句话说，速度 $\vec{v}$ 是位置 $\vec{s}$ 的导数，加速度 $\vec{a}$ 是速度 $\vec{v}$ 的导数，因此有以下公式：

$$\vec{a}=\frac{\mathrm{d}\vec{v}}{\mathrm{d}t} \text{ 且 } \vec{v}=\frac{\mathrm{d}\vec{s}}{\mathrm{d}t} \quad \therefore \vec{a}=\frac{\mathrm{d}(\mathrm{d}\vec{s})}{\mathrm{d}\,t^2} \tag{8-14}$$

积分运算和导数运算互逆。如果一个物体的加速度已知，那么我们能够利用二重积分获得物体的位置。假设初始条件为0，那么有如下公式：

$$\vec{v}=\int(\vec{a})\mathrm{d}t \text{ 且 } \vec{s}=\int(\vec{v})\mathrm{d}t \quad \therefore \vec{s}=\int\left(\int(\vec{a})\mathrm{d}t\right)\mathrm{d}t \tag{8-15}$$

将积分定义成曲线下面包围的区域，积分运算结果是极小区域的总和，区域的宽度趋近于0。换句话说，积分的和表示了一个物理变量的大小，如图8－4所示。

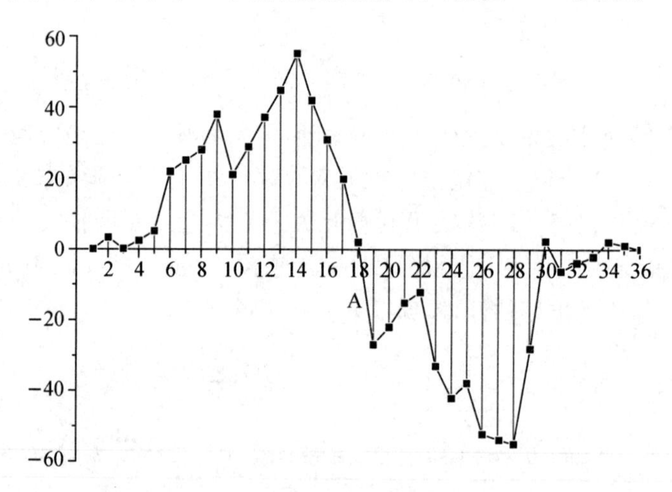

(a) 加速度：原始数据

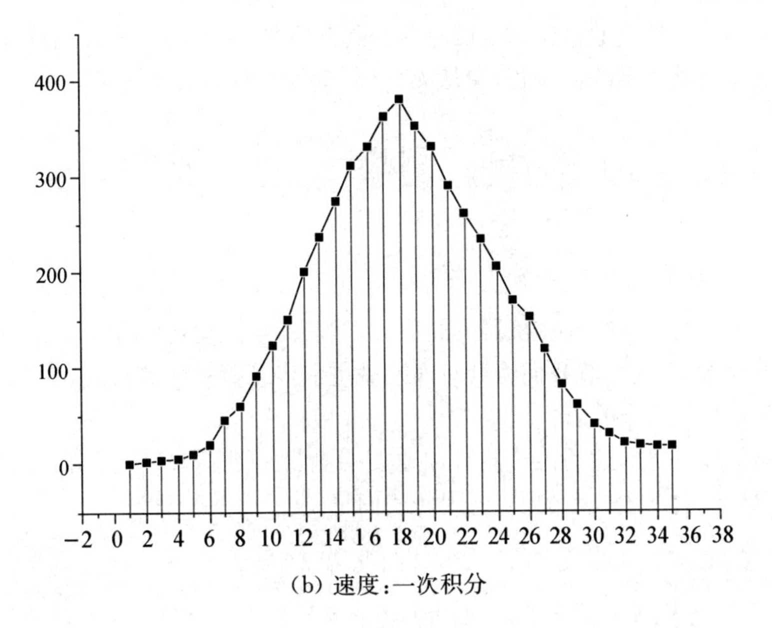

(b) 速度:一次积分

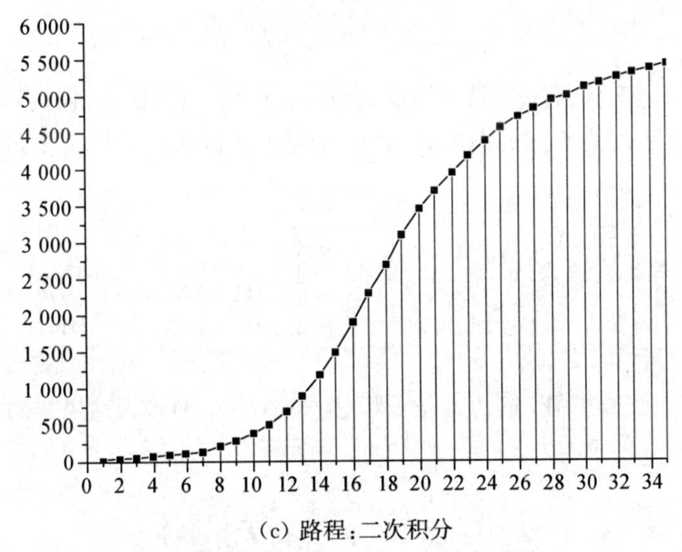

(c) 路程:二次积分

图 8-4 加速度、速度和位置的关系

为进一步简化计算,提高计算效率,我们把问题离散化,将同一采样周期内的加速度看成恒定值。考虑二维平面上的定位场景,将第 k 个周期位置表示为 $\vec{s}_k=[x_K \quad y_K]^{\mathrm{T}}$,根据以上分析我们列出位置的状态转移方程:

$$\begin{bmatrix} x_{k+1} \\ y_{k+1} \end{bmatrix}=\begin{bmatrix} x_k \\ y_k \end{bmatrix}+\begin{bmatrix} v_{x,k}T+\dfrac{1}{2}a_{x,k}T^2 \\ v_{y,k}T+\dfrac{1}{2}a_{y,k}T^2 \end{bmatrix} \tag{8-16}$$

式中,T 代表采样周期,$a_{x,k}$ 和 $a_{y,k}$ 是通过惯性传感器测量所得的 k 时刻的加速度,$v_{x,k}$ 和 $v_{y,k}$

表示通过积分加速度获得的系统的速度分量。除此之外，为了纠正速度的累积误差，速度分量每隔 n 个测量周期都需要被矫正，取从 $k-n$ 时刻到 k 时刻的平均速度，计算如下：

$$\begin{cases} \begin{bmatrix} v_{x,k} \\ v_{y,k} \end{bmatrix} = \begin{bmatrix} v_{x,k-1} \\ v_{y,k-1} \end{bmatrix} + T\begin{bmatrix} a_{x,k-1} \\ a_{y,k-1} \end{bmatrix}, k\%n \neq 0 \\ \begin{bmatrix} v_{x,k} \\ v_{y,k} \end{bmatrix} = \dfrac{1}{nT}(\vec{s}_k - \vec{s}_{k-n}), k\%n = 0 \end{cases} \tag{8-17}$$

根据以上分析便可实时计算机器人的位置，然而由于运动传感器本身测量有误差，惯性导航会有定位误差，下一小节我们将针对误差做进一步分析。

(2) 惯性导航误差分析

由于待测物体自身的运动传感器对加速度的测量是不能做到完全准确的，基于前一小节的方法进行定位会产生一定的误差，因此我们将式(8-16)改写为

$$\begin{bmatrix} x_{k+1} \\ y_{k+1} \end{bmatrix} = \begin{bmatrix} x_k \\ y_k \end{bmatrix} + \begin{bmatrix} v_{x,k}T + \dfrac{1}{2}a_{x,k}T^2 \\ v_{y,k}T + \dfrac{1}{2}a_{y,k}T^2 \end{bmatrix} + \boldsymbol{W}_k \tag{8-18}$$

其中，$\boldsymbol{W}_k$ 是协方差矩阵 $\boldsymbol{Q}_k$ 的过程噪声。$\boldsymbol{Q}_k$ 表示通过惯性测量所获得的位置增量的精度，它仅与加速度有关。当加速度测量噪声分别为 φ_x 与 φ_y 时，我们可以得出过程噪声 $\boldsymbol{W}_k$ 的表达式：

$$\begin{bmatrix} \dfrac{1}{2}(a_{x,k}+\varphi_x)T^2 \\ \dfrac{1}{2}(a_{y,k}+\varphi_y)T^2 \end{bmatrix} = \begin{bmatrix} \dfrac{1}{2}a_{x,k}T^2 \\ \dfrac{1}{2}a_{y,k}T^2 \end{bmatrix} + \boldsymbol{W}_k \Rightarrow \boldsymbol{W}_k = \frac{1}{2}T^2\begin{bmatrix} \varphi_x \\ \varphi_y \end{bmatrix} \tag{8-19}$$

进一步，计算过程噪声 $\boldsymbol{W}_k$ 的协方差矩阵 $\boldsymbol{Q}_k = \mathrm{Cov}(\boldsymbol{W}_\mathrm{k}, \boldsymbol{W}_\mathrm{k})$。这里我们将加速度测量噪声的 φ_x 与 φ_y 方差分别表示为 σ_x 与 σ_y。因此，可计算 $\boldsymbol{Q}_k$ 为

$$\begin{aligned} \boldsymbol{Q}_k &= \mathrm{Cov}\left(\frac{1}{2}T^2\begin{bmatrix} \varphi_x \\ \varphi_y \end{bmatrix}, \frac{1}{2}T^2\begin{bmatrix} \varphi_x \\ \varphi_y \end{bmatrix}\right) \\ &= \frac{1}{4}T^4\mathrm{Cov}\left(\begin{bmatrix} \varphi_x \\ \varphi_y \end{bmatrix}, \begin{bmatrix} \varphi_x \\ \varphi_y \end{bmatrix}\right) \\ &= \frac{1}{4}T^4\begin{bmatrix} \sigma_x \\ \sigma_y \end{bmatrix} \end{aligned} \tag{8-20}$$

由上式可以看出过程噪声会随着测量时间的增加急速上升，即累计误差。为避免惯性测量中出现过大的累计误差，通常会配合其他定位方式一起进行联合定位，即将联合定位的结果作为上一时间点的初始位置。

3) 基于卡尔曼滤波的动态融合室内定位算法

针对 UWB 定位技术和惯性导航技术的优缺点，本节提出了一种基于卡尔曼滤波算法

实现的动态融合定位算法。融合算法使用惯性导航得到的位置信息作为预测值，将通过基于 RSSI 锚点筛选的 UWB 定位算法获得的位置信息作为测量值，然后用卡尔曼滤波器来获取信息融合过滤后的位置信息。下面介绍卡尔曼滤波的基本原理和融合算法的定位流程。

(1) 卡尔曼滤波算法

卡尔曼滤波是一种常用的估计算法，是递归线性最小方差估计，其状态估计的均方误差小于或等于其他估计的均方误差，因此卡尔曼滤波是一个最佳估计。卡尔曼滤波采用递归方法，即基于前一时刻的方法估计的结果，根据当前的预测值和测量值，递归当前时间点的状态估计值。

对 k 时间点进行分析，采用惯性导航的结果作为卡尔曼滤波的预测值 $\boldsymbol{X}_{(k|k-1)}$，UWB 定位的结果作为测量值 $\boldsymbol{Z}_{(k)}$。同时将惯性导航的定位误差表示为 $\boldsymbol{W}_{(k)} \sim \boldsymbol{N}(0, \boldsymbol{Q}_{(k)})$，UWB 定位误差表示为 $\boldsymbol{V}_{(k)} \sim \boldsymbol{N}(0, R_{(k)})$。这些误差被表示为高斯白噪声，$\boldsymbol{Q}_{(k)}$ 与 $\boldsymbol{R}_{(k)}$ 分别是 $\boldsymbol{W}_{(k)}$ 和 $\boldsymbol{V}_{(k)}$ 的协方差矩阵。基于以上假设，首先列出预测方程：

$$\boldsymbol{X}_{(k|k-1)} = \boldsymbol{A}\boldsymbol{X}_{(k-1|k-1)} + \boldsymbol{B}\boldsymbol{U}_{(k)} \tag{8-21}$$

其中，$\boldsymbol{X}_{(k|k-1)}$ 是当前位置的预测结果，而 $\boldsymbol{X}_{(k-1|k-1)}$ 则是上一时刻卡尔曼滤波的最优结果，矩阵 $\boldsymbol{A}$ 是预测矩阵，而 $\boldsymbol{B}\boldsymbol{U}_{(k)}$ 是系统控制量。利用式(8-21)，可以根据 $\boldsymbol{X}_{(k-1|k-1)}$ 计算出 $\boldsymbol{X}_{(k|k-1)}$。随后更新当前预测值的协方差矩阵：

$$\boldsymbol{P}_{(k|k-1)} = \boldsymbol{A}\boldsymbol{P}_{(k-1|k-1)}\boldsymbol{A}^{\mathrm{T}} + \boldsymbol{Q}_{(k)} \tag{8-22}$$

式中，$\boldsymbol{P}_{(k|k-1)}$ 是 $\boldsymbol{X}_{(k|k-1)}$ 对应的协方差矩阵；$\boldsymbol{P}_{(k-1|k-1)}$ 是 $\boldsymbol{X}_{(k-1|k-1)}$ 对应的协方差矩阵，即上一状态最优估计值误差的协方差矩阵；$\boldsymbol{Q}_{(k)}$ 是系统预测过程的协方差矩阵。式(8-21)和式(8-22)就是卡尔曼滤波器五个公式当中的前两个，也就是对系统的预测。

以此为基点，下面计算 k 状态的卡尔曼增益，它表示了最优估计值在预测值 $\boldsymbol{X}_{(k|k-1)}$ 和测量值 $\boldsymbol{Z}_{(k)}$ 中的比例信息，计算如下：

$$\boldsymbol{Kg}_{(k)} = \boldsymbol{P}_{(k|k-1)}\boldsymbol{H}_{(k)}{}^{\mathrm{T}} / (\boldsymbol{H}_{(k)}\boldsymbol{P}_{(k|k-1)}\boldsymbol{H}_{(k)}{}^{\mathrm{T}} + \boldsymbol{R}_{(k)}) \tag{8-23}$$

式中，$\boldsymbol{H}_{(k)}$ 表示测量系统参数，对于本文的 UWB 定位算法，可以认为 $\boldsymbol{H}_{(k)}$ 为单位阵。最后我们计算当前状态的最优估计值 $\boldsymbol{X}_{(k|k)}$，并更新最优估计值误差的协方差矩阵 $\boldsymbol{P}_{(k|k)}$，状态转移方程如下：

$$\boldsymbol{X}_{(k|k)} = \boldsymbol{X}_{(k|k-1)} + \boldsymbol{Kg}_{(k)}(\boldsymbol{Z}_{(k)} - \boldsymbol{H}_{(k)}\boldsymbol{X}_{(k|k-1)}) \tag{8-24}$$

$$\boldsymbol{P}_{(k|k)} = (\boldsymbol{I} - \boldsymbol{Kg}_{(k)}\boldsymbol{H}_{(k)})\boldsymbol{P}_{(k|k-1)} \tag{8-25}$$

通过式(8-21)至式(8-25)的状态转移，当确定滤波的初始值$\boldsymbol{X}_{(0|0)}$和$\boldsymbol{P}_{(0|0)}$后，便可以连续地计算出最优估计值并实现融合。可以证明估计均方误差矩阵$\boldsymbol{P}_{(k|k)}$总是最小的。

(2) 动态融合定位算法

融合算法使用惯性导航算法得到的位置信息作为预测值输入，而通过基于 RSSI 锚点筛选的 UWB 定位算法获得的位置信息作为测量值输入，基于上一小节的卡尔曼滤波算法，将每次迭代的最优估计值作为最终融合定位的结果，列出如图 8-5 所示的算法流程图。

如图 8-5 所示,当确定算法的初始状态$\boldsymbol{X}_{(0|0)}$和$\boldsymbol{P}_{(0|0)}$后,卡尔曼滤波融合了两种定位方案的信息,在数据融合的过程中 UWB 系统的无漂移输出可以校正漂移惯性导航误差,短时间内惯性导航的高精度可以保证连续稳定地定位。

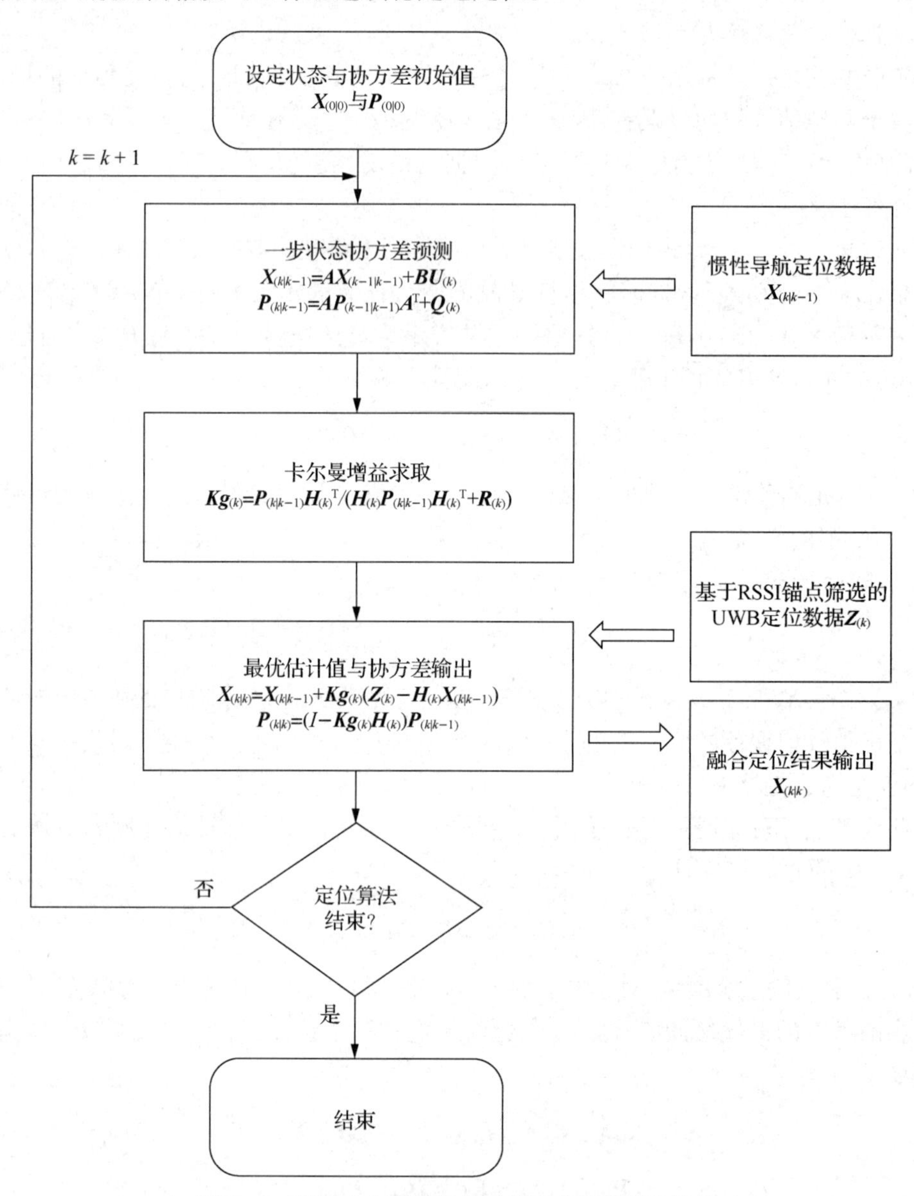

图 8-5 基于卡尔曼滤波的动态融合定位算法流图

8.1.4 室内定位测试平台的设计

为进一步研究本节提出的基于卡尔曼滤波的动态融合定位算法的有效性,本小节将介绍基于 TOA/TDOA 算法的 UWB 定位系统、智能小车的搭建以及实验结果。

1) UWB 室内定位系统

基于 TOA/TDOA 算法的 UWB 定位系统的核心硬件主要由两部分组成:定位标签和定位锚点。其中定位标签是待定位目标,其空间位置是未知的,而定位锚点的位置则是已知的。一套完整的 UWB 定位系统往往由一个定位标签和数个定位锚点构成,如图 8 - 6 所示。

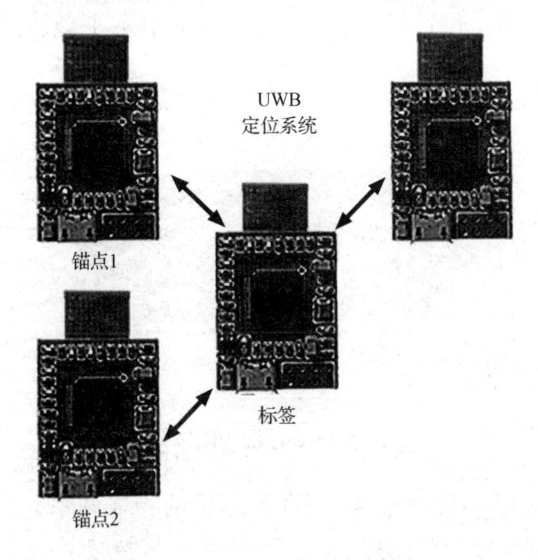

图 8 - 6 UWB 定位系统示意图

定位标签通过与锚点的信号收发时间或时间差来确认自己的相对位置,配合优化算法最终确定身位置。本小节将介绍定位标签和定位锚点的设计。

(1) UWB 定位标签

基于 TOA/TDOA 算法的 UWB 定位系统往往是通过定位标签与定位锚点的通信来进行定位的。定位标签为有源标签,能做成不同的形态固定在物体、车辆或佩戴在人员身上使用,在不同应用环境下拥有多变性。定位标签的设计如图 8 - 7 所示,它是采用 1.5 MHz 时钟触发 UWB 脉冲发生器,然后通过放大器将 UWB 脉冲进行放大,再用 3.1～5 GHz 滤波器进行滤波,最后传输到天线进行信号发送。移动标签还具有内置微处理器,当发送超宽带脉冲时,可以通过发送不同频率的超宽带脉冲同时进行多轮发送,以提高定位速度。

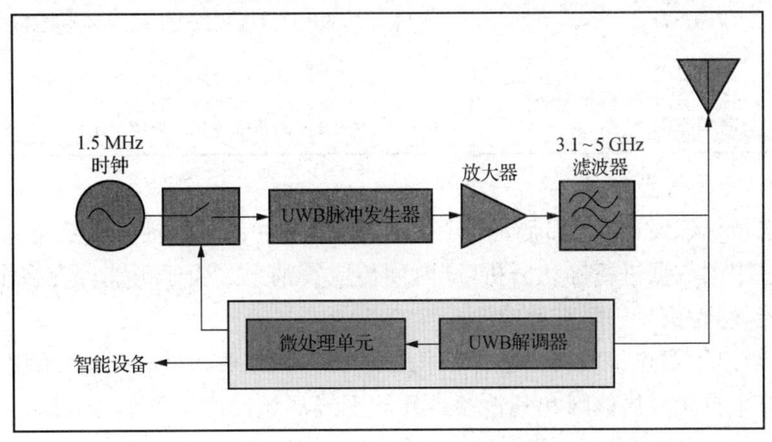

图 8 - 7 UWB 定位标签架构

当定位标签收到回传信号时，首先经过 UWB 解调器解调，随后进入微处理单元进行下一步处理，从而完成测距或定位功能。同时，定位标签作为 UWB 定位的核心单元，除了完成 UWB 信号收发基本功能外，往往需要与待定位的机器人或智能小车等系统进行互联。

UWB 定位标签的实物如图 8-8 所示，相对于基础的架构，增加了一些输入和输出链接端口，以辅助定位标签完成定位目标，如 USART 串口引脚、下载调试接口、相关指示灯辅助部件等。

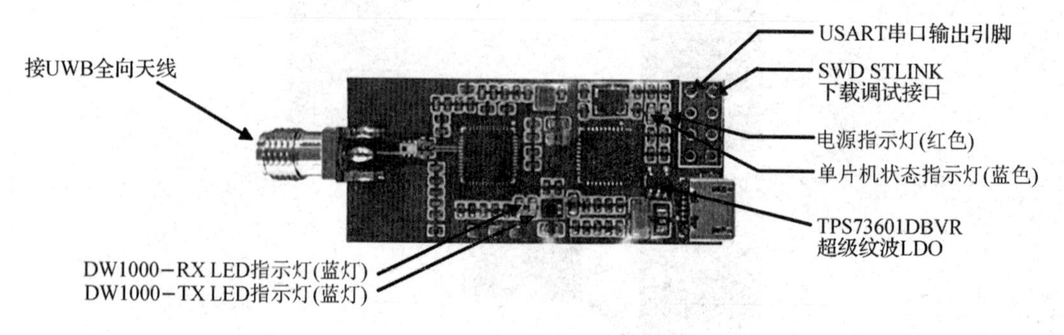

图 8-8 UWB 定位标签实物

定位标签都有唯一的 ID，可通过这个 ID 将定位的物体联系起来，使定位锚点(定位传感器)通过定位标签找到实际定位的位置。标签传输信号持续时间很短，理论上能够允许成百上千的标签同时定位。表 8-1 是 UWB 定位标签的参数列表。

表 8-1 UWB 定位标签参数列表

参数项	参数值
定位精度	5～10 cm
系统总刷新率	1 200 Hz
单一标签刷新率	1/64 Hz～100 Hz
射频发射	3.1～10.6 GHz(分频段)
射频接收	信令信道 ISM
穿墙能力	玻璃、木质墙体可穿透，钢筋混凝土墙体不能穿透
电池供电	可充电 500 mAh 锂电池
耗电指标	按 1 Hz 刷新率计算约使用 1 个月

(2) UWB 定位锚点

当移动定位标签发送 UWB 脉冲信号后，发送的脉冲信号将被数个定位锚点接收，这些锚点对发送过来的数据进行确认分析，同时回传应答消息。由于可能存在多个定位标签同时定位的可能，应答信号一般带着定位标签的 ID。

图 8-9 给出了锚点接收机的总体架构示意图。在接收机的最前端，采用 3.1～5 GHz 滤波器过滤掉来自无线局域网和其他频带外的无线局域网的干扰信号，滤波器后面连接二

极管探测器和传感器。此外，还必须排除射频泄漏，利用500 MHz的低通滤波器滤出有效信号，将脉冲转到另一种状态，并通过最后的放大器。在输出端，将输出脉冲信号输入到FPGA（现场可编程门阵列）中。

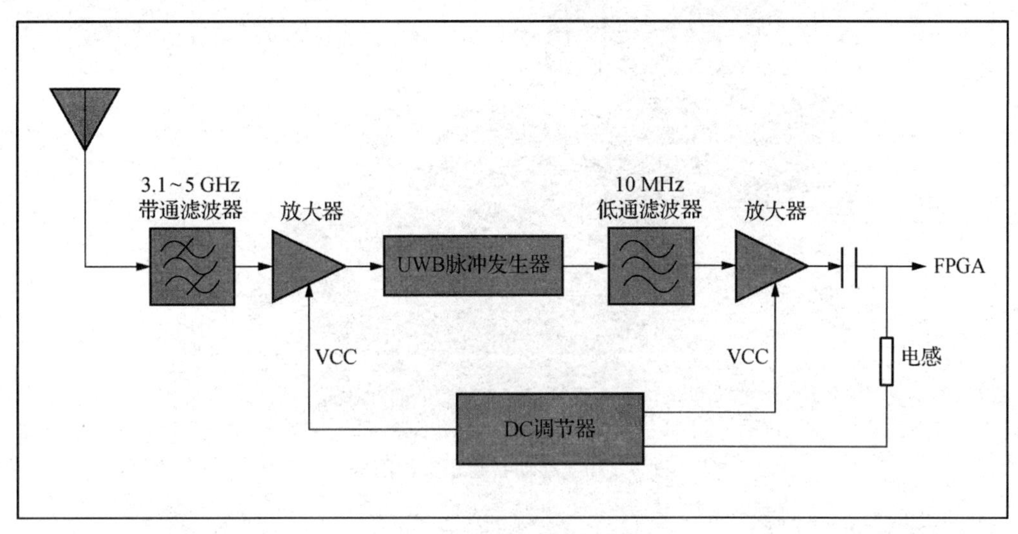

图8-9 UWB定位锚点架构

FPGA进行数据处理，并通过天线发送应答信号，实现测距或定位。基于以上架构，定位锚点（定位传感器）可以通过TOA/TDOA测量技术来确定标签的位置，并将数据传输至网络控制器及定位引擎软件，定位精度达到厘米级。UWB定位锚点的参数如表8-2所示。

表8-2 UWB定位锚点参数列表

参数项	参数值
天线接口	SMA
网络接口	RJ45
UWB频段	3.1～10.6 GHz(分频段)
系统控制信号	2.4 GHz ISM
输入电压	DC 12 V
安全机制	过热、过载和短路保护
功率消耗	10 W

2）移动智能车

设计中采用移动智能车作为定位标签的载体，采用12.6 V供电直流调速电机控制4个车轮，实现自由移动功能，同时实现智能车的运动方向感知、蓝牙通信等其他功能。该系统采用直流电机以及其控制电路作为整个运动系统的主体驱动部分，而STM32单片机为整个系统的控制核心，采用C语言实现智能车的核心软件。系统的实物如图8-10所示。本小节首先介绍系统的架构与中央处理模块，然后对其他主要辅助模块进行介绍。

图 8-10　移动智能车实物图

(1) 移动智能车架构

移动智能车拥有四大主要模块，分别为中央控制系统、移动系统、运动感知系统以及通信系统。在这四大模块的基础上，加上外围的辅助硬件以实现移动智能车的运动、感知、通信等核心功能，其架构如图 8-11 所示。

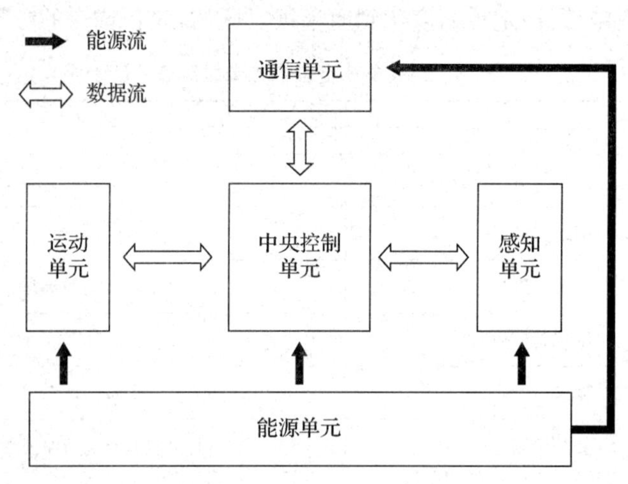

图 8-11　移动智能车架构

其中最重要的就是中央控制单元，采用 STM32F103VET6 单片机作为主控芯片，添加相关辅助电路，从而实现对系统其他模块的综合控制，最终实现小车的自由运动、运动感知以及通信等功能。

(2) 移动智能车支持模块

中央处理模块完成了对系统的统筹、运算和部署等任务，但各个任务需要相应的执行者，这里称之为支持模块，如图 8-11 所示。首先是运动模块，为测试动态定位，智能小车必须拥有完善的移动功能，其实物如图 8－12 所示。

图 8－12　移动智能车运动系统实物图

运动模块采用两轮驱动的方式，通过轮胎的运动方向与两轮间不同的差速实现前进、后退、转向等功能。运动电机配合齿轮组，实现了较为精确的运动。这种运动结构灵活精简，整体重量较轻，对电源负担较轻。

感知模块主要实现运动感知和超声波感知两种主要功能。其中运动感知主要利用陀螺仪和三轴加速度传感器在空间中的角运动检测装置，完成移动智能车自身运动状态的判别，从而实现前面所提出的惯性导航。而超声波感知主要用于避障，防止智能车撞向物体。

此外，还有重要的通信模块。移动智能车的通信目标为上位机，因为要实现基于卡尔曼滤波的惯性导航算法，运动传感器参数必须实时地传输到上位机，并由上位机融合 UWB 定位实现目标。这里采用 HC－05 串口转蓝牙模块进行通信，发送蓝牙信号至上位机，最终实现无线通信。HC－05 串口转蓝牙模块如图 8－13 所示。

HC－05 串口转蓝牙模块的接口电平为 3.3～5 V，可以直接与带串口的 MCU 连接，同时采用全双工模式，传输速度稳定，能够满足实验需求。

图 8－13　HC－05 串口转蓝牙模块

8.1.5　室内定位实验与结果分析

在上一小节中阐述了移动智能车硬件系统的架构，并对最重要的定位锚点和定位标签做了细致的说明。基于该硬件平台，为验证本文提出的基于卡尔曼滤波的动态融合定位算法对定位精度的提高作用，本章将着重叙述真实实验的流程并对实验结果进行统计分析。

1）室内静态定位实验与分析

静态定位是定位中最常见的情况，同时也是动态定位跟踪的重要一环，对其研究有着重要的意义。对于处于静止状态的小车来说，惯性导航定位并不会提供有效的定位数据，因此，本节的重点在于分析无状态的 UWB 定位，定位方案将采用 8.1.1 节中所提出的基于 RSSI 锚点筛选的 UWB 定位。本小节将首先阐述定位流程，然后对定位结果进行分析。

（1）实验方案

实验环境选在平整场地，按照正六角形的方式部署 6 个定位锚点，分别为 $A_1 \sim A_6$，左下第一个锚点为 1 号点。为模拟 NLOS 环境下的定位，采用遮挡物遮挡右下角 A_6 锚点。同时在定位过程中让工作人员在实验场地内随机的移动，尽量还原真实的定位场景。如图 8-14 所示为静态定位实验部署示意图。

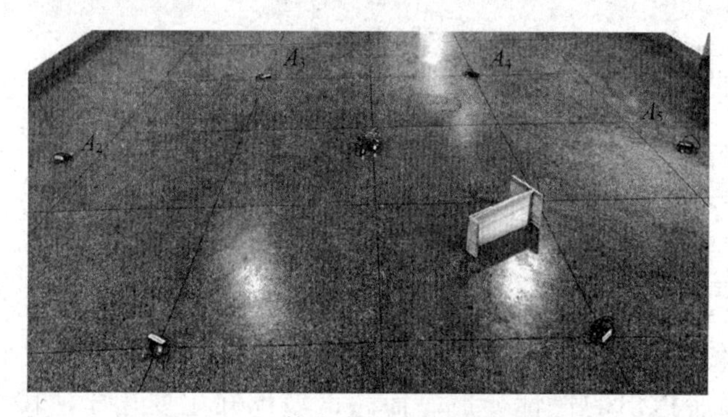

图 8-14　静态定位实验部署示意图

如图 8-14 所示，正六边形的边长为 2 m，即各个定位锚点之间相隔 2 m。我们以正六边形的中心点作为原点 $O(0,0)$，可以计算出各个锚点的坐标，如表 8-3 所示。

表 8-3　定位锚点坐标

定位锚点	A_1	A_2	A_3	A_4	A_5	A_6
坐标/m	$(-1,-\sqrt{3})$	$(-2,0)$	$(-1,\sqrt{3})$	$(1,\sqrt{3})$	$(2,0)$	$(1,-\sqrt{3})$

基于前文部署的定位环境和锚点分布，在硬件平台上编写程序，并进行基于 RSSI 锚点筛选的 UWB 定位。首先，对于 RSSI 锚点筛选标准，我们测量智能小车与定位锚点相距 1.5 m 处的 RSSI 值，经过 20 轮测量取平均值为 −53.2 dBm 。然后以此数据为标准，将各锚点的 RSSI 值与其差的绝对值从小到大排序并筛选出其中 5 个锚点构建超定方程。最后利用 Chan 算法解析超定方程并最终确认定位结果。

（2）结果分析

在实验区域选取 10 个点作为定位目标，将智能小车依次放置于这些目标点。对于每个点位，进行 20 轮的基于 RSSI 锚点筛选的 UWB 定位，同时进行相应次数的普通 UWB 定位，最后进行数据统计，得到如表 8-4 与表 8-5 所示的实验结果。

表 8－4　普通 UWB 定位实验结果

真实点位/m	定位值/m	误差/m
(0.000，0.000)	(0.062，0.047)	0.077
(2.000，0.000)	(1.973，−0.014)	**0.030**
(1.000，1.000)	(1.056，0.985)	0.057
(−1.000，0.000)	(−1.044，−0.043)	0.061
(−1.000，−2.000)	(−0.969，−2.041)	0.051
(−1.500，2.000)	(−1.512，2.027)	0.029
(0.000，3.000)	(−0.048，3.030)	0.056
(2.500，−3.000)	(2.459，−3.039)	0.057
(2.000，−1.000)	(2.024，−1.042)	0.048
(−3.000，0.000)	(−3.084，0.033)	0.090

表 8－5　基于 RSSI 锚点筛选的 UWB 定位实验结果

真实点位/m	剔除锚点	定位值/m	误差/m
(0.000，0.000)	A_6	(0.041，0.032)	**0.052**
(2.000，0.000)	A_5	(1.932，−0.012)	0.069
(1.000，1.000)	A_1	(1.005，0.956)	**0.044**
(−1.000，0.000)	A_4	(−1.044，−0.035)	**0.056**
(−1.000，−2.000)	A_1	(−0.988，−2.039)	**0.040**
(−1.500，2.000)	A_3	(−1.550，2.014)	0.051
(0.000，3.000)	A_1	(0.028，3.024)	**0.036**
(2.500，−3.000)	A_3	(2.472，−3.043)	**0.051**
(2.000，−1.000)	A_1	(1.994，−1.022)	**0.022**
(−3.000，0.000)	A_2	(−3.023，0.030)	**0.037**

表 8－4 列出了无 RSSI 锚点筛选的普通 UWB 定位的结果和误差，而表 8－5 则展示了基于 RSSI 锚点筛选的 UWB 定位方案的结果。在上面的两个表中，我们用粗体字标识了同样点位中定位误差较小的结果。可以看出在 10 组静态定位实验中，基于 RSSI 锚点筛选的 UWB 定位方案有 8 组结果定位更加准确。同时我们计算两种定位算法的定位误差平均值，普通 UWB 定位的误差平均值为 0.056 1 m，而基于 RSSI 锚点筛选的 UWB 定位只有 0.046 3 m 的平均误差，精度提升约 17.5%。这是由于基于 RSSI 锚点筛选的 UWB 定位剔除了误差较大的定位锚点，虽然参与计算的数据量有所减少，但依然实现了更加准确的定位。

2）室内动态融合定位算法实验与分析

在上一节中，我们利用基于 RSSI 锚点筛选的 UWB 定位算法实现了静态定位，而在真实的室内定位场景中，定位目标往往是移动的，并且定位需求是动态连续的。为此我们在本应用前面部分提出了基于卡尔曼滤波的动态融合定位算法，结合了无状态的 UWB 定位以及定位目标自身运动感应系统，采用卡尔曼滤波的方式进行动态连续的定位。本节将通过部署真实的实验，实现卡尔曼滤波算法，同时利用惯性导航和 UWB 定位的方式，实现数据的输入，最终实现动态融合定位。接下来将阐述实验部署和执行流程，并分析本文提出的动态融合定位算法的有效性。

(1) 实验方案

首先，将定位锚点和智能小车的电量充满，部署定位锚点和智能小车，然后选取空场地进行实验，并在场地中放置若干遮挡物，图 8－15 是动态融合定位算法实验示意图。

图 8－15　动态融合定位算法实验示意图

如图 8－15 所示，我们将智能小车放置于原点 $O(0,0)$，使其沿着途中的正方形边缘进行顺时针移动，在移动过程中我们进行惯性导航定位和基于 RSSI 结点筛选的 UWB 定位，并将定位结果输入卡尔曼滤波算法，由算法输出最优估计值，更新系统相关参数，最终将定位结果通过蓝牙信号传到主机端进行存储和定位路径的实时绘制。

智能小车移动的正方形边长为 1 m，而智能小车的行进速度规定为 0.1 m/s，直角转弯处采用主轴旋转的方式以最快速度转弯，以智能小车的内向边缘中点为中心作定点旋转，实验测得转弯时间小于 500 ms。同时，我们将算法定位周期设定为 1 s。为模拟复杂环境下的定位，实验中除了加入了遮挡信号传输的障碍，同时要求实验的工作人员在定位过程中在场地中来回走动，从而对通信信道产生一定的干扰。

(2) 结果分析

针对以上实验场景，给定卡尔曼滤波算法的初始值(0,0)，同时规定初始最优估计误差为 0，进行动态定位实验。统计数据如表 8－6 所示。

表 8－6　动态定位统计数据

定位方式	定位误差均值/cm	定位误差标准差/cm
基于 RSSI 锚点筛选的 UWB 定位	4.81	6.02
惯性导航定位	4.73	5.93
基于卡尔曼滤波的动态融合定位算法	3.44	2.36

UWB 定位的特点是无状态，即任意时间点的定位和上次定位无关，但它易受到复杂环

境的影响;而惯性导航的特点正好与之互补,惯性导航依赖自身运动传感器且地球磁场不易受到干扰,但惯性导航通过计算当前时间段信息和上一状态的位置综合进行定位,对累计误差敏感。本文提出的基于卡尔曼滤波的动态融合定位算法通过对两种定位方案的实验结果进行有效融合,最终实现更加准确的定位。表 8-6 中基于卡尔曼滤波的动态融合定位算法的定位误差仅为 3.44 cm,相对于其他两种独立定位方案的 4.81 cm 与 4.73 cm 的定位误差来说定位精度有大幅提高。同时定位误差标准差下降更为明显,从 6.02 cm 和 5.93 cm 下降为仅 2.36 cm,这使得定位系统的稳定性有了质的飞跃。

8.2　城市照明监控系统

路灯和景观灯是城市夜晚一道亮丽的风景线,也是城市中必需的公用照明设施。城市照明监控系统是一种监测与控制的集成系统。一套高效的城市照明监控系统可以节省大量的人力物力。但目前,我国城市照明监控技术还比较落后,存在诸多问题。比如现今我国的城市照明设施控制大多以时控或分散手控的方式为主。现行的方法既不能及时调整开关灯的时间,更无法及时反映照明设施的运行情况,并且故障率高、维修困难。

ZigBee 作为一种新兴的物联网技术,具有成本低、可靠性好、时延短、网络容量大、覆盖范围广等优点,主要适用于自动控制以及远程控制领域,还可以嵌入至各种设备中。本节详细介绍了 ZigBee 的特点及其应用范围,通过与现有的照明监控技术及其他短距离无线通信技术对比,确定采用 ZigBee 技术进行无线组网,实现对城市照明设施的有效监控。

本书介绍的城市照明监控系统采用“监控中心—路端通信装置—路端单灯测控器”三层结构。路端通信装置与路端单灯测控器共同组建 ZigBee 无线传感器网络。此外,路端通信装置还可以通过 GPRS 技术与监控中心的服务器进行无线通信。监控中心的监听软件与城市照明控制系统软件配合使用可实现对单灯状态的监测和控制。本节给出了路端通信装置和路端单灯测控器的软硬件设计方案。

基于 ZigBee 技术的城市照明监控系统是无线传感器网络的一个应用实例。经实际测试,该系统运行稳定,具有十分广阔的市场前景。

8.2.1　研究内容

在进行系统设计时,所需考虑的首要问题是采用何种通信技术实现单灯之间的通信。本节首先介绍了 ZigBee 无线通信技术的相关内容,并将其与现有的智能照明技术及其他短距离无线通信技术进行对比。从覆盖范围、传输速率、开发复杂性以及应用范围等各方面综合考虑,最终选用 ZigBee 技术来进行组网通信。

城市照明监控系统的设计包括系统硬件设计及嵌入式软件设计,上位机软件包括监听软件和城市照明控制系统软件。作为一种通信技术,ZigBee 通信协议是在设计时所必须了解的,因此详细介绍了 ZigBee 的协议栈结构、网络拓扑结构等,同时还阐述了 ZigBee 中协调器组建新网络的方式,以及其他各种设备加入/离开网络的方式。

对于路端单灯测控器详细说明了所使用的控制芯片 CC2530 的相关内容,包括其内部结构以及关键的收发模块等，并在此基础上进行了单灯测控器的硬件设计，包括协调器、路由器及终端设备的设计。三种设备硬件相同，仅在软件上加以区别。

对于路端通信装置主要介绍了 ARM7 LPC2368 相关内容，包括其内部结构以及外部接口电路等，此外还详细介绍了 GPRS 通信模块 GTM900C，并在此基础上进行了通信装置硬件设计及软件编程。

8.2.2　城市照明监控系统设计方案

随着城市建设的发展，城市照明建设越来越注重于城市的形象，对道路照明和景观照明的要求也不断提升。要求采用城市照明监控系统以后，可以自动控制全市范围的路灯和景观灯的开关。同时，要求照明监控系统具有自动报警的功能，这样调度人员就可以在故障发生后的极短时间内了解故障的地点和状态，从而为及时修复提供有力保障。

1）监控系统架构设计

基于 ZigBee 的城市照明监控系统采用“监控中心—路端通信装置—路端单灯测控器”三层结构。系统的总体架构如图 8－16 所示。图中的单灯结点 1 至 N 实现了单灯通信的网络结构，每个路端通信装置作为该条道路的主控结点。单灯的状态信息可通过 GPRS 上传至后台服务器并存入数据库中。监控中心则可以实现对单灯状态的监测和控制。

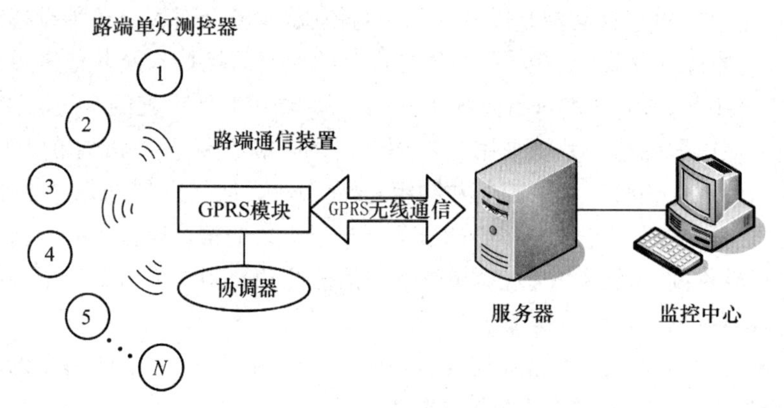

图 8－16　城市照明监控系统总体架构

根据系统的设计要求，需搭建无线通信网络。所设计的城市照明监控系统中每个路段的单灯测控器和路端通信装置中的协调器共同组建 ZigBee 无线通信网络。

2）ZigBee 协议栈

（1）ZigBee 协议栈结构

ZigBee 协议基于开放系统互连（Open System Interconnect，OSI）参考模型来定义。OSI 是国际标准化组织（International Standard Organization，ISO）制定的计算机网络通信协议的标准模型，自上而下包括 7 层：物理层、链路层、网络层、传输层、会话层、表示层、应用层。有了这个标准化的参考模型，能够很方便地实现各种设备之间的互连。ZigBee 协议在 OSI 网络模型的基础上仅对涉及 ZigBee 的层次进行了定义，保证了 ZigBee 协议的精简。IEEE 802.15.4 标准定义了物理层（PHY）和 MAC 层的规范，在此基础上，ZigBee 联盟定义了网络层(NWK)和应用层(APL),应用层中规范了应用支持子层(APS)及 ZigBee 设备对象(ZDD)。ZigBee 标准协议栈架构如图 8-17 所示。

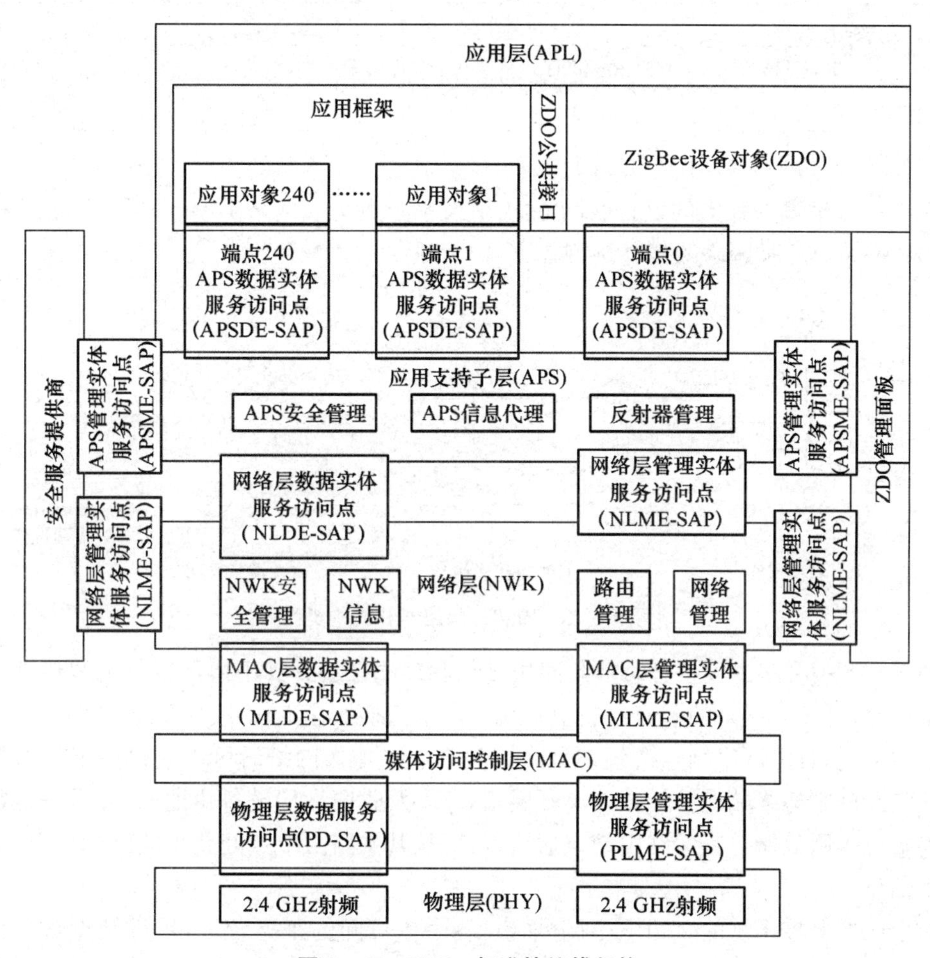

图 8-17　ZigBee 标准协议栈架构

关于物理层、MAC 层、网络层的内容前几章已有介绍,这里不再赘述。

(2) 应用层

应用层包括应用支持子层(APS),ZigBee 设备对象(ZDO)及用户定义的应用对象。

应用支持子层为网络层和应用层之间相互通信提供了一个接口。该接口提供一组 ZDO 和制造商定义的设备均可以使用的服务,这些服务则由 APS 数据实体和 APS 管理实体提供。

ZigBee 设备对象在应用对象、设备 profile 和 APS 之间提供了一个接口,它位于用户应用框架和应用支持子层之间,满足了 ZigBee 协议栈所有应用操作的一般要求。

应用层帧的一般格式如表 8-7 所示。

表 8-7　应用层帧一般格式

应用层帧头					应用层帧负载
帧控制字段	地址字段				帧负载
	目标端点	簇标识符	协议子集标识符	源端点	
字节数:2	0/1	0/1	0/2	0/1	可变

3）ZigBee 网络拓扑结构设计

ZigBee 标准具备强大的设备联网能力，它支持三种无线网络类型，即：星型网络、树状网络和网状网络。三种网络的拓扑结构如图 8-18 所示。

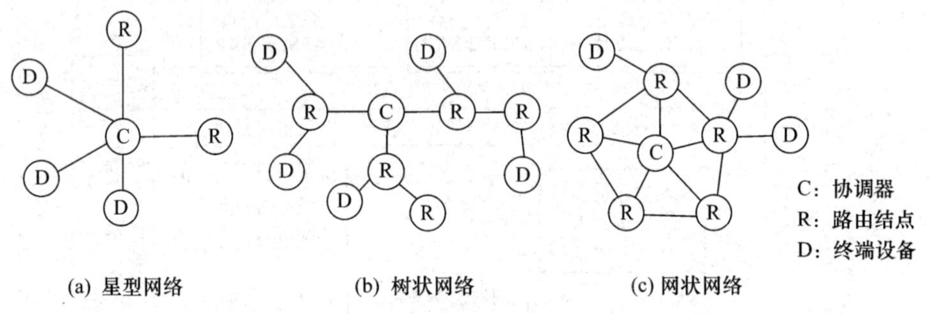

图 8-18　ZigBee 网络拓扑结构类型

图 8-18 中有三种设备：协调器、路由结点和终端设备。其中协调器是无线传感器网络的汇聚结点，是建立网络的起点。它负责整个网络的初始化工作，确定无线网络的网络标识符和物理通道，分配网络结点的短地址。路由结点在加入网络后可以获得一定位的短地址空间。它允许其他终端设备加入或离开网络，分配及收回终端设备短地址，并可进行数据转发。终端设备则只能与其父路由结点通信，可以从其父路由结点处获得网络标识符、短地址等相关信息。

对于照明监控系统的 ZigBee 网络来说，各个单灯间的距离较远，单灯结点众多且排列在一条近似直线的道路上，而 ZigBee 的通信距离又较近，要求网络的可扩展性要比较好，因此选用树状网络结构。根据树状网络结构所设计的网络拓扑结构如图 8-19 所示。

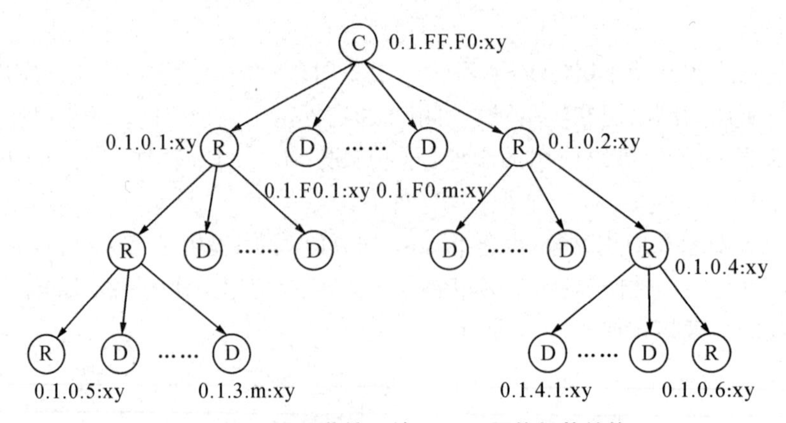

图 8-19　照明监控系统 ZigBee 网络拓扑结构

该网络结构结合了 ZigBee 协议的一些基本特点：

(1) 网络中有三种角色：协调器 C (Coordinator)、路由结点 R (Router)、终端结点 D (Device)。

(2) 网络中尽量采用最短距离通信，使网络中传输数据帧时所经过的跳数最少。

(3) 每个独立的网络都有自己的网络 ID，即 PAN_ID。

可以将各个角色的逻辑地址分配如下：C 为 0xFFF0，R 为 0x00.0x01～0x00.0xEF，D 为 0x01.0x01～0xEF.0xFF。

在网络中，若用 4 字节 IP 地址的方式来寻址某一具体结点的话，其格式为：AA.BB.CC.DD。其中 AA.BB 为 PAN_ID，CC.DD 是按照上述说明分配的逻辑地址。终端结点逻辑地址的高 8 位与路由结点逻辑地址的低 8 位相同(假设为 xx)，因此终端结点将选择与逻辑地址为 00.xx 的路由结点连接并进行绑定。对于逻辑地址是 0xF0.0x01～0xF0.0xFF 的终端结点，它将直接与协调器相连。

逻辑地址与每个设备的单灯结点无关，即 x.y 可由用户指定。但是需要在路端通信装置主控芯片 Flash 中维护一张表格，将逻辑地址与单灯结点号联系起来，这样当路端通信装置收到监控中心发来的命令时，解析得到实际的逻辑地址并控制协调器转发命令给 ZigBee 网络内的结点。

4) ZigBee 路由设计

目前 ZigBee 无线传感器网络使用的主要有树(Cluster-Tree)[6]、AODVjr (Ad-hoc On-demand Distance Vector junior)[7]、Tree+AODVjr[8]等路由算法。

(1) ZigBee 地址分配机制

ZigBee 网络与其他无线传感网络主要的不同之处在于其采用了预先地址分配方式。当结点成功加入网络后，会自动获得一个网络中唯一的地址。ZigBee 网络中，每一个结点都包含有一个 16 位的短地址和一个 64 位的 MAC 地址。

网络结点根据网络建立初期的关联构成一棵逻辑树，并且确定固定不变的父子关系，数据传输时严格按照父子关系来转发数据，其地址在建网时分配完毕。定义 C_m 和 R_m 分别为网络的父结点所能连接的最大子结点数和子结点中最多路由器数，L_m 为网络的最大深度，则网络深度为 d 的父结点所能分配的地址块尺寸大小为：

$$C_{\text{skip}}(d)\begin{cases}1+C_m(L_m-d-1), & R_m=1\\ \dfrac{1+C_m-R_m-C_mR_m{}^{L_m-d-1}}{1-R_m}, & \text{其他}\end{cases} \tag{8-26}$$

当一个新的 RFD(精简功能设备)结点 A_n 通过结点 A_p 加入网络中时，A_p 结点便成为这个新结点的父结点，A_p 使用式(8-27)为子结点 A_n 分配网络地址，即

$$A_n=\begin{cases}A_p+C_{\text{skip}}(d)^*(n-1)+1, 1\leqslant n\leqslant R_m, \text{Router}\\ A_p+C_{\text{skip}}(d)^*R_m+n, 1\leqslant n\leqslant (C_m-R_m), \text{EndDevice}\end{cases} \tag{8-27}$$

式中，A_p 代表负责分配网络地址的父结点的地址。ZigBee 网络路由正是基于这一分布式网络地址分配机制。虽然网络结点入网的地址分配是动态的，但网络拓扑中父结点的地址分

配能力都被固定限制了。

（2）树路由算法

树路由算法中，接收到数据包的结点根据目标结点的网络地址计算下一跳的地址。对于地址为 A，深度为 d 的 ZigBee 路由结点，若地址为 D 的目标结点满足 $A<D<A+C_{skip}(d-1)$，说明该目标结点为它的后代结点。此时若满足 $D>A+R_m\times C_{skip}(d)$，则说明目标结点为它的子结点，此时下一跳结点地址 N 为目标结点的地址 D；否则，下一跳结点地址 N 可按式(8-28)计算：

$$N\begin{cases}D, & D>A+R_mC_{skip}(d)\\ A+1+\left[\dfrac{D-(A+1)}{C_{skip}(d)}\right]*C_{skip}(d), & \text{其他}\end{cases}\tag{8-28}$$

若目标结点并不是该接收结点的后代结点，接收结点将把数据包转发给自己的父结点。可以看出，该路由算法中结点收到数据包后可立即将它转发给下一跳，没有路由发现过程，而且不需要维护路由表，从而减少了路由协议的控制开销和结点能量消耗。

（3）AODVjr 路由算法

AODVjr 是针对 AODV 算法的改进[9]。AODV 基于序列号的路由，它总是选择最新路由。AODVjr 是需求驱动型的，考虑到节能、应用方便性等因素，简化了 AODV 的一些特点，但仍保持 AODV 的主要功能。

该路由算法的路由查找具体过程如图 8-20 所示。当某一结点需要进行数据传输时，首先检查自己的路由表，若存在到达目标结点的表项则直接取下一跳地址，否则该结点将向整个网络广播路由请求数据包(Route Request Packet，RREQ)。当目标结点接收到 RREQ 时，以单播的方式发送路由回复数据包(Route Reply Packet，RREP)给发起结点。当发起结点收到 RREP 时，路由发现过程结束。此时建立起一条从发起结点到目标结点的通信链路，发起结点将更新自己的路由表并进行数据的传输。

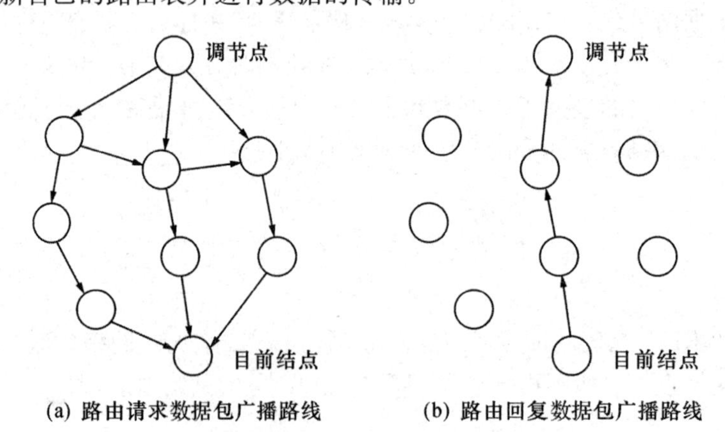

(a) 路由请求数据包广播路线　　(b) 路由回复数据包广播路线

图 8-20　AODVjr 路由查找过程

（4）两种路由算法比较

树路由算法适用于结点静止或者移动较少的场合，其优点是无需维护路由表，一定程度上节省了存储资源，对于传输数据包的响应也较快；缺点是路由效率低，地址空间利用效率低且使用起来不灵活。

AODVjr 路由算法选择跳数最少的路径为通信链路，路由效率高，网络中数据传输的时延小。但它需要结点维护一个路由表，耗费了一定的存储资源。此外，频繁地进行路由查找会增大结点功耗，使用具有路由表功能的结点也会提高无线通信芯片的成本。

对于照明监控系统的网络来说，由于各个结点均由市电而非电池供电，因此能耗方面要求不高。此外，该网络中结点众多，又采用了树状结构从而导致结点层次很深，如果采用树路由算法可能会导致数据传输效率很低。为了尽量减小网络中数据的传输时延，本系统的 ZigBee 网络采用 AODVjr 路由算法来进行路由发现。

(5) 网络路由协议设计

在本系统的 ZigBee 网络中，协调器和路由结点属于功能完备型设备(FFD)，终端结点则属于功能简化型设备(RFD)。对于接收到数据帧的某结点，AODVjr 算法在本系统网络中的具体实现过程如图 8-21 所示。

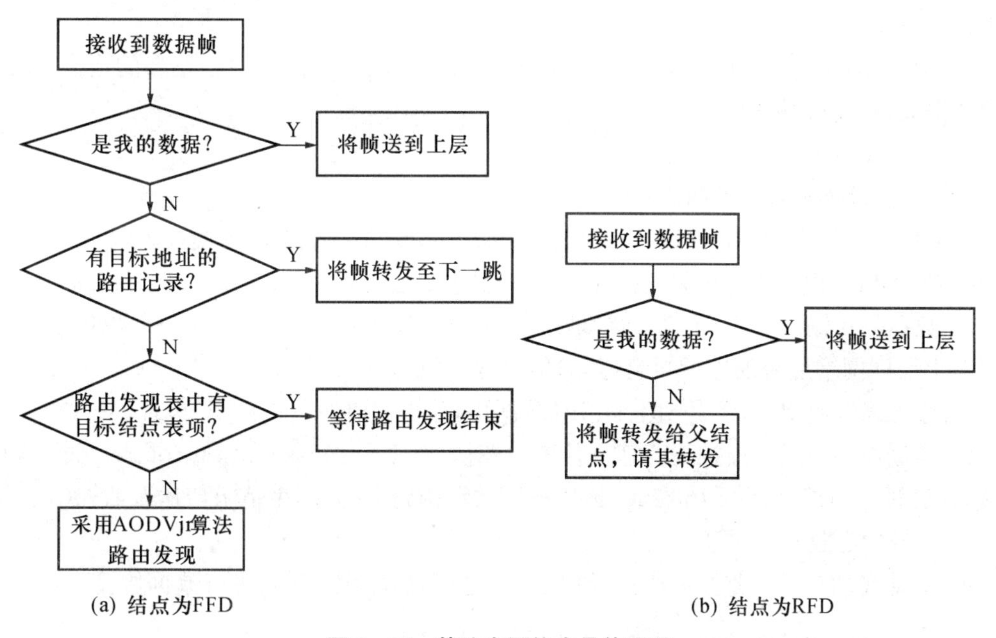

(a) 结点为FFD　　(b) 结点为RFD

图 8-21 算法在网络中具体实现

当结点为 FFD 时：

① 若该结点即目标结点，将数据包交上层处理，否则转到步骤②或③或④。

② 若该结点路由表中已存在到达目标结点的表项，从表中直接取下一跳地址。

③ 若该结点的路由发现表中存在到达目标结点的表项，则说明在当前数据帧发送前，已进行了路由发现，此时等待路由发现过程结束即可得到到达目标结点的最佳路径。

④ 若该结点的路由表和路由发现表均存在空余表项，则结点采用 AODVjr 算法发起路由发现，并建立相应的表项。

当结点为 RFD 时：

① 若该结点即目标结点，将数据包交上层处理，否则转到步骤②。

② 将数据帧发送给父结点，请求其转发。

5）系统 GPRS 无线通信设计

GPRS(General Packet Radio Service)即通用分组无线服务技术，它是GSM 移动电话用户可用的一种移动数据业务。与以往连续在频道传输的方式不同，GPRS 以封包的方式传输数据，因此其资费是按照数据传输流量计算的，较为便宜。此外，其传输速率可提升至 56 kb/s甚至 114 kb/s，足以满足城市照明系统远程通信的需求。

(1) GPRS 终端功能

GPRS 终端可以实现如下功能：

① 数据传输功能。GPRS 终端内嵌 TCP/IP 协议，可与监控中心进行数据传输。

② 短信传输功能。GPRS 终端可以发送短消息，若 GPRS 网络出现通信故障，可以通过短消息报警以确保网络正常通信。

③ 实时在线功能。GPRS 网络的特点就是“永远在线”，用户只有在发送或接收数据时才占用资源。

GPRS 移动终端除了简单的数据收发功能外，还可以分析监控中心发来的指令，执行诸如数据采集、报警等功能。

(2) GPRS 关键技术

GPRS 关键技术有以下两点：

① GPRS 模块设置。硬件连接完成后，要实现微处理器控制 GPRS 模块上网，首先需使用 AT 命令对 GPRS 模块进行相关设置，设置的项目包括通信波特率、网关、移动终端的类别等。

② 数据的传输。GPRS 网络的物理层提供了数据传输的途径，需要一种数据链路层的协议对上层即网络层协议进行封装，其通信过程一般为：

a. 移动终端使用 PPP 拨号登录 GPRS 网络，获得 GPRS 内网的 IP 地址；

b. 移动终端与后台监控中心建立传输控制协议(Transmission Control Protocol，TCP)连接，并通过 GPRS 内网与 Internet 连接的网关路由将 TCP 握手请求传送至监控中心；

c. 监控中心收到握手请求后，发送同步响应报文给移动终端；

d. 移动终端与后台监控中心完成握手后，建立通信链路，开始进行数据传输。

8.2.3 城市照明监控系统的硬件设计

城市照明监控系统的硬件部分包括路端单灯测控器和路端通信装置。ZigBee 网络中的结点分为三类：协调器、路由结点、终端结点。路端单灯测控器由路由结点或终端结点加上外围采集控制模块构成。路端通信装置主要包括协调器和 GPRS 通信模块。

1）路端单灯测控器的硬件设计

路端单灯测控器是无线传感网络中的网络结点，它的主要功能是控制并检测单个路灯的状态。每个测控器之间通过自主定义的网络协议组成网络。每条路形成一个独立的网络，该路的主控结点既是一个路由，也是一个网关，是单灯网络和 Internet 的接口，负责将单灯网络的数据传输至后台服务器。单灯测控器还可检测单灯的状态值即单灯的电流值。

由于 ZigBee 网络中结点数量较大，为了便于生产，将协调器、路由结点和终端结点的主要区别放在软件方面。硬件方面除了协调器具有通用异步收发接口 UART 外，其他都是相同的。各结点的微控制器单元(MCU)均采用 TI 公司的 2.4 G 射频芯片 CC2530，该芯片支持 802.15.4 协议及 ZigBee 标准。图 8－22 为路端单灯测控器的硬件结构。

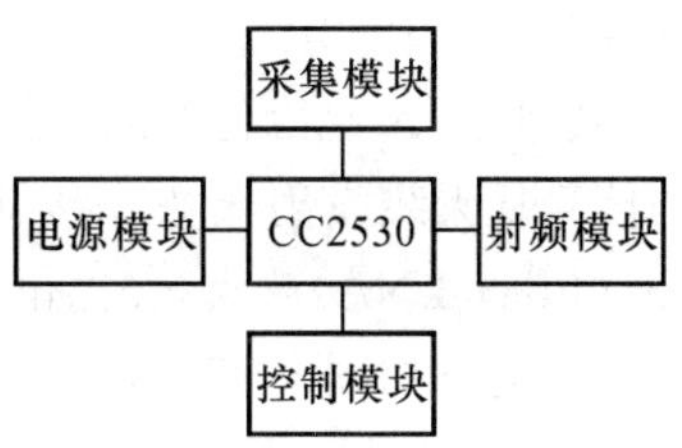

图 8－22　路端单灯测控器的硬件结构

路端单灯测控器的硬件设计采用分层模式，即将主控模块和天线模块设计在一块板上，留出接口。将电源模块、采集模块、控制模块等设计在单灯测控器底板上，也留出相对应的接口。使用时将两块板接插在一起即可。这样的分层设计具有较高的灵活性，各层模块的功能分明，易于实现且便于测试。

硬件设计主要包括：CC2350 主控芯片最小系统电路的设计、射频匹配电路的设计、电流采集模块电路的设计、继电器控制模块电路的设计、电源模块电路的设计。

(1) CC2530 主控芯片最小系统电路设计

CC2530 主控芯片最小系统电路如图 8－23 所示，它是 MCU 内部程序正常运行所必需的外围电路。

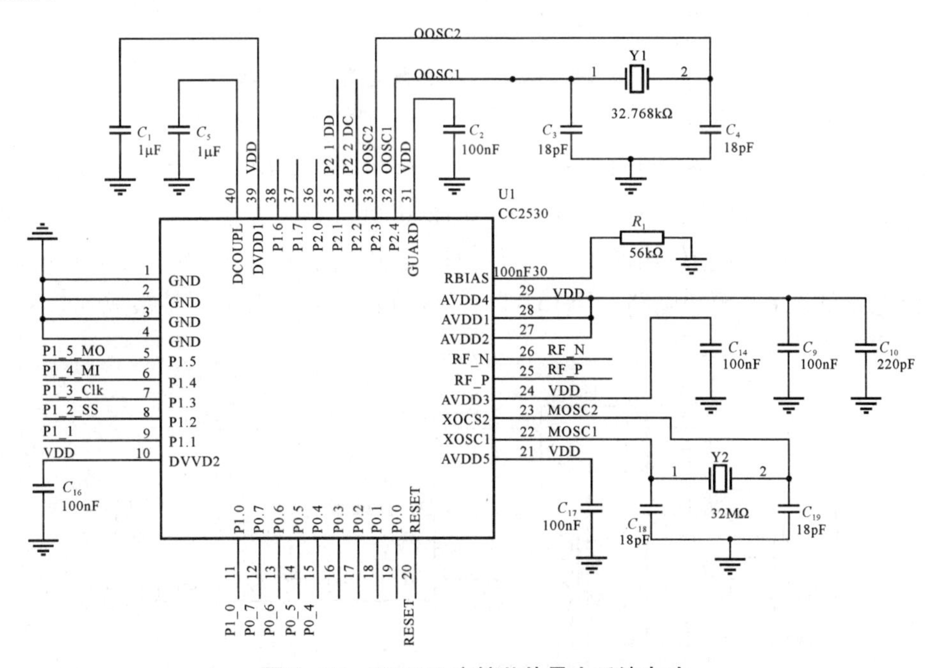

图 8－23　CC2530 主控芯片最小系统电路

最小系统主振荡器晶振是必需的，且其对晶振精度也有特殊的要求，根据 IEEE 802.15.4 标准，必须使用 32 MHz 的晶振。实时时钟(Real-Time Clock，RTC)振荡器采用频率为 32.768 kHz 的晶振，其主要作用是提供稳定的时钟信号给软件设计用。

(2) 射频匹配电路设计

本设计采用 50 Ω 单极子天线，为了达到天线与馈线的最佳匹配，采用巴伦电路(平衡、非平衡转换电路)完成双端口到单端口的转换。RF_P/RF_N 首先连接到巴伦匹配电路，然后连接到谐波滤波电路，最后连接到射频天线接口。此外为了减少其他方面带来的噪声干扰，特别增加了电源去耦电容、阻容滤波等。CC2530模块发送数据时，信号从差分射频端口RF_P、RF_N经巴伦电路变为单端信号，选通功率放大电路(Power Amplifier，PA)，放大后的信号从天线发射出去。接收信号时，从天线接收的信号经低噪声放大电路(Low-Noise Amplifier，LNA)放大，经巴伦电路转换，由RF_P、RF_N端口接收。P1为天线接收头。射频匹配电路如图8-24所示。

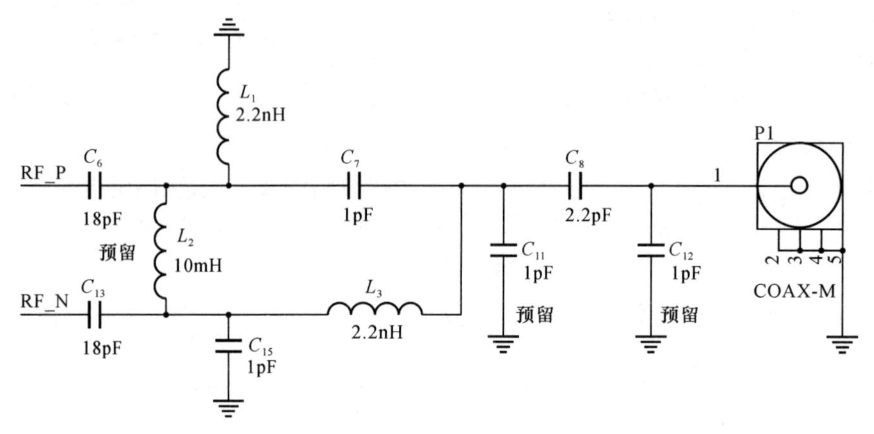

图8-24　射频匹配电路

(3) 电源模块电路设计

路端单灯测控器的电源模块电路如图8-25所示。它采用220 V、50 Hz交流电源供电，交流电经过变压器和桥堆整流稳压后变为12 V和5 V的直流电压。12 V直流电压用于控制继电器，其中为了使输出的12 V电压更稳定，电路中采用了LM7812稳压电源芯片。5 V直流电压供给采集模块电路。经LD1117-3.3可将5 V直流电压转换成3.3 V直流电压供给CC2530最小系统。

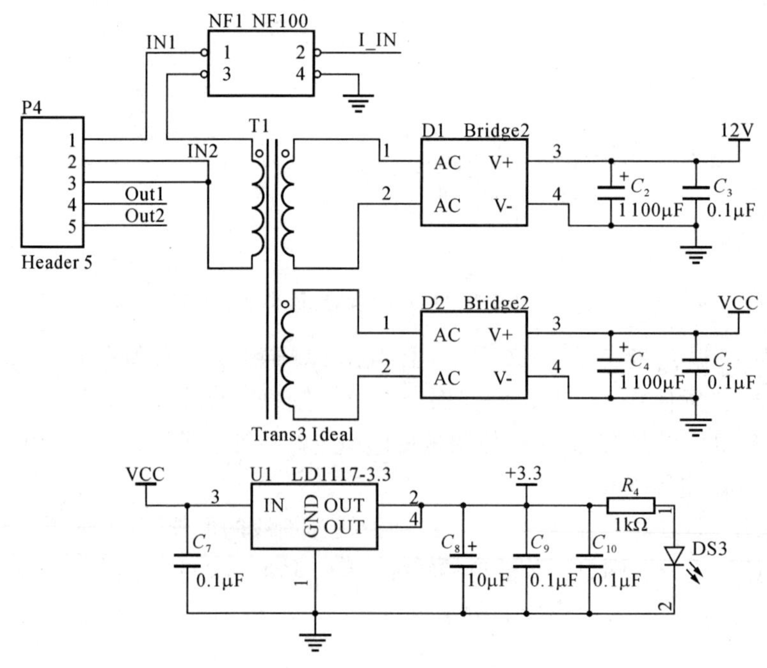

图8-25　电源模块电路

(4) 电流采集模块电路设计

电流采集模块电路如图 8-26 所示。采集模块是路端单灯测控器的信号采集机构，负责采集单灯的电流值。电流采集模块通过电流感应线圈获得电流感应信号，然后通过电路转换将其转换为 MCU 允许范围的 0～3.3 V 的电压信号，以便 MCU 识别单灯是否通电及测量具体电流的大小。

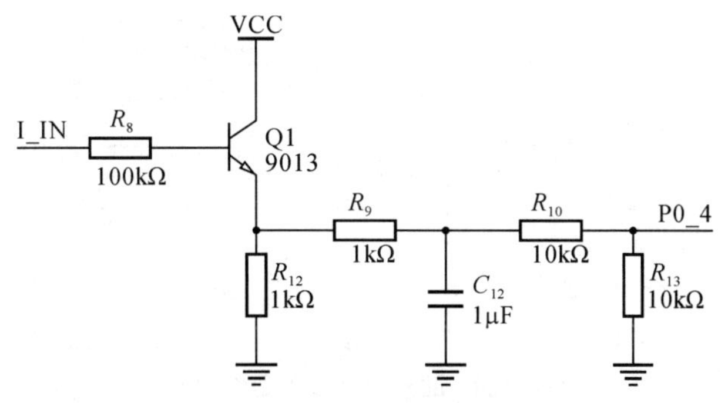

图 8-26 电流采集模块电路

(5) 继电器控制模块电路设计

继电器控制模块电路如图 8-27 所示。控制模块是路端单灯测控器的执行机构，是实现单灯开启和关闭的实际执行部分。控制模块的主要部件是一个双刀双掷继电器。当 P1_0 口输出高电平时，继电器吸合，Out1 与 IN1 接通，灯亮；当 P1_0 口输出低电平时，继电器断开，Out1 与 IN1 不通，灯灭。

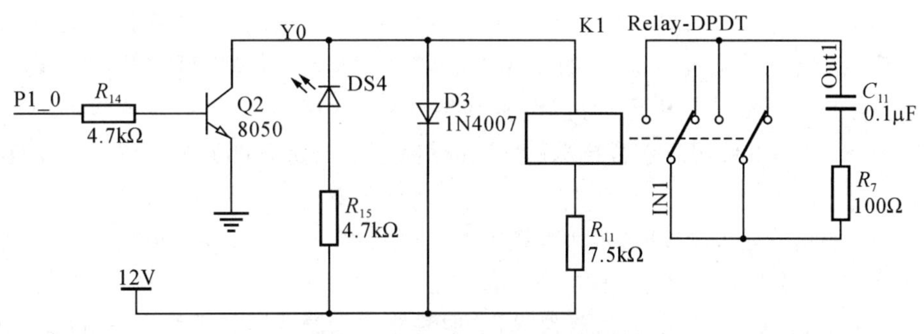

图 8-27 继电器控制模块电路

2) 路端通信装置的硬件设计

路端通信装置作为一个单灯网络的主控结点，是路灯网络和 Internet 的接口网关。路端通信装置的主控芯片采用了 Philips 推出的一款支持实时仿真的 32 位/16 位的具有 ARM7TDMI-S 内核的微控制器 LPC2368，可大大简化外围硬件电路设计，降低设计成本与复杂度。GPRS 模块采用华为生产的 GTM900C，它是一款双频 900/1 800 MHz 高度集成的 GSM/GPRS 模块，内嵌 TCP/IP 协议模块，易于集成。

路端通信装置的硬件结构如图 8-28 所示，该装置包括两个部分：CC2530 无线通信模块和路端通信装置底板。CC2530 无线通信模块主要作为路灯网络的协调器使用，它通过串口将路灯网络的数据信息传输到路端通信装置的 GPRS 数据收发处理模块。路端通信装置底板则用 LPC2368 芯片作为控制单元。

关于 CC2530 无线通信模块的硬件设计在前节中已经介绍过了，在此不再赘述。本节主要介绍路端通信装置底板的硬件设计方案，主要包括：LPC2368 主控芯片最小系统电路的设计、电源模块电路的设计、LPC2368 外围接口电路的设计以及 GTM900C 外围电路的设计。

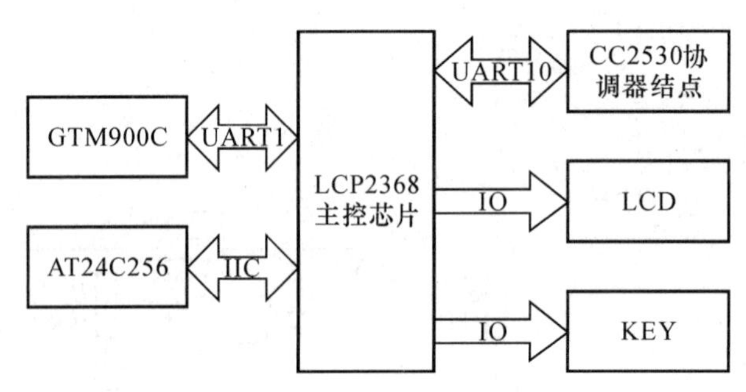

图 8－28　路端通信装置硬件结构

(1) LPC2368 主控芯片最小系统电路设计

LPC2368 适用于为了各种目的而需要进行串行通信的应用。这些微控制器包含了 10/100 Ethernet MAC、USB 2.0 全速接口、4 个 UART 接口、2 路 CAN 通道、1 个 SPI 接口、2 个同步串行端口 SSP、3 个内部集成电路总线(Inter-Integrated Circuit bus，I^2C)接口、1 个 I^2S 接口。此外，LPC2368 包含了一个高达 512 KB 的 Flash 存储器系统和一个 32 KB 大小的静态 RAM 存储器，它们均可用于代码或数据的存储，完全可以满足本系统的需要。

LPC2368 的内核为 ARM7TDMI-S 处理器，它是一个通用的 32 位微处理器，性能优异且功耗极低。它有 2 个指令集：标准的 32 位 ARM 指令集和 16 位 THUMB 指令集。ARM 结构是基于精简指令集计算机原理设计的，其指令集和相关的译码机制比较简单。此外，ARM7TDMI-S 处理器使用流水线技术，处理和存储系统的所有部分都可以连续工作，处理速度快。

图 8－29 所示的是 LPC2368 最小系统电路，它包括主控芯片、晶振电路、按键复位电路等，图中还给出了最小系统中各元件的参考值。

LPC2368 晶振电路包括主振荡器和 RTC 振荡器。主振荡器频率为 12 MHz，它可以在不使用锁相环(Phase Locked Loop，PLL)的情况下用作 CPU 的时钟源。RTC 振荡器的频率为 32.768 kHz，可用作 RTC 或看门狗定时器的时钟源，也可用于驱动 PLL 和 CPU。

此外，LPC2368 还包含 4 个复位源：RESET 管脚、看门狗复位、上电复位和掉电检测电路。RESET 管脚是施密特触发的输入管脚。任何复位源均可使芯片复位有效，一旦操作电压到达一个可使用的级别，则启动唤醒定时器。复位将保持有效直到外部复位被撤除，此时振荡器开始运行。看门狗复位可在软件中实现，本系统硬件中设计了按键复位电路。

调试接口采用 20 脚的 JTAG，如图 8－30 所示。其中 TDI 为数据串行输入，TMS 为模式选择信号，TCK 为时钟信号，RTCK 为时钟返回信号，TDO 为数据串行输出，RESET 为目标系统复位信号。LPC2368 的软件调试与下载采用 Jlink 仿真器，它是 SEGGER 公司为支持仿真 ARM 内核芯片而推出的 JTAG 仿真器，可配合 IAR EWARM，ADS，KEIL，WINARM，Real-

View 等集成开发环境支持所有 ARM7/ARM9/Cortex-M3 内核芯片的仿真、烧录。

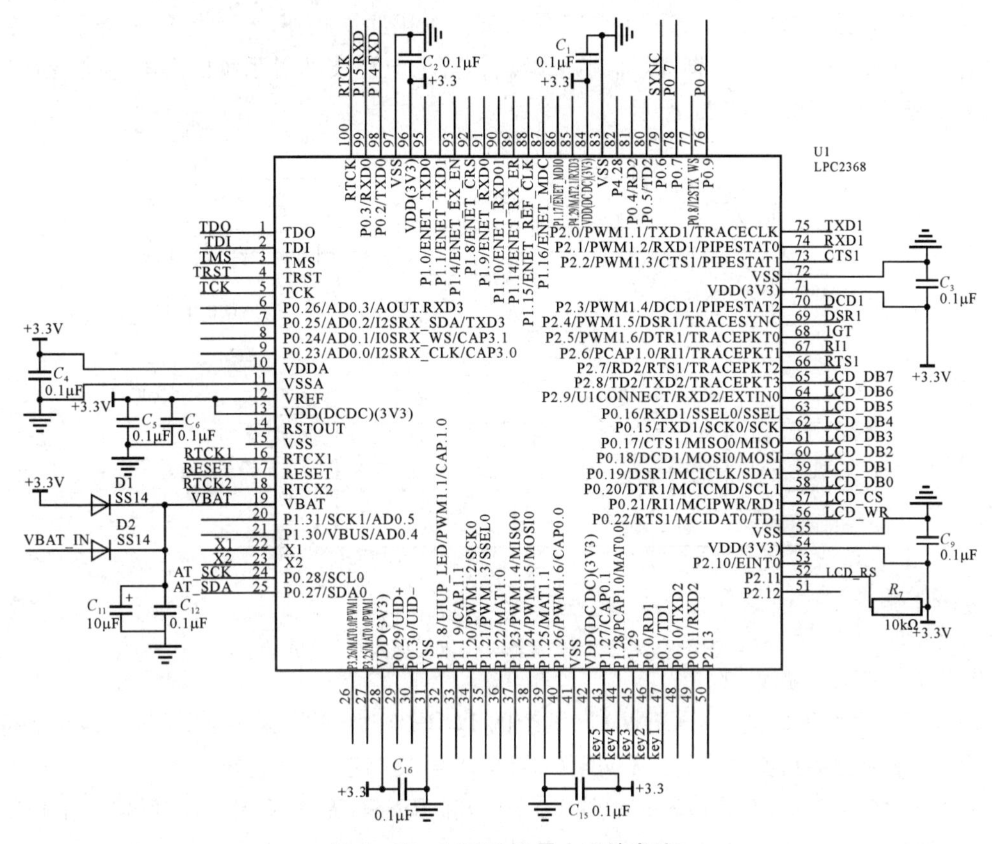

图 8－29 LPC2368 最小系统电路

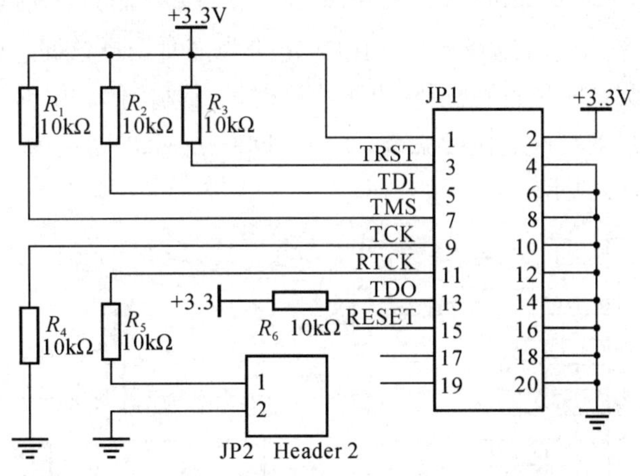

图 8－30 JTAG 调试接口

（2）电源模块电路设计

路端通信装置的电路中需要 5 V 电源来驱动液晶和 GPRS 模块，3.3 V 电源给 ZigBee 协调器结点及主控芯片 LPC2368 供电。由于液晶和 GPRS 同时工作时对电源稳定性要求较高，所以采用 5 V 开关电源输入。5 V 转 3.3 V 电源芯片则采用 LM1117-3.3。

电源模块电路的好坏直接影响整个系统工作的稳定性及可靠性。对于路端通信装置的电源模块，在电源引脚上接了滤波电容来提高其抗干扰性。此外，在进行 PCB 布线时，将滤波电容靠近所连接的电源引脚，以抑制高频噪音，降低电源波动对系统的影响。路端通信装置的电源模块电路如图 8－31 所示。

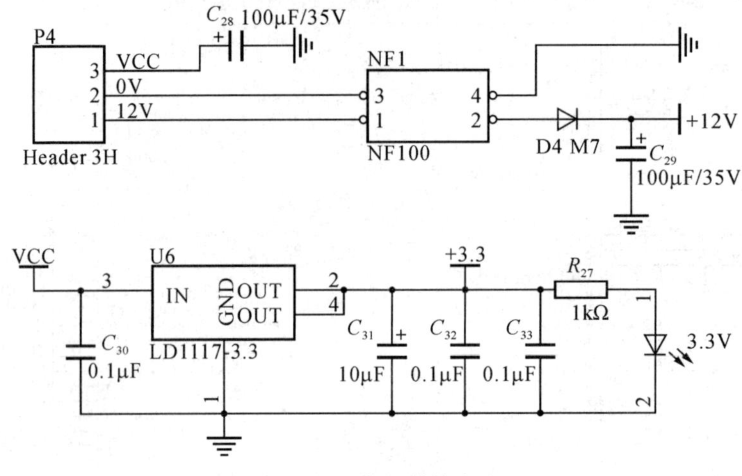

图 8－31　电源模块电路

(3) 液晶接口电路设计

液晶显示模块采用的是 TOPWAY 生产的 LMB162NFC，它是一款 16×2 点阵字符型液晶，可以显示数字和英文字符。LMB162NFC 本身具有字符发生器，功能十分丰富，它可以显示 2 行 16 个字符，有 8 位数据总线 D0～D7 和 RS、R/W、EN 三个控制端口，工作电压为5 V，并且带有字符对比度调节和背光。

该款液晶采用标准的 16 脚接口。V0 用来调整液晶显示器的对比度。LCD_RS 为寄存器选择信号线，其电平为低时选择指令寄存器，电平为高时选择数据寄存器。LCD_RW 为读写信号线，其电平为低时进行写操作，电平为高时进行读操作。LCD_CS 为使能端，当其引脚电平由高变低时，液晶模块执行命令。LCD_DB0～LCD_DB7 为 8 位双向数据线。液晶接口电路如图 8－32 所示。

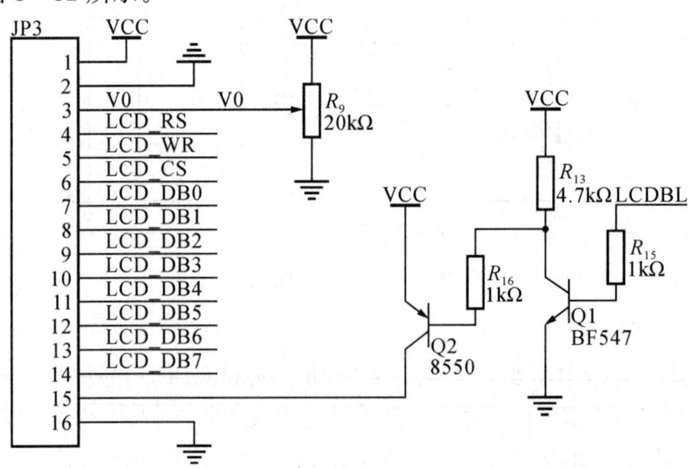

图 8－32　液晶接口电路

(4) 按键接口电路设计

路端通信装置的按键电路使用了 5 个按键，分别连接至 5 个 I/O 口，通过检测 I/O 口引脚是否出现低电平来判断是否有按键按下。按键接口电路如图 8-33 所示。平时无按键按下时，I/O 口为高电平；当有按键按下时，I/O 口为低电平。对于按键防抖动在嵌入式软硬件设计时均有考虑，硬件为阻容滤波。

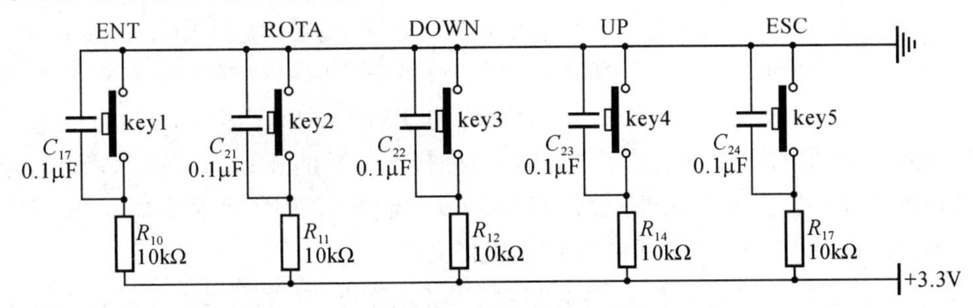

图 8-33 按键接口电路

(5) I^2C 接口电路设计

本系统中需要存储大量的单灯结点上传的实时状态信息，故决定采用 I^2C 总线技术将单灯状态信息存储于 EEPROM 中。I^2C 总线是由 Philips 公司开发的两线式串行总线，它是同步通信的一种特殊形式，具有控制方式简单、接口线少、通信速率较高等优点，主要用于连接微控制器及其外围设备。

EEPROM 存储芯片使用 ATMEL 生产的 256 kb 串行电可擦的可编程只读存储器 AT24C256，它采用 8 引脚双排式封装，具有结构紧凑、存储容量大等特点。AT24C256 具有如下特点：

① 三种工作电压：5.0 V(4.5～5.5 V)，2.7 V(2.7～5.5 V)，1.8 V(1.8～3.6 V)；

② 内部可以组织成 32k×8 bit 的存储单元；

③ 采用 2 线串行接口；

④ 符合双向数据传送协议；

⑤ 可以进行硬件写保护操作；

⑥ 具有 64 字节的页写模式。

I^2C 模块 AT24C256 的接口电路如图 8-34 所示。

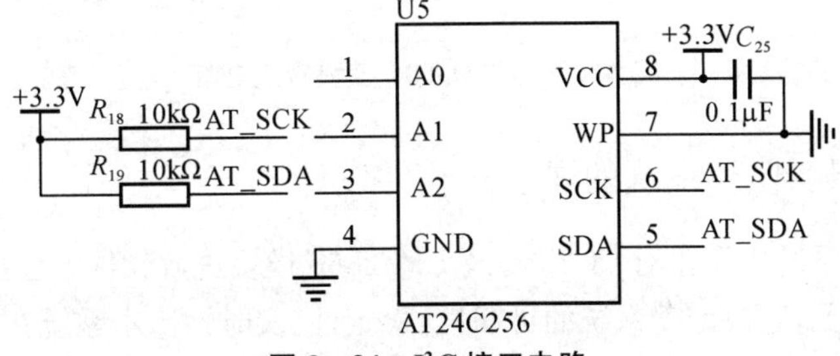

图 8-34 I^2C 接口电路

(6) GPRS 接口电路设计

GPRS 模块采用华为 GTM900C 无线模块，它是一款三频段的 GSM/GPRS 无线模块，支持标准的 AT 命令及增强 AT 命令。外部 CPU 使用 AT 命令集通过 UART 串口控制 GTM900C,从而实现远程无线通信、音频处理等功能。

GTM900C 的接口包括天线和信号连接器。信号连接器有 40 个引脚,结合城市照明监控系统对 GPRS 的通信需求,需使用到的 GPRS 模块接口引脚如图 8-35 所示,采用标准 SIM 卡的六脚接口。信号连接器中 Vbatt+是电源模块的正电压,GND 为电源模块的地。SYNC 接口作为 GTM900C 模块的状态输出信号,将该引脚连接到 LED 指示灯上,通过 LED 灯的状态可以判断 GTM900C 模块此时的工作状态。1 GT 为输入信号接口,可以通过该引脚来控制 GTM900C 的开机和关机。RXD1 和 TXD1 为串口信号接口,可以通过这个接口发送命令给 GTM900C 控制其工作,该接口外接 3.3 V 的 TTL 电平。RTS1 信号为输入接口,外界可以通过控制该引脚来复位 GTM900C 模块。该引脚平时为高电平,当将引脚拉低一段时间(超过 10 ms)后,GTM900C 模块将复位。

布线时要注意 SIM 卡模块和 GTM900C 模块尽量靠近,因为 SIM 卡模块属于较高频的电路,走线时两个部分要比较近,这样干扰较小,提高了稳定性。

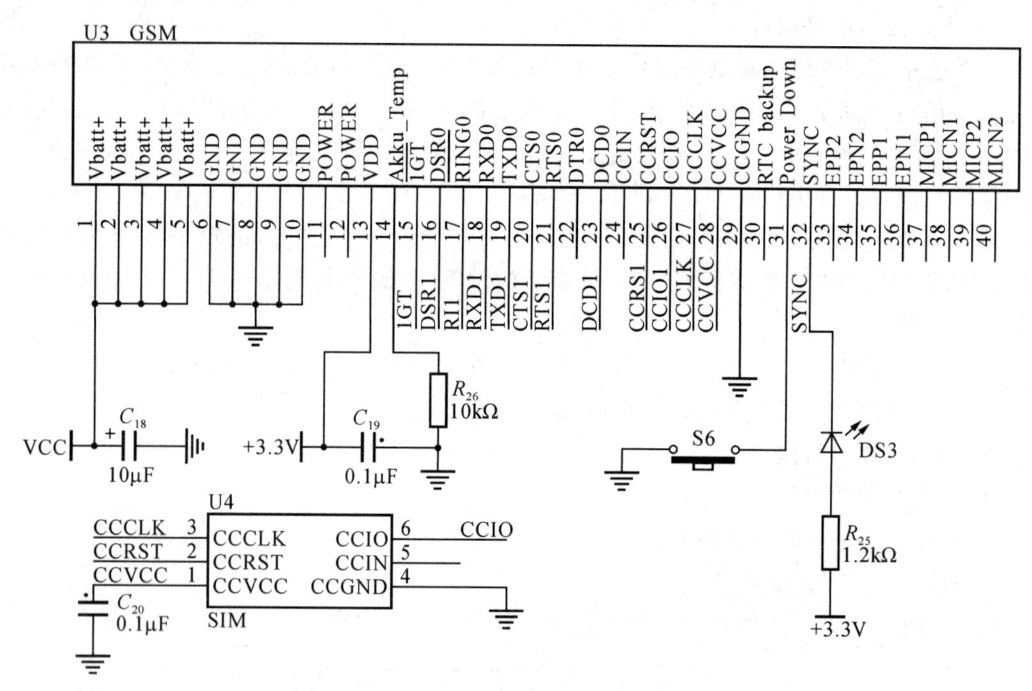

图 8-35　GTM900C 模块接口电路

8.2.4　城市照明监控系统的嵌入式软件设计

城市照明监控系统中需要对 CC2530 及 LPC2368 模块进行软件编程控制。软件在整个监控系统中至关重要,它决定着系统的可靠性、稳定性、实时性。本系统在程序设计过程中,为了使各个模块有效地完成任务,将整个系统划分为几个既相互独立又相互联系的模块,使得对外的数据交换相对简单,而这些模块的程序编写和调试相对容易得多,出错时查错也就变得简单,增强了可维护性。

1）CC2530 模块的程序设计

（1）CC2530 模块的软件开发环境

CC2530 模块的软件开发环境采用 IAR Embedded Workbench。它是一套完整的集成开发工具集合，包括从代码编辑器、工程建立到 C/C++编译器、连接器和调试器的各类开发工具，其编程界面如图 8-36 所示。

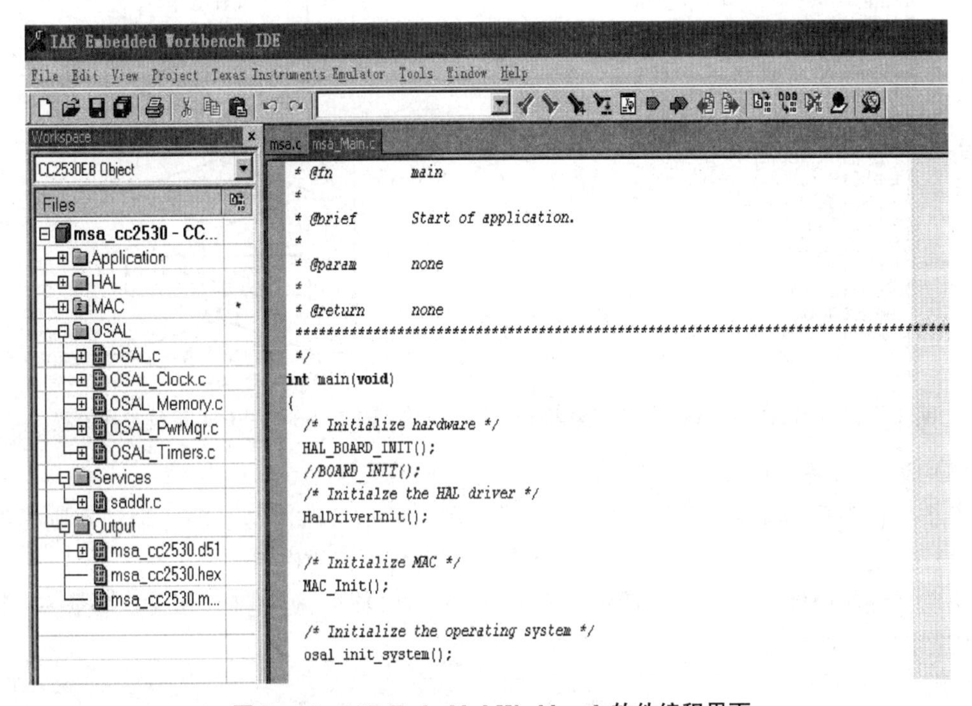

图 8-36　IAR Embedded Workbench 软件编程界面

IAR Embedded Workbench for 8051 是 IAR Systems 公司为 8051 系列微处理器开发的一个集成开发环境。CC2530 的内核是增强型的 8051，所以适用。IAR Systems 的 C/C++编译器可以生成可靠高效的可执行代码，且应用程序规模越大，效果越明显。

（2）Z-Stack 协议栈

由于 ZigBee 协议栈较为复杂，设计人员自己来编写不现实，因此 TI 提供了免费的 ZigBee 协议栈。一般软件开发采用 TI 的 Z-Stack 07/PRO 协议栈，并对其应用层按照所要实现的功能进行添加与修改。本系统中 CC2530 的嵌入式软件编程就是在 TI 提供的 ZigBee 协议栈和一些应用示例的基础上编写应用层代码。

Z-Stack 标准协议栈主要分为以下几层：应用层目录（APP）、硬件层目录（HAL）、MAC 层目录（MAC）、网络层目录（NWK）、协议栈操作系统（OSAL）、AF 层目录（Profile）、安全层目录（Security）、地址处理函数目录（Services）及 ZigBee 设备对象目录（ZDO），具体分层如图 8-37 所示。

Z-Stack 协议栈采用 OSAL 操作系统，类似于 μC/OS_II 操作系统，其任务处理采用轮询机制，系统中各层初始化以后将进入低功耗模式。当有任务事件发生时，进入中断，比较任务的优先级，优先级高的任务先处理，优先级低的任务后处理，任务事件处理完毕后系统仍进入低功耗模式。Z-Stack 系统工作流程如图 8 - 38 所示。

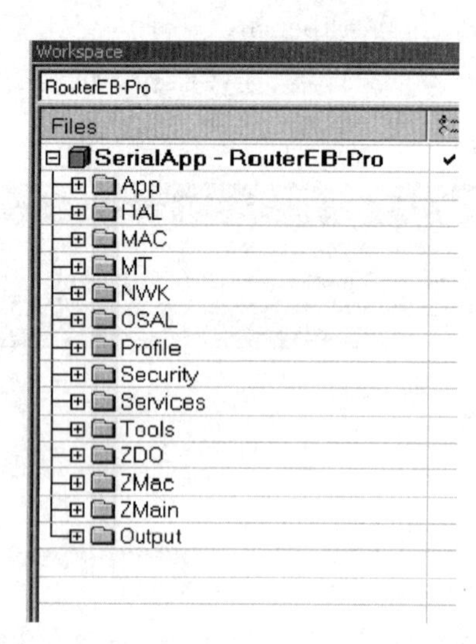

图 8 - 37　Z-Stack 标准协议栈分层结构

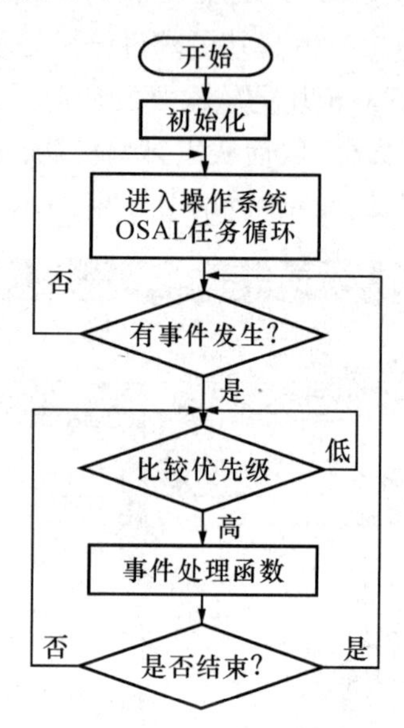

图 8 - 38　Z-Stack 系统工作流程

(3) CC2530 程序设计

ZigBee 网络中协调器负责与 LPC2368 进行串口通信。路由结点和终端结点则需要对单灯进行控制和状态采集,其中路由结点还起到转发命令帧的作用。

协调器程序设计方案主要包括建立网络、处理串口数据、处理 RF 缓冲区数据等,其工作流程如图 8 - 39 所示。

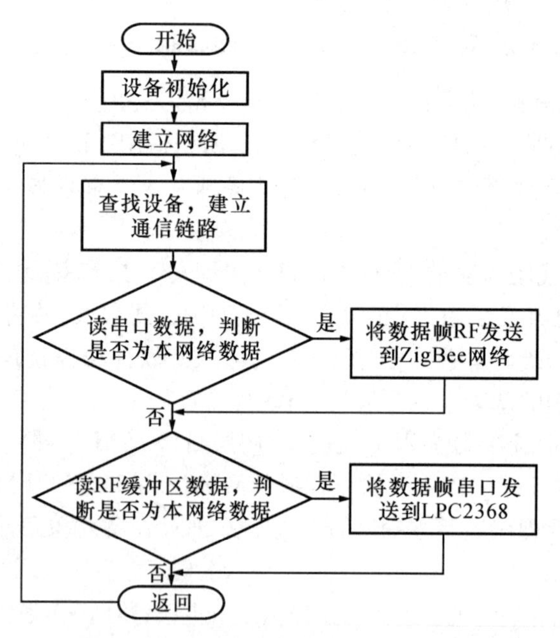

图 8 - 39　CC2530 协调器程序工作流程

路由结点的程序设计主要包括动态连接网络、数据采集和单灯控制。动态连接网络负责查询网络设备，建立通信链路。数据采集包括单灯状态的采集、处理及保存。控制程序负责执行控制命令等功能。此外，路由结点还可以起到一个中转的作用，可以转发数据以拓展网络。路由结点主程序工作流程如图 8－40 所示。

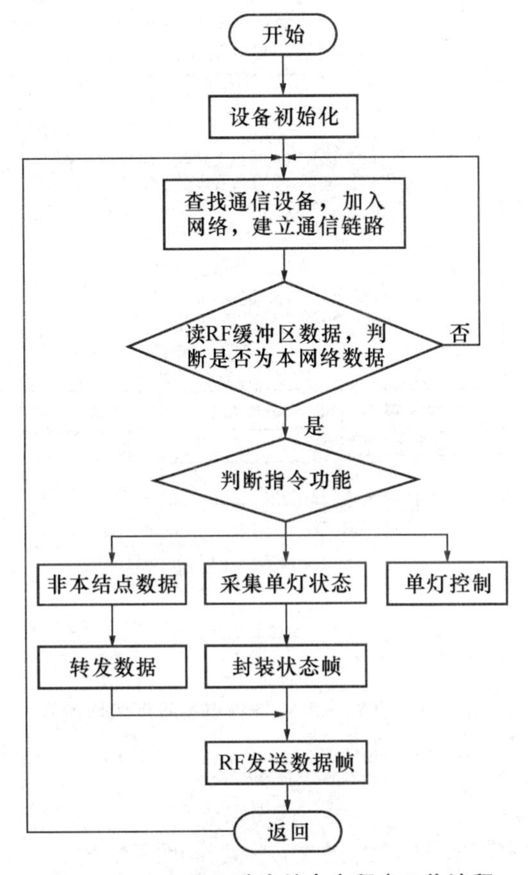

图 8－40 CC2530 路由结点主程序工作流程

终端结点的程序设计同样包括动态连接网络、数据采集和单灯用控制。终端结点与路由结点相比只是少了一个可转发相邻结点数据帧的功能，终端结点只能与自己的父路由结点通信。其主程序工作流程如图 8－41 所示。

（4）网络监控协议设计

为了网络数据帧更容易控制和方便编码解码，将数据帧定义为定长，这样数据帧就不需要一个域来表示帧的长度了。同时程序和协议的设计都会变得很简单，但功能又可以完全实现。规定一个数据帧的长度为 12 个字节。数据帧包括两种类型的帧，即命令帧和状态帧。

命令帧主要是将命令域定义在帧中，传输到相对应的网络结点，然后相关的网络结点执行相关的命令即可。命令包括全网段的命令和单点命令。全网段命令表示该 PAN_ID 网络内的所有或多个结点都要执行该命令。单点命令表示命令只是针对单个网络结点的。其中有一种特殊的单点命令帧，即单灯取状态命令帧，该命令帧要求获得单个网络结点的状

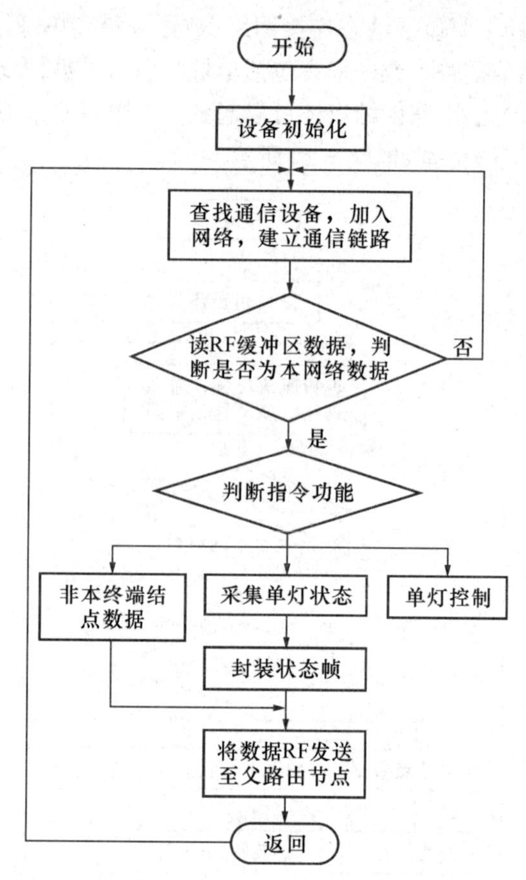

图 8-41　CC2530 终端结点主程序工作流程

态，所以该结点收到该命令帧后会返回单灯状态帧。

① 单灯命令帧格式

单灯命令帧使用固定帧长格式的报文，不支持可变长度格式的报文。报文格式如表 8-8所示。

表 8-8　单灯命令帧格式

帧长	源地址	目标地址	方向	命令	PAN_ID	预留字节	校验字节
1 字节	2 字节	2 字节	1 字节	1 字节	2 字节	2 字节	1 字节

a. 帧长：长度为 1 个字节。固定值为 12。

b. 源地址：长度为 2 个字节，是器件的 16 位逻辑地址（网络结点地址）。

c. 目标地址：长度为 2 个字节，表明最终该报文将发往哪个结点。网络中的设备收到该报文时，将检查该报文的目标地址是否与自己的逻辑地址相同，若相同，则对该报文进行分析；否则，就将报文转发给其父结点或者子结点。

d. 方向：长度为 1 个字节，路由器将根据该字节判定报文的转发方向。若方向字节为 0，则向其子结点转发；若为 1，则向其父结点转发。

e. 命令：长度为 1 个字节，本协议中含有多条命令，用于实现单灯控制。

f. PAN_ID:长度为 2 个字节,它是网络的 ID,不同协调器建立的网络 PAN_ID 不相同,每个网络的 PAN_ID 是唯一的。

g. 预留字节:长度为 2 个字节,根据协议中命令的不同,预留字节有不同内容,主要用于扩展功能。

h. 校验字节:采用循环冗余校验(CRC)算法来进行校验。

表 8-9 为单灯控制命令的具体说明。

表 8-9　单灯控制命令说明

命令字节		
类型	命令	说明
全网段命令	0x11	网内结点全开
	0x12	网内结点全闭
	0x13	网内结点奇数开
	0x14	网内结点奇数关
	0x15	网内结点偶数开
	0x16	网内结点偶数关
	0x17	网内结点 1/3 开
	0x18	网内结点 1/3 闭
	0x19	网内结点 1/4 开
	0x1A	网内结点 1/4 闭
	0x30	清帧号的位示图标志
单点命令	0x1B	网内单结点开
	0x1C	网内单结点闭
	0x20	取得网内单个结点的状态

② 单灯状态帧格式

单灯状态帧由网络中的某个单灯结点开始发送,最终传输至该网络的协调器,然后再通过 GPRS 上传给监控中心服务器。表 8-10 为单灯状态帧的格式。

表 8-10　单灯状态帧格式

帧长	源地址	目标地址	方向	命令	电流 AD 值	PAN_ID	校验字节
1 字节	2 字节	2 字节	1 字节(1)	1 字节(0x40)	2 字节	2 字节	1 字节

③ 结点启动命令帧格式

结点启动命令帧主要用来控制网络中路由结点或终端结点的无线发送功能模式,从而在不需要无线通信时关闭发送功能以减小 CC2530 功耗,其格式如表 8-11 所示。

表 8-11　结点启动命令帧格式

帧长	源地址	目标地址	方向	命令	模式	PAN_ID	CRC16
1 字节	2 字节 0xFFF0	2 字节 0xFFFF	1 字节(0)	1 字节(0x30)	1 字节	2 字节	2 字节

a. 源地址：是固定字节 0xFFF0，这是协调器的 16 位器件地址。

b. 目标地址：0xFFFF，说明这是一条广播报文，所有结点都应该对此报文进行分析。如果是路由器结点收到该报文，首先将该报文转发给子结点，然后再对命令字节进行解析；如果是终端结点接收到该报文，则不需要转发报文，只需要对该报文的命令字节进行解析。

c. 数据字节模式的定义如下：

- 0x01：启动命令。子结点收到该命令后，启动发送功能，进入正常工作模式；
- 0x02：停止命令。子结点收到该命令后，停止发送功能，进入备用模式；
- 0x03：复位命令。子结点收到该命令后，软件复位该器件，进入备用模式。

(5) 网络控制机制

为了实现城市照明的智能监控，协议针对具体路段进行整体控制或单点控制，将路段结点按序编号，从 1 到 N。根据网络的结构，将单灯的结点号和单灯的网络结点地址联系起来。为了准确而快速地对网络中的各个结点状态进行控制和采集，系统主要使用命令转发机制和状态返回机制来进行网络的控制。

① 命令转发机制

网络中各个结点只对收到的命令帧进行转发，对帧的内容不做修改。每个结点通过一个位示图结构来记录哪些帧已经被转发。结点接收到帧数据后根据帧号将该缓冲区的相应位置位，同时转发。如果结点接收到帧后判断该帧已经被该结点转发，即相应位已经被置 1 则丢弃该帧，从而保证以最快的速度控制一条线路。

对于向某个指定结点发送命令，结点接收到命令帧后，将自己的结点号与接收到的帧中的结点号对比，如果大于则丢弃该帧，否则转发。这样可使网络中的数据帧传输有序化，有效避免网络堵塞。

② 状态返回机制

目前只针对单个结点的状态返回机制，发送指定命令帧后，指定结点接收到该命令后立即返回状态。只有结点号比目标结点号小时才转发状态，直到协调器接收到状态。状态返回机制和命令转发机制的执行过程相反。

2) LPC2368 模块的程序设计

LPC2368 模块的软件开发环境采用的是 ARM 公司推出的最新集成开发环境 Keil μVision4，它支持 51 单片机、ARM7、ARM9 和最新的 Cortex - M3 核处理器，可自动配置启动代码，并且集成了 Flash 烧写模块，集编辑、编译、仿真等于一体，界面友好，便于学习和应用。

(1) LPC2368 模块主控程序设计

LPC2368 主要实现接收 ZigBee 无线传感网络协调器传输的数据，然后通过 GPRS 模块发送到后台服务器中。同时对于后台服务器发送的一些控制命令进行解析处理，并通过串口传输到无线传感网络协调器中。此外，还包括对 LCD、按键、I^{2}C 等模块的操作。

LPC2368 主要有如下三个任务：

① 检测是否收到 GPRS 模块的数据(该数据由监控中心发送)，如果收到，对数据进行解析处理，然后通过串口 UART0 发送到 CC2530 单灯无线传感网络协调器模块。

② 检测 UART0 是否收到数据，如果收到数据，对数据进行解析，然后封装成协议所规定的数据帧格式，通过 GPRS 模块发送到监控中心的服务器上。

③ 对 TCP 虚连接进行处理，防止虚连接的发生。虚连接是指监控中心的服务器认为和 GPRS 模块建立了连接，但实际上 GPRS 模块已经和后台服务器断开了连接，这是由于移动通信服务商提供的服务的限制问题造成的。为了防止这种情况的发生，程序设计了心跳包机制和应答机制。当通信装置空闲达到一定时间后就发送心跳包到监控中心的服务器中，同时服务器给予应答。如果没有应答，失败一定次数后 GPRS 模块会重新和后台服务器建立连接。

LPC2368 主控程序工作流程如图 8-42 所示。

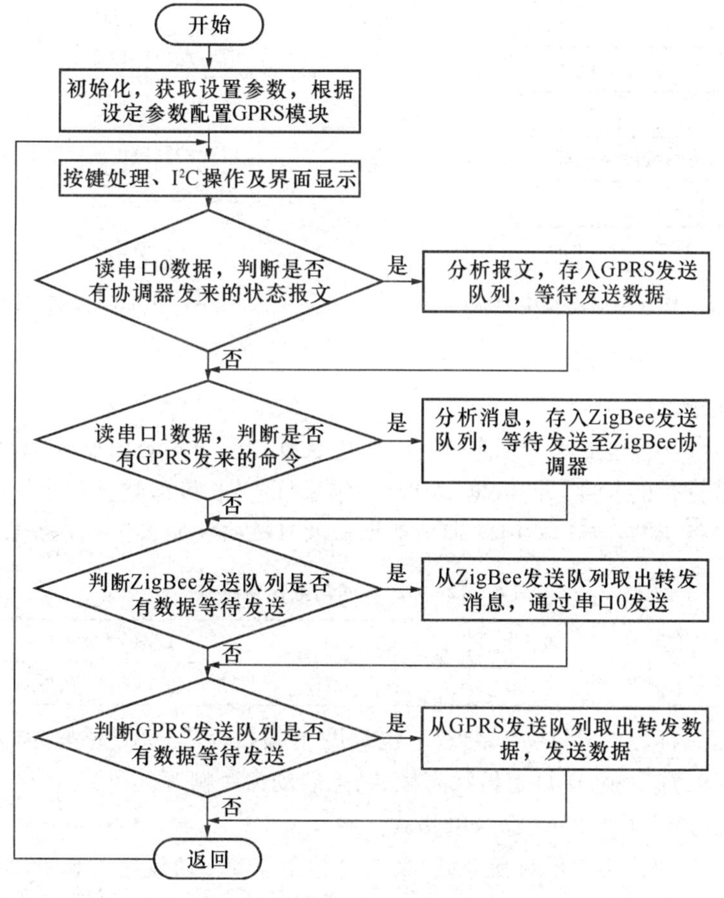

图 8-42 LPC2368 主控程序工作流程

(2) 中断处理函数设计

LPC2368 模块程序中的中断流程主要包括 IRQ 中断和 UART 中断。IRQ 中断可用来同步 UART 所接收的数据。当 IRQ 中断来时，LPC2368 将清除接收计数标志并使能 UART 中断。UART 中断每成功接收一个字符时，相关的接收计数标志要加上 1。当接收字节数满足要求时，进行异或校验，若校验正确将置对应的标志位。

IRQ 通信同步中断流程如图 8-43 所示，UART 接收中断流程如图 8-44 所示。

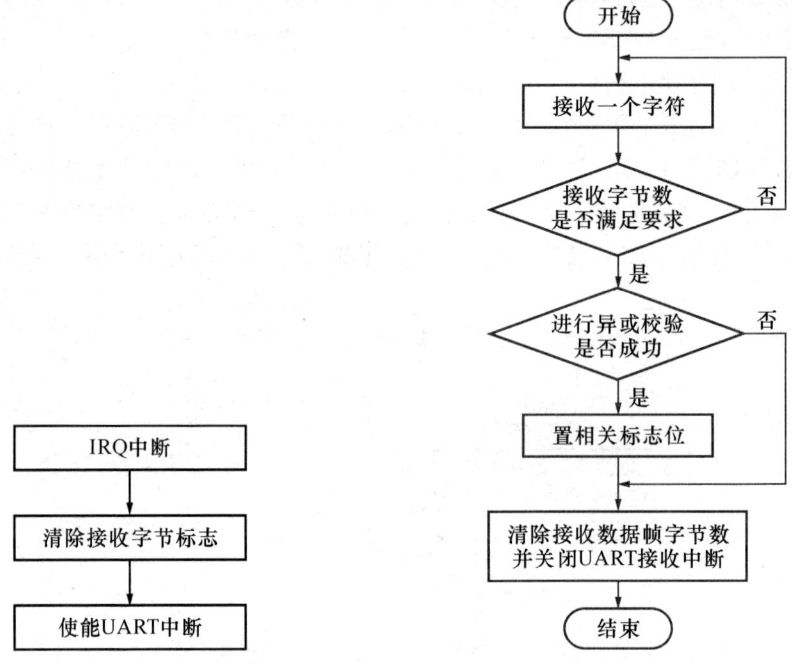

图 8-43　IRQ 通信同步中断流程　　　　**图 8-44　UART 接收中断流程**

(3) GPRS 通信协议设计

① 数据包格式

GPRS 通信数据包包括起始标志、包类型、包长度、起始标志、数据及结束标志。包长度为除去头部后数据包的长度，即“数据”长度+“结束标志”长度。数据包采用 16 进制传输方式，高字节在前，低字节在后。GPRS 通信数据包的具体格式如表 8-12 所示。

表 8-12　GPRS 通信数据包格式

起始标志	包类型	包长度	起始标志	数据	结束标志
1 字节(68H)	1 字节	2 字节	1 字节(68H)	长度不超过 255 字节	1 字节(16H)

其中，将“起始标志(68H)+包类型+包长度+起始标志(68H)”称为通信数据包的包头。数据包括单灯命令帧、单灯上传状态帧、结点启动命令帧等。

② 服务器发送给 LPC2368 命令的格式

PC－>MCU：协议头+单灯命令帧/结点启动命令帧+协议尾。其中，单灯命令帧格式如表 8-8 所示，结点启动命令帧格式如表 8-11 所示。

③ LPC2368 发送给服务器命令的格式

a. 单灯状态上传格式

MCU－>PC：协议头+单灯状态帧+协议尾。其中，单灯状态帧格式如表 8-10 所示。

b. 批量查询数据上传的状态帧格式

当扫描一轮结束后，要将此轮扫描到的数据内容打包发送给服务器。具体格式为：协议头+网段 PAN_ID+结点起始地址+结点数量+电流 AD(2 个字节)+…+电流 AD(2 个字节)+协议尾。

8.2.5 城市照明监控系统测试

1）CC2530 模块通信距离测试

通信距离测试采用两块 CC2530 无线通信模块进行点对点传输。CC2530 模块的发射功率设定在 4.5 dBm,天线采用 50 Ω 的单极子天线。将发送模块设定为连续发送模式,每间隔 10 s 发送一次数据,每成功发送一次数据时发送模块的 LED 指示灯闪烁一次。与此同时,接收模块每成功接收一次数据时,其 LED 指示灯亦闪烁一次。采用这一方法可以简单快速地判断出两块 ZigBee 模块是否仍在进行无线通信。通信距离测试的硬件连接如图 8-45所示。

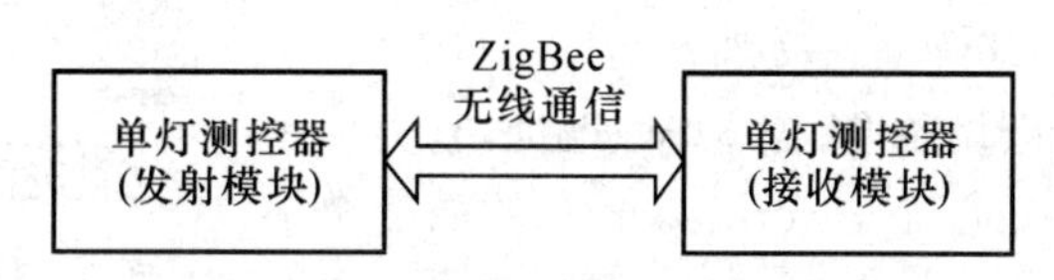

图 8-45 通信距离测试的硬件连接

由于城市照明设施所处的实际环境比较复杂,有时可能会有一些建筑物存在遮挡信号。因此测试环境分别选择了开阔地方和有小型建筑物遮挡的地方。最终测试结果如表 8-13 所示。

表 8-13 通信距离测试结果

测试次数	测试环境	1	2	3	4
通信距离(m)	开阔环境	135	128	130	119
	有建筑物遮挡	117	106	120	112

由测试结果可以看出,CC2530 模块通信距离可维持在 100 m 以上,完全满足城市照明监控系统所需的通信要求。当有建筑物遮挡时,通信距离会有小幅减小,但不影响系统使用。在实际安装时,建议将单灯测控器安装在灯杆顶端,以使其无线通信距离尽可能远。

2）系统组网测试

(1) 测试方法

将网络中的协调器、路由结点和终端结点通过 CC Debug 在线仿真器下载程序,不同的结点下载不同的程序。协调器上电初始化后,将其通过串口与 PC 相连。路由结点和终端结点的入网可行性可以通过 ZigBee 无线抓包模块捕捉无线信道内的数据来体现。

组网测试采用 3 个 CC2530 结点,其中 1 个为协调器,1 个为路由结点,1 个为终端设备。采用二级树状网络拓扑验证系统的组网及无线网络发送数据的可行性。组网测试的硬件连接如图 8-46 所示。

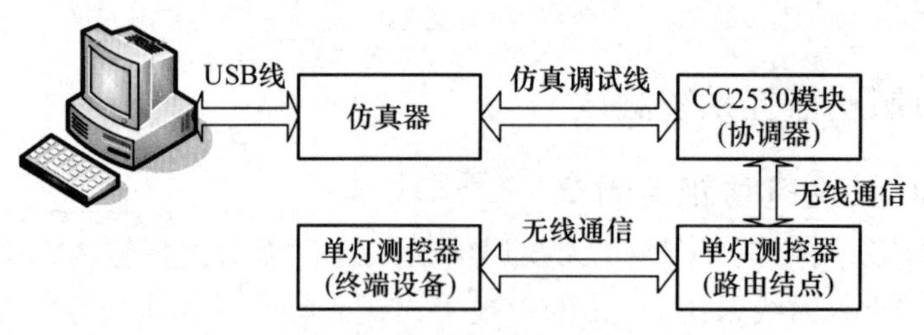

图 8-46　组网测试的硬件连接

(2) 协调器建网

协调器上电初始化后开始组建网络，将协调器通过串口与 PC 相连。通过串口调试助手可以看见上电后协调器建立网络的相关信息，如图 8-47 所示。

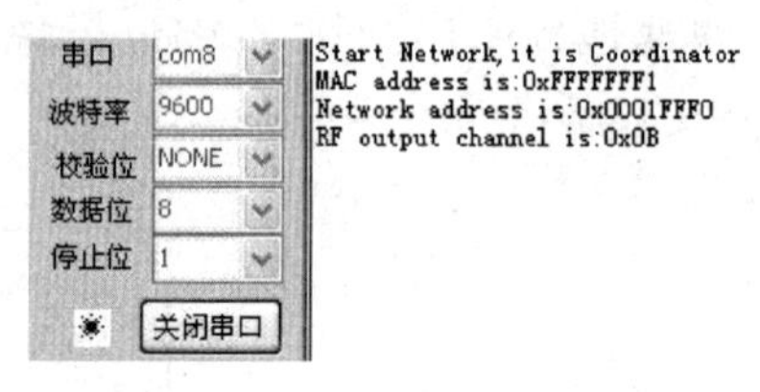

图 8-47　协调器初始化信息

其中，MAC address 即设备 64 位 MAC 地址，它类似于 PC 的 MAC 地址，是唯一的。Network address 的前 2 个字节 0x0001 为网络的 PAN_ID，后 2 个字节 0xFFF0 为协调器的逻辑地址。RF 通道采用第 11 通道，其频率范围为 2.4025 GHz～2.407 5 GHz。

协调器建网完成后，向网络中广播结点启动命令帧，将 ZigBee 抓包模块连至 PC，将接收到的数据通过串口调试助手显示。此时抓包模块接收到的数据如图 8-48 所示。

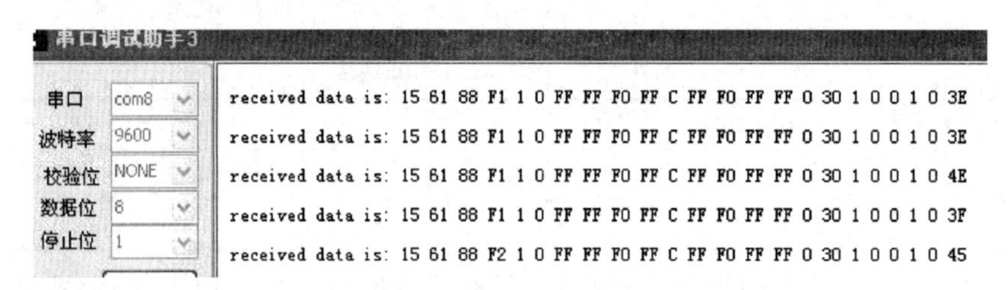

图 8-48　协调器结点广播命令帧

可以看到协调器广播的一条数据帧"15 61 88 F1 1 0 FF FF F0 FF C FF FF FF F0 0 30 1 0 0 1 0 3E"。该帧是以 16 进制显示的，"15"代表帧长，"3E"代表无线信号的 LQI 信号质量值，"61 88 F1 1 0 FF FF F0 FF"为数据发送时 ZigBee 网络附加的帧头，"C FF F0 FF FF 0 30 1 0 0 1 0 3E"为结点启动命令帧。

(3) 路由结点入网

当路由结点上电后，扫描信道，接收到结点启动命令后启用发送功能并加入网络，入网成功后向协调器返回自身状态信息。抓包模块此时接收到的无线数据如图 8-49 所示，该路由结点的逻辑地址为 0x0001。

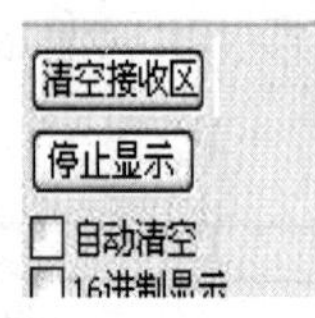

received data is: 15 61 88 C9 1 0 F0 FF 1 0 C 0 1 FF F0 1 40 0 23 1 0 FB 58

received data is: 15 61 88 CA 1 0 F0 FF 1 0 C 0 1 FF F0 1 40 0 1F 1 0 FB 51

received data is: 15 61 88 CB 1 0 F0 FF 1 0 C 0 1 FF F0 1 40 0 2B 1 0 3B 50

图 8-49　入网成功路由结点返回命令帧

(4) 终端设备入网

终端设备上电后，扫描信道，接收到路由结点转发过来的结点启动命令后启用发送功能并加入网络，入网成功后向路由结点发送自身状态信息。抓包模块接收到的无线数据如图 8－50所示，该终端设备的逻辑地址为 0x0101。

received data is: 15 61 88 2B 1 0 1 0 1 1 C 1 1 FF F0 1 40 0 35 1 0 B 48
received data is: 15 61 88 2C 1 0 1 0 1 1 C 1 1 FF F0 1 40 0 31 1 0 CB 49
received data is: 15 61 88 2C 1 0 1 0 1 1 C 1 1 FF F0 1 40 0 31 1 0 CB 47
received data is: 15 61 88 2C 1 0 1 0 1 1 C 1 1 FF F0 1 40 0 31 1 0 CB 49

图 8－50　入网成功终端设备返回命令帧

3) 系统功能测试

采用某公司后台服务器上的城市照明控制系统软件与监听软件配合测试系统功能。监听软件得到系统软件发送的命令帧后，将其通过 GPRS 发送至路端通信装置，路端通信装置通过协调器将命令发送至 ZigBee 网络从而控制单灯状态。城市照明控制系统软件界面如图 8－51 所示。

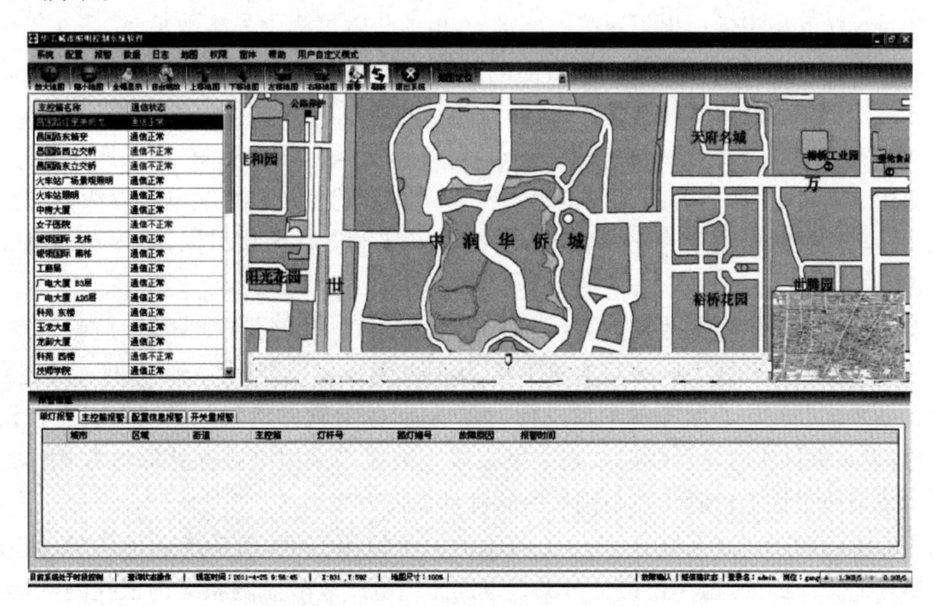

图 8－51　城市照明控制系统软件界面

系统功能采用 6 个单灯测控器进行简单实现，其中 2 个为路由结点，4 个为终端设备。网络 PAN_ ID 设定为 0x0001，6 个设备逻辑地址分别为 0x0001，0x0101，0x0102，0x0002，0x0201，0x0202，对应的单灯结点号分别为 1～6，在路端通信装置中维护一张表格，将设备逻辑地址与单灯结点号联系起来。系统功能测试的硬件连接如图 8－52 所示。

可登录后台服务器，打开监听软件及城市照明控制系统软件。给路端通信装置上电，约 1 分钟后监听软件收到 GPRS 模块发来的心跳包，表明此时 GPRS 连接已经成功。

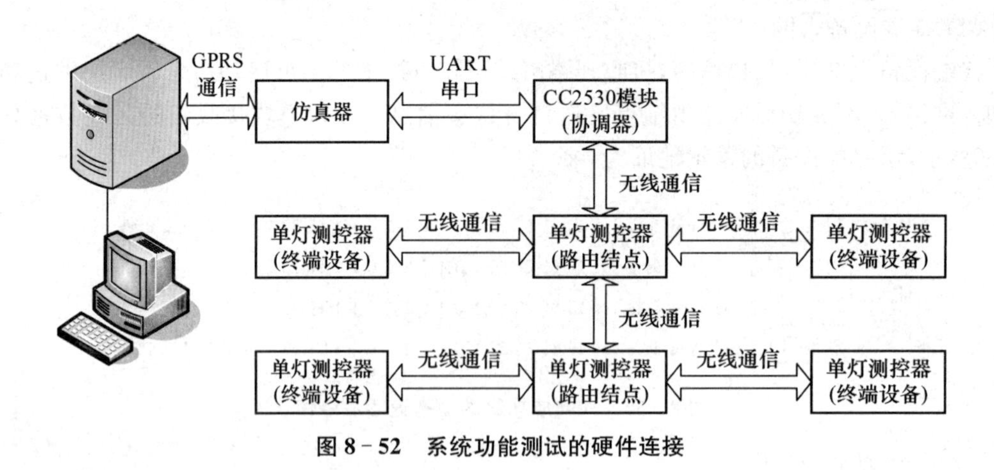

图 8-52　系统功能测试的硬件连接

8.3　高压输电线监测系统

近年来，随着城市发展规模越来越大，人们对电能的需求量越来越多，同时对高压输电线供电的持续性和稳定性提出了更高的要求，在电能传输过程中发生故障时，需在最短时间内找到故障发生地点并及时排除之。目前电网自动化水平有了很大的提高，但线路故障查找手段依然比较落后或成本较高。

ZigBee 是一种新兴的无线传感网络技术，它具有成本低、可靠性好、通信距离较远、结点容量大等优点，可以组成强大的无线传感器网络。本节通过与现有输电线故障监测指示器及其他短距离无线通信技术对比，确定采用 ZigBee 技术进行无线组网，实现对输电线路的有效监控。

本节介绍的高压输电线故障监测系统采用“监控中心—线上网关—故障监测结点”三层架构。故障监测结点和线上网关组成短距离 ZigBee 无线传感器网络，线上网关通过 GPRS 分组数据技术同监控中心服务器主机进行远程通信，监听软件将收到的线上状态数据存储至数据库，显示软件实时显示线路状态。所有线上装置均采用电磁互感取电方式作为能量来源。本节给出了线上监测结点与网关的软硬件设计方案。

高压输电线故障监测系统是 ZigBee 技术的一个应用实例，该系统运行稳定，拥有十分广阔的市场前景。此外，虽然该设计方案是以高压输电线故障监测系统为依托的，但为类似的无线传感网络监控系统也提供了很好的参考。

8.3.1　概述

1）研究背景

随着我国社会经济的迅速发展，高层建筑与大型公共建筑的不断涌现使城市功能越来越趋向完善和复杂化，人们对电能的需求量越来越多，同时对高压输电线供电的持续性和稳定性提出了更高的要求。电能的安全正常传输是保障社会日常生产生活正常持续的必要条件。一旦电能输送发生了故障，这将会对我们的日常生产生活带来极大不便和影响，尤其对于企业生产将造成巨大经济损失，输电线路的故障甚至会危及人身安全。

因此及时尽早地排除故障、保证电力的继续正常输送对于生产生活是十分必要的。但由于高压输电线一般都架空在野外，且延绵上百公里，有的线路甚至数千公里，许多架设输电线路的地方可能荒无人烟，一旦输电线发生故障，维修人员需要沿线路查找确定故障所在地，有时候高架线上故障之处无法远距离肉眼看出，增加了查找难度。城市供电的分布式配电网络一般站数多，分布广，问题出现率较高。为保证电网企业提高供电质量，提升电力供应部门的服务质量，配电自动化是必由之路。

2）高压输电线路故障监测发展概况

针对高压输电线故障难以查找和消耗大量人力与时间的状况，为了提升电网自动化控制程度以减轻工作人员负担，现市场上已经开发出可以指示线路故障发生地点的故障指示器。大致有如下几种：

（1）翻牌型故障指示器

现在比较广泛采用的是翻牌型故障指示器。翻牌型故障指示器使用电池供电，可以悬挂在高压输电线上，其底部带有一个可以旋转的指示牌，指示牌一半涂白色，一半涂红色。平时线路无故障时，指示牌显示白色部分；一旦指示器检测到线路上有故障发生时，其内部电路会自动控制底部指示牌旋转，将红色部分显露出来，线路故障查找员便可以沿线根据指示牌状况来查找故障地点。

（2）基于 GPRS 技术的故障指示器

市面上还有一种基于 GPRS 技术的故障指示器，该指示器也同样悬挂在输电线上，用电池或小型太阳能板供电。只是它的报警方式不同，它可以通过附近的移动基站发送 GPRS 数据，将报警信息传输到工作人员的手机或监控中心的后台。它相比于翻牌型故障指示器来说更加方便快捷，省去工作人员沿线查找的工作量。

（3）基于 GPRS 监控柜的故障指示器

GPRS 监控柜是一个体积较大的箱体，它不是悬挂在输电上的，而是固定在输电线杆上的。它外部自带太阳能板，并且内部带有容量较大的蓄电池，可支持阴天下雨等情况下的箱体功能。每个监控柜带有 3 个小型线上指示器，指示器悬挂在箱体附近，向箱体发送监测数据。这在一定程度上降低了成本。

这些都是指示输电线故障的一些解决方案，但都有其局限性和不足之处：

（1）翻牌型故障指示器需要工作人员沿路查看指示器状态，才能决定故障所在地，当然会耗费大量时间精力，而且无法第一时间找到并排除故障，增加了线路故障修复时间。

（2）基于 GPRS 技术的故障指示器虽然可以第一时间将故障信息远程传输给电力维修部门，但由于每个指示器都需要配备 GPRS 信息发送模块并申请手机号码和数据流量或短信，成本也较大。

（3）基于 GPRS 监控柜的故障指示器相对来说无需申请太多手机号码，但主控柜包含了太阳能板和蓄电池，成本因此也较大且供电受天气影响较大，限制了其应用范围。

（4）几种线上故障指示器用电池供电情况下，使用寿命较低；用太阳能板供电则受天气影响较大，适用地域范围有限制，成本较大。

综上，开发这样一种故障监测系统可以较好地解决这些问题：可以自供电的短距离无线故障监测网络加上带有远程无线数据传输功能的网关。短距离和远距离无线通信结合起来将是一个较好的解决方案。

3）短距离无线通信发展现状

短距离无线通信技术的通信距离有限，具有布线成本低、节省资源、使用方便等优点。随着通信以及信息技术的不断发展，它在人们的日常生活及工业、国防、医学等领域之中得到了越来越广泛的应用。目前最常用的短距离无线通信技术主要有如下几种：

(1) IrDA，即红外线数据协议，它的传输范围为 1 m 左右，支持两个具有 IrDA 端口的设备进行可视化传输，传输角度只有 15 度到 30 度。当两个设备之间有遮挡物时，采用 IrDA 进行无线通信将难以实现。

(2) 蓝牙(Bluetooth)，它支持设备之间的短距离无线通信，能在移动电话、PDA、无线耳机、笔记本电脑等设备之间进行无线信息交换。

(3) WiFi，它可以将个人电脑、手持设备等终端以无线方式互相连接，目的是改善基于 IEEE 802.11 标准的无线网络产品之间的互通性。

(4) ZigBee，它是基于 IEEE 802.15.4 标准的无线通信技术，具有功耗低、数据传输可靠安全、工作频段可选择、网络可容纳结点数量多、成本低等特点。

依据 ZigBee 具有的特点，它主要应用于自动控制和远程控制领域，还可以嵌入各种设备，非常适合有大量终端设备的网络。

4）研究内容

在进行高压输电线故障检测系统设计时，需要考虑的首要问题是采用何种通信技术实现高压输电线上监测结点之间的通信以及远距离网关与监控中心之间的通信。从开发成本、功耗、通信距离及通信数据量等方面综合考虑，最终选用 ZigBee 无线技术进行短距离组网通信，选用 GPRS 分组数据进行网关结点和监控中心的数据交换。

高压输电线故障监测系统的设计包括线上监测结点和线上网关的硬件设计及嵌入式软件设计，监控中心软件包括监听软件和高压输电线故障显示软件。线上监测结点和线上网关的设计是本设计的重点，因此本节详细介绍了 ZigBee 网络拓扑结构设计、路由设计和线上设备结点的互感电源硬件设计等相关内容，结点使用的 ZigBee 通信芯片为 TI 的 CC2530。

8.3.2 高压输电线故障监测系统设计方案

1）故障监测系统设计要求

目前高压故障输电线故障指示器需悬挂在输电线上，安装拆卸不便，这就对指示器的设计提出了更高的要求。所以设计故障监测结点和网关结点的时候要遵循下列原则：

(1) 可靠性。故障指示器悬挂在高压输电线上，输电线电压很高，通过的电流很大。这就对指示器内部设备的抗干扰能力提出了很高的要求，尤其要保证无线数据传输的正确性，控制其出错率。

(2) 稳定性。因为故障指示器长期悬挂在户外，有时候天气条件恶劣，必须保证其在一定的温度湿度范围内正常工作，还要具备防水防潮性能，防止长期工作可能带来的器件和电路性能下降。

(3) 经济性。故障指示器可以帮助电力工作者及时找到故障,缩短修复故障所需时间,这在很大程度上减少了因停电时间过长导致的经济损失和人身安全隐患。但由于输电线路过长,所需指示器结点较多,所以需控制其成本,采用高性价比的故障监测系统方案。

2) 故障监测系统整体架构设计

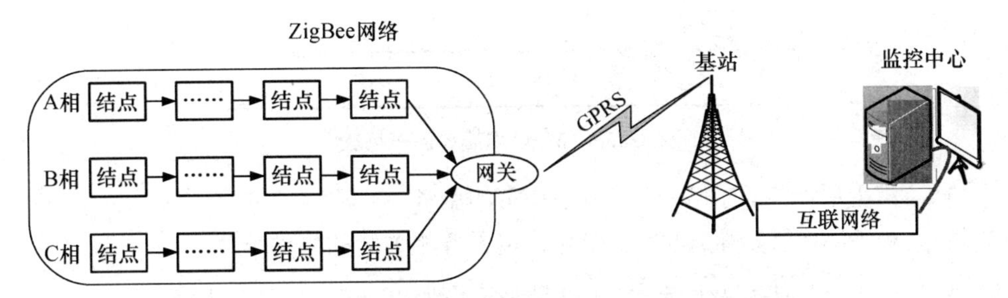

图 8-53 无线远距离高压输电线故障监测系统的架构

基于 ZigBee 和 GPRS 技术的高压输电线故障监测系统主要采用三个层次两个网络,三个层次分别为监控中心、网关结点、故障监测结点,两个网络分别为 ZigBee 短距离无线通信网络、GPRS 远距离通信网络。ZigBee 网络将故障监测结点和网关结点联系起来,故障监测结点可以将线路故障信息和线路电流数据传输到网关结点;网关结点将接收到的故障信息和电流数据通过 GPRS 通信网络发送到监控中心的主机,工作人员可以据此定位故障地点。整个系统的架构如图 8-53 所示。

3) 故障监测系统 ZigBee 网络设计

(1) 无线传感网络协议

目前,无线传感网络使用的国际通信协议标准主要有 IEEE 802.15.4 和 ZigBee 两种。这两个标准规定了协议的不同层:IEEE 802.15.4 定义了物理层和媒体访问控制(MAC)层规范,ZigBee 则定义了网络层和应用层规范。二者结合起来可以支持低速率、低功耗的短距离无线网络。本设计中仅使用了 IEEE 802.15.4 协议标准,自定义的网络层并没有使用 ZigBee 标准。

IEEE 802.15.4 标准的物理层规定了无线信道和 MAC 层之间的接口,向 MAC 层提供物理层管理服务和数据服务,并且实现信道检测与评估、信道频率的选择、数据的发送和接收等功能。IEEE 802.15.4 标准的 MAC 层负责处理所有对物理层的访问,为上层提供数据服务和管理服务,实现 MAC 层数据包在物理层上的发送和接收、通信同步和基本的安全机制等。

MAC 层定义了两种结点类型:功能简化型设备(RFD)和功能完备型设备(FFD)。RFD 是具有简单处理、存储和通信能力的终端设备,能够实现 MAC 层的部分功能。RFD 只能与已存在的网络相连,并依赖于全功能设备通信。FFD 能够实现所有 MAC 层功能,可以作为整个网络的协调器,建立管理网络,也可以作为路由器和 RFD 使用。

IEEE 802.15.4 标准提供了 MAC 层数据服务和管理服务,这组服务可以用一组原语来描述,这也是 MAC 层软件基础架构。这组原语通常可分为 4 种类型:请求(Request)、指示

(Indication)、响应(Response)和确认(Confirm),如图 8-54 所示,每种服务可以根据需要使用全部或部分原语。4 种原语的功能描述如下:

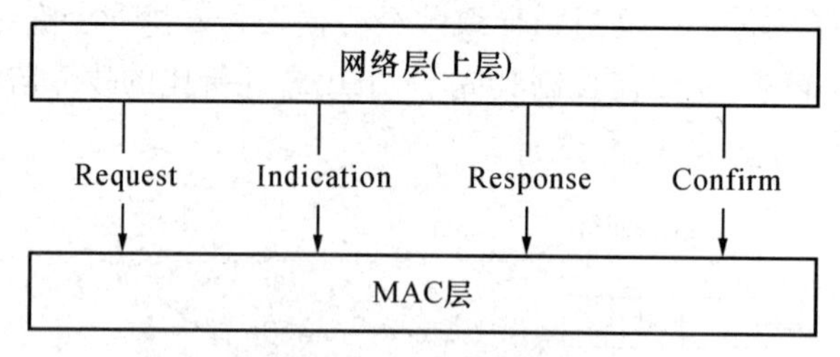

图 8-54 MAC 层服务原语框架

① 请求:由上层产生,向 MAC 层请求特定的服务。

② 指示:由 MAC 层产生,通知上层与特定服务相关联的事件发生。

③ 响应:由上层产生,通知 MAC 层先前请求的服务。

④ 确认:由 MAC 层产生,向上层通告先前服务请求的结果。

以数据传输服务为例,它使用了请求、确认和指示原语。由上层产生 DATA . request 原语并传送至 MAC 层,请求向另一个设备发送数据信息。MAC 层使用 DATA . confirm 原语向上层通告数据传输结果(成功或失败)。DATA . indication 原语表示另一个设备接收到了数据信息并由 MAC 层传递给上层。图 8-55 描述了两个设备结点传输数据消息的原语过程。

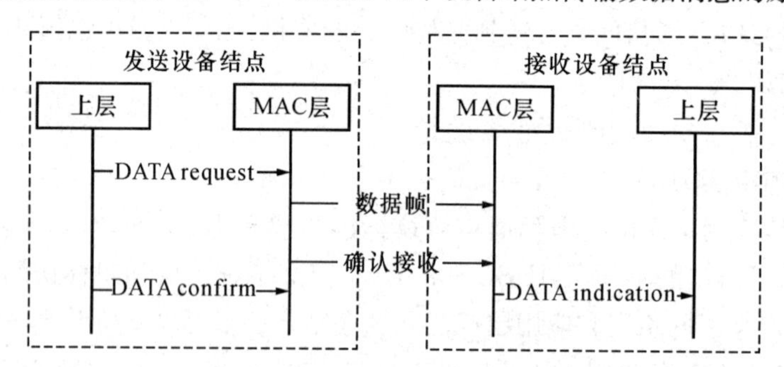

图 8-55 两个设备结点传输数据消息的原语过程

(2) ZigBee 网络功耗研究

本应用设计的故障指示器悬挂在高压输电线上,所需能量来自硅钢片的电磁互感,硅钢片铁芯大小受限,得到的能量就十分有限了,尤其在线上电流较低的夜间或短时断电等情况下,取得的能量不足或无法取得,可能就需要依靠电池或超级电容等备用电源。那么在设计指示器时必须尽可能考虑降低其功耗,满足低功耗要求。

从 ZigBee 网络单结点方面考虑,无效多余功耗主要来自以下几个方面:

① 采用竞争方式接入共享信道,在发送数据的过程中可能引起多结点之间发送的数据碰撞,这需要重新传输数据,使结点消耗更多的能量。

② 结点在不需要发送数据时一直开启无线收发模块,保持对无线信道的空闲侦听,以便接收其他结点可能发送过来的数据。尤其在数据量较小的无线网络中,结点无线收发模块绝大部分时间处于空闲侦听中,这造成了大量的能量消耗。

③ 结点可能接收或处理不相关的数据,这就可能造成结点无线收发模块和处理器模块消耗更多的能量。

从 ZigBee 网络整体网络层次考虑,整个网络主要的无效功耗来自以下几个方面:

① 无线网络结点之间存在路由寻址的功能,结点发送的数据到达目的地的可能路径不同,这就造成了不同的路径选择导致了传输该数据到目标结点所需能量的不同,转发次数越多则消耗能量越多。所以选择合适的最短路径可以降低所需能量。

② 无线网络结点之间的距离不同也会对整个网络的功耗产生影响,ZigBee 网络中结点的最大发送距离可以达到 2 km 左右,所以当结点之间距离较短时,用较小的功率发送数据即可。如果采用最大发送功率,虽然数据可以正常传输,但消耗了多余的能量,同时其可传输范围增大,会影响其他结点的数据传输,增大数据碰撞的可能性,导致多余的能量消耗。

(3) ZigBee 网络组网拓扑结构设计

由于本设计仅使用的是 IEEE 802.15.4 标准规范,它并不包含网络层,所以需自主设计网络层路由协议。根据高压输电线直线分布且结点分别悬挂于三相输电线的特点,该 ZigBee 网络采用对等型单向传递式网络,即远离网关结点的指示器结点通过中间指示器结点的一级级传递,将指示器结点数据信息发送到网关结点汇总,其网络拓扑结构如图 8-56 所示。

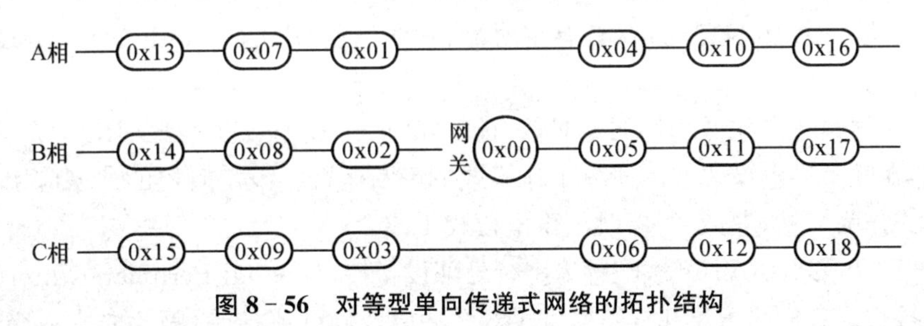

图 8-56 对等型单向传递式网络的拓扑结构

该 ZigBee 网络有其自身的特点:

① 网关结点作为网络协调者,而其他的故障监测结点则既作为普通终端同时也是路由器。

② 每一个结点都有其固定的地址标识,网关结点作为协调者的地址标识始终为 0x00,离网关结点越近的故障监测结点的地址越小。

③ 故障监测结点向网关发送数据信息时,路由选择依据为随机向邻近低地址结点逐级转发,直到数据信息传输至网关结点。由于每个故障监测结点的地址预设好了,所以其相邻结点的地址可以计算出来,且相邻低地址结点有三个,当其中部分结点发生问题时,依然可以有其他的路由选择保证数据传输到网关结点。

④ 每个 ZigBee 网络都有自己的网络 ID,不同网络中的结点即使实际地理位置相近也不会相互进行通信,故障监测结点只能加入预设的网络当中。

8.3.3 高压输电线故障监测系统的硬件设计

1）故障监测结点和网关结点的 ZigBee 无线通信模块设计

(1) CC2530 最小系统电路设计

CC2530 芯片具有高度集成、低成本、低电压、低功耗的特点，能够进行鲁棒的无线通信。基于 TI 公司的 SmartRF04 技术，CC2530 性能稳定且功耗极低。此外，CC2530 的选择性和敏感性指数均超过了 IEEE 802.15.4 标准的要求，可以确保在短距离无线通信中的数据传输的有效性和可靠性。利用此芯片开发出的无线通信设备可以实现多点对多点的快速组网。

CC2530 结合了增强型 8051 CPU，系统内可编程闪存有 4 种版本，容量分别为 32 KB、64 KB、128 KB、256 KB，此外还具有 8 KB 的 RAM 及其他很多强大功能。CC2530 还具有多种工作模式，合理使用睡眠模式可以极大降低系统能量的消耗。

CC2530 内部的模块大体分为三类：CPU 和内存相关的模块，外设、时钟和电源管理相关的模块，无线电相关模块。

CC2350 使用的增强型 8051 CPU 内核是一个单周期的兼容内核。它有三种不同的内存访问总线(SFR、DATA 和 CODE/XDATA)，单周期访问 SFR、DATA 和主 SRAM，它还包括一个调试接口和一个 18 路输入的扩展中断单元。

定时器 l 是一个 16 位定时器，具有定时器、脉宽调制(Pulse Width Modulation，PWM)功能。

睡眠定时器是一个超低功耗的定时器，计算 32 kHz 晶振或 32 kHz RC 振荡器的周期。睡眠定时器在除了供电模式 3 的所有工作模式下不断运行。该定时器的典型应用是作为实时计数器，或作为一个唤醒定时器跳出供电模式 1 或 2。

USART0 和 USART1 可被配置为串行外部设备接口(Serial Peripheral Interface，SPI)或 UART 接口。它们为 RX 和 TX 提供了双缓冲以及硬件流控制，因此非常适合于高吞吐量的全双工应用。

CC2530 还具有一个兼容 IEEE 802.15.4 标准的无线收发器。RF 内核控制模拟无线收发模块。它提供了 MCU 和无线设备之间的一个接口，这使得它可以发出命令、读取状态、自动操作和确定无线设备的事件顺序。

CC2530 最小系统电路如图 8-57 所示，这是 CC2530 芯片内部程序正常运行所必需的外部电路要求。其中，RF_N 和 RF_P 引脚外接电路为射频匹配电路，后面将介绍加入 CC2591 放大器和 CC2530 的射频匹配电路。

CC2530 外部振荡器使用 32 MHz 的晶振和 32.768 kHz 晶振，要求其精度高。CC2530 最小系统内部本身含有一个 16 MHz 的 RC 振荡器和一个 32.768 kHz 的 RC 振荡器，但精度不高。

CC2530 在不使用无线模块的情况下可以使用内部 16 MHz RC 振荡器作为内部 MCU 时钟源供程序正常运行使用；如果需要开启无线模块进行数据发送接收，那么必须使用外部 32 MHz 晶振作为时钟源，并且必须使用精度较高的 32 MHz 晶振才可，否则会因时钟精度太低而无法进行正常的射频数据发送与接收。在本应用运行过程中曾遇到过此问题。

32.768 kHz 晶振为实时时钟(RTC)振荡器，其主要作用是为芯片休眠计时提供时钟源。在计时精度要求不高的情况下可以使用芯片内部的 32.768 kHz RC 振荡器。

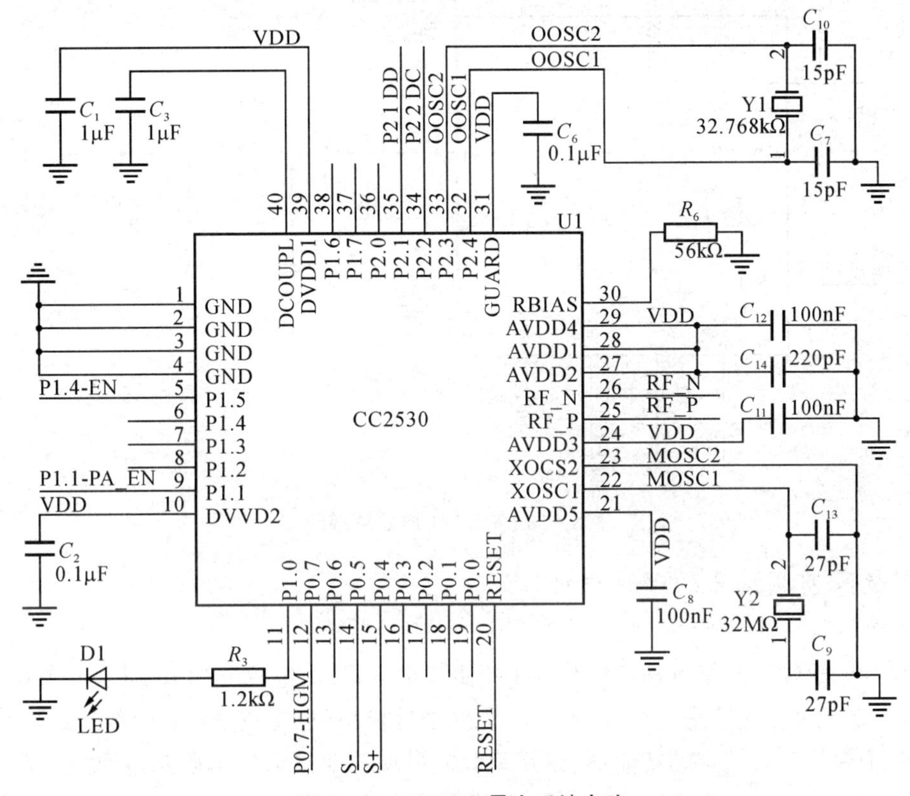

图 8-57　CC2530 最小系统电路

(2) CC2591 前置射频功率放大芯片电路设计

单独使用 CC2530 芯片电路发射射频信号，其最大通信距离只有 250 m 左右。这会限制故障监测结点之间的安装间距，使得覆盖同样大范围线路时使用的监测结点个数增加，成本增大。为增大通信距离，本设计中使用 CC2591 作为 CC2530 的前置射频功率放大芯片以提高信号的传输距离。

CC2591 是专门用于 2.4 GHz 频率的射频功率放大芯片，它具有极低的射频噪声和较高的射频信号功率放大能力，且成本很低。图 8-58 为 CC2591 电路原理图。

CC2591 有如下主要的特点：

① 供电电压范围为 2～3.6 V，与 CC2530 的供电电压一致，无需在外部添加电源电路。

② 射频信号输出功率最大可以达到 22 dBm，相比之下 CC2530 芯片的最大射频输出功率只有 4.5 dBm，可以极大地提高信号的传输距离。

③ 可以提高 CC24XX 和 CC25XX 系列芯片 6 dB 的接收灵敏度，变相增大了信号传输距离。

④ 外部设有 EN、PAEN 和 HGM 三个引脚供 CC2530 对其进行控制，操作简单方便。

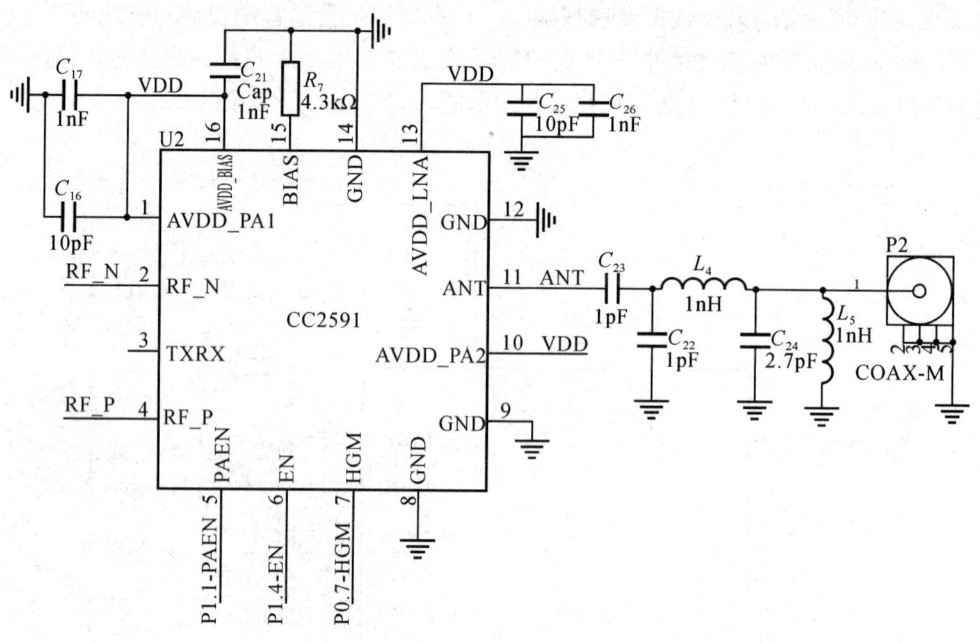

图 8-58　CC2591 电路原理图

2）故障监测结点的硬件设计

(1) 故障监测结点硬件架构

本设计的故障监测结点的硬件结构主要由 4 部分组成：电磁互感取电模块、备用电源充放电模块、母线电流互感采样模块、ZigBee 无线通信模块(也是整个装置内部的控制单元)。

每一个模块有其特定的功能：电磁互感取电模块主要是通过电磁互感原理将高压线路上的高电压大电流转换为可以供 ZigBee 无线通信模块和其他电路使用的电源；备用电源充放电模块主要是将电磁互感取电模块中产生的多余能量收集存储起来，以便在短时间取电不足的情况下提供给 ZigBee 无线通信模块足够的电能，保证其持续正常工作；母线电流互感采样模块主要是对输电线电流进行电流互感转换，产生与之相应的小电流并通过采样电阻得到小电压信号供 CC2530 采样；ZigBee 无线通信模块主要是对电流互感采样模块的输出电压进行采样计算，判断线路的状态是否正常，将线路状态信息和线上电流数据通过 ZigBee 网络发送到网关结点，并且其内部 CC2530 主控芯片可以对其他模块进行控制。故障监测结点的结构如图 8-59 所示。

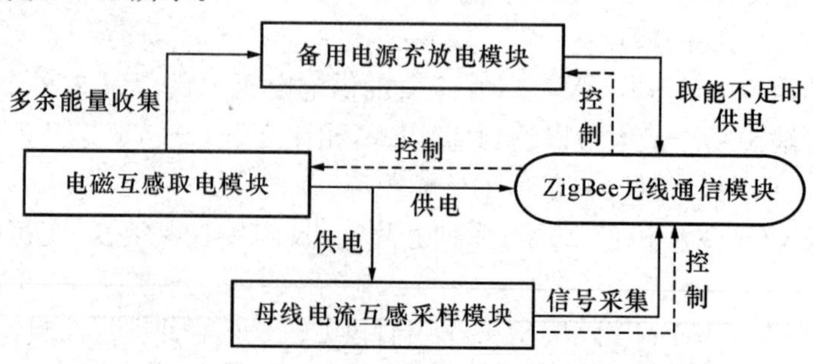

图 8-59　故障监测结点的结构

(2) 故障监测结点的电磁互感取电模块

电磁互感取电模块是整个指示器电路的能量来源,它为指示器的正常持续工作提供能量。其结构功能可以分为三个部分:取电线圈部分、限压过流保护部分、稳压部分。

取电线圈部分的核心是一个电磁互感结构,在一块闭合的环状铁芯上缠绕 200 匝左右的线圈,线圈两端连入电路接口端子,而高压输电线从环状铁芯中间穿过。当输电线上有交流电流通过时,线圈便可得到交流感应电动势。但由于线圈得到的是交流电压,因此我们使用 MB2006 整流桥整流。选用 MB2006 整流桥的原因主要是其导通压降较低,可以提高电源效率:在导通电流为 1 A 的情况下,其压降仅为 0.45 V。随后接 4 700 μF 滤波电容,得到较为平滑的直流电压。

限压过流保护部分的功能是限制取电部分的输入电压,防止感应电压过大,超过后续电路的输入电压范围,损坏电路。这部分电路的核心选用 LMV431 基准源。LMV431 是德州仪器生产的可调电压基准芯片,有三个引脚:Cathode、Anode 和 Ref(后文原理图中分别用 C、A 和 R 表示)。Ref 引脚输入电压和其内部自带的 1.24 V 电压基准进行比较,当 Ref 引脚输入电压大于 1.24 V 时,电流可以从 C 脚流到 A 脚,三极管最大可通过 30 mA 电流。当然 30 mA 的过流保护是不够的,因此电路中加入了 MCH3484 N 沟道场效应管进行泄流,其门限导通电压约为 1 V。

整个限压过流保护电路原理如图 8-60 所示。初始状态下 LMV431 芯片的 C 脚和 A 脚间是不导通的,但当输电线上电流过大,线圈感应出的电动势较高时,R 脚和 A 脚间电压超过 1.24 V,那么其 C 脚与 A 脚之间的内部三极管导通,电流经过电阻 R_8 产生压降。随着 R_8 两端电压上升,4 个场效应管 MCH3484 开始导通,电流便可以通过 R_4、R_5、R_6、R_7 这 4 个功率电阻泄放能量。这样输入电流增大了,线圈中的感应电流也同时增大,降低了铁芯内部的磁通量变化率,使得线圈感应电压降低,达到限压保护的目的。由于 R_8 两端的电压在 1 V 左右,Q5(LMV431)的 R 脚和 A 脚间电压为 1.24 V,所以整个输入电压便限制在 2.24 V 左右,可以保证后续电路的输入电压在安全范围以内。

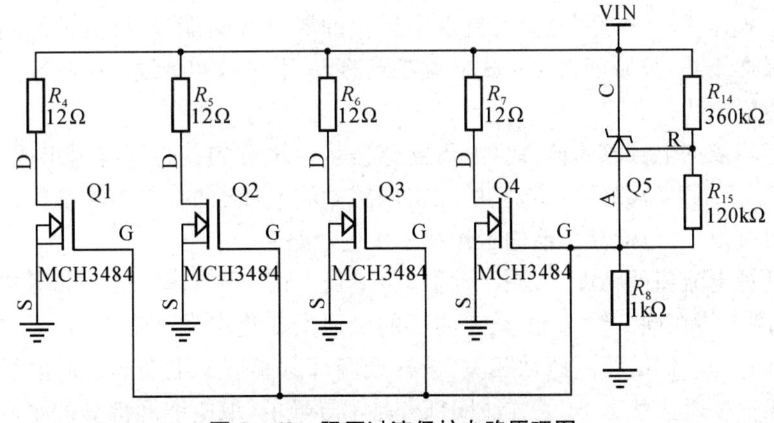

图 8-60　限压过流保护电路原理图

稳压部分的功能是将整流滤波后的不稳定电压转换成可以供 ZigBee 无线通信模块使用的固定电压。本设计选用的电压转换芯片是 TPS61200 开关电源稳压芯片,其原理如图

8－61所示。

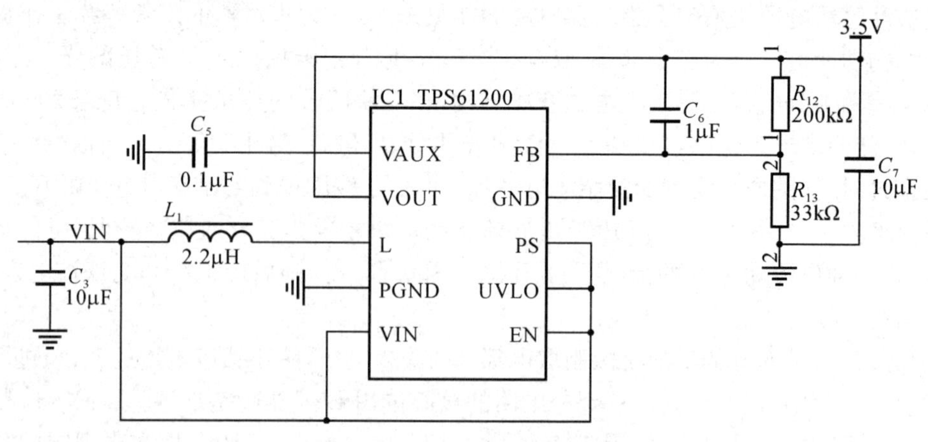

图 8－61　电压转换部分电路

TPS61200 最大的特点是可以有极低的输入电压，输入电压范围为 0.3 V 到 5.5 V，输出电压范围为 1.8 V 到 5.5 V。由于限压过流保护部分存在，其输入电压不会超过正常工作范围。TPS61200 可以在升压模式和降压转换模式之间自动切换，转换效率高。TPS61200 如果需要在升压模式和降压转换模式之间进行自动切换，电感 L_1 的取值最好在 1.5 μH 至 4.7 μH 之间。UVLO 引脚为启动电压引脚，当该引脚电压上升达到 3.5 V 时芯片工作，电压下降达到 0.5 V 时芯片停止工作，可以用此引脚来保证输入电压在 1.5 V 左右工作，防止输入电压过低时芯片能量转换效率的下降。FB 引脚为输出电压反馈引脚，其比较电压为 500 mV，当该引脚电压高于 0.5 V 时关闭输出模块，低于 0.5 V 时开启输出模块，以此稳定输出电压。

(3) 故障监测结点的母线电流采样模块

母线电流采样模块主要为主控芯片 CC2530 提供可采样的信号电压，其可分为两个部分：电流互感采样线圈部分和电流信号采样转换部分。

电流互感采样线圈部分同电磁互感取电模块的取电线圈部分类似：在原先的环状闭合铁芯上缠绕采样线圈，其原理为穿心式电流互感器，只不过其初级线圈的匝数为 1，即铁芯中央穿过的高压输电线。

电流互感器依据电磁感应原理。电流互感器是由闭合的铁心和绕组组成，它的一次绕组匝数很少，二次绕组匝数比较多，它的二次回路始终是闭合的，因为测量仪表和保护回路串联线圈的阻抗很小，电流互感器的工作状态接近短路。

为保证计算电流值的精度，线圈匝数取 1 000 匝。由于取电模块的线圈匝数为 200 匝左右，二者的线圈缠绕在同一铁芯上，铁芯内部的磁通量变化率又是唯一的，则二者的线圈感应出的电动势只与它们的线圈匝数相关，采样线圈部分感应的电动势为取电线圈部分感应的电动势的 5 倍。通常状态下，采样线圈部分是不导通的，取电线圈部分的感应电动势约为 3 V 或更高(限压模块的 2.40 V 加上整流桥压降 0.45 V，当输电线电流较大时，取电线圈内阻压降亦不可忽略)，那么采样线圈部分的感应电动势约为 15 V 或更高，为保护后续器件，防止瞬间感应电压过大，其两端需接瞬态抑制二极管。

电流信号采样部分原理如图 8-62 所示。线圈通过接口端子首先接入整流桥，交流电转换成直流电。整流桥同样选用 MB2006 低压降整流桥，选用 MB2006 的原因是其压降很小，可以最低程度地减少因电压波形失真带来的计算精度下降。

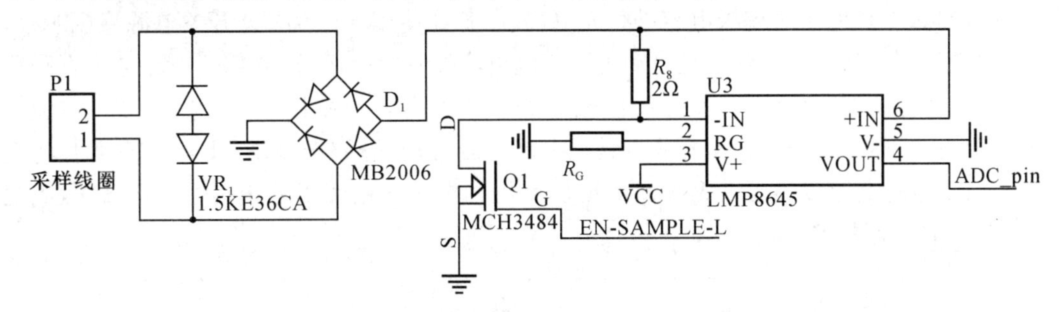

图 8-62 母线电流互感采样模块原理图

图中 R_8 为 2 Ω 精密采样电阻，Q1 为 N 沟道场效应管，由 CC2530 控制其关断。当需要打开采样模块时，该 CC2530 端口（图中为 EN-SAMPLE-L）输出高电平导通 Q1，这样采样线圈经过整流桥 MB02S、采样电阻 R_8 和场效应管 Q1 导通，呈短路状态，满足电流互感器工作的所有条件。此时，根据电流互感器的工作特点，流过线圈的电流值为高压输电母线电流值的千分之一。因此我们只需检测采样电阻两端的电压即可计算出输电母线电流的大小。

在采样线圈不导通的状态下，如前文所述，采样线圈感应出来的电压可能达到 15 V 或更高，而 CC2530 芯片各引脚接口工作电压均在 3.6 V 以内。若直接将采样电阻 R_8 接在 CC2530 模数（A/D）转换引脚上，很可能会损坏主控芯片，报废整个指示器。因此需要将采样电阻和芯片引脚进行电压隔离，我们选用了 LMP8645 运算放大器。

LMP8645 是精密高电压电流检测放大器芯片，它具有如下主要特点：

① 具有很宽的共模输入电压范围：-2 V 至 42 V，完全可以将采样电阻和 CC2530 芯片隔离开来，防止采样线圈关断时高电压对 CC2530 芯片的冲击。

② 供电电压范围较宽：2.7 V 至 12 V，完全可以使用 CC2530 电源电压对其供电，无需额外电源。

③ 芯片测量精度很高，失调电压仅有 4 μV，保证了低电压检测的准确性，减少测量误差。

④ 芯片功耗低，供电电流仅 450 μA，满足低功耗要求。

电路中 R_G 取 10 kΩ（这里选用精密电阻，否则会带来较大误差），则输出电压放大倍数为 2。输出端接入主控芯片 CC2530 的采样引脚 ADC_pin。

（4）故障监测结点的备用电源充放电模块

备用电源充放电模块的作用是将电磁互感取电模块的多余能量储存起来供设备在输电线路电流较低或断电的状况下使用，这种状况下取电模块产生的电能不足以满足电路能耗要求，备用电源模块将提供电路能量，维持 ZigBee 无线通信模块的正常运行。

由于故障监测结点长时间悬挂在室外高压线上，而锂电池的充电使用温度一般在 0 ℃以上，本设计选择超级电容（又称法拉电容或黄金电容）作为备用电源的储能器件。本模块选用 30F/5.4 V 的超级电容，其最大储能为 436 J，足够支持采用低功耗软件设计的 ZigBee

无线通信模块持续工作 12 h 以上，完全可以保证短时间内线路在电流过低或断电等取能不足的情况下的电路正常工作。

备用电源充放电模块可以分为三个部分：一是充电升压电路部分，该部分电路将 3.3 V 电压升压到 5.4 V 电压对超级电容进行充电，升压芯片使用 TPS61200 开关电源稳压芯片，其电路原理已在前文中介绍；二是自动可调充电电流控制电路部分，该部分电路会根据高压输电线电流值自动控制超级电容的充电电流大小，达到线上电流大充电电流大、线上电流小充电电流小的目的；三是超级电容放电转化电路部分，该部分同样使用 TPS61200 芯片将超级电容内储存的电能转换成供无线通信模块使用的电源。超级电容电压小于 5.4 V，满足 TPS61200 的输入要求。

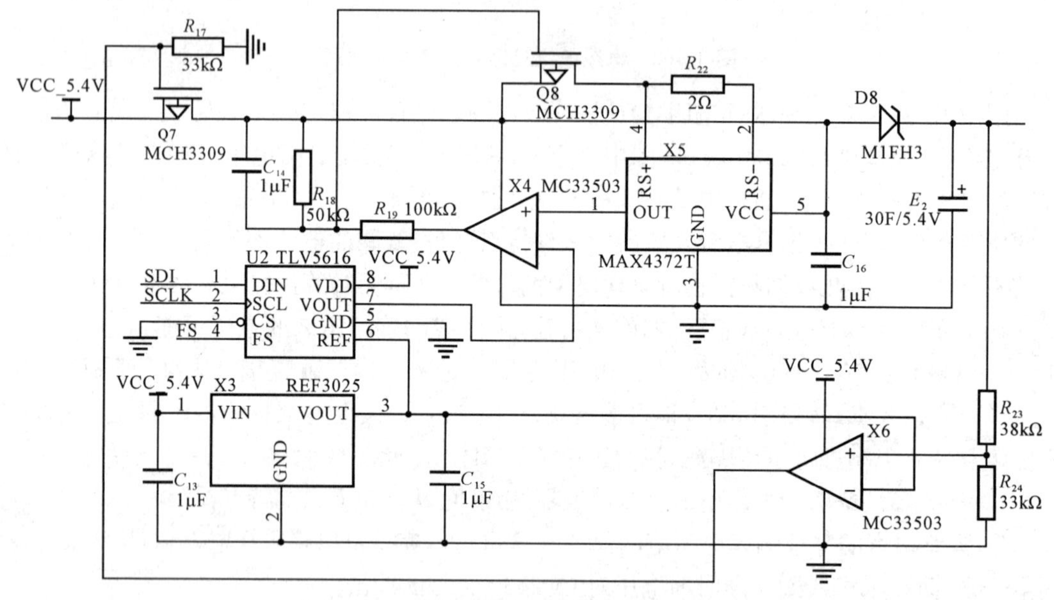

图 8-63　故障监测结点的可变电流充电电路

自控可调充电控制电路使用电流采样负反馈方式进行调节，其工作原理如图 8-63 所示。图中使用了 MAX4372T 高边电流检测放大芯片，其原理与 LMP8645 芯片类似，但精度没有 LMP8645 高，出于成本考虑选择了 MAX4372T；MC33503 为低功耗运算放大器芯片；REF3025 为基准电压芯片，输出 2.5 V 固定电压；TLV5616 为数模转换芯片。

TLV5616 是一个 12 位电压输出数模转换器(DAC)。数字电源和模拟电源分别供电，电压范围为 2.7～5.5 V，功耗极低，仅 900 μW。它带有灵活的 4 线串行接口，这里通过 SPI 串口与 CC2530 相连。

超级电容放电转化电路采用自动可调负反馈方式：每次 CC2530 模块通过对电流互感采样模块的取值检测后，计算得到输电线母线电流值，根据这个电流值我们设置相应的充电电流便可以达到大电流大充、小电流小充的目的。首先升压电路部分将 3.5 V 电压升压至 5.4 V，而后通过场效应管 Q8 和采样电阻 R_{22} 对超级电容进行充电，采样电阻 R_{22} 两端接入高边电流检测放大芯片 MAX4372T，该芯片输出的电压值固定为采样电阻 R_{22} 两端电压的 20 倍，用该电压与我们所设置的 TLV5616 芯片的输出电压通过运算放大器芯片 MC33503

比较，MC33503 的输出控制场效应管 Q8 的导通与关断程度，达到控制充电电流大小的目的。这里注意，C_{14}电容的值必须合理，否则可能出现场效应管 Q8 的开关震荡现象，引起充电电流误差。原理图中的 X6 同样为 MC33503 运算放大器芯片，它的作用是对超级电容电压进行采样比较，当超级电容电压超过 5.4V 时，X6 输出电压通过 Q7 关断充电电路，以此进一步保护超级电容，防止过充情况发生。

3）网关结点的硬件设计

（1）网关结点的通信选择

故障监测结点通过 ZigBee 无线通信模块连接起来组成一个网络，故障监测结点之间可以通过 ZigBee 网络相互发送信息，但高压输电线上的状态数据始终需要从本地发送到远程监控中心的主机上。

由于现在移动基站覆盖了大部分地区，我们选用移动 GSM 网络作为线上状态数据的传输媒介。GPRS 技术是 GSM 移动电话用户可用的一种移动数据业务。GPRS 和以往连续在频道传输的电话方式不同，它以封包（Packet）式来传输，因此使用者所负担的费用是以其传输数据量为单位计算的，并非使用其整个频道。实际中可以使用流量包月业务，设备成本费用会更低廉。所以在此选用 GPRS 分组数据技术作为线上数据远程传输的方式。

本设计中使用 SIM900A 作为 GPRS 模块，该模块可广泛应用于车载跟踪、车队管理、无线 POS、手持 PDA、智能抄表与电力监控等众多方向。本设计选用它的最重要的一个原因是其休眠功耗低达 1 mA，适合本设计的低功耗要求。

（2）网关结点的硬件设计

网关结点具有故障监测结点的所有硬件设计，并且在其基础上添加了 GPRS 模块硬件电路。故此网关结点具有故障监测结点的所有功能和 GPRS 分组数据远程传输功能。

SIM900A 模块的供电电压范围为 3.3 V 至 4.7 V，本设计选用 4.0 V 作为供电电压，需要添加额外的电源电路，这里依然使用 TPS61200 对 3.3 V 供电电压进行升压。CC2530 通过 UART 串口与其相连通信，SIM900A 支持标准 AT 指令和增强型 AT 指令对其控制，通过 AT 指令集可以控制 SIM900A 数据收发和其内部功耗水平。SIM900A 模块电路如图 8-64 所示：TX900 和 RX900 为 SIM90A 与 CC2530 的 UART 接口；SIM_CARD 为手机卡插卡座端子，SIM900A 通过 SIM_DATA 和 SIM_CLK 引脚读取手机卡内部信息；P33 为模块天线；PWRKEY 引脚为模块的开启/关闭引脚。

在进行 SIM900A 模块电路设计和 PCB 板制作时有以下两点需要注意的地方：

① SIM900 供电电压推荐为 4.0 V，模块射频信号发射时会导致供电电压跌落，这时电流的峰值最高会达到 2 A 以上，因此电源供电能力尽可能大一些，电源输入端引脚并接大电容，电容根据供电芯片输出能力确定，我们这里选用了 470 μF 和 100 μF 钽电容。

② PCB 布局时电源上的滤波电容尽量要放在电源引脚 VBAT 附近，为了减少 PCB 走线阻抗，走线尽量宽、尽量短，最好大面积铺地。

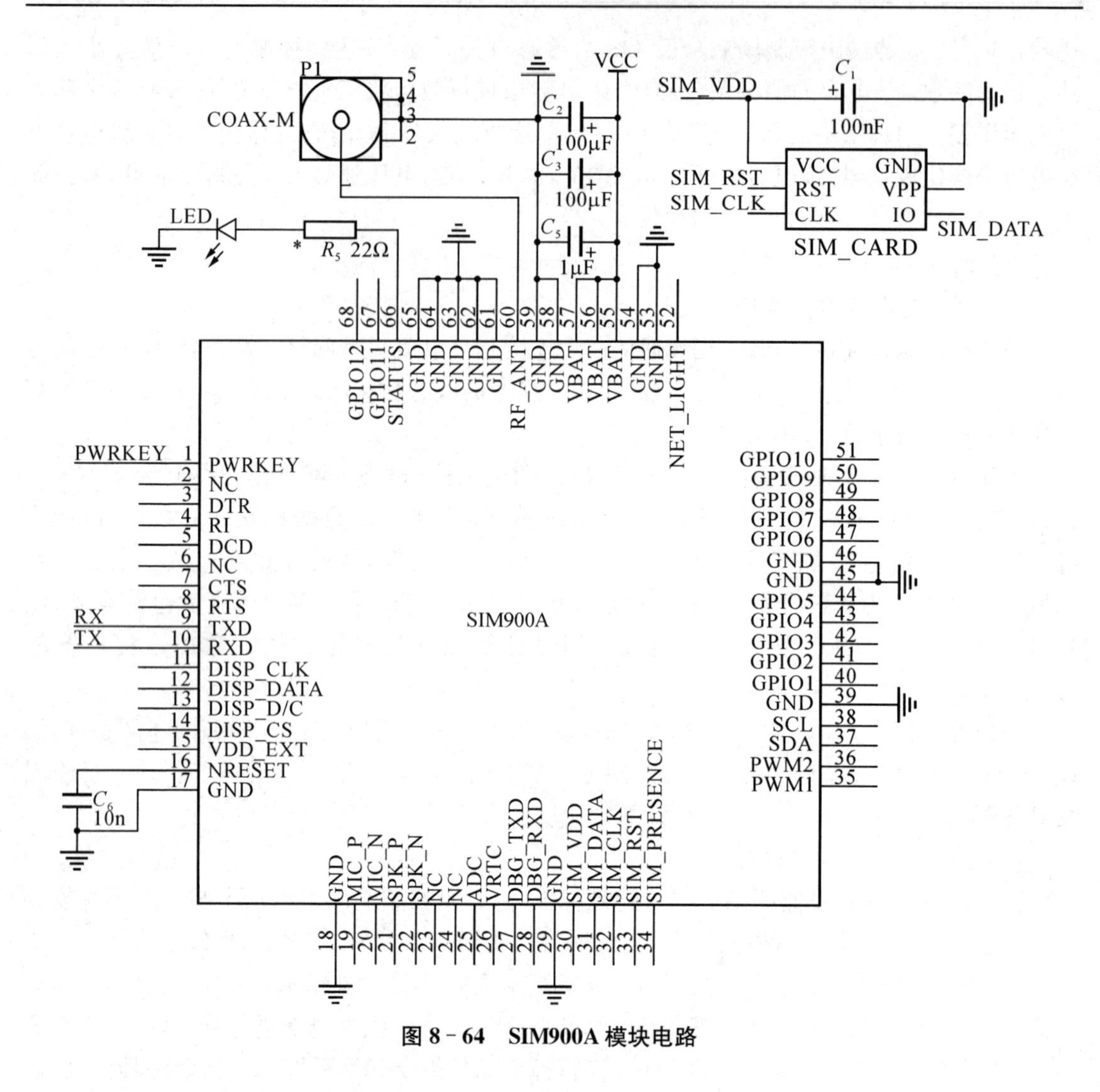

图 8-64　SIM900A 模块电路

8.3.4　高压输电线故障监测系统的嵌入式软件设计

1）故障监测结点和网关结点的软件功能要求

无论故障监测结点还是网关结点，它们都必须在硬件电路的基础上添加嵌入式软件才能正常工作。虽然二者的电路大体相同，许多功能一样，但它们依然有各自的不同功能部分，故在嵌入式软件的编写上需要进行差别对待。

故障监测结点主要用来实时监测线路上的电流变化情况，根据电流的变化来判断线路状态以及对备用电源模块的充放电情况进行控制，并且还需将线路的故障状态信息通过 ZigBee 网络发送至网关和充当 ZigBee 网络的路由器对接收到的 ZigBee 数据包进行转发。

网关结点的主要功能是接收、存储来自故障监测结点的线路状态信息，并且及时将它们通过 GPRS 网络传输至监控中心的主机上，这是故障监测结点所没有的功能。但它依然需要实时采样监测线路的电流状况并且控制备用电源模块的充放电。

2）故障监测结点的线路电流采样软件计算

故障监测结点要对线路的状态进行判断就必须先得到输电线的电流值。我们知道高压输电线上的电流是 50 Hz 的工频交流电流，基本成正弦波变化，这里通过电流互感器得到的二次线圈电流同样也是正弦波且大小为一次线圈幅值的千分之一。但由于二次线圈并不是直接接入采样电阻，而是接入了整流桥，这便导致得到的电流波形并不是正弦波，而是绝对值化的正弦波，相当于将正弦波沿水平零电平值处向上翻转过来。

我们对电流互感采样模块输出的波形进行采样，将绝对值化的正弦波采样值修正为相应的正弦波的值(将一个半波周期的采样值变为负数，另一个半波周期的采样值保持不变)，对修正的采样值进行傅里叶变换处理即可得到该波形的幅值。但采样值都为正数，将哪些值进行取反，哪些值保持不变是一个问题，我们这里采用如下的方法进行处理：

CC2530 对 LMP8645 输出的采样周期为 1 ms，我们首先采样一段时间直到此时刻的采样值相比于前一时刻的采样值开始下降，那么正弦波的波峰必在这两个采样点之间或在前一采样点值和前第二个采样点值之间。如此再比较此时刻采样点值和前第二个采样点值的大小，如果此时刻采样点值为大，那么此时刻的采样点更接近于波峰处，必然波峰在当前采样点和前一采样点之间，否则波峰在前一采样点和前第二个采样点之间。如此知道了波峰所在位置，我们便以波峰前一采样点为开始，5 个采样点值为正、5 个采样点值取反这样交替进行，这样我们便得到了修正后的采样值来进行傅里叶运算。表 8 - 14 为经傅里叶变换后计算出的正弦波幅值与输电母线电流的对应表。

表 8 - 14　正弦波幅值与输电母线电流的对应表

母线电流值(A)	4.98	8.52	10.14	15.18	20.4	30.3	40.62	50.4	60.12
电压幅值(V)	0.011	0.027	0.034	0.057	0.079	0.121	0.167	0.210	0.252
母线电流值(A)	70.62	80.88	90.54	100.6	120.6	150.6	180.9	200.9	
电压幅值(V)	0.299	0.343	0.385	0.429	0.516	0.645	0.776	0.858	

可以看出电压幅值与输电母线电流值成很好的线性关系，只在输电母线上电流很小的时候有稍许偏差，所以完全可以由幅值计算相应的母线电流值大小。

3）ZigBee 无线通信网络的低功耗软件设计

由于高压输电线路的自身特点，悬挂在线路上的故障监测结点是一字排开的，组成的网络形式也就相对固定。离网关较远的监测结点需要通过其他故障监测结点的接收转发才能将线路状态信息通过 ZigBee 网络发送到网关结点。故障监测结点在 ZigBee 网络中既作为检测终端，同时也作为路由器。作为路由器结点，它并不知道其相邻的结点何时会向它发送无线数据，正因为如此，若要保证整个通信链路畅通就必须让作为路由器的故障监测结点的 ZigBee 无线通信模块接收机处于一直开启的状态，但增加了结点的功耗。

在输电线路电流较大时，电流互感取电模块可以供给足够的能量，这时可以将接收模块一直保持开启状态，但在线路电流不足或断电的情况下，仅用备用电源供能，电路正常工作持续时间将会缩短很多。按照 CC2530 的资料，接收机不开启的休眠状态下功耗最大仅为 2 μA，开启无线接收机时功耗则有 29.6 mA，二者的功耗相差非常大。为节省能量消耗，我们考虑采用 Wake-on-Radio (WOR)方法[10]解决该问题。

该方法是指让 CC2530 周期性地从深度睡眠模式中醒来后侦听潜在的 ZigBee 数据包，即周期性地开启无线射频接收模块。当一个结点向目标结点发送数据帧时，它不会只发送一次后等待确认回复，而是会持续性地重复发送数据帧一段时间直到目标结点接收或设定的持续时间结束为止。

WOR 方法的收发示意图如图 8-65 所示，其中 TX 表示发送 ZigBee 数据帧，IDLE 表示重复发送数据帧之间的等待回复时间，RX 表示让射频接收模块处于开启状态，SLEEP 表示关闭射频接收模块进入低功耗休眠状态。为了保证数据帧可以准确地发送和接收，有如下三点需要注意：

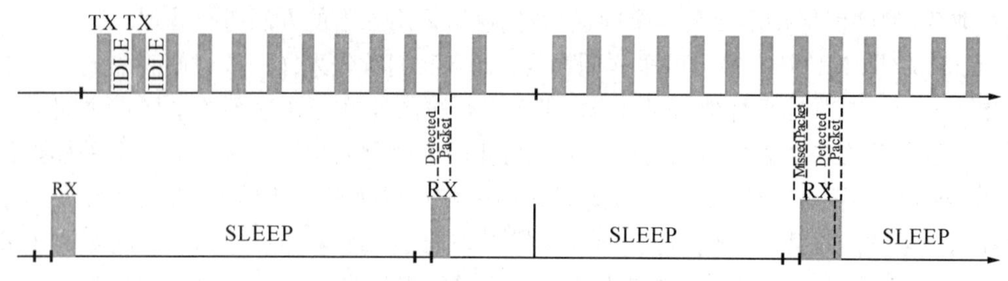

图 8-65　WOR 方法的收发示意图

(1) 发送方结点每发送一次数据帧后都会将接收模块开启一段时间，这段时间会用来等待接收方结点回复一个确认帧。只有在发送方接收到这个确认帧后才会肯定数据帧已经被完好地接收了，可以停止数据帧的重复发送。这段等待时间的设置主要同确认帧长度、数据发送速率和结点间距离有关。我们以 11 字节的数据确认帧长度、250 kb/s 的数据发送速率和 1 km 的结点间距为例，可以计算数据持续发送时间为 0.352 ms，单向射频信号传输时间为 0.003 3 ms。而数据有发送和接收双向传输，所以总的确认等待时间最少为 0.358 6 ms。发送方的发送数据帧长度最低为 14 个字节，则发送数据帧时间最短为 0.448 ms。所以发送方结点整个重复发送数据帧的周期最少为 0.448 ms+0.358 6 ms=0.806 6 ms，这是理论最小值，实际应用中设置的周期通常比这个值大一些，即：$t_{TX}+t_{IDLE}>0.806\ 6$ ms，以求良好的数据发送性能。

(2) 在开启射频模块准备接收可能的数据帧的时间段内，接收方结点不应该漏过接收该数据帧，因此接收方开启射频接收模块的时间必须满足一定条件。首先接收方射频模块开启时间必须要大于数据帧的发送时间，否则无法完整接收数据帧。如图 8-66 中所注“Missed Packet”，数据帧发送过程中的某一时刻，接收方结点正好开启了射频接收模块，但此数据帧肯定不会被探测接收到，因为在数据帧的开头有一个同步字节段(ZigBee 数据帧同步字节段为 4 个字节)，只有接收模块探测到该同步字节段才会开始接收后面的数据部分。故射频接收模块只会接收下一个探测到的同步字节段数据帧，这样射频接收模块必须开启一个发送方结点设置的重发周期，才能保证探测到一个帧同步字节，且要接收该完整的数据帧还需继续开启接收模块一个数据帧的发送时间。综上，$t_{RX}>2t_{TX}+t_{IDLE}$。

(3) 为保证发送方结点每一次需要发送数据时，在持续重复发送数据帧的时间段内，接收方都可以探测到这个数据，必然会有发送方的发送持续时间大于射频接收模块的休眠与开启周期，这样可以保证在接收模块开启的时间段内，必然会有数据帧在发送，直到确认对方接收后即可停止重复发送，故：重复发送持续时间$>t_{RX}+t_{SLEEP}$。需要强调的是，应该根据发送数据量的多少来设置射频接收模块的休眠与开启周期，数据量较大的情况下应缩短休眠与开启周期，数据量较小的情况下可以适当延长休眠与开启周期，但这会增加重复发送持续时间，增加发送方结点的功耗以及网络中数据帧碰撞的概率，所以需合理选择。

在本设计中，当测得线上电流值为零时，设置射频接收模块休眠与开启周期为 350 ms，开启时间持续 5 ms，结点数据发送持续时间为 360 ms，单次发送周期为 3 ms。此时经测试，整个无线通信模块的整体实际功耗不到 0.5 mA，足以满足低功耗设计要求。随着线路上电流的增加，相应地缩短射频接收模块休眠与开启周期，这样会使通信网络更加流畅。

4）CC2530 模块的程序设计

(1) CC2530 软件开发环境

CC2530 模块的软件开发环境采用 IAR Embedded Workbench。它是一套完整的集成开发工具集合，包括从代码编辑器、工程建立到 C/C＋＋编译器、连接器和调试器的各类开发工具。

IAR Embedded Workbench for 8051 是 IAR Systems 公司为 8051 系列微处理器开发的一个集成开发环境。CC2530 的内核是增强型的 8051，所以适用。IAR Systems 的 C/C＋＋编译器可以生成可靠高效的可执行代码，且应用程序规模越大，效果越明显。与其他开发工具相比，系统既可使用通用芯片又能针对具体芯片进行优化。

(2) MAC 协议栈

ZigBee 无线通信模块的软件主体采用的是 TIMAC 软件协议栈。TIMAC 是 TI 公司开发的基于 IEEE 802.15.4 的介质访问控制（MAC）软件堆栈，适用于多种平台，有助于简化应用开发并使移植更方便。该协议栈采用了 OSAL 小型嵌入式操作系统，类似于 UC/OS-Ⅱ操作系统，其处理任务时采用轮询机制，系统中各层初始化以后将进入轮询模式。当有任务事件挂起时，程序将比较任务的优先级，优先级高的任务先处理，优先级低的任务后处理。该操作系统并不是可中断处理式操作系统，必须等到前一任务事件处理完毕之后才会去处理下一个任务事件，在进行软件结构设计时要合理安排每一任务事件的处理时间。处理完毕所有的任务事件后，进入到低功耗的休眠状态，直到外部中断或定时器中断挂起某一任务事件。

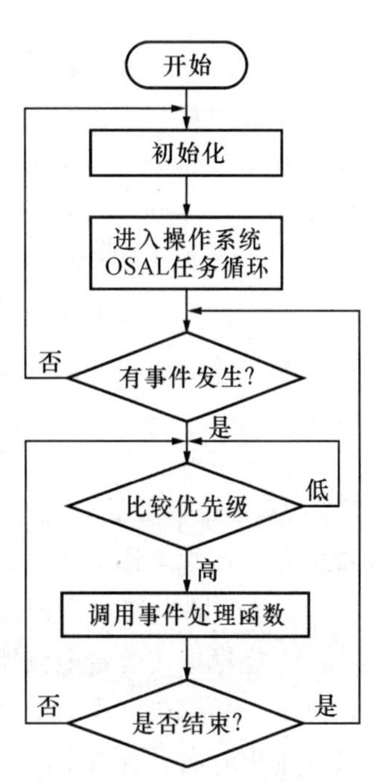

图 8-66　OSAL 操作系统的工作流程

所有需要处理的任务分为三层：硬件处理层（HAL）、无线通信介质访问层（MAC）和应用事件处理层（MSA）。无线通信介质访问层中的部分已经固化在协议栈中，主要用来实现数据链路层的功能，包括结点的接入网络、数据帧等的组装和结点之间数据帧的发送与接收等，它向 MSA 层提供了控制接口。我们主要对 HAL 层和 MSA 层进行操作来完成整个无线通信模块的控制和通信功能。OSAL 操作系统的工作流程如图 8－66 所示。需要协调和处理的事件主要有结点采样的开启与关闭、采样数据的计算和故障判断、ZigBee 接收机的开启与关闭、ZigBee 数据的发送等。

8.3.5 实验结果

1) CC2530＋CC2591 模块远距离通信测试

对于通信距离采用 CC2530＋CC2591 无线 ZigBee 通信模块进行点对点传输测试。CC2530 芯片的发射功率设定在最大 4.5 dBm，天线采用 2.4 GHz 的 3 dB 增益全向天线。设定发送模块为连续发送模式，即每间隔 5 s 发送一次数据，每成功发送一次数据时发送模块的 LED 指示灯闪烁一次。与此同时，接收模块每成功接收一次数据时，其 LED 指示灯亦闪烁一次。采用这一方法可以简单快速地判断出两个 ZigBee 模块是否仍在进行无线通信。

由于故障监测结点都悬挂在架空高压输电线上，所处的实际环境比较简单，基本上是开阔可视的，很少有遮挡发生。但测试环境依然分别选择了开阔地方和有一定树木或建筑物遮挡的地方，其中开阔环境选择了相距 800 m 左右的两桥之上。最终测试结果如表 8－15 所示。

表 8－15 通信距离测试结果

测试次数	测试环境	1 次	2 次	3 次	4 次
通信距离	开阔地方	800 m	800 m	800 m	800 m
	有一定遮挡地方	640 m	550 m	580 m	510 m

由测试结果可以看出，CC2530＋CC2591 无线通信模块传输距离在开阔无遮挡的地方可维持在 800 m 以上，而当有一定树木或建筑物遮挡时，通信距离会有小幅减小，但可维持在 500 m 以上，不会影响系统使用。在实际安装时，由于输电线上可能的干扰，可以适当降低故障监测结点之间的安装距离，以使其无线通信流畅。

2) 监测系统模拟组网情况

为模拟高压输电线故障监测系统运行状况，本设计使用了输电线路故障模拟实验台。该实验台可以短时间内模拟 10 kV 高压线路，线路电流可以人工进行设定并通过按钮调节改变。

由于不方便模拟高压输电线三相电路，在此将网关结点和监测结点同时悬挂在该实验台上，共 1 个网关结点和 11 个监测结点。由于内部程序设定为备用超级电容满电之后，所有电路才正常工作。我们分别做了如下实验：

(1) 线路电流对系统持续性影响实验

先将模拟实验台电流调至 40 A 以上，等待一定时间后确认所有线上结点的超级电容都达到 5.4 V 满电状态，然后分别调节电路至 5 A、15 A、20 A、25 A 和 30 A 做 5 次不同实验，过 5 个小时之后查看结点的超级电容电压是否下降。得到的实验结果如表 8－16 所示。

表 8-16　超级电容电压实验结果

线路电流	5 A	15 A	20 A	25 A	30 A
监测结点电压	下降	下降	不变	不变	不变
网关结点电压	下降	下降	下降	不变	不变

由该实验结果可知：由于网关结点功耗大于监测结点功耗，当线上电流为 20 A 时，监测结点电路可以有足够的能量持续工作，而只有当线上电流大于 25 A 时，网关结点电路才能持续工作。

（2）超级电容在断电状况下使用持续时间实验

此实验首先测监测结点持续时间，即网关结点使用外接电源供电。先将模拟实验台电流调至 40 A 以上，等待一定时间后确认所有线上结点的超级电容都达到 5.4 V 满电状态，关闭模拟实验台，即线上电流为零，随后每隔半小时测试电路是否依然工作。在测试完所有监测结点后再以同样的方法测试网关结点。得到的实验结果如表 8-17 所示。

表 8-17　断电状况下使用持续时间实验结果

监测结点号	0	1	2	3	4	5	6	7	8	9
持续时间(h)	5.5	10	9.5	10	11	11	10.5	11	10.5	11

由实验结果可知：由于网关结点功耗大于监测结点功耗，网关结点全部由超级电容供电可持续运行 5.5 个小时，监测结点持续运行时间大于 10 个小时。可以考虑增大超级电容容量来延长网关结点持续运行时间。

（3）系统稳定工作情况实验

此实验将所有网关结点和监测结点同时挂线，模拟实验台电流每隔一段时间进行调节，但保持线路电流大部分时间在 25 A 以上，持续时间为 5 天。

实验结果为所有线上装置均运行良好，且网关结点向监控中心发送数据一切正常。

3）高压输电线监测系统实际运行情况

整套高压输电线故障监测系统于 2014 年 3 月在浙江省嘉兴市海盐县试挂线，该试挂线上为一个 ZigBee 网络系统，由 1 个网关结点和 9 个监测结点组成，9 个结点分成 3 组，每组分别悬挂 ABC 相线，间距约为 600 m，覆盖约 1.5 km 长的输电线路。悬挂输电线为 10 kV 架空绝缘型输电线。监控中心主机设置在本地，使用固定 IP 接入，线上网关结点向该 IP 地址端口发送监测数据。

此次测试已一个月左右，但实际线路上并没有发生任何故障，主机可以一直接收到线上电流数据，数据发送正常。

参考文献

[1]　Maranò S, Gifford W M, Wymeersch H, et al. NLOS identification and mitigation for localization based on UWB experimental data[J]. IEEE Journal on Selected Areas in Communications, 2010, 28(7): 1026-1035.

[2]　Yang Z, Cheng X D, Li M. The application of CURD clustering algorithm in UWB positioning[C]//Proceedings of the 2nd International Conference on Computer Science and Application Engineering. Oc-

tober 22 - 24, 2018, Hohhot, China. New York: ACM, 2018: 1 - 5.

[3] García E, Poudereux P, Hernández Á, et al. A robust UWB indoor positioning system for highly complex environments[C]//Proceedings of 2015 IEEE International Conference on Industrial Technology (ICIT). March 17 - 19, 2015, Seville, Spain. IEEE, 2015: 3386 - 3391.

[4] Djaja-Josko V, Kolakowski J. A new method for wireless synchronization and TDOA error reduction in UWB positioning system[C]// Proceedings of the 21st International Conference on Microwave, Radar and Wireless Communications (MIKON). May 9 - 11, 2016, Krakow, Poland. IEEE, 2016: 1 - 4.

[5] Yang T C, Jin L, Cheng J. An improvement CHAN algorithm based on TOA Position[J]. Acta Electronica Sinica, 2009, 37(4):819 - 822.

[6] Sun J, Wang Z X, Wang H, et al. Research on routing protocols based on ZigBee network[C]// Proceedings of the 3rd International Conference on Intelligent Information Hiding and Multimedia Signal Processing (IIH-MSP 2007). November 26 - 28, 2007, Kaohsiung, Taiwan, China. IEEE, 2008: 639 - 642.

[7] Shang T, Wu W, Liu X D, et al. AODVjr routing protocol with multiple feedback policy for ZigBee network[C]// Proceedings of IEEE 13th International Symposium on Consumer Electronics. May 25 - 28, 2009, Kyoto. IEEE, 2009: 483 - 487.

[8] Tam K Y, Kiang M Y. Managerial applications of neural networks: The case of bank failure predictions[J]. Management Science, 1992, 38(7): 926 - 947.

[9] Perkins C E, Royer E B, Das S R. Ad hoc On-Demand Distance Vector (AODV) routing [EB/OL]. [2022-12-23]. http://www.ietf.org/rfc/rfc3561.txt,2003.

[10] Gu L, Stankovic J A. Radio-triggered wake-up capability for sensor networks[C]//Proceedings of RTAS 10th IEEE Real-Time and Embedded Technology and Applications Symposium. May 28 - 28, 2004, Toronto, ON, Canada. IEEE, 2004: 27 - 36.

附录　中英文术语对照表

Advanced High-performance Bus (AHB)	先进高性能总线
Amplitude Modulation(AM)	幅度调制
Anisotropic Magneto Resistive(AMR)	各向异性磁阻
Advanced Microcontroller Bus Architecture (AMBA)	高级微控制器总线架构
Amplitude Shift Keying(ASK)	幅移键控
Access Point(AP)	接入点
Advanced Peripheral Bus (APB)	先进外设总线
Angle of Arrival(AOA)	到达角度
Application Dependent Data Aggregation (ADDA)	依赖于应用的数据融合
Application Independent Data Aggregation (AIDA)	独立于应用的数据融合
Application Program Interface(API)	应用程序接口
Application Layer (APL)	应用层
Application Support Sub-layer(APS)	应用支持子层
Ad Hoc Network	自组织网络
Battlefield Awareness(BA)	战场感知
Clear Channel Assessment (CCA)	空闲信道评估
Carrier Sense Multiple Access(CSMA)	载波侦听多路访问
CSMA with Collision Avoidance(CSMA/CA)	带冲突避免的载波侦听多路访问
chirp Spread Spectrum(chirp-SS)	宽带线性调频扩频
Cluster Head	簇头
Cluster Member	簇成员
Cooperative Engagement Capability(CEC)	协同交战能力
Command, Control, Communication, Computing, Intelligence, Surveillance, Reconnoissance and Targeting(C4ISRT)	命令、控制、通信、计算、智能、监视、侦察和定位
Cyclic Redundancy Check (CRC)	循环冗余校验
Distributed Control System(DCS)	分布式控制系统
Defense Advanced Research Projects Agency(DARPA)	(美国)国防部高级研究计划局
Distributed Sensor Networks(DSN)	分布式传感器网络
Direct Sequence Spread Spectrum (DSSS)	直接序列扩频

Data Terminal Equipment(DTE)	数据终端设备
Data Circuit Terminating Equipment(OCTE)	数据电路终端设备
Direct Sequence Spread Spectrum(DSSS)	直接序列扩频
Distributed Coordination Function(DCF)	分布式协调功能
Directed Diffusion(DD)	定向扩散
Data Fusion(DF)	数据融合
Dynamic Power Management(DPM)	动态电源管理
Dynamic Voltage Scaling(DVS)	动态电压调节
Discrete Event Simulation System(DESS)	离散事件模拟系统
Energy Detect (ED)	能量检测
Energy Management(EM)	能量管理
Fieldbus Control System(FCS)	(现场)总线控制系统
Frequency Modulation(FM)	频率调制
Frequency Shift Keying(FSK)	频移键控
Frequency Hopping Spread Spectrum(FHSS)	跳频扩频
First In First Out(FIFO)	先进先出
Full Function Device(FFD)	功能完备型设备
General Packet Radio Service (GPRS)	通用分组无线服务
Guaranteed Time Slot (GTS)	时隙保障
Inter-Integrated Circuit bus (I^2C)	内部集成电路总线
International Standardization Organization(ISO)	国际标准化组织
Industrial, Scientific and Medical(ISM)	工业、科学和医疗
In-System Processor(ISP)	在系统处理器
InterFrame Space(IFS)	帧间间隔
Information Fusion(IF)	信息融合
Link Quality Indication (LQI)	数据链路质量指示
Low-Rate Wireless Personal Area Network(LR-WPAN)	低速无线个域网
Line of Sight(LOS)	视距
Microcontroller Uint (MCU)	微控制器单元
Micro-Electro-Mechanism System(MEMS)	微机电系统
Mobile Ad Hoc Network(MANET)	移动自组织网络
Manager Node	管理结点
Medium Access Control(MAC)	介质访问控制
Minimum Mean Square Error(MMSE)	最小均方误差
Message Authentication Code(MAC)	消息认证码
Network Capable Application Processor(NCAP)	网络适配器
Network Allocation Vector(NAV)	网络分配向量

Network Time Protocol(NTP)	网络时间协议
Open System Interconnection(OSI)	开放系统互连
Object-Oriented Modeling(OOM)	面向对象建模
Operating System(OS)	操作系统
Printed Circuit Board(PCB)	印刷电路板
Physical Layer (PHY)	物理层
Phase Locked Loop (PLL)	锁相环
Phase Modulation(PM)	相位调制
Phase Shift Keying(PSK)	相移键控
Point Coordination Function(PCF)	点协调功能
Power Management(PM)	电源管理
Pulse Width Modulation (PWM)	脉宽调制
PHY Data Service Access Point(PD-SAP)	物理层数据服务接入点
Physical Layer Management Entity(PLME)	物理层管理实体
PHY Service Data Unite(PSDU)	物理服务数据单元
Personal Operating Space(POS)	个人操作空间
Remote Battlefield Sensor System(REMBASS)	远程战场传感器系统
Received Signal Strength Indicator(RSSI)	接收信号强度指示
Reduced Function Device(RFD)	功能简化型设备
Real-Time Clock (RTC)	实时时钟
System on Chip(SOC)	片上系统
Smart Dust	智能尘埃
Serial Peripheral Interface (SPI)	串行外部设备接口
Smart Sensor	智能传感器
Sensor Node	传感器结点
Sink Node	汇聚结点
Sensor Fusion(SF)	传感器融合
Structured Query Language(SQL)	结构化查询语言
Start Frame Delimiter(SFD)	帧起始定界符
Service-Specific Convergence Sublayer(SSCS)	业务相关的汇聚子层
The Institute of Electrical and Electronics Engineers(IEEE)	国际电气电子工程师协会
Transmission Control Protocol (TCP)	传输控制协议
Time Hopping Spread Spectrum(THSS)	跳时扩频
Time Division Multiple Access(TDMA)	时分复用
Time of Arrival(TOA)	到达时间
Time Difference of Arrival(TDOA)	到达时间差
Task Group(TG)	任务组

Universal Asynchronous Receiver Transmitter (UART)	通用异步收发传输器
Ultra Wideband(UWB)	超宽带
Virtual Machine(VM)	虚拟机
Wireless Sensor Network(WSN)	无线传感器网络
Watch Dog	看门狗
Wireless Personal Area Network(WPAN)	无线个域网
ZigBee Device Object (ZDO)	ZigBee 设备对象